# 电气控制与 PLC 技术

## （中俄双语）

主　编　　王　峰　曹言敬
副主编　　王　烁　张荣真

U0353309

中国矿业大学出版社

## 内容提要

"电气控制与 PLC 控制技术"是各高等院校电气类专业最重要的专业基础课程之一,它包含过去电气类专业的"工厂电气控制技术"和"可编程序控制器原理及应用"两门课的内容。

本书以电气控制与可编程序控制器控制为主线,以工厂电气控制设备的电气控制为核心,阐述了电气控制与 PLC 在生产实际中的应用。书中主要内容有电气控制系统常用器件、电气控制线路基础、典型生产机械电气控制线路分析与设计、可编程控制器基础知识及系统配置方法、西门子 S7-200 型 PLC 系统配置及接口模块、S7-200 型 PLC 基本指令及程序设计方法、S7-200 系列 PLC 功能指令及应用、PLC 控制系统综合设计以及编程软件的使用等内容。作为本书的重要特色,本书所有内容均提供俄语翻译。

本书可作为电气工程及其自动化、自动化、机电一体化等相关专业的教材,也可以作为电气工程相关技术人员自学参考,尤其适合中俄合作办学相关专业的学生。

**图书在版编目(CIP)数据**

电气控制与 PLC 技术/王峰,曹言敬主编.—徐州:
中国矿业大学出版社,2023.12

ISBN 978-7-5646-4921-0

Ⅰ.①电… Ⅱ.①王… ②曹… Ⅲ.①电气控制 ②
PLC 技术 Ⅳ.①TM571.2 ②TM571.61

中国国家版本馆 CIP 数据核字(2023)第 248644 号

| | |
|---|---|
| 书　　名 | 电气控制与 PLC 技术 |
| 主　　编 | 王　峰　曹言敬 |
| 责任编辑 | 仓小金 |
| 出版发行 | 中国矿业大学出版社有限责任公司 |
| | (江苏省徐州市解放南路　邮编 221008) |
| 营销热线 | (0516)83885370　83884103 |
| 出版服务 | (0516)83995789　83884920 |
| 网　　址 | http://www.cumtp.com　E-mail:cumtpvip@cumtp.com |
| 印　　刷 | 徐州中矿大印发科技有限公司 |
| 开　　本 | 787 mm×1092 mm　1/16　印张 33.25　字数 851 千字 |
| 版次印次 | 2023 年 12 月第 1 版　2023 年 12 月第 1 次印刷 |
| 定　　价 | 68.00 元 |

(图书出现印装质量问题,本社负责调换)

# 前　言

　　"电气控制与 PLC 控制技术"是各高等院校电气类专业最重要的专业基础课程之一,它包含过去电气类专业的"工厂电气控制技术"和"可编程序控制器原理及应用"两门课的内容。

　　本书以电气控制与可编程序控制器控制为主线,以工厂电气控制设备的电气控制为核心,阐述了电气控制与 PLC 在生产实际中的应用。书中主要内容有电气控制系统常用器件、电气控制线路基础、典型生产机械电气控制线路分析与设计、可编程控制器基础知识及系统配置方法、西门子 S7-200 型 PLC 系统配置及接口模块、S7-200 型 PLC 基本指令及程序设计方法、S7-200 系列 PLC 功能指令及应用、PLC 控制系统综合设计以及编程软件的使用等内容。作为本书的重要特色,本书所有内容均提供俄语翻译。

　　本书可作为电气工程及其自动化、自动化、机电一体化等相关专业的教材,也可以作为电气工程相关技术人员自学参考,尤其适合中俄合作办学相关专业的学生。

　　本书由王峰、曹言敬主编。具体编写分工如下:中文部分绪论、第 1 章、第 2 章、第 4 章由王峰编写,相应章节的俄语部分由王烁负责编写与翻译,第 3 章、第 5 章、第 6 章和第 7 章由曹言敬编写,相应章节的俄语部分由王烁负责编写与翻译。王峰还负责全书的组织、通稿工作。

　　本书的编写得到了西门子公司的大力支持,他们为编者提供了大量的资料、编程软件和硬件;在本书的编写过程中学院王树臣教授对本书的大纲及全书进行审定,并提出很多宝贵意见;在本书编写过程中还得到学院授课教师王立文、张旭隆、方蒽、彭啸宇等诸多同仁的大力支持与帮助。在此,对以上单位和个人表示衷心的感谢!

　　由于作者水平有限,书中难免有疏漏之处,恳请读者批评指正。

编　者

2023 年 10 月

# 目　录

# Содержание

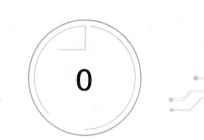

# 绪 论

## 1. 电气控制技术的发展

电气控制技术是在科学技术以及生产工艺不断进步和发展基础上得到飞速发展的。在控制方法上,主要是从手动控制到自动控制;在功能上,主要是从简单控制到复杂的控制系统的过程;在操作方式上,从笨重向轻巧转变;在原理上,从有触点的继电器-接触器式控制系统到以计算机为核心的控制系统。随着计算机技术的发展和电气设备的不断推陈出新,电气控制技术也在持续不断进步。现代电气控制技术正是得益于计算机技术、电子技术、自动控制理论以及精密测量技术等领域的科技成果而得到了飞速发展。PLC、CAD/CAM 和机器人被称为当代工业自动化应用技术领域的三大支柱。

现代机械一般由工作机构、传动机构、原动机及控制系统等几部分组成。当原动机为电动机时,为满足加工工艺要求,常把能使电动机完成启动、制动、反向、调速、快速定位等电气控制和电气操作的部分称为电气自动控制或称电气自动控制装置。

最初,采用手动电器来控制执行电器,适用于一些容量小、操作单一的场合。

继电器-接触器控制系统:主要是由一些继电器、接触器、按钮、行程开关等组成,其结构简单、价格低廉、维护方便。可以实现生产过程自动化、集中控制和远距离控制。

PLC:出现于 20 世纪 70 年代,具有运算功能和功率输出能力。是由 CPU、大规模集成电路、电子开关、功率输出器件等组成的专用微型电子计算机,用于取代继电-接触器控制。可以实现开关量(数字量)的控制,也能实现连续量(模拟量)的控制。其设计思想源于继电-接触器控制。

现代电气控制系统越来越多地融入了过程控制的内容,包括压力、流量、温度、位置、速度等模拟参数以及 PID 控制的引入,所以,学习电气控制技术应和过程控制知识相结合。现代电气控制系统中还普遍采用变频器、软启动器和触摸屏等人机交互设备等。变频器在调速系统中发挥着不可替代的作用,而人机界面 HMI 在 PLC 控制系统的参数设定和实时显示方面扮演着重要角色。

现场总线控制系统 FCS(Fieldbus Control System)是在计算机技术、网络技术、通信技术以及微电子技术飞速发展的基础上与自动控制技术不断融合的产物。它是继集散控制系统(DCS)之后的新一代控制系统,也是现在工业自动化技术的研究开发和应用热点之一。现场总线是用于现场仪表、设备之间以及现场与控制系统之间的一种全数字、双向串行、多节点的通信系统。它把具有数字计算和通信能力的现场仪表和执行器件连接成网络系统,按照公开、规范的通信协议,实现现场设备与上位机或者网络之间数据的传输与交换。FCS 适应了工业自动化控制系统向分散化、网络化和智能化发展的方向,它的出现宣告了工业自动化控制系统的革命性时代到来。

2. 本课程的性质、内容和任务

"电气控制与 PLC 技术"是一门应用性很强的专业课。电气控制技术在生产过程、科学研究和其他各个领域的应用十分广泛。本课程的主要内容是以电动机或者其他执行电器为被控对象,介绍和讲解继电器-接触器控制系统和可编程序控制系统的工作原理、设计方法和实际应用。其中可编程序控制器的飞速发展及强大的功能使它已经成为实现工业自动化的主要手段之一。因此,本课程的重点是可编程序控制器,但为了更好地理解控制系统,继电器-接触器系统仍是本课程的一个学习要点。这是因为:首先,控制技术再怎么发展,也取代不了最常用的接触器等执行电器;其次,在某些场合还需要使用继电器接触器控制系统。所以,对继电器-接触器控制系统的学习是非常必要的。

本课程的学习目标是让学生掌握一门实用的技术,培养和提高学生的实际应用和动手能力,具有初步分析、设计、调试低压电气控制电路的能力,为今后从事电气自动化领域的工作打下基础。

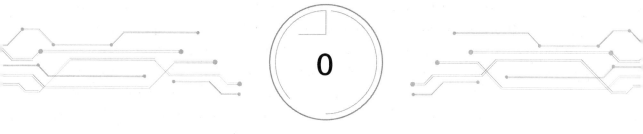

# Введение

1. Развитие технологий электроуправления

Технология электрического управления быстро развивается на основе научно-технического прогресса и новых требований, предъявляемых производственными процессами. В методах управления, в основном от ручного управления до автоматического управления; Функционально, прошел процесс от простого устройства управления до сложной системы управления; В режиме работы переход от громоздкого к легкому, в принципе, от контактной реле-контакторной системы управления к компьютерной системе управления. С развитием компьютерных технологий и постоянным внедрением электрического оборудования технология электрического управления также постоянно совершенствуется. Современная технология электрического управления быстро развивается благодаря научно-техническим достижениям в таких областях, как компьютерные технологии, электронные технологии, теория автоматического управления и точные измерительные технологии. PLC, CAD / CAM и робототехника являются тремя столпами современной прикладной технологии промышленной автоматизации.

Современные машины обычно состоят из нескольких частей, таких как рабочий механизм, приводной механизм, двигатель и система управления. Когда исходный двигатель является электродвигателем, для удовлетворения технических стандартов добавления, часто часть, которая позволяет двигателю выполнять электрическое управление и электрическую работу, такую как запуск, торможение, обратная регулировка скорости, быстрое позиционирование, называется электрическим автоматическим управлением или электрическим автоматическим устройством управления.

Первоначально для управления исполнительными электроприборами использовались ручные электроприборы. Подходит для некоторых случаев с небольшой емкостью и одной операцией.

Реле-контакторная система управления: состоит в основном из нескольких реле, контактора, кнопки, переключателя хода и т. Д. Структура простая, низкая цена, удобное обслуживание. Можно автоматизировать производственные процессы, осуществлять централизованное и дистанционное управление.

PLC：появился в 1970-х годах с вычислительной функцией и мощностью выхода мощности. Это специальный микрокомпьютер, состоящий из CPU, крупномасштабных интегральных схем, электронных переключателей, устройств с выходом мощности и т. Д. Для замены релейно-контакторного управления. Может быть реализовано управление количеством переключателей (цифровым количеством), а также может быть реализовано управление непрерывным количеством (аналоговым количеством). Идея его проектирования проистекает из релейно-контакторного управления.

Современные системы электрического управления все чаще интегрируются в содержание управления процессом, давление, расход, температура, положение, скорость и другие параметры моделирования, а также введение PID-управления, поэтому в обучении технологии электрического управления должны сочетаться с знаниями управления процессом. Современные системы электрического управления также широко используют преобразователи частоты, мягкие стартеры и сенсорные экраны и другие устройства взаимодействия человека и машины. Преобразователи частоты играют незаменимую роль в системах регулирования скорости, а интерфейс HMI человека играет важную роль в настройке параметров и отображении в режиме реального времени в системах управления PLC.

Последние достижения в области автоматизации развиваются с появлением технологии шины на месте. Система управления шиной на месте FCS (Fieldbus Control System) является продуктом непрерывной интеграции с технологией автоматического управления, основанной на быстром развитии компьютерных, сетевых, коммуникационных и микроэлектронных технологий. Это система управления нового поколения после системы централизованного управления (DCS) и одна из горячих точек для исследований, разработок и применения современных технологий промышленной автоматизации. Полевая шина-это полностью цифровая, двухсторонняя последовательная, многоузловая система связи, используемая между полевыми приборами, устройствами и между полевыми и контрольными системами. Он соединяет полевые приборы и исполнительные устройства с цифровыми вычислительными и коммуникационными возможностями в сетевую систему и обеспечивает передачу и обмен данными между полевым оборудованием и верхней машиной или сетью в соответствии с открытым и стандартизированным протоколом связи. Появление FCS, адаптированного к децентрализации, сетевому и интеллектуальному развитию систем управления промышленной автоматизацией, знаменует собой революционную эру систем управления промышленной автоматизацией.

2. Характер, содержание и мандат курса

Электрический контроль и технология PLC-это очень прикладной профессиональный курс. Технологии электрического управления широко используются в производственных процессах, научных исследованиях и других областях. Основное содержание этого курса состоит в том, чтобы представить и объяснить принцип работы, методы проектирования и практическое применение реле-контакторных систем управления и программируемых систем управления с использованием электродвигателей или других исполнительных устройств. Быстрое развитие программируемого контроллера и его мощные функции сделали его одним из основных средств промышленной автоматизации. Таким образом, основное внимание в этом курсе уделяется программируемым контроллерам, но для лучшего понимания систем управления реле-контакторные системы по-прежнему являются основным направлением обучения в этом курсе. Это связано с тем, что, во-первых, как технология управления может развиваться дальше, она не может заменить наиболее часто используемые контакторы и другие исполнительные электроприборы; Во-вторых, в некоторых случаях также требуется система управления релейным контактором. Поэтому обучение реле-контакторной системе управления очень необходимо.

Учебная цель этого курса заключается в том, чтобы дать студентам возможность освоить практическую технологию, развивать и совершенствовать практические и практические способности студентов, иметь возможность предварительного анализа, проектирования и отладки электрических схем управления низкого давления, чтобы заложить основу для будущей работы в области электроавтоматизации.

# 第1章

# 电气控制系统常用器件

> **本章重点**

● 各种常见低压电器的工作原理、区别与联系
● 常见低压电器如何选型、选型的基本原则

> **本章难点**

● 电磁机构的工作原理

在我国经济建设和人民生活中,电能的应用非常广泛且重要。实现工业、农业、国防和科学技术的现代化,就更离不开电气化。为了安全、可靠地使用电能,电路中就必须装有各种起调节、分配、控制和保护作用的电气设备。随着科学技术和生产的发展,电气设备的种类不断增多,用量非常大,用途极为广泛。不管电气控制系统发展到什么水平,本章所讲解和介绍的内容都是其中必不可少的组成部分。

## 1.1 电器的基本知识

### 1.1.1 电器的定义和分类

电器就是根据外界施加的信号和要求,能手动或自动地断开或接通电路,断续或连续地改变电路参数,以实现对电或非电对象的切换、控制、检测、保护、变换和调节的电工器械。

电器的种类很多,分类方法有很多。常见的分类方法有以下几种:

1.按工作电压等级分

1)高压电器 用于交流电压 1 200 V、直流电压 1 500 V 及以上电路中的电器。

2)低压电器 用于交流 50 Hz(或 60 Hz)、额定电压为 1 200 V 以下、直流额定电压为 1 500 V 及以下电路的电器。图 1-1 给出了常用的低压电器分类。

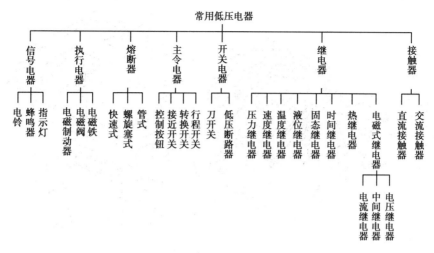

**图 1-1　常用低压电器分类**

**2. 按动作原理分**

1）手动电器　人为操作发出动作指令的电器,例如刀开关、按钮等。

2）自动电器　产生电磁吸力而自动完成动作指令的电器,例如接触器、继电器、电磁阀等。

**3. 按用途分**

1）控制电器　用于各种控制电路和控制系统的电器,例如接触器、继电器、电动机启动器等。

2）配电电器　用于电能的输送和分配的电器,例如高压断路器。

3）主令电器　用于自动控制系统中发送动作指令的电器,例如按钮、转换开关等。

4）保护电器　用于保护电路及用电设备的电器,例如熔断器、热继电器等。

5）执行电器　用于完成某种动作或传送功能的电器,例如电磁铁、电磁离合器等。

## 1.1.2　电磁式低压电器的结构和工作原理

电磁式低压电器在电气控制线路中使用量最大,其类型也很多,各类电磁式低压电器在工作原理和构造上基本相同。在最常用的低压电器中,接触器、中间继电器、断路器等属于电磁式低压电器。电磁式低压电器主要由电磁机构、触头系统、灭弧装置组成。图1-2给出了万能式低压断路器的结构图。

**1. 电磁机构**

电磁机构是电磁式电器的感测部分,它的主要作用是将电能转化为机械能,带动触头动作,从而完成电路的接通或分断。电磁机构由铁芯、衔铁和吸引线圈等几部分组成。

电磁机构的工作原理:当线圈中有电流通过时,将产生足够的磁动势使铁芯获得足以克服弹簧的反作用力的电磁力,使得衔铁与铁芯闭合,带动触头动作。

**2. 触头系统**

低压电器是通过触头的动作接通或断开被控电路的。触头通常由动、静触点组合而成,因此就有闭合状态、分断过程、接通过程三种工作状态。

触头系统有两种结构:桥式、指式。

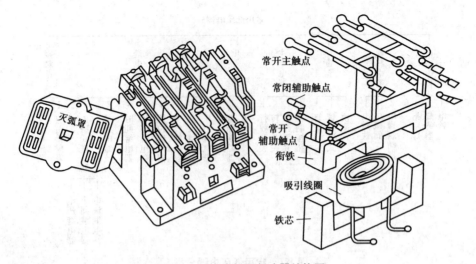

图 1-2　万能式低压断路器结构图

触点的接触形式有点接触、线接触和面接触三种,如图 1-3 所示。

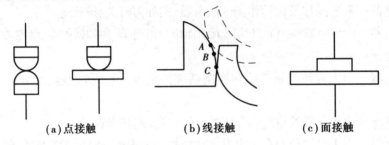

（a）点接触　　　　　（b）线接触　　　　　（c）面接触

图 1-3　触点的接触形式

触头按其控制的电路可分为主触头、辅助触头。主触头用于接通主电路,允许通过较大的电流;辅助触头用于接通或断开控制电路,只能通过较小的电流。

触头按其原始状态可分为:常开触头、常闭触头。

触头动作指:常开闭合;常闭断开。

触头复位指:恢复到原始状态。

**3. 灭弧系统**

动、静触头在分断过程中,由于瞬间的电荷密度极高,导致动、静触头间形成大量炽热的电荷流,即电弧。直流电弧依靠拉长电弧和冷却电弧来灭弧;交流电由于有自然过零,比直流电弧容易熄灭。

低压控制电器常用的灭弧方法有:

（1）多断点灭弧

（2）磁吹式灭弧

（3）金属栅片灭弧

（4）灭弧罩

**4. 电磁机构工作原理**

电磁机构的工作原理常用吸力特性和反力特性来表征。电磁机构使衔铁吸合的力与气隙的关系曲线称为吸力特性;电磁机构使衔铁释放(复位)的力与气隙的关系曲线称为反力特性。

（1）反力特性

电磁机构使衔铁释放的力主要是弹簧的反力（忽略衔铁自身质量），弹簧的反力与其形变的位移 $x$ 成正比，其反力特性可写成

$$F_{反} = K_1 x \tag{1-1}$$

考虑到常开触点闭合时超程的存在，电磁机构的反力特性如图 1-4 中曲线 3 所示。

（2）吸力特性

电磁机构的吸力特性反映的是其电磁吸力和气隙长短的关系。由于激磁电流的种类对吸力特性影响很大，所以要对交、直流电磁机构的吸力特性分别讲述。

① 直流电磁机构的吸力特性

直流电磁机构稳态时，磁路对电路无影响，可认为电路在恒磁势下工作。直流电磁机构的吸力 $F$ 与气隙 $\delta$ 的平方成反比。其吸力特性曲线如图 1-4 中曲线 1 所示。

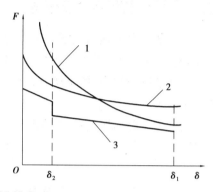

图 1-4　吸力特性和反力特性

直流电磁机构的吸力特性为二次曲线形状，它表明衔铁闭合前后吸力变化很大，气隙越小吸力越大。直流电磁机构在衔铁吸合过程中，电磁吸力是逐渐增加的，完全吸合时电磁吸力达到最大。对于可靠性要求很高或动作频繁的控制系统常采用直流电磁机构。

② 交流电磁机构的吸力特性

交流电磁机构激磁线圈的阻抗主要取决于线圈的电抗（电阻相对很小），则

$$E = 4.44 f \Phi N \tag{1-2}$$

$$\Phi = U / (4.44 f N) \tag{1-3}$$

当频率 $f$、匝数 $N$ 和外加电压 $U$ 为常数时，由式（1-3）可知，磁通 $\Phi$ 也为常数。但实际上，需要考虑漏磁通的影响，吸力 $F$ 随气隙 $\delta$ 的减小略有增加。其吸力特性如图 1-4 中曲线 2 所示。

交流电磁机构在衔铁吸合前后为恒磁通工作，故吸力基本不变，但考虑到漏磁通的影响，其电磁吸力随气隙的减小略有增加。

为保证磁通不变，气隙磁阻随气隙长度的增加成正比增加，励磁电流的大小也随气隙长度成正比增大。所以，励磁电流在线圈已通电但衔铁尚未吸合时，其电流将比额定电流大很多，若衔铁卡住不能吸合或衔铁频繁动作，交流线圈可能因过电流而烧毁，故在可靠性要求高或频繁动作的场合，一般不采用交流电磁机构。

③ 吸力特性和反力特性的配合

为了使电磁机构正常工作，保证衔铁能牢牢吸合，其吸力特性与反力特性必须配合得当。在衔铁整个吸合过程中，其吸力必须大于反力，即吸力特性必须始终位于反力特性上方；在衔铁释放时，其吸力必须小于反力，即吸力特性必须位于反力特性下方。反映在特性图上就是要保持吸力特性在反力特性的上方且彼此靠近，如图 1-4 所示。

## 1.2    接触器

接触器是用来频繁地接通或断开交直流主电路、大容量控制电路等大电流电路的自动切换电器。由于它体积小、价格低、寿命长、维护方便,因而用途十分广泛。

### 1.2.1    接触器的用途及分类

接触器在电力拖动控制系统中最主要的用途是控制电动机的启停、正反转、制动和调速等,因此它是一种重要的控制电器。其在结构上由电磁系统、触头系统、灭弧装置组成。

接触器种类很多,按驱动力大小不同可以分为电磁式、气动式和液压式,其中电磁式接触器应用最为广泛。

电磁式接触器按其主触点控制的电路电流种类分类,有直流接触器和交流接触器。对于重要场合使用的交流接触器,为了工作可靠,其线圈可采用直流励磁方式。图1-5给出了接触器的实物图。

**图 1-5    交、直流接触器实物图**

交、直流接触器的触头按其所控制的电路可分为:

主触头:可用于主电路和控制电路。辅助触头:用于控制电路。主触头和辅助触头一般情况下采用双断点的桥式触头,由于双断点的桥式触头具有电动力吹弧的作用,所以 10 A 以下的交流接触器一般无灭弧装置,而 10 A 以上的交流接触器则采用栅片灭弧罩灭弧。

一般情况下,交流接触器工作时,当施加于线圈上的交流电压大于线圈额定电压值的 85% 时,接触器能够可靠地吸合。触头动作时,常闭先断开,常开后闭合,主触头和辅助触头是同时动作的。

接触器有一定的失压保护功能:当线圈中电压值降到某一数值时,铁芯中的磁通下降,吸力减小到不足以克服复位弹簧的反力时,衔铁就在复位弹簧的反力作用下复位,各触点复位。

交、直流接触器主触点用于主电路或大电流的控制电路;辅助触点用于控制电路。接触器的图形、文字符号如图 1-6 所示。

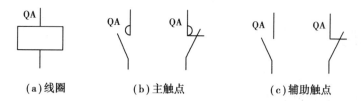

图 1-6　接触器的图形和文字符号

## 1.2.2　接触器的技术参数

（1）额定电压　主触点能承受的额定电压。

交流接触器：127,220,380,500 V

直流接触器：110,220,440 V

（2）额定电流　主触点允许长期通过的最大电流。

交流接触器：5,10,20,40,60,100,150,250,400,600 A

直流接触器：40,80,100,150,250,400,600 A

（3）线圈的额定电压　加在线圈上的电压。

交流接触器：36,110(127),220,380 V

直流接触器：24,48,220,440 V

（4）接通和分断能力　主触点在规定条件下能可靠接通和分断的电流值。在此电流值下,接通电路时主触点不应发生熔焊,分断电路时主触点不应发生长时间燃弧。

（5）额定操作频率　每小时最多允许的接通次数,用"次/h"表示。

（6）电气寿命和机械寿命　正常情况下,电气寿命是 50—100 万次,机械寿命是 500—1 000 万次。

## 1.2.3　接触器的选型原则

接触器使用广泛,其额定工作电流或额定控制功率随使用条件不同而不同,只有根据不同的使用条件正确选用,才能保证接触器可靠运行。一般来说,选用接触器时主要依据以下几个方面。

（1）接触器的类型选择　根据负载电流的类型,选择使用交流接触器还是直流接触器。

（2）额定电压的选择　接触器的额定电压是指主触头的额定电压,应等于负载的额定电压。

（3）额定电流的选择　接触器的额定电流是指主触头的额定电流,应等于或稍大于负载的额定电流（按接触器设计时规定的使用类别来确定）。

（4）线圈的额定电压选择　与控制电路的电压一样,交流负载选用交流线圈的交流接触器,直流负载选用直流线圈的直流接触器。

（5）接触器的触点数量、种类选择　根据主电路和控制电路的要求选择。

## 1.3 继电器

### 1.3.1 继电器的定义及分类

继电器是一种根据某种输入信号的变化来接通或断开小电流控制电路,以实现远距离控制和保护的自动控制电器。它有输入电路(又称感应元件)和输出电路(又称执行元件),当感应元件中的输入量(如电压、电流、温度、压力等)变化到某一定值时继电器动作,执行元件便接通和断开控制电路,其实物图如图 1-7 所示。

继电器的种类很多,常见的分类方法有以下几种。按用途分:有控制继电器和保护继电器;按动作原理分:有电磁式继电器、感应式继电器、电动式继电器、电子式继电器和热继电器;按输入信号的不同来分:有电压继电器、中间继电器、电流继电器、时间继电器、速度继电器等。

继电器的主要特性是输入-输出特性,即继电特性。继电特性曲线如图 1-8 所示。当继电器的输入量由零增至 $x_1$ 以前,输出量 $y$ 为零。当输入量 $x$ 增加到 $x_2$ 时,继电器吸合,输出量为 $y_1$,若 $x$ 再增大,$y$ 值保持不变。当 $x$ 减小到 $x_1$ 时,继电器释放,输出量由 $y_1$ 降至零。$x$ 再减小,$y$ 值均为零。图中,$x_2$ 称为继电器吸合值,欲使继电器吸合,输入量必须大于或等于此值;$x_1$ 称为继电器释放值,欲使继电器释放,输入量必须小于或等于此值。

图 1-7 继电器实物图

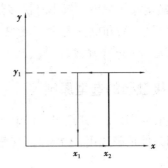

图 1-8 继电器特性曲线

$k = x_1/x_2$ 称为继电器的返回系数,它是继电器的重要参数之一。继电器的另一个重要参数是吸合时间和释放时间。吸合时间是指从线圈接收电信号到衔铁完全吸合所需的时间;释放时间是指从线圈失电到衔铁完全释放所需的时间。一般继电器的吸合时间与释放时间为 0.05—0.15 s,快速继电器为 0.005—0.05 s,它的大小影响着继电器的操作频率。

无论继电器的输入量是电量或非电量,继电器工作的最终目的是控制触头的分断或闭合,而触头又是控制电路通断的,就这一点来说接触器与继电器是相同的。但是它们又有区别,主要表现在以下两个方面。

(1)所控制的线路不同 继电器用于控制小电流电路及控制电路;接触器用于控制电动机等大功率、大电流电路及主电路。

(2)输入信号不同 继电器的输入信号可以是各种物理量,如电压、电流、时间、压力、速度等,而接触器的输入量只有电压。

**1. 电压继电器**

电压继电器反映的是电压信号。使用时,电压继电器的线圈与负载并联,其线圈匝数多而线径细。

常用的有欠(零)电压继电器和过电压继电器两种。

与电流继电器相似:

欠电压继电器:电路正常工作时,欠电压继电器吸合,当电路电压减小到某一整定值以下时,欠电压继电器释放,对电路实现欠电压保护。

过电压继电器:电路正常工作时,过电压继电器不动作,当电路电压超过某一整定值时,过电压继电器吸合,对电路实现过电压保护。

零电压继电器:本质上来说属于欠电压继电器,只是其整定值较欠电压继电器的值小得多。当电路电压降低到$(5\% \sim 25\%)U_{\mathrm{N}}$时释放,对电路实现零电压保护。

电压继电器的线圈的图形、文字符号如图 1-9(a)所示,其可以明确表达出是过电压继电器还是欠电压继电器。

**2. 电流继电器**

电流继电器反映的是电流信号。在使用时电流继电器的线圈和负载串联,其线圈匝数少而线径粗。这样,线圈上的压降很小,不会影响负载电路的电流。

常用的电流继电器有欠电流继电器和过电流继电器两种。

欠电流继电器:电路正常工作时,欠电流继电器吸合动作,当电路电流减小到某一整定值以下时,欠电流继电器释放,对电路起欠电流保护作用。

过电流继电器:电路正常工作时,过电流继电器不动作,当电路中电流超过某一整定值时,过电流继电器吸合动作,对电路起过流保护作用。

当电路发生过载或短路故障时,过电流继电器吸合,吸合后立即使所控制的接触器或电路分断,然后自己也释放。因此过电流继电器具有短时工作的特点。

电流继电器的线圈的图形、文字符号如图 1-9(b)所示,其可以明确表达出是过电流继电器还是欠电流继电器。

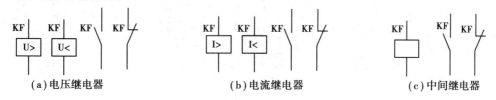

（a）电压继电器　　　　　（b）电流继电器　　　　　（c）中间继电器

**图 1-9　继电器的图形和文字符号**

**3. 中间继电器**

中间继电器实质上是一种电压继电器,它的特点是触点数目较多,电流容量可增大,起到中间放大(触头数目和电流容量)的作用。

中间继电器的图形、文字符号如图 1-9(c)所示,实物图如图 1-10 所示。

### 1.3.2　热继电器

在电力拖动控制系统中,当三相交流电动机出现长期带负荷欠电压运行、长期过载运行以及长期单相运行等不正常情况时,会导致电动机绕组严重过热乃至烧坏。为了充分发挥电动机的过载能力,保证电动机的正常启动和运转,电动机一旦长时间过载即能自动切断电路,人们发明了能随过载程度而改变动作时间的电器,这就是热继电器。热继电器利用电流的热效应原理以及热元件热膨胀原理设计,实现三相交流电机的过载保护。

图 1-10　中间继电器实物图

热继电器可以根据过载电流的大小自动调整动作时间,具有反时限保护特性,即过载电流大,动作时间短;过载电流小,动作时间长。当电动机的工作电流为额定电流时,热继电器应长期不动作。

热继电器主要由热元件、双金属片、触头三部分组成,其结构图见图 1-11,原理图见图 1-12。双金属片是热继电器的感测元件,由两种线膨胀系数不同的金属片用机械碾压而成。热元件一般为电阻丝绕在双金属片外面,串接在电动机的定子绕组中。在加热以前,两金属片长度基本一致。当串在电动机定子电路中的热元件有电流通过时,热元件产生的热量使两金属片伸长。由于线膨胀系数不同,且因它们紧密结合在一起,双金属片就会发生弯曲。当电动机正常运行时,热元件产生的热量虽能使双金属片弯曲,但还不足以使热继电器的触头动作。当电动机过载时,双金属片弯曲位移增大,推动导板使热继电器的触头关闭电动机控制电路,以起到保护作用。

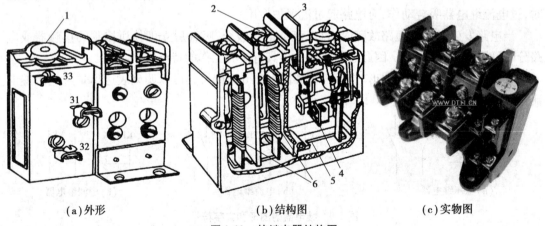

(a) 外形　　　　　　　(b) 结构图　　　　　　　(c) 实物图

图 1-11　热继电器结构图

1—电流整定值;2—主电路接线柱;3—复位按钮;4—常闭触头;5—动作机构;6—热元件;
31—常闭触头接线柱;32—公共触头接线柱;33—常开触头接线柱

热继电器动作后,经过一段时间的冷却即能自动或手动复位。热继电器动作电流的调节可以借助旋转凸轮于不同位置来实现。

在三相异步电动机电路中,一般采用两相结构的热继电器,即在两相主电路中串接热元件。如果发生三相电源严重不平衡、电动机绕组内部短路或绝缘不良等故障,使电动机某一相的线电流比其他两相要高,而这一相没有串接热元件的话,热继电器也不能起保护作用,这时需采用三相结构的热继电器。

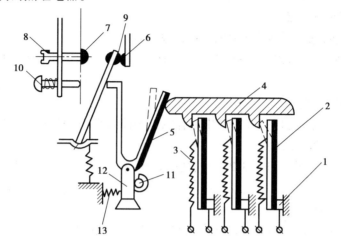

**图 1-12 双金属片式热继电器原理示意图**

1—接线端子;2—主双金属片;3—热元件;4—推动导板;5—补偿双金属片;6—常闭触头;
7—常开触头;8—复位调节螺钉;9—动触头柱;10—复位按钮;11—偏心轮;12—支撑件;13—弹簧

对于三相感应电动机,定子绕组为△连接的电动机必须采用带断相保护的热继电器。因为将热继电器的热元件串接在△连接的电动机的电源进线中,并且按电动机的额定电流来选择热继电器,当故障线电流达到额定电流时,在电动机绕组内部,电流较大的那一相绕组的故障相电流将超过额定相电流。由于热元件串接在电源进线中,所以热继电器不会动作,但对电动机来说就有过热危险了。对△连接的电动机进行断相保护,必须将三个热元件分别串接在电动机的每相绕组中。热继电器的热元件、触点的图形符号和文字符号如图1-13所示。

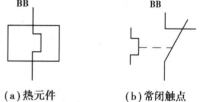

(a)热元件　　　　(b)常闭触点

**图 1-13 热继电器的图形和文字符号**

热继电器的选择原则:

主要根据电动机的额定电流来确定其型号及热元件的额定电流等级。其整定电流通常等于或稍大于电动机的额定电流。

注意:由于热惯性的原因,热继电器不能作短路保护。因为发生短路事故时,要求电路立即断开,而热继电器于热惯性不能立即动作。

在电动机启动或短时过载时,热继电器不会动作,从而保证了电动机的正常工作。

### 1.3.3　时间继电器

在自动控制系统中,需要有瞬时动作的继电器,也需要延时动作的继电器。时间继电器是一种用来实现触点延时接通或断开的控制电器,即从得到输入信号(线圈的通电或者断电)开始,经过一定延时后才输出信号(触点的闭合或断开)的继电器。在工业自动化系统中,基于时间的控制非常常见,所以时间继电器是最常用的低压控制器件之一。

时间继电器的延时方式有两种。通电延时:线圈通电后延迟一定的时间后触点动作;断电后,触点瞬时复位;断电延时:线圈通电后,触点瞬时动作;断电后,延迟一定的时间,触点才复位。

时间继电器有空气式、电子式、电动机式等几种形式。

(1)空气式时间继电器

是指利用空气阻尼作用而达到延时目的的继电器。

特点:结构简单,价格低廉,延时范围 0.4—180 s,但是延时误差较大,难以精确地整定延时时间。

(2)电子式时间继电器

电子式时间继电器是利用 $RC$ 电路中电容电压不能跃变,只能按指数规律逐渐变化的原理——电阻尼特性获得延时的。

特点:延时范围广(最长可达 3 600 s)、精度高(一般为 5% 左右)、体积小、耐冲击振动、调节方便。

(3)电动机式时间继电器

是指利用微型同步电动机带动减速齿轮获得延时的继电器。

特点:延时范围宽,可达 72 h,延时准确度可达 1%,同时延时值不受电压波动和环境温度变化的影响。

电动机式时间继电器的延时范围与精度是其他时间继电器无法比拟的,缺点是结构复杂、体积大、寿命低、价格贵,准确度易受电源频率影响。

时间继电器文字符号为 KF,时间继电器线圈、触点的图形如图 1-14 所示。

(a)通电延时　(b)断电延时　(c)瞬动触点　(d)通电延时　(e)通电延时断　(f)断电延时断　(g)断电延时闭
　　线圈　　　　线圈　　　　　　　　　闭合常开触点　开常闭触点　　开常开触点　　合常闭触点

图 1-14　时间继电器的图形和文字符号

时间继电器的各种延时动作的触点符号的记忆方法:左括弧表示通电延时,右括弧表示断电延时。配合通电延时和断电延时的定度来记忆。时间继电器中也有一些无延时功能的触点,其在时间继电器线圈得电时立即动作,时间继电器线圈断电时立即复位。符号与普通的常开、常闭符号完全一样,只是用 KF 来表示时间继电器。

### 1.3.4　速度继电器

速度继电器主要用在三相异步电动机的反接制动、能耗制动控制电路中,用来在异步电动机反接制动转速过零时,自动切断反相序电源。

速度继电器组成:定子、转子和触头三部分,见图 1-15。速度继电器的轴与电动机的轴相连接。转子

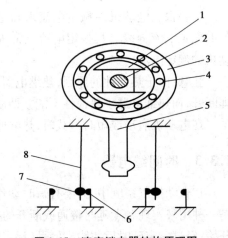

图 1-15　速度继电器结构原理图
1—转子;2—电动机轴;3—定子;4—绕组;
5—定子柄;6—静触头;7—动触头;8—簧片

固定在轴上,定子与轴同心。当电动机转动时,速度继电器的转子随之转动,绕组切割磁场产生感应电动势和电流,此电流和永久磁铁的磁场作用产生转矩,使定子向轴的转动方向偏摆,通过定子柄拨动触头,使常闭触头断开、常开触头闭合。当电动机转速下降到接近零时,转矩减小,定子柄在弹簧力的作用下恢复原位,触头也复原。

参数:动作转速:>120 r/min 复位转速:<100 r/min。

速度继电器有两组触头(各有一对常开触头和一对常闭触头),可分别控制电动机正、反转的反接制动。

速度继电器根据电动机的额定转速进行选择。其图形及文字符号如图 1-16 所示。

图 1-16　速度继电器图形及文字符号

# 1.4　低压断路器

开关电器广泛用于配电系统和电力拖动控制系统,用作电源的隔离、电气设备的保护和控制。过去常用的闸刀开关是一种结构最简单、价格低廉的手动电器,主要用于接通和切断长期工作设备的电源以及不经常启动及制动、容量小于 7.5 kW 的异步电动机。现在大部分开关电器的使用场合基本上都被断路器所替代。

低压断路器又称为自动开关或者空气开关,是低压配电网络和电力拖动系统中非常重要的开关电器和保护电器,它集控制和多种保护功能于一身。低压断路器分为万能式断路器和塑料外壳式断路器两大类,目前我国万能式断路器主要生产有 DWl5、DWl6、DWl7(ME)、DW45 等系列,塑壳断路器主要生产有 DZ20、CMl、TM30 等系列。低压断路器多用于不频繁地转换及启动电动机,对线路、电气设备及电动机实行保护,当它们发生严重过载、短路及欠电压等故障时能自动切断电路,因此,低压断路器是低压配电网中一种重要的保护电器。

低压断路器有多种保护功能(过载、短路、欠电压保护等)具有动作值可调、分断能力高、操作方便、安全等优点,所以目前被广泛应用。

## 1.4.1　低压断路器的结构及工作原理

低压断路器由操作机构、触头、保护装置(各种脱扣器)、灭弧系统等组成。低压断路器工作原理图如图 1-17 所示。

断路器主触点 1 串联在三相主电路中。主触点可由操作机构手动或电动合闸,当开关操作手柄合闸后,主触点 1 由锁键 2 保持在合闸状态。锁键 2 由搭钩 3 支持着,搭钩 3 可以绕轴 4 转动。如果搭钩 3 被杠杆 5 顶开,则主触点 1 就被复位弹簧 6 拉开,电路断开。

过电流脱扣器 7 的线圈和热脱扣器的热元件 13 与主电路串联。当电路发生短路或严重过载时,过电流脱扣器线圈所产生的吸力增加,将衔铁 9 吸合,并撞击杠杆 5,使自由脱扣机构动作,从而带动主触点断开主电路。当电路过载时,热脱扣器(过载脱扣器)的热元件 13 发热

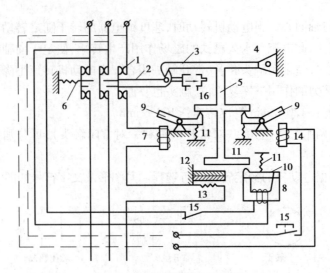

**图 1-17　低压断路器工作原理**

使双金属片 12 向上弯曲,推动自由脱扣机构动作。过电流脱扣器的动作具有反时限特性。当低压断路器由于过载而断开后,一般应等待 2—3 min 才能重新合闸,以使热脱扣器恢复原位,这也是低压断路器不能连续频繁地进行通断操作的原因之一。过电流脱扣器和热脱扣器互相配合,热脱扣器担负主电路的过载保护功能,过电流脱扣器担负断路和严重过载保障保护功能。

欠电压脱扣器 8 的线圈和电源并联。当电路欠电压时,欠电压脱扣器的衔铁释放,也使自由脱扣机构动作,断开主电路。

分励脱扣器 14 是用于远距离控制,实现远方控制断路器切断电源。在正常工作时,其线圈是断电的,当需要远距离控制时,按下启动按钮 15,使线圈通电,衔铁会带动自由脱扣机构动作,使主触点断开。

## 1.4.2　低压断路器的类型

低压断路器分类方法有多种,常见的类型有以下几种:① 万能式断路器,② 塑料外壳式断路器,③ 快速断路器,④ 限流断路器。

使用低压断路器实现短路保护比选择熔断器要好,因为当三相电路短路时,很可能只是一相的熔断器熔断,造成单相运行。对于低压断路器来说,只要造成短路都会使开关跳闸,将三相同时切断。

## 1.4.3　低压断路器的选型原则

① 断路器的额定电压和额定电流应大于或等于线路、设备的正常工作电压和工作电流。

② 断路器的极限通断能力大于或等于电路最大短路电流。

③ 欠电压脱扣器的额定电压等于线路的额定电压。

④ 过电流脱扣器的额定电流大于或等于线路的最大负载电流。

低压断路器的实物图片、图形、文字符号如图 1-18 所示。

图 1-18 低压断路器实物、图形及文字符号

# 1.5 熔断器

熔断器基于电流热效应原理和发热元件热熔原理设计,具有一定的瞬动特性,用于电路的短路保护和严重的过载保护。使用时,熔断器串接于被保护的电路中,当电路发生短路故障时,熔断器中的熔体被瞬时熔断而分断电路,起到保护作用。它具有结构简单、体积小、使用维护方便、分断能力比较强、限流性能良好、价格低廉等特点。熔断器的图形、文字符号及实物图如图 1-19 所示。

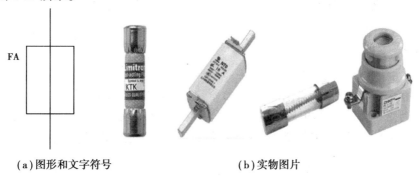

(a) 图形和文字符号　　　　　(b) 实物图片

图 1-19 熔断器实物、图形及文字符号

## 1.5.1 熔断器的结构及分类

熔断器在结构上主要由熔断管(或盖、座)、熔体及导电部件等部分组成。其中熔体是主要部分,它既是感测元件又是执行元件。熔断管一般是由硬质纤维或瓷质绝缘材料制成的半封闭或者封闭式管状外壳组成,熔体则装于其内。熔断管的作用是便于安装熔体和有利于熔体熔断时熄灭电弧。熔体由不同金属材料制成丝状、带状、片状或笼状,串接于被保护电路。

熔断器的种类很多,可以分为瓷插式、螺旋式、有填料封闭管式、无填料密闭管式、快速熔断器式、自复式。

在电气控制中,常用螺旋式熔断器,它有明显的分断指示和不用任何工具就可以取下或更换熔体的优点。

### 1.5.2　熔断器的选型

熔断器的选择应根据具体使用情况和条件确定其类型、额定电压、额定电流、熔体额定电流。熔断器的额定电流应小于它所安装的熔体的额定电流。

熔体额定电流的选择：

① 对于电炉、照明等电阻性负载的短路保护，熔体的额定电流应等于或稍大于电路的工作电流。

② 在配电系统中，通常有多级熔断器保护，发生短路故障时，远离电源端的前级熔断器应先熔断。所以一般后一级熔体的额定电流比前一级熔体的额定电流至少大一个等级，以防止熔断器越级熔断而扩大停电范围。

③ 保护单台电动机时，考虑到电动机受启动电流的冲击，熔断器的额定电流应按下式计算：

$$I_{RN} \geq (1.5 \sim 2.5)I_N \tag{1-4}$$

式中，$I_{RN}$ 为熔体的额定电流；$I_N$ 为电动机的额定电流，轻载启动或启动时间短时，系数可取近 1.5，带重载启动或启动时间较长时，系数可取 2.5。

④ 保护多台电动机时，熔断器的额定电流可按下式计算：

$$I_{RN} \geq (1.5 \sim 2.5)I_{Nmax} + \sum I_N \tag{1-5}$$

式中，$I_{Nmax}$ 为容量最大的那台电动机的额定电流；$\sum I_N$ 为其余电动机额定电流之和。

# 1.6　主令电器

主令电器是自动控制系统中用来发布命令，改变控制系统工作状态的电器，它可以直接作用于控制电路，也可以通过电磁式继电器的转换对电路实现控制，但不能直接分合主电路。主令电器应用十分广泛，其主要类型有按钮、行程开关、万能转换开关、主令控制器、脚踏开关等。

### 1.6.1　控制按钮

控制按钮是最常用的主令电器，在低压控制电路中用于手动发出控制信号。其典型结构、实物如图 1-20 所示，它由按钮帽、复位弹簧、桥式触头和外壳等组成。

按用途和结构的不同，分为启动按钮、停止按钮和复合按钮等。

启动按钮带有常开触头，手指按下按钮帽，常开触头闭合，手指松开，常开触头复位。启动按钮的按钮帽采用绿色。结构图见图 1-20。停止按钮带有常闭触头，手指按下按钮，常闭触头断开；手指松开，常闭触头复位。停止按钮的按钮帽采用红色。复合按钮带有常开触头和常闭触头，手指按下按钮帽，先断开常闭触头再闭合常开触头；手指松开，常开触头先复位，然后常闭触头复位。启动与停止交替动作的按钮必须是黑白、白色或灰色，不得使用红色和绿色。点动按钮必须是黑色。复位按钮必须是蓝色，当复位按钮兼有停止作用时，则必须是红色。按钮开关的图形、文字符号如图 1-21 所示。

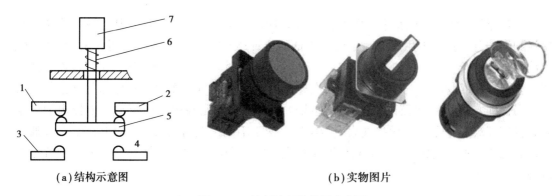

（a）结构示意图　　　　　　　　　　　　（b）实物图片

**图 1-20　控制按钮结构及实物图**

1、2—常闭触头；3、4—常开触头；5—桥式触头；6—复位弹簧；7—按钮帽

## 1.6.2　转换开关

　　转换开关是一种多挡式、多控制回路的主令电器，广泛应用于各种配电装置的电源隔离、电路转换、电动机远距离控制等，也常作为电压表、电流表的换相开关，还可用于控制小容量的电动机。

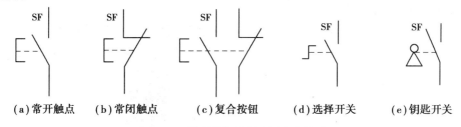

（a）常开触点　　（b）常闭触点　　（c）复合按钮　　（d）选择开关　　（e）钥匙开关

**图 1-21　控制按钮的图形及文字符号**

　　目前，常用的转换开关主要有两大类，即万能转换开关和组合开关。两者的结构和工作原理基本相似，在某些场合可以相互替代。转换开关按结构可分为普通型、开启型和防护组合型等。按用途可以分为主令控制和控制电动机两种。图 1-22 给出了转换开关的图形符号及实物图片。

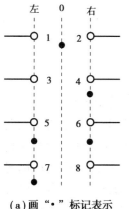

| 触　点 | 位　置 | | |
| --- | --- | --- | --- |
| — | 左 | 0 | 右 |
| 1—2 | | × | |
| 3—4 | | | × |
| 5—6 | × | | × |
| 7—8 | × | | |

（a）画"•"标记表示　　　　　（b）接通表表示　　　　　（c）实物图片

**图 1-22　转换开关的图形符号及实物图片**

转换开关的触点在电路中的图形符号如图 1-22 所示。其表示方法一种是在电路图中画虚线和画"●"的方法：即用虚线表示操作手柄的位置；如图 1-22(a)所示。用有无"●"表示触点的闭合和打开状态。比如，在触点图形符号下方的虚线位置上画"●"，则表示当操作手柄处于该位置时，该触点是处于闭合状态；若在虚线位置上未画"●"，则表示该触点是处于打开状态。另一种方法是，在电路图中既不画虚线也不画"●"，而是在触点图形符号上标出触点编号，见图 1-22(b)所示。再用接通表表示操作手柄于不同位置时的触点分合状态。在接通表中用有无"×"来表示操作手柄不同位置时触点的闭合和断开状态。转换开关的文字符号用SF 表示。

### 1.6.3　行程开关

行程开关又称限位开关，其主要用于检测工作机械的位置，发出命令以控制其运动方向或行程长短。行程开关也称位置开关，行程开关的图形符号及文字符号如图 1-23 所示。

行程开关按结构分为机械结构的接触式有触点行程开关和电气结构的非接触式接近开关。

接触式行程开关靠移动物体碰撞行程开关的操动头使其常开触头接通和常闭触头分断，从而实现对电路的控制作用。

行程开关主要根据机械位置对开关的要求及触点数目的要求来选择型号。

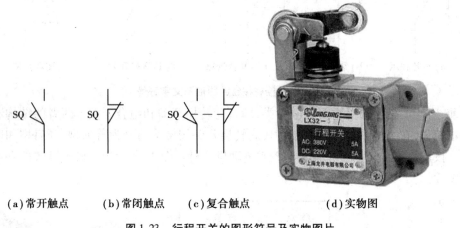

(a)常开触点　　　(b)常闭触点　　　(c)复合触点　　　　　　(d)实物图

图 1-23　行程开关的图形符号及实物图片

### 1.6.4　接近开关

接近开关是无触点开关，按工作原理来区分，有高频振荡型、电容型、感应电桥型、永久磁铁型、霍尔效应型等多种，其中以高频振荡型最为常用。高频振荡型接近开关的电路由振荡器、晶体管放大器和输出电路三部分组成。其基本工作原理是：当装在运动部件上的金属物体接近高频振荡器的线圈 L(称为感辨头)时，由于该物体内部产生涡流损耗，使振荡回路等效电阻增大，能量损耗增加，使振荡减弱直至终止，开关输出控制信号。通常把接近开关刚好动作时感应头与检测体之间的距离称为动作距离。接近开关的图形符号及实物图片如图1-24 所示。

(a) 常开触点　　　　(b) 常闭触点　　　　(c) 实物图

**图 1-24　接近开关的图形符号及实物图片**

接近开关因具有工作稳定可靠、使用寿命长、重复定位精度高、操作频率高、动作迅速等优点,故应用越来越广泛。接近开关按其工作原理分,有涡流式、电容式、光电式、热霍尔效应式和超声波式。无论选用哪种接近开关,都要注意对其工作电压、负载电流、响应频率、检测距离等各项指标的要求。

### 1.6.5　光电开关

光电开关除了克服接触式行程开关存在的诸多不足之外,还克服了接近开关的作用距离短、不能直接检测非金属材料等缺点。它具有体积小、功能多、寿命长、精度高、响应速度快、检测距离远以及抗电磁干扰能力强等优点。目前,光电开关已被用作物位检测、液位控制、产品计数、宽度判别、速度检测、定长剪切、孔洞识别、信号延时、自动门传感、色标检出以及安全防护等诸多领域。

## 1.7　信号电器

信号电器主要用来对电器控制系统中某些信号的状态、报警信息等进行指示。典型产品主要有信号灯(指示灯)、灯柱、电铃和蜂鸣器等。常见的信号电器如图 1-25 所示。

(a) 指示灯　　　　(b) 电铃　　　　(c) 蜂鸣器

**图 1-25　信号电器的图形符号及实物图片**

指示灯在各类电气设备及电气线路中做电源指示及指挥信号、预告信号、运行信号、事故信号及其他信号的指示。指示灯主要由壳体、发光体、灯罩等组成。外形结构多种多样,发光体主要有白炽灯、氖灯和半导体型三种。发光颜色有黄、绿、红、白、蓝等几种。

信号灯柱是一种尺寸较大的、由几种颜色的环形指示灯叠压在一起组成的指示灯。它可以根据不同的控制信号而点亮不同的灯。由于体积比较大,所以远处的操作人员也可看清楚。灯柱常用于生产流水线,用作不同的信号指示。

电铃和蜂鸣器都属于音响类的指示器件。在警报发生时,不仅需要指示灯指出具体的故障点,还需要声响器件报警,以便将报警信息告知在现场的所有操作人员。蜂鸣器一般用在控制设备上,而电铃主要用在较大场合的报警系统。

# 1.8　常用执行器件

能够根据控制系统的输出要求执行动作命令的器件称为执行电器。接触器就是典型的执行电器。除此之外,还有电磁阀、控制电机等。

## 1.8.1　电磁执行器件

电磁执行电器都是基于电磁机构的工作原理进行工作的。

### 1. 电磁铁

电磁铁主要由电磁线圈、铁芯和衔铁三部分组成。当电磁线圈通电后便产生磁场和电磁力,衔铁被吸合,把电磁能转换为机械能,带动机械装置完成一定的动作。根据电磁电流的不同,分为交流电磁铁和直流电磁铁。电磁铁的表示符号及实物图片如图 1-26(a)所示。

### 2. 电磁阀

电磁阀是用来控制流体的自动化基础器件,其常用于液压系统,来关闭或开通油路。常用的电磁阀有单向阀、溢流阀、电磁换向阀、速度调节阀等。

电磁换相阀通过变换阀芯在阀体内的相对位置,使阀体各油口接通或断开,从而控制执行器件的换相或启停。

结构性能常用位置数和通路数表示,并有单电磁铁和双电磁铁之分。

电磁阀的表示符号及实物图片如图 1-26(b)所示。

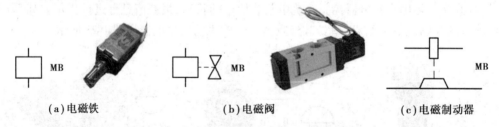

（a）电磁铁　　　　　　（b）电磁阀　　　　　　（c）电磁制动器

图 1-26　电磁驱动器件的图形符号及实物图片

### 3. 电磁制动器

电磁制动器利用电磁使运动件停止或减速,也叫电磁刹车或电磁抱闸。

① 电磁粉末制动器:励磁线圈通电时形成磁场,磁粉在磁场作用下磁化,形成磁粉链,并在固定的导磁体与转子间聚合,靠磁粉的结合力和摩擦力实现制动。

② 电磁涡流制动器:励磁线圈通电时形成磁场,制动轴上的电枢旋转切割磁力线而产生涡流,电枢内的涡流与磁场相互作用形成制动转矩。

③ 电磁摩擦式制动器:励磁线圈通电时形成磁场,通过磁轭吸合衔铁,衔铁通过连接件实现制动。

电磁制动器的表示符号及实物图片如图 1-26(c)所示。

### 1.8.2　常用驱动设备

**1. 伺服电动机**

伺服电动机又称执行电机,在自动控制系统中,用作执行元件,把所收到的电信号转换成电动机轴上的角位移或者角速度输出。伺服电动机分为交流伺服电动机和直流伺服电动机。三相永磁同步交流伺服电动机的图形符号、文字表示及实物图片如图 1-27(a)所示。

**2. 步进电动机**

步进电动机是一种将电脉冲转化为角位移的执行机构。当步进驱动器接收到一个脉冲信号时,它就驱动步进电动机按设定的方向转到一个固定的角度(即步进角)。可以通过控制脉冲个数来控制角位移量,来达到准确定位的目的;同时可以通过控制电动机转动的速度和加速度进行调速。步进电动机的图形符号、文字表示及实物图片如图 1-27(b)所示。

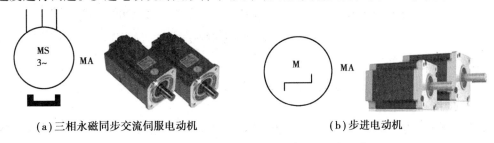

(a)三相永磁同步交流伺服电动机　　　　　　　　(b)步进电动机

图 1-27　常用驱动设备的图形符号及实物图片

## 1.9　常用检测仪表

单位时间里连续变化的信号称为模拟信号,常见的如流量、压力、温度、速度等。用于模拟信号的检测仪器仪表一般在过程控制系统中被大量使用。在电气控制系统中,对模拟信号处理也需要使用这样的检测仪表。

**1. 变送器**

几乎所有的能输出的标准信号(1—5 V 或 4—20 mA)的测量仪器都是由传感器加上变送器组成的。传感器用来直接检测各种具体的物理量的信号,变送器则把这些形形色色的变量(温度、流量、压力、位移等)信号变化成控制器或者控制系统能够使用的统一标准的电压或电流信号。变送器基于负反馈原理设计,它包括测量部分、放大器和反馈部分,其组成原理和输入/输出特性如图 1-28 所示。

**2. 常用检测仪表**

检测仪表多种多样,可以用来检测压力、流量、温度等模拟信号。变送器作为检测仪表的核心设备,其作用是将模拟信号转换成电信号,图 1-29 给出了常见变送器的表示符号。

(1)压力检测及变送器

根据测量原理不同,有不同的检测压力的方法。常用的压力传感器有:应变片压力传感器、陶瓷压力传感器、扩散硅压力传感器和压电压力传感器等。其中陶瓷压力传感器、扩散硅

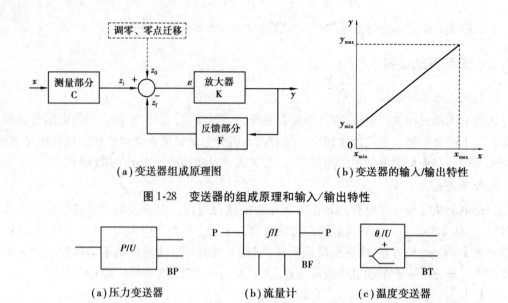

（a）变送器组成原理图　　　　（b）变送器的输入/输出特性

图1-28　变送器的组成原理和输入/输出特性

（a）压力变送器　　　（b）流量计　　　（c）温度变送器

图1-29　变送器表示符号

压力传感器在工业中最为常用。

压力变送器可以把压力信号变换成标准的电压或者电流信号。

（2）流量检测及流量计

流量计用于工业领域中对蒸汽、气体和液体的流量进行测量。流量计中包含检测传感部分和变送器部分，其输出信号为标准的电压或者电流信号，一些高精度的流量计可以输出频率信号。根据不同的检测原理，有不同的流量计，它们适用于不同的场合。常用的流量计主要有电磁流量计、科氏力流量计、涡流流量计和超声波流量计等类型。

（3）温度检测及变送器

各种测温方法大都是利用物体的某些物理化学性质（如膨胀率、电阻率、热电势、辐射强度、颜色等）与温度具有一定关系的原理来设计的。测温方法可分为接触式和非接触式两大类。接触式测温方法有使用液体膨胀式温度计、热电偶、热电阻等。非接触式测温方法主要有光学高温仪、辐射高温计、红外探测器测温等。工业控制系统中常用的测温元件是热电偶和热电阻。

温度变送器接收温度传感器信号并将其转换成标准信号输出。

## 思考与练习题

1．什么是低压电器？分为哪两大类？常用低压电器有哪些？

2．什么是接触器？接触器由哪几部分组成？各自的作用是什么？

3．为什么热继电器只能作电动机的过载保护而不能作短路保护？

4．试举出两种不频繁的手动接通和分断电路的开关电器。

5．试举出组成继电器接触器控制电路的两种电气元件。

6．控制电器的基本功能是什么？

7. 电弧是怎样产生的？灭弧的主要途径有哪些？

8. 为什么交流电压线圈不能串联使用？

9. 时间继电器和中间继电器在电路中各起什么作用？

10. 热继电器在电路中的作用是什么？

11. 熔断器在电路中的作用是什么？

12. 行程开关、万能转换开关及主令控制器在电路中各起什么作用？

13. 低压断路器在电路中可以起到哪些保护作用？说明各种保护作用的工作原理。

14. 试说出交流接触器与中间继电器的相同及不同之处。

15. 试说出熔断器与热继电器的相同及不同之处。

# Глава 1

# Электрические системы управления

**Основное внимание в этой главе**

• Принципы работы, различия и связи различных распространенных низковольтных электроприборов.

• Основные принципы выбора и выбора обычных низковольтных электроприборов.

**Трудности этой главы**

• Принцип работы электромагнитного механизма

В деле экономического строительства и жизни людей в Китае использование электроэнергии становится все более широким. Реализация модернизации промышленности, сельского хозяйства, национальной обороны, науки и техники не может быть отделена от электрификации. Для безопасного и надежного использования электрической энергии схемы должны быть оснащены различными электрическими устройствами, выполняющими регулирующее, распределительное, контрольное и защитное действие. С развитием науки и техники и производства ассортимент электроприборов постоянно увеличивается, количество использования очень велико, использование чрезвычайно широко. Независимо от уровня развития системы электрического управления, то, что описано и описано в этой главе, является неотъемлемой частью этой системы.

## 1.1 Базовые знания электротехники

### 1.1.1 Определение и классификация электроприборов

Электрические приборы-это электротехнические устройства, которые в соответствии с сигналами и требованиями, предъявляемыми внешним миром, могут вручную или автоматически отключать или включать цепь, периодически или непрерывно изменять параметры цепи для достижения переключения, управления, обнаружения, защиты, преобразования и регулирования электрических или неэлектрических объектов.

Существует множество видов электроприборов, существует множество классификаций. Существует несколько общих классификаций:

1. Распределение по классу рабочего напряжения

1) Высоковольтные электроприборы используются для электроприборов в цепях переменного напряжения 1 200В, напряжения постоянного тока 1 500 V и выше.

2) Электрические приборы низкого напряжения используются для электроприборов с номинальным напряжением менее 1 200 В при частоте 50 Гц (или 60 Гц) переменного тока и номинальным напряжением 1 500 В и ниже цепей постоянного тока. На рисунке 1-1 представлена общая классификация низковольтных электроприборов.

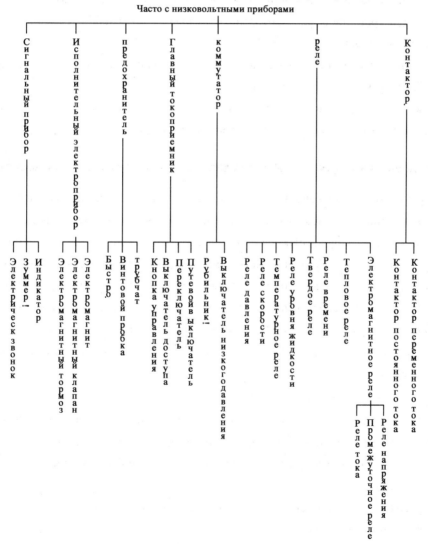

Рисунок 1-1    Классификация обычно используемых низковольтных электроприборов

2. Разделение по принципу действия

1）Ручной электроприбор вручную управляет электроприбором, который выдает команду действия, например, нож переключатель, кнопка и так далее.

2）Автоматизированные устройства, которые генерируют электромагнитное притяжение и автоматически выполняют команды действия, такие как контакторы, реле, электромагнитные клапаны и т. д.

3. Распределение по целям

1）Управляющие устройства используются в различных цепях управления и системах управления, таких как контакторы, реле, стартеры электродвигателей и т. д.

2）Электрические распределительные приборы для электроприборов, используемых для передачи и распределения электроэнергии, такие как высоковольтные выключатели.

3）Магистральные электроприборы используются в системах автоматического управления электроприборами, которые отправляют команды действий, такие как кнопки, переключатели и т. д.

4）Защитные электроприборы используются для защиты цепей и электроприборов, таких как предохранители, термореле и т. д.

5）электроприборы, используемые для выполнения определенных действий или передаточных функций, таких как электромагниты, электромагнитные муфты и т. д.

## 1.1.2　Конструкция и принцип работы электромагнитных низковольтных электроприборов

Электромагнитные низковольтные электроприборы наиболее широко используются в электрических линиях управления, их типы также многочисленны, все виды электромагнитных низковольтных электроприборов в принципе работы и конструкции в основном одинаковы. Среди наиболее часто используемых низковольтных электроприборов контакторы, промежуточные реле, выключатели и т. Д. относятся к электромагнитным низковольтным электроприборам. Электромагнитные низковольтные электроприборы в основном состоят из электромагнитного механизма, контактной системы, дугогасителя. На рисунке 1-2 показана структура универсального выключателя низкого давления.

1. Электромагнитный механизм

Электромагнитный механизм является сенсорной частью электромагнитного электроприбора, его основная роль заключается в преобразовании электрической энергии в механическую энергию, приводя действие контакта, чтобы завершить включение или разделение схемы.

Электромагнитный механизм состоит из нескольких частей, таких как сердечник, якорь и катушка притяжения.

Принцип работы электромагнитного механизма: при прохождении тока в катушке

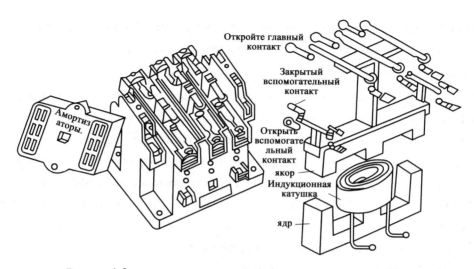

**Рисунок** 1-2   **схема универсальных низковольтных выключателей**

создается достаточно магнитного импульса, чтобы сердечник получил электромагнитную силу, достаточную для преодоления реакции пружины, так что якорь закрывается с сердечником и приводит к действию контакта.

2. Контактная система

Электричество низкого напряжения подключается или отключается от предполагаемой цепи через действие контакта. Контакты обычно состоят из комбинации динамических и статических контактов, поэтому есть три рабочих состояния: замкнутое состояние, процесс разделения и процесс включения.

Контактная система имеет две структуры: мостовая и пальцевая.

Контактная форма контакта имеет три вида: точечный контакт, линейный контакт и поверхностный контакт, как показано на рисунке 1-3.

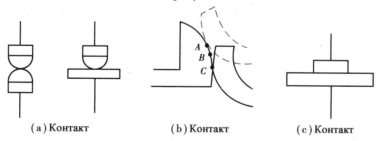

（а）Контакт           （b）Контакт              （c）Контакт

**Рисунок** 1-3   **Форма контакта контакта**

Контакты могут быть разделены на основные и вспомогательные контакты в соответствии с схемой, которую они контролируют. Основной контакт используется для включения основной цепи, что позволяет пропускать больший ток; Вспомогательные контакты используются для включения или отключения цепи управления, только через меньший ток.

Контакты в зависимости от их первоначального состояния можно разделить на: часто открытые, часто закрытые.

Действие контакта означает: часто открытое замыкание; Часто отключается.

Удаление контакта означает возвращение в исходное состояние.

3. дугогасительная система

Динамический контакт в процессе разделения, так как мгновенная плотность заряда чрезвычайно высока, что приводит к образованию большого количества горячего потока заряда между динамическими и статическими контактами, то есть дуги.

дуга постоянного тока гасится удлинением дуги и охлаждением дуги; Переменный ток легче гасить, чем дуга постоянного тока из-за естественного превышения нуля.

Методы дугогашения, обычно используемые устройствами низкого давления, включают:

(1) Поглощение дуги с несколькими точками останова

(2) Поглощение дуги магнитным дутьем

(3) Поглощение дуги металлической решетки

(4) Покрытие дуги

4. Принцип работы электромагнитного механизма

Принцип работы электромагнитного механизма обычно характеризуется тяговыми и реактивными свойствами. электромагнитный механизм делает кривую зависимости силы адсорбции якоря от воздушного зазора так называемой характеристикой всасывания; Электромагнитный механизм делает кривую зависимости между силой, высвобождающей якорь (сброс), и воздушным зазором, называемой характеристикой реакции.

(1) Характеристики реакции

Сила, высвобождаемая электромагнитным механизмом якоря, в основном является реакцией пружины ( игнорируя собственную массу якоря ), реакция пружины пропорциональна смещению ее деформации x, ее характеристики реакции могут быть записаны

$$F_{反} = K_1 x \tag{1-1}$$

Учитывая наличие превышения при закрытии нормально открытых контактов, характеристики реакции электромагнитного механизма показаны на кривой 3 на рисунке 1-4.

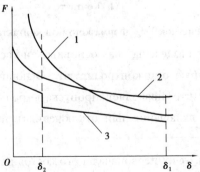

Рисунок 1-4　Характеристики всасывания и реакции

（2）Характеристики всасывания

Характеристики всасывания электромагнитного механизма отражают связь между его электромагнитным всасыванием и длиной воздушного зазора. Поскольку тип тока возбуждения оказывает большое влияние на характеристики всасывания, характеристики всасывания электромагнитного механизма переменного и постоянного тока должны быть описаны отдельно.

①Характеристики притяжения электромагнитного механизма постоянного тока

Когда электромагнитный механизм постоянного тока стабилен, магнитная цепь не влияет на цепь, можно считать, что цепь работает в постоянном магнитном потенциале. всасывающий $F$ и воздушный зазор электромагнитного механизма постоянного тока $\delta$ Квадрат обратно пропорционален. Его характеристики всасывания показаны на диаграмме 1-4.

Характеристика всасывания электромагнитного механизма постоянного тока-форма кривой второго порядка, которая показывает, что всасывание до и после закрытия якоря сильно меняется, и чем меньше воздушный зазор, тем больше всасывание.

Электромагнитный механизм постоянного тока в процессе адсорбции якоря, электромагнитное всасывание постепенно увеличивается, полное всасывание электромагнитного всасывания достигает максимума. Для систем управления с высокими требованиями к надежности или частыми движениями часто используются электромагнитные механизмы постоянного тока.

②Характеристики притяжения электромагнитного механизма переменного тока

Сопротивление катушки возбуждения электромагнитного механизма переменного тока в основном зависит от сопротивления катушки（сопротивление относительно невелико）, тогда

$$E = 4.44f\Phi N \tag{1-2}$$

$$\Phi = U/4.44fN \tag{1-3}$$

Когда частота $f$, число витков $N$ и приложенное напряжение $U$ являются постоянными, из формулы（1-3）видно, что магнитный поток Ф *Также является константой. Но на самом деле, необходимо учитывать влияние потока утечки, всасывания* F *с воздушным зазором* $\delta$ Сокращение незначительно увеличилось. Его тяговые свойства показаны на рисунке 1-4, кривая 2.

Электромагнитный механизм переменного тока работает в постоянном магнитном потоке до и после адсорбции якоря, поэтому всасывание в основном остается неизменным, но, учитывая влияние рассеянного магнитного потока, его электромагнитное всасывание немного увеличивается с уменьшением воздушного зазора.

Для обеспечения постоянного магнитного потока магнитное сопротивление воздушного зазора увеличивается пропорционально увеличению длины воздушного зазора, поэтому размер тока возбуждения также увеличивается пропорционально длине воздушного зазора. Таким образом, сетевое кольцо тока возбуждения включено, но якорь еще не всасывается, его ток будет намного больше, чем номинальный ток, если якорь застрял не может быть всосан или якорь часто действует, катушка переменного тока может сгореть из-за избыточного тока, поэтому в случае высоких требований к надежности или частых действий, как правило, не используется электромагнитный механизм переменного тока.

③Сочетание тяговых и реактивных характеристик

Чтобы электромагнитный механизм работал нормально, чтобы гарантировать, что якорь может прочно впитываться, его характеристики всасывания и характеристики реакции должны быть правильно согласованы. На протяжении всего процесса всасывания якоря его всасывание должно быть больше, чем противодействие, то есть характеристики всасывания должны всегда находиться выше характеристик реакции; При высвобождении якоря, то есть всасывающие свойства должны находиться ниже характеристик реакции. Отражение на характеристике означает, что всасывающие свойства должны быть выше характеристик реакции и близко друг к другу, как показано на рисунке 1-4.

# 1.2　Контакторы

## 1.2.1　Назначение и классификация контакторов

Основным назначением контактора в системе управления электроприводом является управление запуском и остановкой двигателя, положительным инверсией, торможением и регулировкой скорости, поэтому это самый важный управляющий прибор. Он структурно состоит из электромагнитной системы, контактной системы, дугогасительного устройства.

Существует много типов контакторов, в зависимости от размера привода можно разделить на электромагнитные, пневматические и гидравлические, из которых электромагнитные контакторы наиболее широко используются.

Электромагнитные контакторы классифицируются по типу тока в цепи, управляемой их основными контактами, с контакторами постоянного тока и контакторами переменного тока. Для контакторов переменного тока, используемых в важных случаях, для надежной работы их катушки могут использовать метод возбуждения постоянного тока. На рисунке 1-5 показана физическая схема контактора.

Контакторы контактора переменного и постоянного тока можно разделить на:

Основной контакт: может использоваться в основной цепи и цепи управления.

Вспомогательный контакт: используется для управления цепью.

Основные и вспомогательные контакты обычно используют мостовые контакты с двумя точками останова. Поскольку мостовые контакты с двумя точками останова имеют электрическую дугу дуги, контакторы переменного тока ниже 10 A обычно не имеют

**Рисунок** 1-5 **Физическая схема контактора переменного и постоянного тока**

дугогасителя, а контакторы переменного тока выше 10 А используют сетчатые дугогасители.

Как правило, когда контактор переменного тока работает, контактор может надежно всасываться, когда напряжение переменного тока, наложенное на катушку, превышает 85% от номинального напряжения катушки.

При движении контакта обычно закрывающийся сначала отключается, часто открывается, а затем закрывается, главный контакт и вспомогательный контакт действуют одновременно.

Контактор имеет определенную функцию защиты от сброса напряжения: когда значение напряжения в катушке падает до определенного значения, магнитный поток в сердечнике падает, притяжение уменьшается до недостаточного, чтобы преодолеть противодействие пружины сброса, якорь сбрасывается под действием реакции пружины сброса, каждый контакт сбрасывается.

Основной контакт контактора переменного и постоянного тока используется в основной цепи или цепи управления большим током. Дополнительные контакты используются для управления цепью. Графические и текстовые символы контактора показаны на рисунках 1-6.

( a ) катушк      ( b ) Главный контакт      ( c ) Вспомогательный контакт

**Рисунок** 1-6 **Графические и текстовые символы контактора**

## 1.2.2 Технические параметры контактора

( 1 ) Номинальное напряжение, которое может выдержать главный контакт номинального напряжения.

Контакторы переменного тока: 127, 220, 380, 500 V

Контакторы постоянного тока: 110, 220, 440 V

（2）Основной контакт номинального тока допускает максимальный ток, проходящий в течение длительного времени.

Контакторы переменного тока: 5, 10, 20, 40, 60, 100, 150, 250, 400, 600 A

Контакторы постоянного тока: 40, 80, 100, 150, 250, 400, 600 A

（3）Номинальное напряжение катушки плюс напряжение на сетевом кольце.

Контакторы переменного тока: 36, 110（127）, 220, 380 V

Контакторы постоянного тока: 24, 48, 220, 440 B

（4）Значение тока, при котором основной контакт соединительной и разъединительной способности надежно подключается и разъединяется при определенных условиях. При этом значении тока основной контакт не должен подвергаться сварке при включении схемы, а при разрыве цепи главный контакт не должен излучать дугу времени роста.

（5）Номинальная рабочая частота позволяет максимальное количество соединений в час, выраженное в порядке／час.

（6）При нормальных условиях электрического и механического срока службы электрический срок службы составляет 50-1 миллион раз, механический срок службы-5-10 миллионов раз.

### 1.2.3　Принципы выбора контактора

Контакторы широко используются, их номинальный рабочий ток или номинальная управляющая мощность варьируются в зависимости от условий использования, только в соответствии с различными условиями использования правильно выбраны, чтобы гарантировать надежную работу контактора. Как правило, при выборе контактора в основном используются следующие аспекты.

（1）Тип контактора выбирает контактор переменного тока или контактор постоянного тока в зависимости от типа тока нагрузки.

（2）Номинальное напряжение селективного контактора номинального напряжения означает номинальное напряжение основного контакта и должно быть равно номинальному напряжению нагрузки.

（3）Номинальный ток контактора выбора номинального тока означает номинальный ток основного контакта, который должен быть равен или немного больше номинального тока нагрузки（определяемого классом использования, указанным при проектировании контактора）.

（4）Номинальное напряжение катушки выбирается так же, как и напряжение цепи управления, при нагрузке переменного тока выбирается контактор переменного тока катушки переменного тока, а при нагрузке постоянного тока-контактор постоянного тока катушки постоянного тока.

（5） Количество и тип контактов контактора выбираются в соответствии с требованиями основной и управляющей цепей.

# 1.3  Реле

## 1.3.1  Определение и классификация реле

Реле-это автоматическое управляющее устройство, которое включает или отключает цепь управления небольшим током на основе определенного входного сигнала для обеспечения дистанционного управления и защиты. Он имеет входную цепь（также известную как индукционный элемент）и выходную цепь（также известную как исполнительный элемент）. Когда входная величина（например, напряжение, ток, температура, давление и т. д.）в индукционном элементе изменяется до определенного значения, действие реле, исполнительный элемент включает и отключает цепь управления. Физические диаграммы показаны на рисунках 1-7.

Рисунок 1-7 Физическая схема реле

Существует множество типов реле, в зависимости от разных методов классификации, могут быть разные разделения. К числу распространенных классификаций относятся：

Распределение по назначению: контрольные и защитные реле；

По принципу действия: электромагнитные, индукционные, электрические, электронные и тепловые реле.

Распределение по входному сигналу различается: есть реле напряжения, промежуточное реле, токовое реле номера, реле времени, реле скорости и так далее.

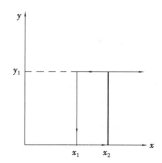

**Рисунок** 1-7 **Физическая схема реле**          **Рисунок** 1-8 **Свойства реле**

Основной характеристикой реле является входно-выходное свойство, то есть релейное свойство. Характеристика реле показана на рисунке 1-8. Когда пропускная способность реле увеличивается с нуля до $x_1$, выход $y$ равен нулю. Когда входная величина $x$ увеличивается до $x_2$, реле всасывается, выходной объем составляет $y_1$, а если $x$

увеличивается снова, значение x остается неизменным. Когда x уменьшается до $x_1$, реле высвобождается, а выход падает с $y_1$ до нуля. x Уменьшение, значение y равно нулю.

На рисунке $x_2$ называется значением адсорбции реле, и для того, чтобы реле всасывало, входное количество должно быть больше или равно этому значению; $x_1$ называется значением высвобождения реле, которое для высвобождения реле должно быть меньше или равно этому значению.

$k = x_1/x_2$ называется коэффициентом возврата реле, который является одним из важных параметров реле.

Другим важным параметром реле является время всасывания и время высвобождения. Время адсорбции-это время, необходимое для получения электрического сигнала от катушки до полного адсорбции якоря; Время высвобождения-это время, необходимое для полного высвобождения якоря от потери тока катушки. Время всасывания и высвобождения реле общего назначения составляет 0.05-0.15 s, быстродействующее реле- 0.005-0.05 s, его размер влияет на частоту работы реле.

Независимо от того, является ли входная мощность реле электрической или неэлектрической, последний день работы реле всегда управляет разрывом или закрытием контакта, который, в свою очередь, выключается цепью управления, и в этом случае контактор и реле одинаковы. Однако они отличаются друг от друга и проявляются главным образом в двух аспектах.

（1）Различные реле регулируемых линий используются для управления цепями малого тока и цепями управления; Контакторы используются для управления мощными, токовыми и основными цепями, такими как электродвигатели.

（2）Входные сигналы различных реле входного сигнала могут быть различными физическими величинами, такими как напряжение, ток, время, давление, скорость и т. д., а входная величина контактора-только напряжение.

1. Реле напряжения

Реле напряжения отражают сигналы напряжения. При использовании катушка реле напряжения соединяется с нагрузкой, а ее катушка имеет несколько витков и тонкий диаметр линии.

Обычно используются два типа реле с низким (нулевым) напряжением и реле с избыточным напряжением.

Аналогично реле тока:

Реле низкого напряжения: при нормальной работе цепи, всасывание реле низкого напряжения, когда напряжение цепи уменьшается ниже определенного фиксированного значения, высвобождение реле низкого напряжения, реализация защиты цепи от низкого напряжения.

Реле перенапряжения: когда схема работает нормально, реле перенапряжения не работает, когда напряжение цепи превышает определенное целое значение, реле перенапряжения всасывается, схема реализует защиту от перенапряжения.

Реле с нулевым напряжением: по сути, реле с низким напряжением, за исключением того, что его фиксированное значение намного меньше значения реле с низким напряжением. Когда напряжение цепи уменьшается до 5-25% $U_N$, высвобождается, схема обеспечивает защиту от нулевого напряжения.

Графические и текстовые символы катушки реле напряжения, как показано на рисунке 1-9(а), могут четко указывать, является ли это реле перенапряжения или реле низкого напряжения.

2. Электрические реле

Электрические реле отражают электрические сигналы. При использовании катушки и нагрузки реле тока последовательно соединяются, количество витков катушки меньше, а диаметр линии толстый. Таким образом, падение давления на катушке невелико и не влияет на ток нагруженной цепи.

Обычно используются два типа реле тока: реле недотока и реле перенатока.

Реле с низким током: при нормальной работе цепи, действие адсорбции реле с низким током, когда ток цепи уменьшается ниже определенного фиксированного значения, реле с низким током высвобождается, схема играет роль защиты от недостаточного тока.

Реле избыточного тока: когда схема работает нормально, реле избыточного тока не действует, когда ток в цепи превышает определенное целое значение, действие адсорбции реле избыточного тока играет роль защиты цепи от перенапряжения.

При перегрузке или коротком замыкании цепи реле перенапряжения всасывается и сразу же после всасывания отключает управляемый контактор или цепь, а затем сам освобождается. Поэтому реле избыточного тока имеет характеристики кратковременной работы.

Графические и текстовые символы катушки реле тока, как показано на рисунке 1-9 (b), могут четко указывать, является ли это реле избыточного тока или реле недостаточного тока.

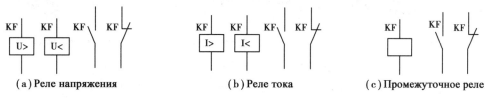

(a) Реле напряжения　　　　(b) Реле тока　　　　(c) Промежуточное реле

**Рисунок 1-9　Графические и текстовые символы реле**

3. Промежуточное реле

Промежуточное реле по существу является реле напряжения, форма промежуточного реле показана на рисунке. Он характеризуется большим количеством контактов, емкость тока может быть увеличена, играя роль промежуточного усиления (количество контактов и емкость тока).

Графические и текстовые символы промежуточных реле показаны на рисунке 1-9(с), а физические-на рисунке 1-10.

### 1.3.2　Тепловое реле

В системе управления электроприводом, когда трехфазный двигатель переменного тока имеет долгосрочную работу с нагрузкой без напряжения, долгосрочную работу с перегрузкой и долгосрочную однофазную работу и другие ненормальные условия, это может привести к серьезному перегреву обмотки двигателя или даже выгоранию. Чтобы в полной мере использовать перегрузочную способность двигателя, чтобы обеспечить нормальный запуск и работу двигателя, когда двигатель имеет длительную

Рисунок 1-10　Физические чертежи промежуточных реле

перегрузку, он может автоматически отключить цепь, так что появляется электроприбор, который может изменять время действия с перегрузкой, это тепловое реле. Термореле использует принцип теплового эффекта тока и принцип теплового расширения тепловых элементов для достижения защиты от перегрузки трехфазного двигателя переменного тока.

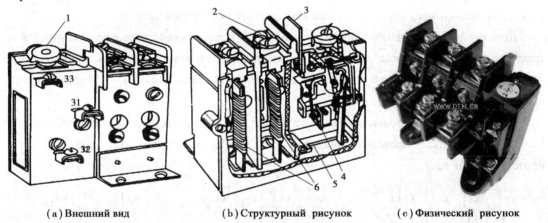

(а)Внешний вид　　　　(b)Структурный рисунок　　　(с)Физический рисунок

Рисунок 1-11　Структура тепловых реле

1-Установка тока 2; соединительная колонка главной цепи; 3-кнопка сброса

4-нормально закрытый контакт; 5-механизм действия 6-тепловой элемент

31-зажимная колонна; 32-контактная колонна; 33-контактная колонна зажима

Тепловое реле может автоматически регулировать время действия в зависимости от размера тока перегрузки, имеет антивременную защиту, то есть ток перегрузки большой, время действия короткое; Ток перегрузки небольшой, длительное действие. Когда рабочий ток двигателя равен номинальному току, тепловое реле должно не работать в течение длительного времени.

Тепловые реле в основном состоят из тепловых элементов, биметаллических пластин, контактных трех частей, см. Рисунок 1-11, принципиальную схему см. Рисунок 1-12. Биметаллическая пластина представляет собой датчик термореле, который состоит из двух металлических пластин с различными коэффициентами расширения линии, измельченных механическим способом. Тепловые элементы обычно представляют собой резистивную проволоку, окруженную биметаллической пластиной и соединенную в обмотку статора двигателя. До нагрева длина двух металлических пластин в основном одинакова.

Когда тепловой элемент, расположенный в цепи статора двигателя, проходит через ток, тепло, создаваемое тепловым элементом, удлиняет два металлических пластины. Поскольку коэффициенты линейного расширения различны и поскольку они тесно связаны, биметаллические пластины изгибаются. Когда двигатель работает нормально, тепло, генерируемое тепловыми элементами, может изгибать биметаллические пластины, но этого недостаточно, чтобы заставить контакт теплового реле двигаться. При перегрузке двигателя биметаллическая пластина изгибается и смещается, толкая направляющую пластину, чтобы цепь управления контактом теплового реле играла защитную роль.

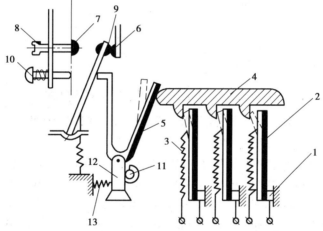

**Рисунок 1-12   Схема принципов биметаллических пластинчатых тепловых реле**

1-соединительный зажим; 2-основная биметаллическая пластина; 3-тепловой элемент;

4-толкающая направляющая; 5-компенсационная биметаллическая пластина;

6-нормально закрытый контакт; 7-нормально-открытый контакт; 8-сбросный регулирующий винт;

9-подвижной контактный столб; 10-кнопка сброса; 11-эксцентрик; 12-опора ; 13-пружина

После срабатывания теплового реле его можно автоматически или вручную сбросить после периода охлаждения. Регулирование тока действия теплового реле может быть достигнуто с помощью вращающегося кулачка в разных местах.

В трехфазной асинхронной схеме двигателя обычно используется двухфазное тепловое реле, то есть последовательное включение тепловых элементов в двухфазную основную схему.

Если возникает серьезный дисбаланс трехфазного питания, короткое замыкание внутри обмотки двигателя или плохая изоляция и другие неисправности, так что ток линии в одной фазе двигателя выше, чем в других двух фазах, и эта фаза не имеет последовательного теплового элемента, тепловое реле также не может играть защитную роль, тогда необходимо использовать трехфазное термореле.

Для трехфазного индукционного двигателя двигатель с обмоткой статора должен использовать тепловое реле с защитой от разрыва фазы. Поскольку тепловой элемент термореле соединяется в проводе питания соединенного двигателя и выбирается тепловым реле по номинальному току двигателя, когда ток линии отказа достигает номинального тока, внутри обмотки двигателя поток неисправной фазы этой фазовой обмотки с большим током будет превышать номинальный фазовый ток. Но поскольку тепловые элементы последовательно подключаются к проводу питания, тепловое реле не работает, но для двигателя существует опасность перегрева. Защищая соединенный двигатель от разрыва фазы, три тепловых элемента должны быть последовательно соединены в каждой фазовой обмотке двигателя. Тепловые элементы тепловых реле, графические символы контактов и текстовые символы показаны на рисунке 1-13.

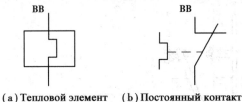

(a) Тепловой элемент　(b) Постоянный контакт

**Рисунок** 1-13　**Графические и текстовые символы термореле**

Принципы выбора тепловых реле:

В основном в соответствии с номинальным током двигателя, чтобы определить его модель и номинальный уровень тока теплового элемента. Его фиксированный ток обычно равен или немного превышает номинальный ток двигателя.

Примечание: Из-за тепловой инерции тепловые реле не могут быть защищены от короткого замыкания. Потому что в случае короткого замыкания цепь должна быть немедленно отключена, а тепловое реле не может действовать мгновенно в тепловой инерции.

При запуске двигателя или кратковременной перегрузке тепловое реле не работает, что обеспечивает нормальную работу двигателя.

## 1.3.3　Реле времени

В системе автоматического управления требуется реле с мгновенным действием, а также реле с замедленным действием. Реле времени-это реле, которое использует входной сигнал (включение или отключение катушки), который выводит сигнал (закрытие или отключение контакта) с определенной задержкой. В системах промышленной автоматизации требования к управлению, основанные на принципе времени, очень распространены, поэтому реле времени является одним из наиболее часто используемых элементов низкого давления.

Реле времени-это контрольное устройство, используемое для подключения или отключения контакта с задержкой.

Существует два способа задержки реле времени:

Задержка включения: задержка определенного времени после включения катушки, действие контакта; После отключения электрический контакт мгновенно восстанавливается.

Задержка отключения: мгновенное действие контакта после включения катушки; После отключения электричества отсрочить определенное время, прежде чем контакт сбросится.

Реле времени имеют несколько форм: воздушный, электронный, электрический.

(1) Воздушные реле времени

Использование воздушного демпфирования для достижения цели задержки.

Характеристика: простая структура, низкая цена, диапазон задержки $0,4 \sim 180$ s, но большая ошибка задержки, трудно точно установить время задержки

(2) Электронные реле времени

Электронное реле времени использует принцип, согласно которому конденсаторное напряжение в RC-цепи не может быть скачкообразно изменено и может быть получено только в соответствии с экспоненциальным законом-характеристикой электрического затухания.

Характеристики: Широкий диапазон задержки (до 3 600 s), высокая точность (как правило, около 5%), небольшой размер, устойчивость к ударной вибрации, удобное регулирование.

(3) Электрические реле времени

Использование микросинхронного двигателя для управления редукторной шестерней для получения задержки.

Характеристика: Широкий диапазон задержки до 72 часов, точность задержки может составлять 1%, в то время как значение задержки не зависит от колебаний напряжения и изменения температуры окружающей среды.

Диапазон задержки и точность реле времени с двигателем не имеют себе равных в других реле времени, недостатком является сложная структура, большой объем, низкий срок службы, высокая цена, точность зависит от частоты питания.

Текстовый символ реле времени KF, катушка реле времени, изображение контакта показано на рисунке 1-14.

Способы запоминания контактных знаков различных замедленных действий реле времени:

Примечание: левая скобка указывает на задержку включения, а правая-на задержку отключения. В сочетании с продолжительностью задержки включения и отключения электроэнергии для запоминания.

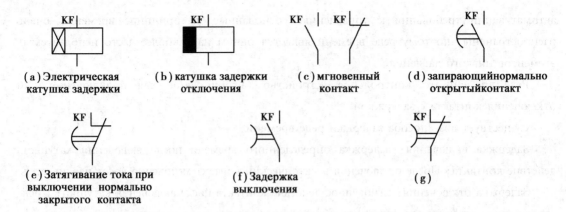

(a) Электрическая
катушка задержки

(b) катушка задержки
отключения

(c) мгновенный
контакт

(d) запирающийнормально
открытыйконтакт

(e) Затягивание тока при
выключении нормально
закрытого контакта

(f) Задержка
выключения

(g)

**Рисунок 1-14　Графические и текстовые символы реле времени**

В реле времени также есть некоторые контакты без задержки, которые действуют мгновенно, когда катушка реле времени заряжена, и немедленно сбрасываются, когда катушка реле времени отключена.

Символы идентичны обычным открытым и закрытым символам, за исключением того, что KF используется для обозначения реле времени.

## 1.3.4 Реле скорости

Реле скорости в основном используются в трехфазном асинхронном двигателе с обратным торможением, цепи управления торможением потребления энергии, используемые для автоматического отключения источника питания антифазной последовательности, когда асинхронный двигатель имеет обратную тормозную скорость при нуле.

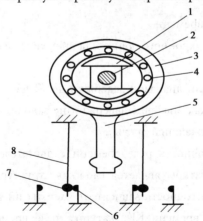

**Рисунок 1-15　Принципиальная схема конструкции реле скорости**

1-ротор; 2-вал двигателя; 3-статор; 4-обмотка;

5-рукоятка статора; 6-статический контакт; 7-подвижной контакт; 8-пружина

Состав реле скорости: статор, ротор и контакт три части, см. рис. 1- 15. Ось реле скорости соединена с осью двигателя. Ротор закреплен на оси, статор концентричен с осью. Когда двигатель вращается, ротор реле скорости вращается вместе с ним, обмотка режет магнитное поле, создавая индукционную электрическую силу и ток, магнитное действие этого тока и постоянного магнита создает момент вращения, так что статор отклоняется в направлении вращения оси, проходя

рукоятка статора вызывает контакт, так что нормально закрытый контакт отключен, нормально открытый контакт закрыт. Когда скорость двигателя падает почти до нуля, момент уменьшается, рукоятка статора восстанавливается на месте под действием пружинной силы, контакт также восстанавливается.

Параметры: скорость движения: >120 rpm

Скорость сброса: <100 rpm

Реле скорости имеют два набора контактов (каждый с парой нормально открытых и парой нормально закрытых), которые могут управлять положительным и обратным торможением двигателя соответственно.

Реле скорости выбираются в зависимости от номинальной скорости двигателя. Его графические и текстовые символы показаны на рисунке 1-16.

Ротор　　　нормально открытый контакт　　　нормально-закрытый контакт

**Рисунок** 1-16　**Графические и текстовые символы реле скорости**

# 1.4　Переключатели низкого давления

Переключатели широко используются в распределительных системах и системах управления перетаскиванием электроэнергии, которые используются в качестве изоляции питания, защиты и управления электрооборудованием. Переключатели, обычно используемые в прошлом, являются одним из самых простых и недорогих ручных электроприборов, которые в основном используются для включения и отключения питания долгосрочных рабочих устройств, а также асинхронных двигателей, которые не часто запускаются и тормозятся и имеют мощность менее 7,5 kW. В настоящее время большинство переключателей в основном заняты выключателями.

Переключатели низкого напряжения, также известные как автоматические переключатели или воздушные переключатели, являются очень важными переключателями и защитными устройствами в распределительных сетях низкого напряжения и системах электропривода, которые объединяют управление и различные защитные функции. Переключатели низкого давления делятся на универсальные выключатели и выключатели с пластиковой оболочкой двух основных категорий, в настоящее время в Китае универсальные выключатели в основном производятся сериями DWl5, DWl6, DWl7 (ME), DW45 и т. Д., Изоляторы с пластиковой оболочкой в основном производятся сериями

DZ20, CML, TM30 и т. Д. Переключатели низкого напряжения в основном используются для нечастого преобразования и запуска двигателя, защиты линии, электрического оборудования и двигателя, когда они сталкиваются с серьезными перегрузками, коротким замыканием и низким напряжением и другими неисправностями, могут автоматически отключать цепь, поэтому выключатель низкого напряжения является важным защитным электроприбором в распределительной сети низкого напряжения.

Переключатели низкого напряжения имеют множество защитных функций (перегрузка, короткое замыкание, защита от низкого напряжения и т. Д.), значение действия может быть отрегулировано, способность к разделению высока, удобная работа, безопасность и другие преимущества, поэтому в настоящее время широко используются.

### 1.4.1　Конструкция и принцип работы выключателя низкого давления

Переключатель низкого давления состоит из операционного механизма, контакта, защитного устройства (различные разъединители), дугогасительной системы и так далее. Принцип работы выключателя низкого давления показан на рисунке 1-17.

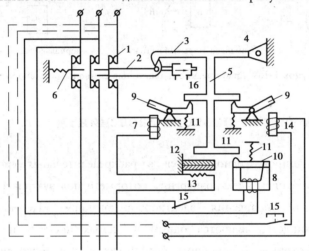

Рисунок 1-17　Принцип работы выключателей низкого давления

Основной контакт выключателя 1 последовательно соединяется в трехфазной основной цепи. Главный контакт может быть выключен вручную или электрическим механизмом, а при выключении рукоятки переключателя главный контакт 1 поддерживается замком 2 в режиме выключения. Ключ 2 поддерживается крюком 3, который может вращаться вокруг оси 4. Если зацепка 3 открывается верхней частью рычага 5, то главный контакт 1 отсоединяется от сбросной бомбы желтой 6, и цепь отключается.

Катушка выключателя избыточного тока 7 и тепловой элемент 13 выключателя тепла последовательно подключаются к основной цепи. При коротком замыкании или серьезной перегрузке цепи всасывание, создаваемое катушкой выключателя избыточного тока, увеличивается, якорь 9 всасывается, а ударный стержень 5 строится так, чтобы механизм свободного разъединения действовал, что приводит к отключению основного контакта от основной цепи. При перегрузке цепи тепловой элемент 13 теплового разъединителя (разъединителя перегрузки) нагревает биметаллическую пластину 12, чтобы согнуть вверх и подтолкнуть движение свободного механизма разъединения. Характеристики действия выключателя сверхтока имеют антивременную характеристику. Когда низковольтные выключатели колеблются и перегружают порт, они обычно должны ждать 2-3 минуты, чтобы снова выключить его, чтобы вернуть термостат на место, что является одной из причин, по которой низковольтные выключатели не могут работать непрерывно и часто. Отключатель избыточного тока и тепловой разъединитель взаимодействуют друг с другом, тепловой разъединитель отвечает за функцию защиты от перегрузки основной цепи, а выключатель избыточного тока отвечает за функцию защиты от отключения и серьезной перегрузки.

Отключатель низкого напряжения 8 катушка и питание соединены параллельно. Когда цепь находится под напряжением, якорь выключателя низкого напряжения освобождается, а также позволяет свободному механизму разъединения действовать, отключая основную цепь.

Разделитель возбуждения 14 используется для дистанционного управления. Для достижения удаленного управления выключателем отключения питания. При нормальной работе его катушка отключена, и когда требуется дистанционное управление, нажмите кнопку запуска 15, чтобы включить катушку, якорь будет приводить к свободному отключению действия механизма, так что главный контакт отключен.

### 1.4.2   Типы выключателей низкого давления

Существует множество способов классификации выключателей низкого давления, и есть несколько распространенных типов:

（1）Универсальные выключатели

（2）Переключатели с пластиковой оболочкой

（3）Быстрый выключатель

（4）Ограничители тока

Использование выключателей низкого давления для достижения защиты от короткого замыкания превосходит предохранитель, потому что при коротком замыкании в трехфазной цепи, вероятно, расплавится только однофазный предохранитель, вызывая однофазную работу. Для выключателей низкого давления, до тех пор, пока возникает короткое замыкание, переключатель отключается, трехфазное одновременное отключение.

### 1.4.3   Принципы выбора выключателей низкого давления

①Номинальное напряжение и ток выключателя должны быть больше или равны нормальному рабочему напряжению и рабочему току линии и оборудования.

②Предельная пропускная способность выключателя больше или равна максимальному току короткого замыкания цепи.

③ Номинальное напряжение выключателя недонапряжения равно номинальному напряжению линии.

④Номинальный ток выключателя избыточного тока больше или равен максимальному нагруженному току линии.

Физические изображения, графики и текстовые символы выключателя низкого давления показаны на рисунке 1-18.

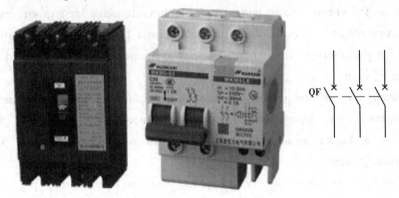

**Рисунок 1-18    Физические, графические и текстовые символы выключателей низкого давления**

# 1.5    Плавильный предохранитель

Плавильный предохранитель, основанный на принципе теплового эффекта тока и принципе термоплавления тепловых элементов, имеет определенные мгновенные характеристики для защиты схемы от короткого замыкания и серьезной защиты от перегрузки. При использовании предохранитель последовательно подключается к защищенной цепи, и при коротком замыкании цепи расплав в предохранителе мгновенно расплавляется, чтобы разделить цепь и играть защитную роль. Он имеет простую структуру, небольшой размер, удобство использования и обслуживания, относительно сильную способность разделения, хорошие характеристики ограничения потока, низкую цену и другие характеристики. Графические, текстовые символы и физические диаграммы предохранителя показаны на рисунках 1-19.

## 1.5.1    Структура и классификация предохранителей

Плавильный предохранитель в основном состоит из предохранительных труб ( или крышек, сидений), расплава и проводящих компонентов и других частей. Плав является основной частью, которая является как сенсорным, так и исполнительным элементом. Плавильные трубки обычно состоят из полузакрытых или закрытых трубчатых корпусов из

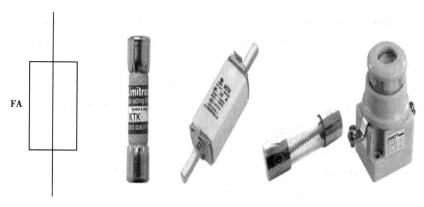

（a）Графические и текстовые символы          （b）Физические изображения

Рисунок 1-19    Физические, графические и текстовые символы предохранителя

жестких волокон или фарфоровых изоляционных материалов, а расплав помещается в них. Роль предохранителя заключается в том, чтобы облегчить установку расплава и облегчить выключение дуги при плавлении расплава. Плав состоит из различных металлических материалов, изготовленных из нитевидных, ленточных, пластинчатых или клеточных, которые соединяются с защищенной цепью.

Существует много типов предохранителей, которые можно разделить на фарфоровые вставки, спиральные, с наполнителем закрытой трубы, без наполнителя закрытой трубы, быстрый предохранитель, самовоспроизводящийся.

В электрическом управлении обычно используются спиральные предохранители, которые имеют очевидные инструкции по разделению и преимущества удаления или замены расплава без каких-либо инструментов.

## 1.5.2  Выбор предохранителя

Выбор предохранителя должен основываться на условиях и условиях использования, чтобы определить его тип, номинальное напряжение, номинальный ток, номинальный ток расплава. Номинальный ток предохранителя должен быть меньше номинального тока расплава, в котором он установлен.

Выбор номинального тока расплава:

①Для защиты от короткого замыкания электрической печи, освещения и других резистивных нагрузок номинальный ток расплава равен или немного превышает рабочий ток цепи.

② В распределительной системе, как правило, есть многоступенчатая защита предохранителя, в случае короткого замыкания, передний предохранитель вдали от конца источника питания должен сначала расплавиться. Таким образом, номинальный ток расплава последней ступени, как правило, по крайней мере на один уровень больше, чем номинальный ток предыдущей ступени, чтобы предотвратить переплавку предохранителя и расширить диапазон отключения электроэнергии.

③При защите одного двигателя, учитывая, что двигатель подвергается воздействию пускового тока, номинальный ток предохранителя должен быть рассчитан следующим образом:

$$I_{RN} \geqslant (1.5 \sim 2.5)I_{N} \qquad (1-4)$$

В формуле $I_{RN}$ является номинальным током расплава; $I_{N}$-номинальный ток двигателя, короткое время запуска или пуска при легкой нагрузке, коэффициент желательно около 1.5, при более длительном пуске с тяжелой нагрузкой, коэффициент желательно 2.5.

④Защита нескольких электродвигателей, номинальный ток предохранителя может быть рассчитан следующим образом:

$$I_{RN} \geqslant (1.5 \sim 2.5)I_{Nmax} + \Sigma I_{N} \qquad (1-5)$$

Номинальный ток $I_{Nmax}$-одного из самых мощных электродвигателей; $\Sigma I_{N}$ сумма номинального тока для остальных двигателей.

# 1.6    Электрические приборы

Магистральный электроприбор-это электроприбор, используемый в системе автоматического управления для выдачи команд и изменения рабочего состояния системы управления, который может непосредственно воздействовать на цепь управления или может управляться цепью путем преобразования электромагнитного электроприбора, но не может напрямую разделить основную цепь. Магистральные электроприборы широко используются, их основные типы включают кнопки, переключатели хода, универсальные переключатели, контроллеры команд, педальные переключатели и так далее.

## 1.6.1    Кнопка управления

Кнопка управления является наиболее часто используемым основным устройством, используемым в схемах управления низкого давления для ручной передачи управляющего сигнала. Его типичная структура, объект, как показано на рисунке 1-20, состоит из кнопочной головки, пружины сброса, мостового контакта и корпуса и так далее.

Нажмите на различные цели и структуры, разделенные на кнопки запуска, стоп-кнопки и составные кнопки.

Кнопка запуска с постоянно открывающимся контактом, палец нажимает кнопочную шапку, часто открывающий контакт закрывается, палец отпускается, часто открывается контакт для сброса. Шапочка кнопки запуска выполнена в зеленом цвете. Структурную схему см. на рис. 1-20.

Кнопка стоп имеет нормально закрытый контакт, палец нажимает кнопку, часто закрытый контакт отключается; Пальцы распущены, часто закрытые контакты сбрасываются. Кнопка стоп-кнопки имеет красный цвет.

Комбинированная кнопка имеет нормально открытый контакт и нормально закрытый

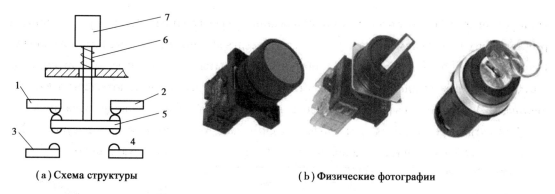

( a ) Схема структуры                    ( b ) Физические фотографии

Рисунок 1-20    Структура кнопки управления и физический график

1、2-нормально закрытый контакт; 3、4-нормально открытый контакт;

5-мостовой контакт; 6-Сбросить пружину; 7-Кнопка

контакт, палец нажимает на кнопку нажатия, сначала отключает нормально закрытый контакт, а затем закрывает нормально открытый контакт; Отпустите пальцы, часто открывайте контакт, прежде чем сбросить, а затем часто закрывайте контакт, чтобы сбросить.

Кнопки, которые запускают и останавливают чередование движений, должны быть черно-белыми, белыми или серыми и не должны использовать красный или зеленый.

Кнопка должна быть черной.

Кнопка сброса должна быть синей. Когда кнопка сброса все еще имеет стоп-действие, она должна быть красной.

Графические и текстовые символы кнопочного переключателя показаны на рисунке 1-21.

( a ) Держи его     ( b ) Постоянный     ( c ) Комбинированная     ( d ) Селективный     ( e ) Переключатель
открытым              контакт                кнопка                   переключатель

Рисунок 1-21    Графические и текстовые символы кнопки управления

## 1.6.2   Переключатели

Переключатель представляет собой многопоточный, управляемый многоканальный основной электроприбор. Широко используется в различных распределительных устройствах для изоляции питания, преобразования схемы, дистанционного управления двигателем и т. Д. Также часто используется в качестве вольтметра, переключателя фазы амперметра, также может использоваться для управления маломощным двигателем.

В настоящее время широко используются два основных типа переключателей:

универсальные переключатели и комбинированные переключатели. Структура и принцип работы обоих в основном схожи, и в некоторых случаях они могут заменять друг друга. Переключатели можно разделить на обычные, открытые и защитные комбинации по структуре. По назначению можно разделить управление и управление электродвигателем. На рисунке 1-22 показаны графические символы переключателя и физические изображения.

Контакты переключателя в графических символах схемы показаны на рисунке 1-22. Один из способов его представления-это способ нарисовать пунктирную линию и ".".

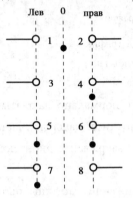

(a) Рисовать "•" Маркировка означает

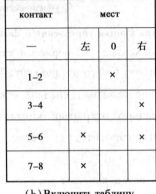

| контакт | мест | | |
|---------|------|---|---|
| — | 左 | 0 | 右 |
| 1–2 | | × | |
| 3–4 | | | × |
| 5–6 | × | | × |
| 7–8 | × | | |

(b) Включить таблицу представления

(c) Физическое изображение

**Рисунок 1-22  Графические символы переключателя и физические изображения**

на схеме: пунктирная линия указывает положение рукоятки операции; См. диаграмму 1-22(a). Использовать "." для обозначения состояния замыкания и открытия контакта. Например, нарисовать "." на пунктирном положении под символом контактной графики означает, что контакт находится в закрытом состоянии, когда рукоятка управления находится в этом положении; Если в пунктирном положении в конце нарисовано ".", это означает, что контакт находится в открытом состоянии.

Альтернативный метод заключается в том, чтобы на схеме не закруглены пунктиры и не нарисованы ".", а вместо этого обозначены номера контактов на символах контактной графики, как показано на рисунке 1-22(b). Затем используйте таблицу включения, чтобы показать состояние соединения контактов, когда рукоятка управления находится в разных местах. Используется ли в таблице подключения? "×" Показывает состояние замыкания и отключения контакта в разных местах рукоятки управления. Текст переключателя обозначается SF.

## 1.6.3  Маршрутные переключатели

Маршрутный переключатель также известен как ограничительный переключатель. В основном используется для определения местоположения рабочего механизма и выдачи команд для управления направлением его движения или длиной хода. Переключатель маршрута также известен как переключатель положения. Графические и текстовые символы переключателя маршрута показаны на рисунке 1-23.

Маршрутные переключатели подразделяются по структуре на контактные контактные переключатели механической конструкции и бесконтактные переключатели приближения электрической конструкции.

Контактный переключатель хода обеспечивает управление цепью путем включения нормально открытого контакта переключателя хода и разделения нормально закрытого контакта переключателя хода путем перемещения головки переключателя хода столкновения объекта.

Маршрутные переключатели выбирают модель в основном в соответствии с требованиями механического положения к переключателям и количеству контактов.

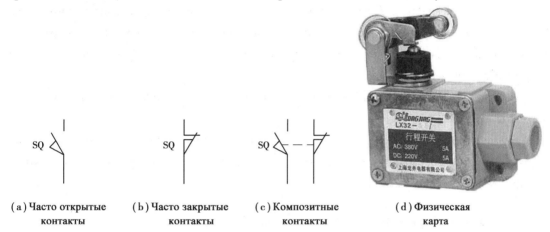

| (a) Часто открытые контакты | (b) Часто закрытые контакты | (c) Композитные контакты | (d) Физическая карта |

Рисунок 1-23   Графические символы маршрутных переключателей и физические изображения

## 1.6.4   Переключатели приближения

Близкий переключатель является бесконтактным переключателем, в соответствии с принципом работы, чтобы отличить, есть высокочастотный тип колебаний, тип емкости, тип индукционного моста, тип постоянного магнита, тип эффекта Холла и многие другие. Наиболее часто используются высокочастотные типы колебаний. Схема высокочастотного колебательного приближения к переключателю состоит из трех частей: генератора, транзисторного усилителя и выходной схемы. Его основной принцип работы: когда металлический объект, установленный на движущейся части, приближается к катушке L высокочастотного генератора ( называемой разрешающей головкой ), из-за вихревых потерь, возникающих внутри объекта, увеличивается эквивалентное сопротивление колебательного контура, увеличивается потеря энергии, уменьшается колебание до конца, и переключатель выводит контрольный сигнал.

Расстояние между сенсорной головкой и детектором обычно называют расстоянием действия при правильном движении переключателя приближения. Графические и текстовые символы переключателя приближения показаны на рисунке 1-24.

（ a ）Часто открытые      （ b ）Часто закрытые        （ c ）Физическая　карта
контакты                контакты

**Рисунок 1-24　Графические символы и физические изображения переключателей приближения**

Близкие переключатели из-за стабильной и надежной работы, длительного срока службы, высокой точности повторного позиционирования, высокой частоты работы, быстрого действия и других преимуществ, поэтому применение становится все более распространенным.

Переключатели приближения делятся на вихревые, конденсаторные, фотоэлектрические, тепловые и ультразвуковые.

Независимо от того, какой переключатель приближения выбран, обратите внимание на требования к его рабочему напряжению, току нагрузки, частоте реакции, расстоянию обнаружения и другим показателям.

### 1.6.5　Фотоэлектрические переключатели

В дополнение к преодолению многих недостатков контактных маршрутных переключателей фотоэлектрические переключатели также преодолевают недостатки короткого расстояния действия вблизи переключателя и не могут непосредственно обнаруживать неметаллические материалы. Он имеет преимущества небольшого размера, многофункциональности, длительного срока службы, высокой точности, быстрой реакции, расстояния обнаружения и сильной способности противостоять электромагнитным помехам. В настоящее время фотоэлектрические переключатели используются во многих областях, таких как обнаружение уровня урожая, контроль уровня жидкости, подсчет продукции, определение ширины, определение скорости, сдвиг с фиксированной длиной, распознавание отверстий, задержка сигнала, автоматический датчик дверей, обнаружение цветовых маркеров и безопасность.

## 1.7　Сигнальные электроприборы

Сигнальные электроприборы в основном используются для указания состояния некоторых сигналов в системе управления электроприбором, сигнализации и т. Д. Типичные продукты в основном включают сигнальные лампы ( индикаторы ), фонарные столбы, звонки и зуммеры. Общие сигнальные электроприборы показаны на рисунке 1-25.

(a) Индикатор            (b) Электрическ звонок            (c) Зуммер!

**Рисунок** 1-25    **Графические символы и физические изображения сигнальных устройств**

В различных видах электрического оборудования и электрических линий индикаторы выполняют индикаторы питания и командные сигналы, предупреждающие сигналы, эксплуатационные сигналы, аварийные сигналы и другие сигналы. Индикатор в основном состоит из корпуса, светящегося тела, абажура и так далее. Внешняя структура разнообразна, светоизлучающие тела в основном имеют лампы накаливания, неоновые лампы и полупроводниковые типы трех видов. Светящиеся цвета имеют пять видов: желтый, зеленый, красный, белый, синий.

Сигнальный фонарный столб представляет собой более крупный индикатор, состоящий из кольцевых индикаторов нескольких цветов, сложенных вместе. Он может включать различные лампы в зависимости от различных сигналов управления. Из-за больших размеров, удаленные операторы также могут видеть. Световые столбы часто используются на производственных конвейерах в качестве различных сигнальных индикаторов.

Звонок и зуммер являются индикаторами класса звука. При возникновении сигнала тревоги требуется не только указатель, указывающий конкретную точку отказа, но и звуковая сигнализация устройства для информирования всех операторов на месте. Звонок обычно используется на устройствах управления, в то время как звонок в основном используется в системах сигнализации в более крупных случаях.

# 1.8   Часто используемые исполнительные устройства

Устройства, способные выполнять команды действий в соответствии с требованиями системы управления, называются исполнительными электроприборами. Контактор-типичный исполнительный прибор. Кроме того, есть электромагнитный клапан, контрольный двигатель и так далее.

## 1.8.1   Электромагнитные исполнительные устройства

Электромагнитные исполнительные устройства работают на основе принципа работы электромагнитного механизма.

1. Электромагниты

Электромагнит состоит в основном из трех частей: электромагнитной катушки, сердечника и якоря.

Когда электромагнитная катушка включена, она создает магнитное поле и электромагнитную силу, якорь адсорбируется, электромагнитная энергия преобразуется в механическую энергию, приводя механическое устройство для выполнения определенного действия.

В зависимости от электромагнитного тока, он делится на электромагниты переменного тока и электромагниты постоянного тока.

Символы представления электромагнита и физические изображения показаны на рисунке 1-26(а).

(а) Электромагнит　　　　(b) Электромагнитный клапа н　　　(с) Электромагнитный тормоз

**Рисунок** 1-26　**Графические символы и физические изображения**
**устройств с электромагнитным приводом**

2. Электромагнитный клапан

Автоматизированные базовые устройства для управления жидкостью.

Используется в гидравлических системах для закрытия или открытия нефтяных путей. Часто используются односторонние клапаны, сливные клапаны, электромагнитные переключательные клапаны, клапаны регулирования скорости.

Электромагнитный фазовый клапан, изменяя относительное положение сердечника клапана в корпусе клапана, соединяет или отключает масляные отверстия корпуса клапана, тем самым контролируя фазовый сдвиг или запуск и остановку исполнительного устройства.

Структурные свойства обычно выражаются количеством позиций и каналов и делятся на один электромагнит и два электромагнита.

Символы представления электромагнитных клапанов и физические изображения показаны на рисунке 1-26(b).

3. Электромагнитные тормоза

Электромагнитные тормоза используют электромагнит для остановки или замедления движущихся элементов, также называемых электромагнитными тормозами или электромагнитными затворами.

（1）Электромагнитные порошковые тормоза: при включении обмотки возбуждения образуется магнитное поле, магнитный порошок намагничивается под действием магнитного поля, образуется магнитная порошковая цепь и полимеризируется между фиксированным магнитным проводником и ротором, тормозится силой сцепления и трения магнитного порошка.

（2）Электромагнитные вихревые тормоза: при включении катушки возбуждения образуется магнитное поле, якорь на тормозном валу вращается, чтобы разрезать магнитную линию, создавая вихри, вихри внутри якоря взаимодействуют с магнитным полем, чтобы сформировать тормозной момент.

（3）Тормоз электромагнитного трения: при включении тока катушки возбуждения образуется магнитное поле, якорь адсорбции через магнитное ярмо, якорь через соединитель для достижения торможения.

Символы представления электромагнитных тормозов и физические изображения показаны на рисунке 1-26（с）.

## 1.8.2   Часто используемое приводное оборудование

### 1. Сервомотор

Сервомотор, также известный как исполнительный двигатель, в системе автоматического управления используется в качестве исполнительного элемента для преобразования полученного электрического сигнала в угловое смещение или выход угловой скорости на оси двигателя. Сервомоторы делятся на сервомоторы переменного тока и постоянного тока. Графические символы, текстовые представления и физические изображения трехфазного сервомотора с постоянным магнитом и синхронным переменным током показаны на рисунке 1-27（а）.

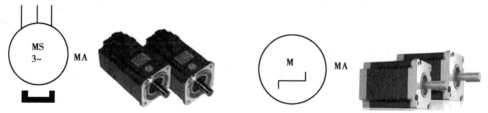

（a）Трехфазный синхронный сервомотор переменного тока            （b）Шаговый двигатель

Рисунок 1-27   Графические символы и физические изображения обычно используемых приводных устройств

### 2. Шаговый электродвигатель

Шаговый двигатель является исполнительным механизмом, который преобразует электрический импульс в угловое смещение. Когда шаговый привод получает импульсный сигнал, он приводит шаговый двигатель в заданном направлении на фиксированный угол （т. е. угол шага）. Можно управлять угловым смещением, контролируя количество импульсов для достижения цели точного позиционирования; В то же время можно регулировать скорость, контролируя скорость и ускорение вращения двигателя. Графические символы, текстовые представления и физические изображения шагового двигателя показаны на рисунке 1-27（а）.

# 1.9  Обычные контрольно-измерительные приборы

Сигналы, которые непрерывно меняются в единицу времени, называются аналоговыми сигналами, обычно такими как расход, давление, температура, скорость и т. Д. Контрольно-измерительные приборы, используемые для моделирования сигналов, обычно широко используются в системах управления процессом. В электрических системах управления такие контрольные приборы также необходимы для обработки аналоговых сигналов.

### 1. Трансформатор

Почти все измерительные приборы, способные выводить стандартные сигналы ( 1-5 V или 4-20 mA ), состоят из датчиков и преобразователей. Датчики используются для непосредственного обнаружения сигналов различных физических величин, а преобразователи преобразуют сигналы этих различных технологических переменных ( температура, расход, давление, положение объекта и т. д. ) в единообразные стандартные сигналы напряжения или тока, которые могут быть использованы контроллером или системой управления. Трансформатор спроектирован на основе принципа отрицательной обратной связи и включает в себя измерительную часть, усилитель и компонент обратной связи, принципы состава и характеристики входного выхода показаны на рисунке 1-28.

( a ) Схема формирования конвейера

( b ) Входная/выходная характеристика транспортера

**Рисунок** 1-28   **Принцип композиции и характеристики ввода / вывода преобразователя**

### 2. Часто используемые контрольно-измерительные приборы

Приборы обнаружения разнообразны и могут использоваться для обнаружения аналоговых сигналов, таких как давление, расход и температура. В качестве основного устройства контрольно-измерительного прибора роль передатчика заключается в преобразовании аналогового сигнала в электрический сигнал, и на рисунке 1-29 показаны символы представления обычных преобразователей.

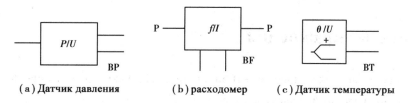

（a）Датчик давления　　　（b）расходомер　　　（c）Датчик температуры

**Рисунок** 1-29　**Символы представления преобразователя**

（1）Измерения давления и датчики

В зависимости от принципа измерения, существуют разные способы обнаружения давления. Обычными датчиками давления являются: датчики давления тензопластины, керамические датчики давления, датчики давления диффузионного кремния и пьезоэлектрические датчики давления. Среди них керамические датчики давления, диффузионные кремниевые датчики давления наиболее часто используются в промышленности.

Трансформатор давления может преобразовывать сигналы давления в стандартные сигналы напряжения или тока.

（2）Контроль расхода и расходомер

Расходомеры используются для измерения потока пара, газа и жидкости в промышленности. Расходомер содержит детекторную сенсорную часть и преобразователь, выходной сигнал которого является стандартным сигналом напряжения или тока, а некоторые высокоточные расходомеры могут выводить частотные сигналы. В зависимости от различных принципов обнаружения, есть разные расходомеры, которые подходят для разных случаев. Часто используемые расходомеры в основном включают электромагнитные расходомеры, кочевые расходомеры, вихревые расходомеры и ультразвуковые расходомеры.

（3）Температурные датчики и датчики

Различные методы измерения температуры в основном разработаны с использованием принципа, согласно которому некоторые физико-химические свойства объекта (например, скорость расширения, скорость покрытия, тепловой потенциал, интенсивность излучения, цвет и т. Д.) имеют определенную связь с температурой. Методы измерения температуры можно разделить на две основные категории: контактные и бесконтактные. Контактные методы измерения температуры включают использование жидкостных расширяющихся термометров, термопар, термоэлектрического сопротивления и так далее. Бесконтактные методы измерения температуры в основном включают оптический высокотемпературный прибор, радиационный пирометр, инфракрасный детектор температуры и так далее. Термометрическими элементами, обычно используемыми в промышленных системах управления, являются термопары и терморезисторы.

Температурный преобразователь принимает сигналы датчиков температуры и преобразует их в стандартный выход сигнала.

# Мышление и упражнения

1. Что такое низковольтные электроприборы? На какие две основные категории? Какие бывают низковольтные электроприборы?

2. Что такое контактор? Из каких частей состоит контактор? Каковы их соответствующие роли?

3. Почему тепловые реле могут быть защищены только от перегрузки двигателя, а не от короткого замыкания?

4. Попробуйте выделить два типа переключателей, которые нечасто вручную подключаются и разрывают цепи.

5. Попробуйте выделить два электрических элемента, составляющих цепь управления контактором реле.

6. Каковы основные функции контрольного электроприбора?

7. Как образуется электрическая дуга? Каковы основные пути дуги?

8. Почему катушки напряжения переменного тока не могут использоваться последовательно?

9. Какую роль в цепи играют реле времени и промежуточное реле?

10. Какова роль тепловых реле в цепи?

11. Какова роль предохранителя в цепи?

12. Какую роль в цепи играют переключатель хода, универсальный переключатель и командный контроллер?

13. Какую защитную роль в цепи могут играть выключатели низкого давления? Описание принципов работы различных защитных функций.

14. Попробуйте указать сходства и различия между контакторами переменного тока и промежуточными реле.

15. Попробуйте описать сходства и различия между предохранителем и тепловым реле.

# 第2章

# 电气控制线路基础

> ## 本章重点

- 三相电机基本控制电路设计
- 电气控制电路的主要保护环节及闭锁

> ## 本章难点

- 基本电气控制线路的闭锁设计原理
- 典型电气控制线路的设计

在各行各业广泛使用的生产机械和电气设备中,其控制线路大多以各类电动机或者其他执行电器作为被控对象。电气控制线路是用导线将电机、继电器、接触器等电气元件按一定的要求和方法连接起来,并能实现某种控制功能的线路。其作用是对被控对象实现自动控制,以满足生产工艺要求和实现生产过程自动化。

电气控制线路图是将各电气元件的连接用图来表述,各种电气元件用不同的图形符号表示,并用不同的文字符号来说明其所代表电气元件的名称、用途、主要特征及编号等。绘制电气控制线路图必须清楚地表达生产设备电气控制系统的结构、原理等设计意图,并且以便于进行电气元件的安装、调整、使用和维修为原则。因此,电气控制线路应遵循简明易懂的原则,采用统一规定的图形符号、文字符号和标准画法来进行绘制。

## 2.1 电气控制线路绘制的基本原则

电气控制线路是用导线将电机、电器、仪表等元器件按一定的要求连接起来,并实现某种特定控制要求的电路。为了表达生产机械电气控制系统的结构、原理等设计意图,便于电气系统的安装、调试、使用和维修,将电气控制系统中各电气元件及其连接线路用一定的图形表达出来,这就是电气控制系统图。

### 2.1.1 电气控制线路图及常用符号

在绘制电气控制线路图时,电气元件的图形符号和文字符号必须符合国家标准。所用图形符号符合《电气简图用图形符号》(GB/T 4728)系列标准有关规定。所用的文字符号符合《工业系统、装置与设备以及工业产品结构原则与参照代号》(GB/T 5094)系列标准、《技术产品及技术产品文件结构原则 字母代码 按项目用途和任务划分的主类和子类》(GB/T 20939—2007)的规定。

电气图中的文字符号分为基本文字符号、辅助文字符号。基本文字符号有单字母符号和双字母符号。单字母符号表示电气设备、装置和元器件的大类,如 K 表示继电气元件大类;双字母符号由一个表示大类的单字母和另一个表示器件特性的字母组成,如 KV 表示继电器中的电压继电器。辅助文字符号用来进一步表示电气设备、装置和元器件的功能、状态和特征。

## 2.1.2　电气控制线路图的绘制原则

电气控制线路的表示方法有三种:电气原理图、电气安装接线图和电气元件布置图。

1. 电气原理图

电气原理图一般分为主电路和辅助电路两个部分。

主电路是电气控制线路中强电流通过的部分,是由电机以及与它相连接的电气元件如组合开关、接触器的主触点、热继电器的热元件、熔断器等组成的线路。在机床电气原理图中,主电路即从电源至电动机之间的线路。

辅助电路中通过的电流较小,包括控制电路、照明电路、信号电路及保护电路。其中,控制电路由按钮、继电器和接触器的吸引线圈和辅助触点等组成。一般来说,信号电路是附加的,如果将它从辅助电路中分开,并不影响辅助电路工作的完整性。电气原理图能够清楚地表明电路的功能,对于分析电路的工作原理十分方便。

(1)绘制电气原理图的原则

根据简单清晰的原则,原理图采用电气元件展开的形式绘制。它包括所有电气元件的导电部件和接线端点,但并不按照电气元件的实际位置来绘制,也不反映电气元件的尺寸大小。绘制电气原理图应遵循以下原则:

① 所有电机元件、电气元件都应采用国家统一规定的图形符号和文字符号来表示。

② 主电路用粗实线绘制在图的左侧或上方,辅助电路用细实线绘制在图的右侧或下方。

③ 无论是主电路还是辅助电路或其元件,均应按功能布置,各元件尽可能按动作顺序从上到下、从左到右排列。

④ 在原理图中,同一电路的不同部分(如线圈、触点)应根据便于阅读的原则安排在图中,为了表示是同一元件,要在元件不同部分使用同一文字符号来标明。对于同类电器,必须在名称后或下标加上数字序号以区别,如 KM1、KM2 等。

⑤ 所有电器的可动部分均以自然状态画出,所谓自然状态是指各种电器在没有通电和没有外力作用时的状态。对于接触器、电磁式继电器等是指其线圈未加电压、触点未动作的状态;控制器按手柄处于零位时的状态画;按钮、行程开关触点按不受外力作用时的状态画。

⑥ 原理图上应尽可能减少线条和避免线条交叉。各导线之间相互连接时,在导线的交点处画一个实心圆点。根据图面布置的需要,可以将图形符号旋转90°、180°或45°绘制。

一般来说,原理图的绘制要求是层次分明,各电气元件以及它们的触点安排要合理,并保证电气控制线路运行可靠,同时,应节省连接导线以及确保施工、维修方便。

（2）图面区域的划分

绘制电路图的原则是简单清晰、通俗易懂。所以要对图面进行分区。图面分区时，竖边从上到下用大写英文字母、横边从左到右用阿拉伯数字分别编号。分区代号用该区域的字母和数字表示，如 B3、C5，是为了便于检索电气线路，方便阅读分析而设置的。图的上方设有用途栏，用文字注明该栏对应电路或元件的功能，以利于理解原理图各部分的功能及全电路的工作原理。

例如，图 2-1 为某机床电气原理图，在图 2-1 中图面划分为 6 个图区。

（3）符号位置的索引

在较复杂的电气原理图中，对继电器、接触器的线圈符号的文字符号下方标注其触点位置的索引；而在触点文字符号下方标注其线圈位置的索引。

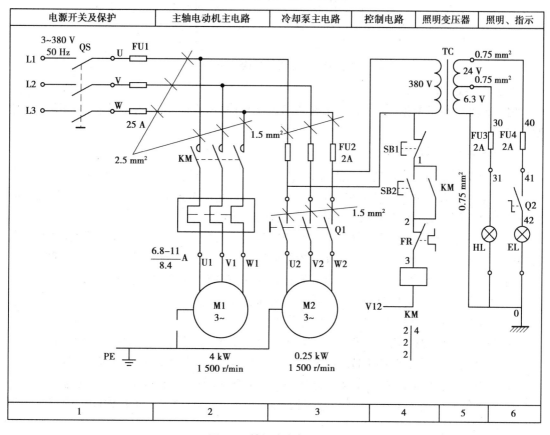

图 2-1　某机床电气原理图

符号位置的索引，用图号、页次、图区编号的组合索引法，索引代号的组成如下：

当某一元件相关的各符号元素出现在不同图号的图样上，而当每个图号仅有一页时，索引代号可省去页次。当某一元件相关的各符号元素出现在同一图号的图样上，而该图号有几张图样时，索引代号可省去图号。当与某一元件相关的各符号元素出现在只有一张图样的不同图区时，索引代号可只用图区号表示。索引号组成如下：

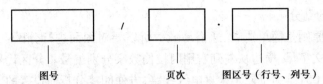

图号　　　　　　　　页次　图区号（行号、列号）

在电气原理图中，接触器和继电器线圈与触点的从属关系，应用附图表示。即在原理图中相应线圈的下方，给出触点的图形符号，并在其下面标注相应触点的索引代号，对未使用的触点用"×"表示，如图 2-2 所示。有时，也可以省去触点图形符号的表示。

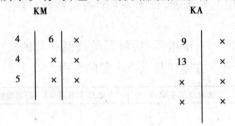

图 2-2　接触器、继电器触点图

（4）技术数据的标注

电气元件的技术数据，除在电气元件明细表中标明外，有时也可用小号字体标注在其图形符号的旁边。

2. 电气安装接线图

电气安装图是用来表示电气控制系统中各电气元件的安装、配线、维护和故障检修。电气接线图是用来表明电气设备各单元之间的连接关系，它清楚地表示了电气设备外部元件的相对位置及它们之间的电气连接，是实际安装接线的依据。

在接线图中，要标示出各电气设备之间的实际接线情况，并标注出外部接线所需的数据。在接线图中各电气元件的文字符号、元件连接顺序、线路号码编制都必须与电气原理图一致。

对某些较为复杂的电气设备，电气安装板上元件较多时，应绘制安装板接线图。

一般情况下，电气安装图和原理图需配合起来使用。

绘制电器安装图应遵循的主要原则如下：

① 各电气元件均按实际安装位置绘出，元件所占图面按实际尺寸以统一比例绘制。

② 一个元件中所有的带电部件均画在一起，并用点画线框起来，即采用集中表示法。

③ 各电气元件的图形符号和文字符号必须与电气原理图一致，并符合国家标准。

④ 各电气元件上凡是需接线的部件端子都应绘出，并予以编号，各接线端子的编号必须与电气原理图上的导线编号相一致。

⑤ 不在同一安装板或电气柜上的电气元件或信号的电气连接一般应通过端子排连接，并按照电气原理图中的接线编号连接。

⑥ 走向相同、功能相同的相邻多根导线可用单线或线束表示。

3. 电气元件布置图

电气元件布置图详细绘制出电气设备零件的安装位置。图中各电气元件的代号应与有关电路图对应的元器件代号相同。各电气元件的安装位置是由机床的结构和工作要求决定的，如电动机要和被拖动的机械部件在一起，行程开关要放在要取得信号的地方，操作元件要放在操纵台，一般电气元件应放在控制柜内。图中往往留有 10% 以上的备用面积及导线管

（槽）的位置,以供改进设计时用。

在绘制电气设备布置图时,所有能见到的以及需标示清楚的电气设备均用粗实线绘制出简单的外形轮廓,其他设备(如机床)的轮廓用双点画线表示。

综上,电气元件布置图的设计应遵循以下原则:① 必须遵循相关国家标准设计和绘制电气元件布置图。② 相同类型的电气元件布置时,应把体积较大和较重的安装在控制柜或面板的下方。③ 发热的元器件应该安装在控制柜或面板的上方或后方,但热继电器一般安装在接触器的下面,以方便与电机和接触器的连接。④ 需要经常维护、整定和检修的电气元件、操作开关、监视仪器仪表,其安装位置应高低适宜,以便工作人员操作。⑤ 强电、弱电应该分开走线,注意屏蔽层的连接,防止干扰的窜入。⑥ 电气元件的布置应考虑安装间隙,并尽可能做到整齐、美观。

## 2.2　基本电气控制环节

在继电器-接触器控制线路中,常用到点动、自锁、联锁、禁止、多点控制等控制功能,下面分析具有这些功能的电气控制线路。

### 2.2.1　基本控制环节

#### 1.点动控制线路

点动的含义是:操作者按下启动按钮后,电动机启动运转,松开按钮时,电动机就停止转动,即点一下,动一下,不点则不动。点动在控制中,起的作用是做调整运动,即当工件的位置与要求位置相差不多时,如果电动机长时间运转,可能会过位,这时可以用点动,让其一点一点地运动。点动包括双手点动和单手点动。

在生产实践过程中,很多生产机械需要点动控制,有的生产机械既需要按常规操作,也需要点动控制。图 2-3 给出了单、双手点动控制电路与实物图,当手指按下时,常开按钮闭合,则KM 得电吸合。手指一松开,KM 立刻失电,所以称为点动。

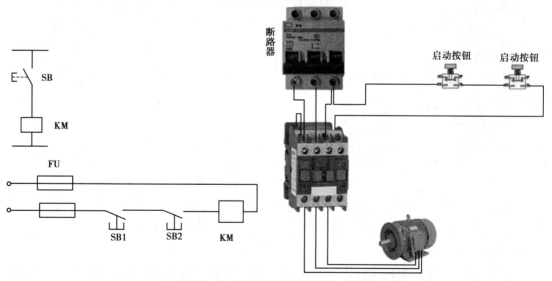

图 2-3　单、双手点动控制电路与实物图

### 2. 长动（自锁）控制线路

自锁实际上是将线圈本身的常开触点与启动按钮并联的一种控制模式。

在机床工作时，工人不能始终用一只手按着按钮不放，因此需要这样一个功能，按钮一旦按下，机床就可以运转，手松开后，机床应继续保持运转，即长动功能。

当按钮 SB 按下后，线圈 KM 得电，则其常开触点 KM 闭合。当手松开按钮时，SB＝0，然而电流可以通过闭合的常开触点 KM 到达线圈 KM，因此，线圈 KM 在常开按钮断开后，继续保持有电。

按钮 SB 按下后，线圈 KM 始终有电。也就是说自锁电路对命令具有记忆功能。如图 2-4 所示。

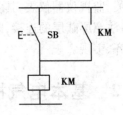

注意：凡是需要记忆的控制都需要使用自锁环节。

在自锁环节上串一个常闭按钮，就可以实现停止功能。

图 2-5 是采用常开按钮实现启动，用常闭按钮实现停止的电路及实物图。

**图 2-4　自锁控制电路图**

分析：当常开按钮 SB2 按下时，线圈 KM 有电，并实现自锁。当常闭按钮 SB1 按下后，其触点断开，线圈 KM 失电，常开触点 KM 复位（恢复断开状态）。当手松开时，常闭按钮 SB1 恢复闭合状态，但此时常开按钮 SB 处于断开状态，常开触点 KM 也处于断开状态，因此线圈 KM 无法得电，从而实现了停止功能。

自锁环节具有记忆功能，当按停止按钮 SB1 时，接触器 KM 的吸引线圈失电，KM 主触点断开，电动机失电停转。同时，KM 辅助触点断开，消除自锁电路，因此“记忆”被清除了。

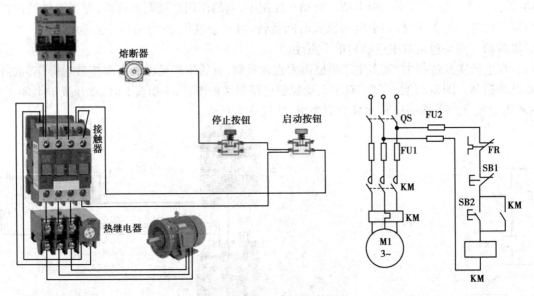

**图 2-5　启停控制电路与实物图**

实际上，常开触点闭合，线圈就可能会得电，当按下停止按钮时，本来有电的线圈就会失电。引申一步说，只要是常开触点就具有启动的作用，凡是常闭触点都具有停止的功能。

### 3. 禁止（互锁）控制电路

互锁控制是指生产机械或自动生产线不同的运动部件之间互相联系又互相制约，又称为联锁控制。

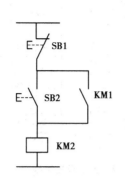

图 2-6  禁止(互锁)控制电路

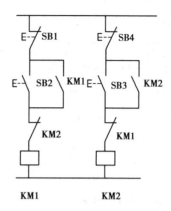

图 2-7  甲乙互相禁止-控制电路

① 甲接触器动作时,乙接触器不能工作,即甲禁止乙工作。如电梯可以上下运动,电梯的门可以作开启运动,但是当电梯在运行时,是严禁电梯门开启的。如果我们用接触器 KM1 控制电梯上下运动,用接触器 KM2 控制电梯门的开启运动,则在 KM1 工作时,KM2 是禁止工作的。

互锁控制电路如图 2-6 所示。KM1 禁止 KM2,实际上是在 KM2 的线圈线路中串入 KM1 的常闭触点。前面讲过,常开触点有启动的功能,常闭触点有停止的功能。

分析:当按下 SB2 时,KM1 线圈得电自锁,此时,在 KM2 线圈线路中串联的 KM1 常闭触点断开,则 KM2 无法得电。

② 甲乙接触器互相禁止

KM1 接触器控制电动机正转,KM2 控制电动机反转。正、反转运动方向相反,不能同时工作,KM1、KM2 的线圈之间必须用互锁来保证。其实质上是两个禁止电路,即在对方的线圈线路中串入自己的常闭触点,在图 2-7 中,在 KM1 线圈线路中串入 KM2 的常闭触点,在 KM2 线圈线路中串入 KM1 的常闭触点。电路图如图 2-7 所示。

分析:按下 SB2 后,KM1 线圈得电自锁,此时,在 KM2 线圈线路中的常闭触点 KM1 断开,即使按下 SB3,KM2 线圈也无法得电。在 KM1 线圈失电的情况下,此时 KM1 的常闭触点处于闭合状态,此时 KM2 线圈才可能得电。

③ 顺序控制电路

顺序控制电路是指甲接触器先于乙接触器工作,在甲工作之前,乙不能工作。

如机床电路中,KM1 控制油泵供油冷却,KM2 控制刀架运动,进行切削。工艺上规定,在没有冷却油的情况下,不能进行切削。KM2 必须在 KM1 工作之后,才能进入工作状态。如图 2-8 所示。

其实质,就是在后工作接触器线圈线路中串入先工作线圈的常开触点。图中,KM2 工作顺序落后于 KM1,因此,在 KM2 线圈线路中串入 KM1 的常开触点。如果先按下 SB3,此时,KM1 常开触点处于断开状态,则 KM2 无法得电,因此不能进行切削。先按下 SB2,则 KM1 线圈得电自锁,油泵开始供油。然后按下 SB3,因 KM1 线圈得电,而其常开触点 KM1 闭合,KM2 线圈得电,自锁。

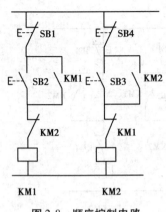

图2-8　顺序控制电路

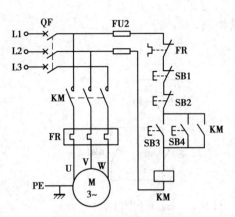

图2-9　多地点控制线路

#### 4. 多地点控制线路

有些生产设备为了操作方便,常需要在两个以上的地点进行控制。例如,电梯的升降控制可以在梯厢里面控制,也可以在每个楼层控制。多地点控制必须在每个地点有一组按钮,所有各组按钮的连接原则必须是:常开启动按钮要并联,常闭停止按钮应串联。

在图2-9中,两地的启动按钮SB3、SB4常开触点并联起来控制器KM线圈,只要其中任一按钮闭合,KM线圈就通电吸合;两地的停止按钮SB1、SB2常闭触点串联起来控制KM线圈,只要其中有一个触点断开,接触器KM线圈就断电。

推而广之,$n$地控制电路只要将$n$地的启动按钮的常开触点并联起来,将$n$地的停止按钮的常闭触点串联起来控制接触器KM线圈,即可实现$n$地启、停控制。

### 2.2.2　控制线路的保护环节

电气控制系统除了能满足生产机械的加工工艺要求外,要想长期正常无故障地运行,还必须有各种保护措施。保护环节是所有机床电气控制系统不可缺少的组成部分,可以用来保护电动机、电网、电气控制设备以及人身安全等。

电气控制系统中常用的保护环节有过载保护、短路保护、零电压和欠电压保护以及弱磁保护等。

#### 1. 短路保护

电动机绕组的绝缘、导线的绝缘损坏或线路发生故障时,会造成短路现象,会使电气设备损坏。因此在产生短路现象时,必须迅速切断电源。常用的短路保护元件有熔断器和自动开关。

（1）熔断器保护

熔断器的熔体串联在被保护的电路中,当电路发生短路或严重过载时,它会自动熔断,从而切断电路,达到保护的目的。

（2）自动开关保护

自动开关又称自动空气熔断器,它有短路、过载和欠压保护功能,这种开关能在线路发生上述故障时快速地自动切断电源。它是低压配电重要保护元件之一,常作为低压配电盘的总电源开关及电动机变压器的合闸开关。

通常熔断器适用于对动作准确度和自动化程度较差的系统中,如小容量的笼型电动机、一般的普通交流电源等。在发生短路时,很可能造成一相熔断器熔断,造成单相运行,但对于自动开关,只要发生短路就会自动跳闸,将三相同时切断。自动开关结构复杂,操作频率低,广泛用于要求较高的场合。

2. 过载保护

电动机长期超载运行,电动机绕组温升超过其允许值,电动机的绝缘材料就要变脆,寿命减少,严重时使电动机损坏。过载电流越大,达到允许温升的时间就越短。常用的过载保护元件是热继电器。热继电器可以满足这样的要求:当电动机为额定电流时,电动机为额定温升,热继电器不动作;在过载电流较小时,热继电器要经过较长时间才动作;过载电流较大时,热继电器则经过较短时间就会动作。

由于热惯性的原因,热继电器不会受电动机短时过载冲击电流或短路电流的影响而瞬时动作,所以在使用热继电器作过载保护的同时,还必须设有短路保护;并且选作短路保护的熔断器熔体的额定电流不应超过 4 倍热继电器发热元件的额定电流。

当电动机的工作环境温度和热继电器工作环境温度不同时,保护的可靠性就受到影响。现有一种用热敏电阻作为测量元件的热继电器,它可将热敏元件嵌在电动机绕组中,可更准确地测量电动机绕组的温升。

3. 过电流保护

过电流保护广泛用于直流电动机或绕线转子异步电动机,对于三相笼型电动机,由于其短时过电流不会产生严重后果,故不采用过流保护而采用短路保护。

过电流往往是由于不正确的启动和过大的负载转矩引起的,一般比短路电流要小。在电动机运行中产生过电流要比发生短路的可能性更大,尤其是在频繁正反转、启动、制动的重复短时工作制动的电动机中更是如此。直流电动机和绕线转子异步电动机线路中过电流继电器也起着短路保护的作用,一般过电流动作时的强度值为启动电流的 1.2 倍左右。

4. 零电压与欠电压保护

当电动机正在运行时,如果电源电压因某种原因消失,那么在电源电压恢复时,电动机就将自行启动,这就可能造成生产设备的损坏,甚至造成人身事故。对电网来说,同时有许多电动机及其他用电设备自行启动也会引起不允许的过电流及瞬间网络电压下降。为了防止电压恢复时电动机自行启动的保护叫零压保护。

当电动机正常运转时,电源电压迅速大幅地降低将引起一些电器动作机构释放,造成控制线路不正常工作,可能产生事故,电源电压迅速大幅地降低也会引起电动机转速下降甚至停转。因此需要在电源电压降到一定允许值以下时将电源切断,这就是欠电压保护。

一般常用电磁式电压继电器实现欠压保护。电压继电器起零压保护作用,在线路中,当电源电压过低或消失时,电压继电器就要释放,接触器也马上释放,因为此时主令控制器不在零位,所以在电压恢复时,电压继电器不会通电动作,接触器也不能通电动作。若要使电动机重新启动,必须先将主令开关打回零位,使其触点闭合,电压继电器通电动作并自锁,然后再将主令开关打向正向或反向位置,电动机才能启动,这样就通过电压继电器实现了零压保护。

在许多机床中不是用控制开关操作,而是用按钮操作的。利用按钮的自动恢复功能和接触器的自锁功能,可不必另加设零压保护继电器了。所以像这样带有自锁环节的电路本身已兼备了零压保护环节。常用的保护有:短路保护:熔断器;过载保护(热保护):热继电器;过流保护:过流继电器;零压保护:电压继电器;低压保护:欠电压继电器;联锁保护:通过正向接触器与反向接触器的动断触点互锁实现。

**5. 弱磁保护**

直流电动机在磁场有一定强度时才能启动,如果磁场太弱,电动机的启动电流就会很大,直流电动机正在运行时磁场突然减弱或消失,电动机转速就会迅速升高,甚至发生飞车,因此需要采取弱励磁保护。弱励磁保护是通过电动机励磁回路串入弱磁继电器(电流继电器)来实现的。在电动机运行中,如果励磁电流消失或降低很多,弱磁继电器就释放,其触点切断主回路接触器线圈的电源,使电动机断电停车。

**6. 其他保护**

在现代工业生产中,控制对象千差万别,所需要设置的保护措施很多。例如电梯控制系统中的越位极限保护(防止电梯冲顶或撞底),高炉卷扬机和矿井提升机设备中,则必须设置超速保护装置来控制速度等。

**(1)位置保护**

一些机械运动部件的行程和相对位置,往往要求限制在一定范围内,即必须有适当的位置保护。例如工作台的自动往复运动需要有行程限位,起重设备的上、下、左、右、前、后运动行程都需要位置保护,否则就可能损坏生产机械并造成人身事故。

位置保护可以采用行程开关、干簧继电器,也可以采用非接触式接近开关等电气元件构成控制电路。通常是将开关元件的常闭触点串联在接触器控制电路中,当运动部件到达设定位置时,开关动作常闭触点打开而使接触器失电释放,于是运动部件停止运行。

**(2)温度、压力、流量、转速等物理量的保护**

在电气控制线路设计中,常要对生产过程中的温度、压力(液体或气体压力)、流量、运动速度等设置必要的控制与保护,将以上各物理量限制在一定范围以内,以保证整个系统的安全运行。例如对于冷冻机、空调压缩机等,因其电机的散热条件较差,为保证电机绕组温升不超过允许温升,而直接将热敏元件预埋在电机绕组中,来控制其运行状态,以保护电机不至因过热而烧毁;大功率中频逆变电源、各类自动焊机电源的晶闸管、变压器等水冷循环系统,当水压、流量不足时将损坏器件,可以采用压力开关和流量继电器进行保护。

大多数的物理量均可转化为温度、压力、流量等,需要采用各种专用的温度、压力、流量、速度传感器或继电器,它们的基本原理都是在控制回路中串联一些受这些参数控制的常开或常闭触点,然后通过逻辑组合、联锁等实现控制的。有些继电器的动作值能在一定范围内调节,以满足不同场合的保护需要。各种保护继电器的工作原理、技术参数、选用方法可以参阅专门的产品手册和介绍资料。

在电力拖动系统中,应根据不同的工作情况,对电动机设置一种或几种保护措施。保护元件有多种,对于同一种保护要求,可选用不同的保护元件。在选用保护元件时,应考虑保护元件自身的保护特性、电动机的容量和电路复杂情况,以及经济性等问题。同时,在电动机的控制线路中设置电气联锁和机械联锁。为保证生产工艺要求的实现和电路安全可靠地运行,一般在控制线路出现故障时,要迅速切断电源,防止故障进一步扩大。

## 2.3　三相交流电动机的启动控制

三相异步电动机的控制线路大多由接触器、继电器、闸刀开关、按钮等有触点电器组合而成。较大容量(大于 10 kW)的电动机,因启动电流较大(可达额定电流的 4～7 倍),一般都采用降压启动方式启动。

### 2.3.1　全压启动控制线路

在变压器容量允许的情况下,三相笼式异步电动机应该尽可能采用全压直接启动,即启动时将电动机的定子绕组直接接在交流电源上,电动机在额定电压下直接启动。直接启动既可以提高控制线路的可靠性,又可以减少电器的维修工作量。

1. 单向全压启动控制

图 2-10 是三相笼式异步电动机单方向长时间转动控制的一种最常用、最简单的控制线路,能实现对电动机的启动、停止的自动控制。单向全压启动控制的电路图如图 2-10 所示。

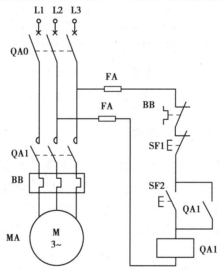

**图 2-10　单相全压启动控制线路**

2. 正、反转控制线路

生产机械在工作时常常有上下、左右、前后等相反方向的运动,如车床工作台的往返运动,就要求电动机能可逆运行。由电动机原理可知,三相异步电动机的三相电源进线中任意两相对调,电动机即可反向运行。因此,可以借助接触器改变定子绕组相序来实现正反向的切换工作,其控制线路如图 2-11 所示。

当出现误操作,即同时按正、反向启动按钮 SF2 和 SF3 时,若采用图 2-11(a)所示线路,将造成短路故障,如 2-11 图中左侧虚线所示,因此正、反向间需要一种联锁关系。通常采用图 2-11(b)所示的电路,将其中一个接触器的常闭触点串入另一个接触器线圈电路中,则任一接触器线圈先带电后,即使按下相反方向按钮,另一接触器也无法得电,这种联锁通常称为互锁,即二者存在相互制约的关系。工程上通常还使用带有机械互锁的可逆接触器,进一步保证两者不能同时得电,提高系统可靠性。

图 2-11(b)所示的电路要实现反向运行,必须先停止正转运行,再按启动反向按钮才能实现,反之亦然,所以,该线路称之为"正-停-反"控制。但图 2-11(c)所示的电路可以实现不按停止按钮,直接按反向按钮就能实现电动机反向工作,所以该电路称之为"正-反-停"控制。

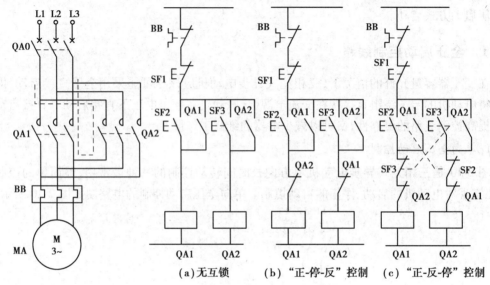

(a)无互锁　　(b)"正-停-反"控制　　(c)"正-反-停"控制

图 2-11　正、反向工作的控制线路

## 2.3.2　三相笼式异步电动机降压启动

三相笼式异步电动机采用全压直接启动时,控制线路简单,但是异步电动机的全压启动电流一般可达额定电流的 4~7 倍,过大的启动电流会降低电动机寿命,使变压器二次电压大幅度下降,会减小电动机本身的启动转矩,甚至使电动机无法启动,过大的电流还会引起电源电压波动,影响同一供电网路中其他设备的正常工作。为了限制和减少启动转矩对机械设备的冲击作用,允许全压启动的电动机,也多采用降压启动方式。

降压启动方式有定子电路串电阻(或者电抗)、星形-三角形、自耦变压器、延边三角形和使用软启动器等多种。其中一些方法已经随着技术的进步淘汰了,目前常用的方法是自耦变压器、星形-三角形降压启动和使用软启动器。

1. 自耦变压器降压启动控制线路

自耦变压器又称为启动补偿器。电动机启动时,定子绕组得到的电压是自耦变压器的二次电压,一旦启动完毕,自耦变压器便被切除,电动机进入全电压运行。

自耦变压器降压启动的原理是:采用时间继电器来完成自耦变压器的降压启动过程的切除。由于时间继电器的延时可以较为准确地整定,当时间继电器延时时间到,切除自耦变压器,结束启动过程。这种使用时间继电器控制线路中各电器的动作顺序的控制线路称为时间原则控制线路,其电路图如 2-12 所示。

线路的工作原理如下:

（1）合上闸刀开关 QS,按下启动按钮 SB2

①SB2 按下,线圈 KM1 得电,自锁。则 KM1 在 1 区的常开主触点闭合,电动机经 Y 形连接的自耦变压器接至电源降压启动。

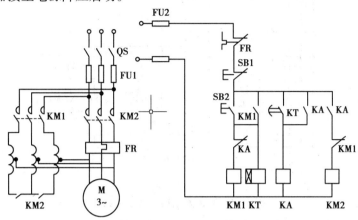

**图 2-12　自耦变压器降压启动控制线路**

②KM1 线圈得电的同时,时间继电器 KT 得电。时间继电器 KT 经一定时间到达延时值,其在 5 区的延时闭合常开触点闭合,中间继电器线圈 KA 得电并自锁;3 区的 KA 常闭触点断开,使接触器 KM1 线圈失电,KM1 主触点断开,将自耦变压器从电网切除。

③4 区的 KM1 辅助常开触点因线圈失电而恢复为断开状态,线圈 KT 也失电。6 区 KA 的常开触点因 KA 线圈得电而闭合,因 KM1 线圈处于失电状态,其 6 区常闭触点处于闭合状态,使接触器 KM2 线圈得电,2 区的 KM2 主触点闭合将电动机直接接入电源,使之在安全电压下正常运行。

（2）按下停止按钮 SB1,线圈 KA、KM2 均失电,电动机停止转动

在自耦变压器降压启动过程中,启动电流与启动转矩的比值按变比平方倍降低。因此,从电网取得同样大小的启动电流,采用自耦变压器降压启动比采用电阻降压启动产生更大的启动转矩。这种启动方法常用于容量较大、正常运行为 Y 形连接法的电动机。其缺点是自耦变压器价格较贵,结构相对复杂,体积庞大,不允许频繁操作。

**2. Y-Δ 降压启动控制线路**

Y-Δ 降压启动是在启动时将电动机定子绕组接成 Y 形,每相绕组承受的电压为电源的相电压(220 V),在启动结束时换成三角形接法,每相绕组承受的电压为电源线电压(380 V),电动机进入正常运行。

凡是正常运行时定子绕组接成三角形的三相笼式异步电动机,均可采用这种线路。

三相鼠笼式异步电动机采用 Y-Δ 降压启动的优点是定子绕组 Y 形接法时,启动电压为直接采用 Δ 接法时的 $1/\sqrt{3}$,启动电流为三角形接法时的 1/3,因而启动电流特性好、线路较简单、投资少。其缺点是启动转矩也相应下降为三角形接法的 1/3,转矩特性差。本线路适用于轻载或空载启动的场合,应当强调指出,Y-Δ 连接时要注意其旋转方向的一致性。

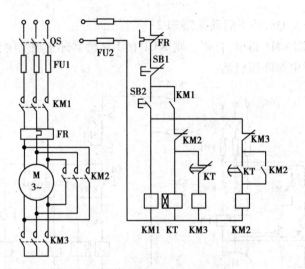

**图 2-13　Y-Δ 降压启动控制线路**

工作原理:Y-Δ 降压启动设计思想仍是按时间原则控制,电路图如图 2-13 所示,其中,KM1、KM3 闭合为 Y 形接法,KM1、KM2 闭合为 Δ 形接法。

当按下启动按钮 SB2 时:

① 接触器 KM1 线圈得电,电动机 M 接入电源。

② 接触器 KM3 线圈得电,其常开主触点闭合,Y 形启动,辅助触点断开,保证了接触器 KM2 不得电。

③ 时间继电器 KT 线圈得电,经过一定时间延时,常闭触点断开,切断 KM3 线圈电源。

④ KM3 主触点断开,KM3 常闭辅助触点闭合,KT 常开触点闭合,接触器 KM2 线圈得电,KM2 主触点闭合,使电动机 M 由 Y 形启动切换为 Δ 运行。

按下停止按钮 SB1,切断控制线路电源,电动机 M 停止运转。

三相笼式异步电动机采用 Y-Δ 降压启动的优点是定子绕组 Y 形接法时,启动电压为直接采用 Δ 接法时的 1/3,启动电流为三角形接法时的 1/3,因而启动电流特性好,线路较简单,投资少。其缺点是启动转矩也相应下降为三角形接法的 1/3,转矩特性差。本线路适用于轻载或空载启动的场合,应当强调指出,Y-Δ 连接时要注意其旋转方向的一致性。

**3. 降压启动器的工作原理**

固态降压启动器由电动机的启停控制装置和软启动控制器组成,其核心部件是软启动控制器,它是利用晶闸管的移相控制原理,通过控制晶闸管的导通角,改变其输出电压,达到通过调压方式来控制启动电流和启动转矩的目的。目前市场上的产品分为固态降压启动器和软启动控制器两种。

软启动控制器可以通过设定不同的参数得到不同的启动特性,以满足不同负载特性的要求,具有软启动和软停车功能。其启动电流、启动转矩可调节,另外还具有对电动机和软启动器本身的热保护、限制转矩和电流冲击、三相电源不平衡、缺相、断相等保护功能和实时检测并显示电流、电压、功率因数等参数的功能。

传统的减速控制方式都是通过瞬间停电完成的,但有许多应用场合,不允许电机瞬间关机。

软启动控制可以实现减速软停控制,当电动机需要停机时,不是立即切断电动机的电源,而是通过调节晶闸管的导通角,使全导通状态逐渐地减小,从而电动机的端电压逐渐降低而切断电源,这一过程时间较长故称为软停控制。停车的时间根据实际需要可在 0—120 s 范围内调整。

软启动控制器可以根据电动机功率因数的高低,自动判断电动机的负载率,当电动机处于空载或负载率很低时,通过相位控制使晶闸管的导通角发生变化,从而改变输入电动机的功率,以达到节能的目的。

当电动机需要快速停机时,软启动控制器具有能耗制动功能。

## 2.4　三相异步电动机的制动控制线路

三相异步电动机从切除电源到完全停止旋转,由于惯性的存在,总是需要经过一段时间才能停止运行,这往往不能适应某些生产机械的工艺要求。如万能铣床、电梯、矿井提升机等系统,无论是从提高生产效率,还是从安全生产以及准确定位等方面考虑,都要求能迅速停车,这就要求对电动机进行制动控制。三相异步电动机的制动方法分为两类:机械制动和电气制动。机械制动有电磁抱闸制动、电磁离合器制动等;电气制动有反接制动、能耗制动、回馈制动等。机械制动动作时,将制动电磁铁的线圈切断或接通电源,通过机械抱闸制动电动机。电气制动是使电动机产生一个与原转子转动方向相反的制动转矩,迫使电动机迅速停转。电磁抱闸制动是靠电磁制动闸紧紧抱住与电动机同轴的制动轮来制动的。电磁抱闸制动方式的制动力矩大,制动迅速,停车准确,缺点是制动越快冲击振动越大。电磁抱闸制动有断电电磁抱闸制动和通电电磁抱闸制动。通电电磁抱闸制动控制原则:在平时制动闸总是处于松开状态,通电后才抱闸,例如机床等需要经常调整加工件位置的设备往往采用这种方法。断电电磁抱闸制动在电磁铁线圈一旦断电或未接通时,电动机都处于抱闸制动状态,例如电梯、吊车、卷扬机等设备。

### 2.4.1　断电抱闸制动控制线路

图 2-14 给出了断电抱闸制动控制线路图,其线路工作原理如下:

(1) 按下启动按钮 SB2

① 接触器 KM2 得电,其主触点吸合,电磁铁线圈 YA 接入电源,电磁铁芯向上移动,抬起制动阀,松开制动轮。

② KM2 线圈得电,其在 KM1 线圈线路中的常开触点闭合,KM1 线圈得电,其主触点吸合,电动机启动运转,KM1 常开触点闭合,KM1 线圈保持有电,电动机持续运转。

(2) 按下停止按钮 SB1

KM1、KM2 线圈均失电,触点释放,电动机和电磁铁绕组均断电,制动闸在弹簧作用下紧压在制动轮上,依靠摩擦力使电动机快速停车。

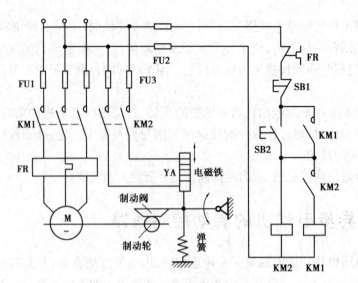

图 2-14　断电抱闸制动控制线路

### 2.4.2　反接制动控制线路

反接制动是一种电气制动方法,通过改变电动机电源电压相序使电动机制动。由于电源相序改变,定子绕组产生的旋转磁场方向也与原方向相反,而转子仍按原方向惯性旋转,于是在转子电路中产生相反的感应电流。转子要受到一个与原转动方向相反的力矩的作用,从而使电动机转速迅速下降,实现制动。

在反接制动时,转子与定子旋转磁场的相对速度接近于 2 倍同步转速,所以定子绕组中的反接制动电流相当于全电压直接启动时电流的 2 倍。为避免对电动机及机械传动系统的过大冲击,一般在 10 kW 以上电动机的定子电路中串接对称电阻或不对称电阻,以限制制动转矩和制动电流,这个电阻称为反接制动电阻,反接制动的关键是采用按转速原则进行制动控制。因为当电动机转速接近零时,必须自动将电源切断,否则电动机会反向启动。

因此,采用速度继电器来检测电动机的转速变化,当转速下降到接近零时(100 r/min),由速度继电器自动切断电源。

1. 单向反接制动

单向反接制动控制线路如图 2-15 所示,其工作原理如下:

(1) 按下启动按钮 SB2

接触器 KM1 线圈得电、自锁、主触点吸合,电动机正常运行。因正常运行时,速度继电器的常开触点闭合,为反接制动作好准备。

(2) 按下停止按钮 SB1

① 接触器线圈 KM1 失电,其主触点断开,切断三相电源。此时,电动机转速很高,KS 的常开触点处于闭合状态,接触器 KM2 线圈得电,其主触点吸合,使定子绕组得到相反相序的电源,电动机串入制动电阻 R 进入反接制动。

② 当电动机的惯性转速接近零时,KS 速度继电器的常开触点断开,接触器 KM2 线圈失电,主触点释放,切断电源,制动结束。

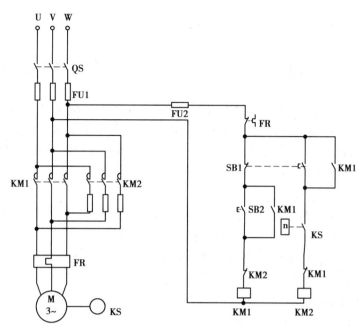

图 2-15　电动机单向运行的反接制动控制线路

## 2. 可逆反接制动控制线路

电动机可逆运行的反接制动控制线路如图 2-16 所示。由于速度继电器的触点具有方向性,所以电动机的正向和反向制动分别由速度继电器的两对常开触点 KS-Z、KS-F 来控制。该线路在电动机正反转启动和反接制动时在定子电路中都串接电阻 $R$,限流电阻 $R$ 起到了在反接时制动时限制制动电流、在启动时限制启动电流的双重限流作用。操作方便,具有触点、按钮双重联锁,运行安全、可靠,是一个较完善的控制线路。

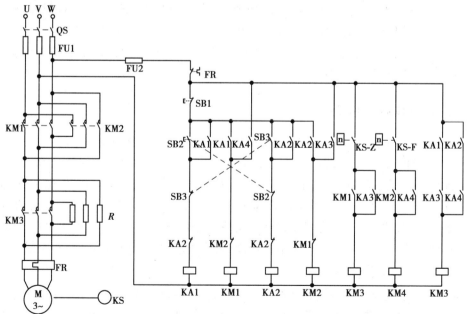

图 2-16　电动机可逆运行的反接制动控制线路

图 2-16 所示控制线路工作原理如下所述。

1）按下正向启动按钮 SB2，其运行过程如下：

① 中间继电器 KA1 线圈得电，并自锁，KA1 常开触点闭合，接触器线圈 KM1 得电，其主触点闭合，电动机正向启动。

② 刚启动时未达到速度继电器 KS 动作的转速，常开触点 KS-Z 未闭合，使中间继电器 KA3 不得电，接触器 KM3 也不得电，因而使 R 串在定子绕组中限制启动电流。

③ 当转速升高至速度继电器动作时，常开触点 KS-Z 闭合，KM3 线圈得电吸合，经其主触点短接电阻 R，电动机启动结束。

2）按下停止按钮 SB1 时，过程如下：

① KA1 线圈失电，KA1 常开触点断开，接触器 KM1 线圈失电，KM1 主触点断开，切断电动机三相电源。同时，KM3 线圈失电，电阻被串入定子绕组。

② 此时电动机转速仍较高，常开触点 KS-Z 仍闭合，KA3 线圈仍保持得电状态。因 KM1 线圈失电，其在 KM2 线圈线路中的常闭触点复位，KM2 线圈得电吸合，其主触点将电动机电源反接，电动机反接制动。电路一直串有电阻 R 以限制制动电流。

③ 当转速接近零时，常开触点 KS-Z 恢复断开，KA3、KM2 相继失电，制动结束，电动机停转。

3）按下反向启动按钮 SB3 时，运行过程如下：

① 如果正在正向运行，反向启动按钮 SB3 同时切断 KA1、KM1、KM3 线圈。电阻 R 被串入电路。

② 中间继电器 KA2 线圈得电，并自锁，同时正向接触器 KM2 得电，其主触点吸合，电动机先进行反接制动。

③ 当转速降至零时常开触点 KS-Z 恢复断开，电动机又反向启动。

④ 只有当反向转速升高达到 KS-F 动作值时，常开触点 KS-F 闭合，KA4 线圈得电并自锁，KA4 常开触点闭合，线圈 KM3 得电，切除电阻 R，电动机进入反向正常运行。

反接制动的优点是：制动效果好，缺点是能量损耗大，由电网供给的电能和拖动系统的机械能全部转化为电动机转子的热损耗。

## 2.4.3　能耗制动控制线路

能耗制动是一种应用广泛的电气制动方法。当电动机脱离三相交流电源以后，立即将直流电源接入定子的两相绕组，绕组中流过直流电流，产生了一个静止不动的直流磁场。此时电动机的转子切割直流磁通，产生感生电流。在静止磁场和感生电流相互作用下，产生一个阻碍转子转动的制动力矩，因此电动机转速迅速下降，从而达到制动的目的。当转速降至零时，转子导体与磁场之间无相对运动，感生电流消失，电动机停转，再将直流电源切除，制动结束。

能耗制动可按时间原则由时间继电器控制，也可按速度原则由速度继电器控制。

### 1. 单向运行能耗制动控制电路

单向运行的能耗制动控制线路如图 2-17 所示。该控制电路的组成如下：KM1 是单向运行接触器，KM2 是能耗制动接触器，TR 是整流变压器，VC 是桥式整流电路，R 是能耗制动电阻。

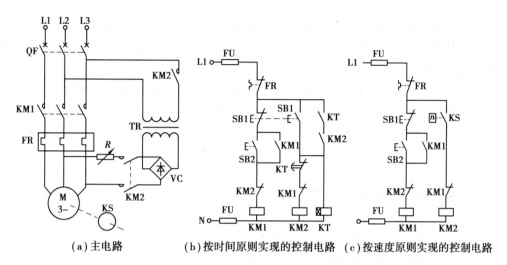

（a）主电路　　　（b）按时间原则实现的控制电路　（c）按速度原则实现的控制电路

**图 2-17　电动机单向运行能耗制动控制线路**

图 2-17（b）给出了按时间原则实现的控制线路。其工作过程如下：

① 启动时,合上断路器 QF,按下 SB2,KM1 得电自锁。

② 停车时,按下 SB1,KM2、KT 得电自锁,延时时间到,KM2、KT 失电。

KT 的延时常开触点的作用:按下 SB1 后,当无此触点,若时间继电器发生线圈断线或机械卡住故障时,KM2 一直得电,两相定子绕组长期接入能耗制动的直流电流。若有此触点,在 KT 发生故障后,该电路有手动控制能耗制动的功能,只要 SB1 按下,电动机就能实现能耗制动。

图 2-17（c）给出了按速度原则实现的控制线路,其采用速度继电器控制。其工作过程如下:

① 启动时,按下 SB1,KM1 得电自锁,上升到一定转速后,KS 闭合。

② 制动时,按下 SB2,KM2 得电,转速下降到一定值后,KS 断开,KM2 失电。

**2. 可逆运行能耗制动控制电路**

图 2-18 给出了采用速度原则控制的电动机可逆运行能耗制动控制线路图。该电路的组成:KM1、KM2 是正、反转接触器,KM3 是能耗制动接触器;KS 是速度继电器,KS1 是正转动作触点,KS2 是反转动作触点。该电路也可采用时间原则控制,只要用时间继电器取代速度继电器即可实现。

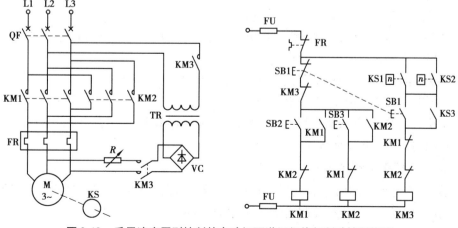

**图 2-18　采用速度原则控制的电动机可逆运行能耗制动控制线路**

该电路的工作原理如下：正转启动时，按下 SB2，KM1 得电自锁，转速升高到一定值后，KS1 闭合。制动时，按下 SB1，KM1 失电，常闭触点复位，KM3 吸合。当转速低于一定值时，KS1 断开，KM3 失电。

从能量角度看，能耗制动是把电动机转子运转所储存的动能转变为电能，且又消耗在电动机转子的制动上，与反接制动相比，能量损耗少，制动停车准确。所以，能耗制动适用于电动容量大，要求制动平稳和启动频繁的场合。但制动速度较反接制动慢一些，能耗制动需要整流电路。

# 2.5　电动机的可逆运行

电动机的可逆运行就是正反转控制。在生产实际中，往往要求控制线路能对电动机进行正、反转的控制。例如，机床主轴的正反转，工作台的前进与后退，起重机起吊重物的上升与下放，以及电梯的升降等。

由三相异步电动机转动原理可知，若要电动机逆向运行，只需将接于电动机定子的三相电源线中的任意两相对调一下即可，与反接制动的原理相同。电动机可逆运行控制线路，实质上是两个方向相反的单向运行电路的组合，并且在这两个方向相反的单向运行电路中加设必要的联锁。

## 2.5.1　电动机可逆运行手动控制电路

根据电动机可逆运行操作顺序的不同，有"正-停-反"手动控制电路与"正-反-停"手动控制电路。

1. "正-停-反"手动控制电路

"正-停-反"控制电路是指电动机正向运转后要反向运转，必须先停下来再反向。图 2-19 为电动机"正-停-反"手动控制线路，图中，KM2 为正转接触器，KM3 为反转接触器。

线路工作原理为：

① 按下正向启动按钮 SB2：接触器 KM2 得电吸合，其常开主触点将电动机定子绕组电源接通，相序为 U、V、W，电动机正向启动运行。

② 按停止按钮 SB1：KM2 失电释放，电动机停转。

③ 按反向启动按钮 SB3：KM3 线圈得电主触点吸合，其常开触点将相序为 W、V、U 的电源接至电动机，电动机反向启动运行。

④ 再按停止按钮 SB1：电动机停转。

由于采用了 KM2、KM3 的常闭辅助触点串入对方的接触器线圈电路中，形成互锁。因此，当电动机正转时，即使误按反转按钮 SB3，反向接触器 KM3 也不会得电。要电动机反转，必须先按停止按钮，再按反向按钮。

2. "正-反-停"手动控制电路

在实际生产过程中，为了提高劳动生产率，常要求电动机能够直接实现正、反向转换。利用复合按钮可构成"正-反-停"控制线路，如图 2-20 所示。

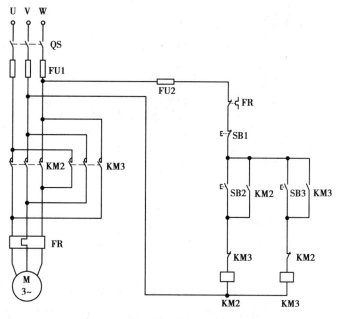

图 2-19　"正-停-反"手动控制电路

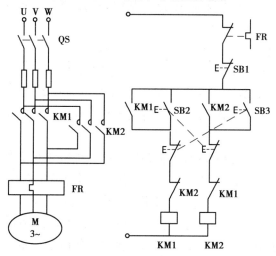

图 2-20　"正-反-停"手动控制电路

若需电动机反转,不必按停止按钮 SB1,直接按下反转按钮 SB3,使 KM2 线圈失电触点释放,KM3 线圈得电触点吸合,电动机先脱离电源,停止正转,然后又反向启动运行,反之亦然。

实际上就是用复合按钮,停止正转的同时启动反转。

## 2.5.2　电动机可逆运行自动控制电路

自动控制的电动机可逆运行电路,可按行程控制原则来设计。按行程控制原则又称为位置控制,就是利用行程开关来检测往返运动位置,发出控制信号来控制电动机的正反转,使机件往复运动。

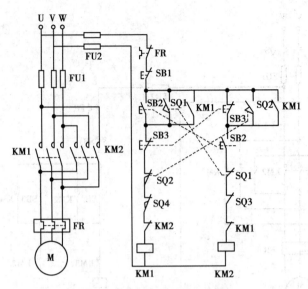

图 2-21　往复自动控制线路

图 2-21 为工作台自动循环的原理图,行程开关 SQ1 和 SQ2 安装在指定位置,工作台下面的挡铁压到行程开关 SQ1 就向左移动,压到行程开关 SQ2 就向右移动。线路工作原理如下:

按正向启动按钮 SB2,运行过程如下:

① KM1 得电并自锁,电动机正向启动运行,工作台向右运行。

② 当工作台运行至 SQ2 位置时,压下行程开关 SQ2,SQ2 常闭触点断开,KM1 断电释放,SQ2 常开触点闭合,接触器 KM2 线圈得电吸合,电动机反向启动,使工作台自动返回。

③ 当工作台返回到 SQ1 位置,压下行程开关 SQ1,KM2 失电,接触器 KM1 线圈得电吸合,工作台又向右运动。

④ 工作台周而复始地进行往复运动,直到按下停止按钮使电动机停转。

此电路实际上是在"正-反-停"控制线路中,增加了用行程开关进行多地点启动而已。

在控制电路中,行程开关 SQ3、SQ4 为极限位置保护,是为了防止 SQ1、SQ2 可能失效引起事故而设的,SQ4 和 SQ3 分别安装在电动机正转和反转时运动部件的行程极限位置。如果 SQ2 失灵,运动部件继续前行,压下 SQ4 后,KM1 失电而使电动机停止。这种限位保护的行程开关在位置控制电路中必须设置。

# 2.6　三相异步电动机速度控制线路

异步电动机调速常用来改善机床的调速性能和简化机械变速装置。根据异步电动机转速公式:

$$n = \frac{(1-s) \times 60 \times f}{p} \tag{2-1}$$

式中　$s$——转差率;

　　　$f$——电源频率;

　　　$p$——定子极对数。

由式(2-1)可知,三相异步电动机的调速可通过改变定子电压频率$f$、定子极对数$p$和转差率$s$来实现。具体归纳为变极调速、变频调速、调压调速、转子串电阻调速、串级调速和电磁调速等调速方法。

## 2.6.1　变极调速

通常变更绕组极对数的调速方法简称为变极调速。变极调速是通过改变电动机定子绕组的外部接线来改变电动机的极对数。鼠笼式异步电动机转子绕组本身没有固定的极数,改变鼠笼式异步电动机定子绕组的极数以后,转子绕组的极数能够随之变化;绕线式异步电动机的定子绕组极数改变以后,它的转子绕组必须重新组合,往往无法实现。所以,变更绕组极对数的调速方法一般仅适用于鼠笼式异步电动机。

鼠笼式异步电动机常用的变极调速方法有两种:一种是改变定子绕组的接法,即变更定子绕组每相的电流方向;另一种是在定子上设置具有不同极对数的两套互相独立的绕组,又使每套绕组具有变更电流方向的能力。

变极调速是有级调速,速度变换是阶跃式的。

1. 双速电动机 Δ/YY 调速控制线路

双速电动机 Δ/YY 接法的三相定子绕组接线图如 2-22 所示。

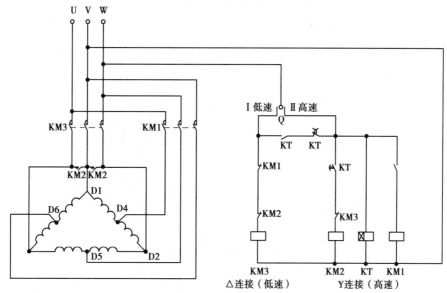

图 2-22　双速电动机调速控制线路

应当强调指出,当把电动机定子绕组的 Δ 接线变更为 YY 接线时,接线的电源相序必须反相,从而保证电动机由低速变为高速时旋转方向一致。Δ/YY 接线属于恒功率调速:KM3 主触点闭合时,为三角形连接,低速运行;KM1、KM2 主触点闭合时,为双星形连接,高速运行。

线路工作原理为:

① 双投开关 Q 合向"低速"位置时:接触器 KM3 线圈得电,电动机接成三角形,处在四极下低速运转。② 双投开关 Q 置于"空挡":电动机停转。双投开关 Q 合向"高速"位置时(先低速运行,再高速运行):a. 时间继电器 KT 得电,其瞬动常开触点闭合,使 KM3 线圈得电,绕

组接成三角形,电动机在四极下低速启动。b. 经一定延时,KT 的常开触点延时闭合,常闭触点延时断开,使 KM3 失电,KM2 和 KM1 线圈相继得电,定子绕组接线自动从 Δ 切换为双 YY,电动机处在二极下高速运转。

这种先低速启动,经一定延时后自动切换到高速运行的控制,目的是限制启动电流。

2. 双速电动机 Y/YY 接法的接线变换

双速电动机 Y/YY 接法的接线变换如图 2-23 所示,电机极数由四极/二极变换,对应电动机的低速和高速,它属于恒转矩调速。

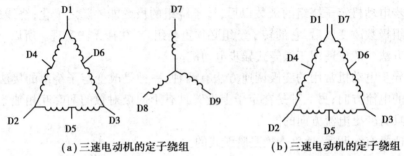

（a）三速电动机的定子绕组　　　　（b）三速电动机的定子绕组

图 2-23　Y/YY 电机接线图

3. 三速异步电动机

一般三速电动机的定子绕组具有两套绕组,其中一套绕组可连接成 Δ/YY,另一套绕组连接成 Y,如图 2-24 所示。

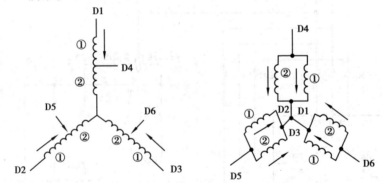

图 2-24　三速电动机接线图

假设将 D1、D2、D3 接电源时,电动机具有 8 个极;将 D4、D5、D6 接电源而 D1、D2、D3 互相短接时,电动机具有 4 个极;若再将 D7、D8、D9 接线端接电源时,电动机为 6 个极。故将不同的端头接向电源,电动机便有 8、6、4 三种级别磁极的转速,对应的转速由低速变为高速。当只有单独一套绕组工作时（D7、D8、D9 接电源）,由于另一套 Δ/YY 接法的绕组置身于旋转磁场中,在其 Δ 接线的线圈中肯定要流过环流电流。为避免环流产生,一般设法将绕组接成开口的三角形。

## 2.6.2　变频调速

由式(2-1)可见,变频调速就是改变异步电动机的供电频率,利用电动机的同步转速随频率变化的特性进行调速的。在交流异步电动机的多种调速方法中,变频调速的性能最好、调速范围大、稳定性好、运行效率高。目前,变频器在电气自动化控制系统中的使用越来越广泛,这得益于变频调速性能的提高和变频器价格的大幅度降低。

实现变频调速的关键因素有两点:一是大功率开关器件。虽然变频调速是交流调速中最好的方法,但受限于大功率电力电子器件的实用化问题,变频调速直到 20 世纪 80 年代矢量控制理论的出现才取得了长足的发展。二是微处理器的发展加上变频控制方式的深入研究使得变频控制技术实现了高性能、高可靠性。

**1. 变频器的分类**

变频器的类型有多种,其分类方法也有多种。

(1)根据变流环节分类

① 交-直-交变频器

先把恒压变频的交流电"整流"成直流电,再把直流电"逆变"成电压和频率均可调的三相交流电。由于把直流电逆变成交流电的环节比较容易控制,所以该方法在频率调节范围和改善变频后电动机的特性方面具有明显的优势。目前,大多数变频器均采用交-直-交类型。

② 交-交变频器

把恒压恒频的交流电直接变换成电压和频率均可调的交流电,通常由三相反并联晶闸管可逆变流器组成。

(2)根据直流电路的滤波方式分类

① 电压型变频器

电压型变频器在逆变器前使用大电容来缓冲无功功率,直流电压波形比较平直,相当于一个理想的恒压源。

② 电流源型变频器

电流源型变频器在逆变器前使用大电感来缓冲无功功率,直流电压波形比较平直;对于负载电动机来说,变频器相当于一个交流电源。

(3)根据控制方式分类

① V/F 控制

V/F 控制是指在改变频率的同时控制变频器输出电压,使电动机的磁通保持一定,在较广范围内调速运转时,电动机的功率因数和效率不下降,即控制电压与频率之比,所以称为V/F 控制,属于开环控制。由于仅改变频率,将会产生弱励磁引起的转矩不足或过励磁引起的磁饱和现象,使电动机功率因数和效率显著下降。

V/F 控制方式的特点是:

① 它是一种最简单的控制方式,不用选择电动机,通用性优良。

② 与其他控制方式相比,在低速区内电压调整困难,故调速范围窄,通常在 1∶10 左右的调速范围内使用。

③ 急加速、减速或负载过大时,抑制过电流能力有限。

④ 不能精密控制电动机实际速度,不适合用于同步运转场合。

⑤ 矢量控制。

直流调速系统其调速和控制性能优良。矢量控制利用直流电动机电枢电流控制,使交流异步电动机达到与直流电动机相同的调速性能,将供给异步电动机的定子电流在理论上分成两部分:产生磁场的电流分量(磁场电流)和与磁场相垂直、产生转矩的电流分量(转矩电流)。该磁场电流、转矩电流与直流电动机的磁场电流、电枢电流相当。

矢量控制特点是:

① 需要使用电动机参数,一般用作专用变频器。

② 调速范围在 1∶100 以上。

③ 速度响应性极高,适合于急加速、减速运转和连续 4 象限运转,能适用于任何场合。

(4) 根据输出电压调制方式分类

① PAM 方式

脉冲幅值调制(PAM,Pulse Amplitude Modulation)方式通过改变直流电压的幅值来实现调压,逆变器负责调节输出频率。

② PWM 方式

脉冲宽度调制(PWM,Pulse Width Modulation)方式在改变输出频率的同时也改变了电压脉冲的占空比。PWM 方式只需要控制逆变电路即可实现。

(5) 根据输入电源的相数分类

① 单相变频器。输入端为单相交流电,输出端为三相交流电的变频器。

② 三相变频器。输入端和输出端均为三相交流电的电频率。

2. 变频器的组成

变频器一般由主电路、控制电路和保护电路等部分组成。主电路主要用来完成电能的转换(整流和逆变);控制电路主要实现控制过程中所需信息的采集、变化和系统的控制功能;保护电路主要用于防止因变频器主电路出现的过压、过流引起的损坏,除此之外,还应保护异步电动机及传动系统等。

变频器的内部结构框图和主要外接端口如图 2-25 所示。

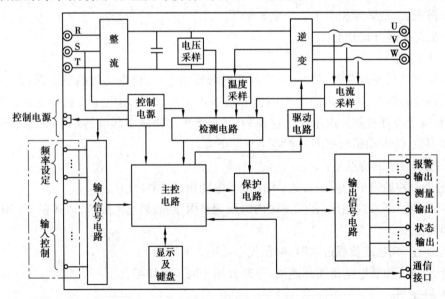

图 2-25　变频器的内部结构框图和主要外接端口

3．变频器应用举例

图 2-26 给出了西门子 MM440 型变频器可逆调速系统控制线路。此线路可以实现电动机的正反向运行、调速以及点动功能。根据控制工艺以及调速要求，可以通过对变频器进行编程及修改参数来实现对变频器的控制。

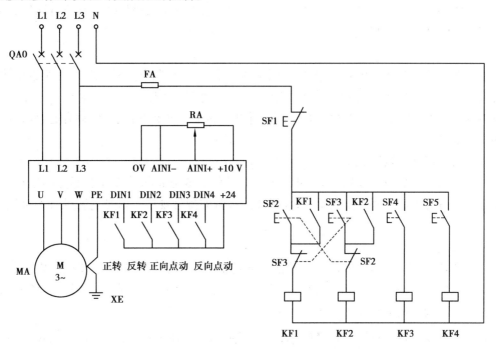

图 2-26　变频器可逆调速系统控制线路

# 2.7　典型生产机械电气控制线路分析与设计

　　本节通过典型机床电气控制线路的实例分析，进一步阐述电气控制系统的分析方法，使读者掌握阅读分析电气控制系统各种图样资料的方法，培养读图能力，并掌握有代表性的几种典型机床的电气控制线路的原理。本节综合了解实际设备中机械、液压部分与电气控制系统之间的配合，介绍了电气部分在整个设备中所处的地位和作用，为电气设备的设计、安装、调试、维护和修理打下基础，并为进一步学习和掌握继电接触式电气控制系统的设计打下一定的基础。

## 2.7.1　电气控制线路分析基础

1．电气控制线路分析的内容和要求

　　分析设备电气控制电路的依据是设备本身的基本结构、运行情况、加工工艺要求、电力拖动要求和电气控制要求等。这些依据来自设备本身的有关技术资料，如设备操作使用说明书、电气原理图、电气设备安装接线图及电气元件布置图与接线图等。

（1）设备说明书

设备说明书由机械（包括液压部分）与电气两部分组成。在分析时首先要阅读这两部分

说明书,了解以下内容:

① 设备的构造,主要技术指标,机械、液压和气动部分的工作原理。

② 电气传动方式,电动机和执行电器的数目、型号规格、安装位置、用途及控制要求。

③ 设备的使用方法,各操作手柄、开关、旋钮和指示装置的布置以及作用。

④ 同机械和液压部分直接关联的电气设备(行程开关、电磁阀、电磁离合器和压力继电器等)的位置、工作状态以及作用。

(2) 电气原理图

这是控制线路分析的中心内容,原理图主要由主电路、控制电路和辅助电路等部分组成。

在分析电气原理图时,必须与其他技术资料结合起来。例如,各种电动机和电磁阀等的控制方式、位置及作用,各种与机械有关的位置开关和主令电器的状态等,只有通过阅读相应说明书才能了解。

(3) 电气设备安装接线图

阅读分析电气设备安装接线图,可以了解系统的组成分布状况以及各部分的连接方式,清楚主要电气部件的布置和安装要求,导线和穿线管的型号规格。这是安装设备不可缺少的资料。

(4) 电气元件布置图与接线图

这是制造、安装、调试和维护电气设备必须具备的技术资料。在调试和检修中可通过布置图和接线图方便地找到各种电气元件和测试点,从而进行必要的调试、检测和维修保养。

2. 电气原理图的阅读分析方法与步骤

在仔细阅读了设备说明书,了解了电气控制系统的总体结构、电动机和电气元件的分布状况及控制要求等内容之后,便可以阅读分析电气原理图了。

(1) 分析主电路

从主电路入手,根据每台电动机和电磁阀等执行电器的控制要求去分析它们的控制内容,控制内容包括启动、方向控制、调速和制动等。

(2) 分析控制电路

根据主电路中各电动机和电磁阀等执行电器的控制要求,逐一找出控制电路中的控制环节,利用前面学过的基本环节的知识,按功能不同划分成若干个局部控制线路来进行分析。分析控制电路的最基本方法是查线读图法。

(3) 分析辅助电路

辅助电路包括电源显示、工作状态显示、照明和故障报警等部分,它们大多由控制电路中的元件来控制的,所以在分析时,还要对照控制电路进行再次分析。

(4) 分析联锁与保护环节

机床对于安全性和可靠性有很高的要求,实现这些要求,除了合理地选择拖动和控制方案以外,在控制线路中还设置了一系列电气保护和必要的电气联锁。

(5) 总体检查

经过"化整为零",逐步分析了每一个局部电路的工作原理以及各部分之间的控制关系之后,还必须用"集零为整"的方法,检查整个控制线路,看是否有遗漏。特别要从整体角度去进一步检查和理解各控制环节之间的联系,理解电路中每个元件所起的作用。

### 2.7.2　C650 型卧式车床电气控制线路分析

**1. 普通车床的主要工作情况**

车床的切削加工包括主运动、进给运动和辅助运动。主运动为工件的旋转运动,由主轴通过卡盘或顶尖带动工件旋转;进给运动为刀具的直线运动,由进给箱调节加工时的纵向或横向进给量;辅助运动为刀架的快速移动及工件的夹紧、放松等。

根据切削加工工艺的要求,对电气控制提出下列要求:

① 主拖动电动机采用三相笼型电动机,主轴的正、反转由主轴电动机正、反转来实现;

② 调速采用机械齿轮变速的方法;

③ 中小型车床采用直接启动方法(容量较大时,采用星形-三角形降压启动)。

④ 为实现快速停车,一般采用机械制动或电气反接制动,控制线路具有必要的保护环节和照明装置。

**2. C650 型普通车床的电气控制**

车床共有三台电动机,图 2-27 给出了 C650 型车床控制线路图:M1 为主轴电动机,拖动主轴旋转,并通过进给机构实现进给运动;M2 为冷却电动机,提供切削液;M3 为快速移动电动机,拖动刀架的快速移动。主电路与控制电路见图 2-27。

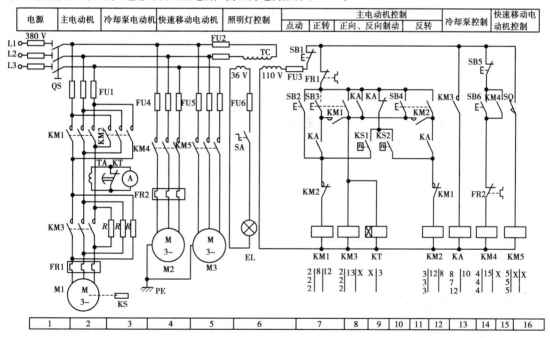

**图 2-27　C650 车床控制线路**

(1) M1 的点动控制

调速车床时,要求 M1 点动控制,工作过程如下:KM1 通电正转,KM3 用于串接电阻,KM2 通电反转。

① 合上隔离开关 QS—按启动按钮 SB2—接触器 KM1 通电,M1 串接限流电阻 $R$ 低速转动,实现点动。

② 松开 SB2,接触器 KM1 断电,M1 停转。

（2）M1 的正、反转控制

①正转    QS—启动按钮 SB3—KM3、KT 通电—中间继电器 KA 通电—KMl 通电—电动机 M1 短接电阻只正向启动。

主电路中通过电流互感器 TA 接入电流表 A,电流表 A 被时间继电器 KT 常闭触头短接,延时 $t$ 秒后 KT 延时断开,常闭触头断开,电流表 A 串接于主电路。

②反转    合上隔离开关 QS—按启动按钮 SB4—KM3、KT 通电—KA 通电—KM2 通电—电动机相序反接,短接电阻 $R$ 反向转动。

③停车    按停止按钮 SB1 即可停车。

在启动时,采用直接启动。

**3. M1 的反接制动控制**

C650 型车床采用速度继电器实现电气反接制动。

速度继电器 KS 与电动机 M1 同轴连接,当电动机正转时,速度继电器正向触头 KS2 动作,当电动机反转时,速度继电器反向触头 KS1 动作。

（1）M1 的正向反接制动

制动时,按下停止按钮 SB1,则 KM3、KT、KA、KM1 均断电,主回路串入电阻 $R$（限制反接制动电流）松开 SB1 接触器,则 KM2 通电（由于 M1 的转动惯性,速度继电器正向常开触头 KS2 仍闭合）则 M1 电源反接,实现反接制动,当速度接近零时,速度继电器正向常开触头断开,则 KM2 断电,M1 停转,制动结束。

（2）M1 的反向反接制动

反向制动的工作过程和正向制动相同,只是电动机 M1 反转时,速度继电器的反向常开触头 KS1 动作,反向制动时,KM1 通电,实现反接制动。

**4. 刀架快速移动控制**

转动刀架手柄压下限位开关 SQ,则接触器 KM5 通电,电动机 M3 转动,实现刀架快速移动。

**5. 冷却泵电动机控制**

按启动按钮 SB6 则接触器 KM4 通电,电动机 M2 转动,提供切削液,按下停止按钮 SB5 则 KM4 断电,M2 停止转动。

## 2.7.3    电气控制线路的简单设计法

电气控制系统的设计一般包括确定拖动方案、选择电机容量和设计电气控制线路。电气控制线路的设计分为主电路设计和控制线路设计。一般情况下,所说的电气控制线路设计主要指的是控制电路的设计。电气控制线路设计通常有两种方法,即一般设计法和逻辑设计法。

一般设计法又称为经验设计法。它主要根据生产工艺要求,利用各种典型的线路环节,直接设计控制电路。这种方法比较简单,但要求设计人员必须熟悉大量的控制线路,掌握各种典型线路的设计方案,同时具有丰富的经验,在设计过程中往往还要经过多次反复的修改,才能使线路符合设计要求。

逻辑设计法是根据生产工艺的要求,利用逻辑代数来分析、设计控制线路。用这种方法设计出来的线路比较合理,特别适合生产工艺要求较复杂的控制线路的设计。但是相对而言,逻辑设计法难度较大,不易掌握。

**1.一般设计法**

(1)一般设计法(经验设计法)的主要原则

① 最大限度地实现生产机械和工艺对电气控制电路的要求。

② 在满足生产要求的前提下,控制电路力求简单、经济、安全可靠。

③ 电路图中的图形符号及文字符号一律按国家标准绘制。

(2)一般设计法中应注意的问题

① 尽量减少电器的数量。尽量选用相同型号的电器和标准件,以减少备品量,尽量选用标准的、常用的或经过实际考验过的线路和环节。

② 尽量减少控制线路中电源的种类。尽可能直接采用电网电压,以省去控制变压器。

③ 尽量缩小连接导线的数量和长度。如图 2-28 所示,图(a)接线是不合理的,因为按钮一般装在操作台上,而接触器在电气控制柜内,这样接线就需要从电气控制柜向操作台引线。改为图(b)后,可以减少引线。

④ 正确连接触点,并尽量减少不必要的触点以简化电路。

⑤ 正确连接电器的线圈。如图 2-29 所示,交流电器的线圈不能串联使用,即使两个线圈额定电压等于外加电压之和,也不能串联使用。若需要两个线圈同时动作,应该并联使用。

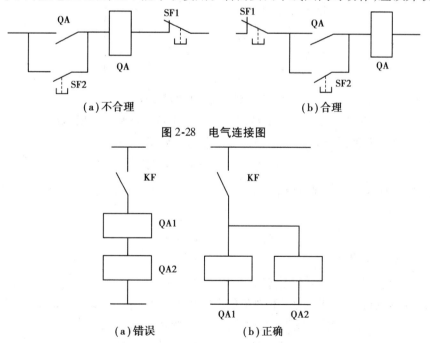

(a)不合理　　　　　　　　　　　　(b)合理

图 2-28　电气连接图

(a)错误　　　　　　　　(b)正确

图 2-29　线圈连接图

⑥ 在控制电路中采用小容量继电器的触点来断开或接通大容量接触器的线圈时,要注意计算继电器触点断开或接通容量是否足够,不够时必须增加小容量的接触器或中间继电器,

否则工作不可靠。

⑦ 要注意电器之间的联锁和其他安全保护环节。

**2. 逻辑设计法中继电器开关逻辑函数**

逻辑设计法是通过对电路的逻辑表达式的运算来设计控制电路的,其关键是正确写出电路的逻辑表达式。逻辑变量及其函数只有"0""1"两种取值,用来表示两种不同的逻辑状态。继电器接触器控制线路的元件都是两态元件,它们只有"通""断"两种状态。开关的接通或断开,线圈的通电或断电、触点的闭合或断开都可用逻辑值表示。因此,继电器接触器控制电路的基本规律是符合逻辑代数的运算规律的。继电器、接触器线圈得电状态为"1",线圈失电状态为"0";继电器、接触器控制的按钮触点闭合状态为"1",断开状态为"0"。按钮与行程开关未受压为"0",受压为"1"。

为了清楚地反映元件状态,元件线圈、常开触点(动合触点)的状态用相同字符(例如接触器为 KM)来表示,而常闭触点(动断触点)的状态以 $\overline{KM}$ 表示。若 KM 为"1",则表示线圈得电,接触器吸合,其常开触点闭合,常闭触点断开。得电、闭合都是"1",而断开则为"0"。若 KM 为"0",则与上述相反。

在继电接触器控制线路中,把表示触点状态的逻辑变量称为输入逻辑变量;把表示继电器、接触器等受控元件的逻辑变量称为输出逻辑变量。输出逻辑变量是根据输入逻辑变量经过逻辑运算得出的。

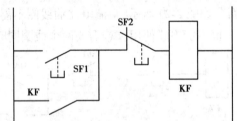

**图 2-30　继电器开关逻辑函数**

图 2-30 给出了继电器开关逻辑函数(启-保-停电路)。线路中 SF1 为启动信号按钮,SF2 为关断信号按钮,KF 的敞开触点为自保信号。它的逻辑函数为

$$F_{KF} = (SF_1 + KF) \cdot \overline{SF_2} \tag{2-2}$$

若把 $KF$ 替换成一般控制对象 $K$,启动/关断信号换成一般形式 $X$,则式(2-2)的开关逻辑函数一般形式为

$$F_K = (X_{开} + K) \cdot \overline{X_{关}} \tag{2-3}$$

扩展到一般控制对象:

$X_{开}$ 为控制对象的开启信号,应选取在开启边界线上发生状态改变的逻辑变量;$X_{关}$ 为控制对象的关断信号,应选取在控制对象关闭边界线上发生状态改变的逻辑变量。在线路图中使用的触点 $K$ 为输出对象本身的常开触点,属于控制对象的内部反馈逻辑变量,起自锁作用,以维持控制对象得电后的吸合状态。

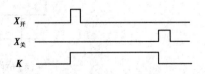

**图 2-31　典型开关逻辑函数波形**

$X_{开}$ 和 $X_{关}$ 一般要选短信号,这样可以避免出现图 2-31 所示的波形,提高电路的可靠性。

3. 简单设计法

一般设计法中的重要设计原则和逻辑设计法中的控制对象的开关逻辑函数就组成了简单设计法。简单设计法要求在设计控制线路时要做到以下几点:

① 找出控制对象的开启信号、关断信号;

② 如果有约束条件,则找出相应的开启约束条件和关断约束条件;

③ 把各种已知信号代入公式中,写出控制对象的逻辑函数(熟练后可省去该步);

④ 结合一般设计法的设计原则和逻辑函数,画出该控制对象的电气线路图;

⑤ 最后根据工艺要求做进一步的检查工作。

由此可以看出,简单设计法的核心是找出控制对象的开启条件(短信号)和关断条件(短信号),然后所有的设计问题就很简单了,当然一些控制对象的开启条件和关断条件的短信号不容易找出来,这时就要采取一些其他技巧和措施配合使用才能解决问题。

# 思考题与练习题

1. 电气控制系统中常用的保护环节有哪些?

2. 什么是互锁环节? 在电路中起什么作用?

3. 说明星形-三角形降压启动控制电路的工作原理。

4. 什么是能耗制动? 有什么特点及适应什么场合?

5. 说明电动机"正-停-反"手动控制线路的工作原理。

6. 说明电动机"正-反-停"控制电路的工作原理。

7. 自锁环节怎么组成? 在电路中起什么作用?

8. 什么是反接制动? 有什么特点及适应什么场合?

9. 组成电气控制电路的基本规律是什么?

10. 设计三相异步电动机三地控制(即三地均可启动、停止)的电气控制线路。

# Глава 2

# Основы электрической линии управления

**Основное внимание в этой главе**

- Основные схемы управления трехфазным двигателем
- Основные защитные звенья и блоки электрических цепей управления

**Трудности этой главы**

- Принципы проектирования блокировки основных линий электрического управления
- Типичный дизайн электрической линии управления

В производственных машинах и электрооборудовании, широко используемых в различных отраслях промышленности, большинство линий управления обвиняются в различных видах электродвигателей или других электроприборов. Электрическая линия управления-это линия, которая соединяет электрические компоненты, такие как двигатели, реле, контакторы и т. Д. Проводами в соответствии с определенными требованиями и методами и может выполнять определенную функцию управления. Его роль заключается в обеспечении автоматического контроля над предполагаемым объектом в целях удовлетворения требований производственного процесса и автоматизации производственного процесса.

Электрическая схема управления состоит в том, чтобы выразить соединение каждого электрического элемента на диаграмме, различные электрические элементы представлены различными графическими символами, а также различными текстовыми символами, чтобы проиллюстрировать название, назначение, основные характеристики и номер электрического элемента, который они представляют. Составление схемы электрического управления должно четко отражать конструкцию, принципы и другие конструктивные намерения системы электрического управления производственного оборудования, а также принцип облегчения установки, настройки, использования и обслуживания электрических элементов. Поэтому электрическая линия управления должна быть нарисована в соответствии с принципом простоты и простоты понимания с использованием единообразных графических символов, текстовых символов и стандартных методов рисования.

# 2.1   Основные принципы построения электрических линий управления

Электрические линии управления соединяют электродвигатели, электроприборы, приборы и другие компоненты в соответствии с определенными требованиями и реализуют схемы, которые отвечают определенным требованиям управления. Чтобы выразить конструкцию, принцип и другие конструктивные намерения системы электрического управления производственной машиной, облегчить установку, ввод в эксплуатацию, использование и ремонт электрической системы, электрические элементы системы электрического управления и их соединительные линии выражаются определенной графикой, это схема системы электрического управления.

## 2.1.1   Электрические схемы управления и общие символы

При составлении электрической схемы графические и текстовые символы электрических элементов должны соответствовать национальным стандартам. Используемые графические символы соответствуют требованиям GB/T4728-2005-2008 « Графические символы для электрических схем ». Используемые буквенные символы соответствуют положениям GB/T5094-2003-2005 « Промышленные системы, устройства и оборудование, а также промышленные продукты-структурные принципы и эталонные коды », GB / Т20939-2007 « Принципы структуры документов по техническим продуктам и технологическим продуктам-основные и подкатегории по назначению и задачам ».

Текстовые символы на электрической диаграмме делятся на основные буквенные символы и вспомогательные буквенные символы.

Основные буквы имеют однобуквенные и двухбуквенные символы. Однобуквенные символы обозначают широкий класс электрического оборудования, устройств и компонентов. Если K обозначает большой класс релейных элементов; Двуалфавитный символ состоит из одной буквы, обозначающей большой класс, и другой буквы, обозначающей характеристики устройства, например, KV, обозначающего реле напряжения в реле.

Дополнительные символы текста используются для дальнейшего описания функций, состояния и характеристик электрического оборудования, устройств и компонентов.

## 2.1.2   Принципы составления схем электрического управления

Существует три способа представления электрической линии управления:

электрическая принципиальная схема, электрическая монтажная схема и схема расположения электрических элементов.

1. Электрическая схема

Электрическая схема обычно состоит из двух частей: основной и вспомогательной.

Основная схема является частью электрической линии управления, проходящей через сильный ток, и представляет собой линию, состоящую из двигателя и связанных с ним электрических элементов, таких как комбинированные переключатели, основные контакты контактора, тепловые элементы термореле, предохранители и т. Д.

В электрической схеме станка основная схема-это линия между источником питания и двигателем.

Электрический ток, проходящий через вспомогательные цепи, невелик, включая цепи управления, осветительные цепи, сигнальные цепи и защитные цепи. Среди них схема управления состоит из кнопки, реле и контактора притяжения катушки и вспомогательного контакта. Как правило, сигнальная схема является дополнительной, и если ее отделить от вспомогательной схемы, это не влияет на целостность работы вспомогательной схемы. Электрическая принципиальная схема может четко показать функцию схемы, очень удобна для анализа принципа работы схемы

1) Принципы построения электрической схемы

В соответствии с простым и ясным принципом, принципиальная схема составлена в виде развертки электрических элементов. Он включает в себя проводящие компоненты и конечные точки проводов для всех электрических элементов, но не нарисован в соответствии с фактическим расположением электрических элементов и не отражает размер электрических элементов. Электрическая схема должна строиться по следующим принципам:

① Все электродвигатели, электроприборы и другие элементы должны быть представлены графическими и текстовыми символами, указанными в едином государственном положении.

② Основная схема нарисована толстой линией слева или над чертежом, а вспомогательная схема-тонкой сплошной линией справа или ниже.

③ Как первичная, так и вспомогательная цепи или их компоненты должны быть расположены в функциональном порядке, и каждый элемент должен быть расположен, насколько это возможно, сверху вниз и слева направо в порядке действия.

④ В схеме различные части одной и той же схемы (например, катушки, контакты) должны быть расположены на рисунке в соответствии с принципами удобства чтения, а для обозначения одного и того же элемента в разных частях электроприбора должны использоваться одни и те же буквенные символы. Для аналогичных электроприборов после названия или под ним должен быть указан цифровой серийный номер, чтобы отличить, например, KM1, KM2 и т. Д.

⑤Движущиеся части всех электроприборов изображаются в естественном состоянии, так называемом естественном состоянии, которое относится к состоянию различных электроприборов без включения и без внешних сил. Для контактора, электромагнитного реле и т. Д. означает, что его катушка не заряжена, контакт не работает; Контроллер рисует состояние ручки в нулевом положении; Кнопки, контакты переключателя хода нажимают на рисунок состояния, когда они не подвержены воздействию внешних сил.

⑥Принципиальная схема должна сводить к минимуму количество линий и избегать их пересечения. При наличии электрической связи между проводами на пересечении проводов наносится сплошная точка. В зависимости от расположения поверхности диаграммы графические символы могут быть нарисованы путем вращения 900, 1800 или 450.

В общем, требования к рисованию принципиальных схем являются иерархическими, каждый электрический элемент и их контактные механизмы должны быть разумными, и гарантировать, что линия электрического управления работает надежно, экономит соединительные провода, а также удобство строительства и обслуживания.

2) Разделение области поверхности карты

Принцип построения схемы прост и ясен, чтобы его можно было легко увидеть. Так что нужно разделить поверхность.

При раздельном построении диаграммы верхняя сторона обозначается заглавными буквами на английском языке, а горизонтальная сторона обозначается арабскими цифрами слева направо. Кодовые обозначения разделов обозначаются буквами и цифрами региона, такими как B3 и C5. Он предназначен для облегчения поиска электрических линий и облегчения чтения и анализа. В верхней части диаграммы есть строка назначения, в которой указаны функции соответствующей схемы или элемента, чтобы облегчить понимание оригинала

Функции каждой части диаграммы и принцип работы всей схемы.

Например, на рисунке 2-1 показана электрическая принципиальная схема конкретного станка, а на рисунке 2-1 поверхность диаграммы разделена на шесть графических зон.

3) Индекс расположения знаков

В более сложных электрических схемах указатель положения контакта помечен под текстовым символом символа катушки реле или контактора; Индекс, указывающий местоположение катушки под символом контактного текста.

Индекс расположения знаков, комбинированный с использованием номеров диаграмм, страниц и номеров зон диаграмм, состоит из следующих кодов индексов:

Когда символьные элементы, связанные с одним компонентом, появляются на рисунках с различными номерами диаграмм, а коды индексов могут пропускать страницы, когда каждый номер диаграммы имеет только одну страницу. Когда символьные элементы, связанные с одним и тем же элементом, появляются на рисунке с одним и тем

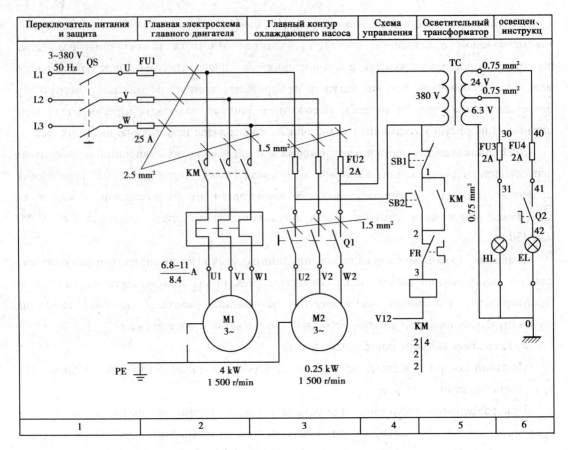

**Рисунок 2-1　Электрическая схема станка**

же номером диаграммы, а номер диаграммы имеет несколько рисунков, код индекса может исключить номер диаграммы. Когда символьные элементы, связанные с одним компонентом, появляются в различных областях диаграммы, где имеется только один рисунок, код индекса может быть представлен только номером области диаграммы. В состав кавычек входят:

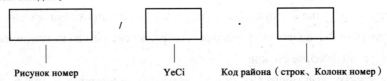

В электрической схеме зависимость катушек контакторов и реле от контактов должна быть показана на прилагаемой диаграмме. То есть, под соответствующей катушкой в схеме, дайте графический символ контакта и укажите под ним индексный код соответствующего контакта для неиспользованных контактов ". ×" Выражение, как показано на рис. 2-2. Иногда можно также исключить представление контактных графических символов.

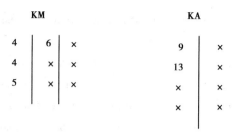

**Рисунок** 2-2   **Контакторы, контакты реле**

4）Маркировка технических данных

Технические данные электрических элементов, в дополнение к указанию в спецификации электрических элементов, иногда могут быть помечены шрифтом с малым размером рядом с их графическими символами.

2. Электрическая монтажная схема

Электрические монтажные чертежи используются для обозначения неисправностей электроприборов при монтаже, монтаже, обслуживании и ремонте электрических элементов в электрической системе управления. Электрические схемы используются для обозначения связи между элементами электрооборудования. Он четко показывает относительное положение внешних элементов электрооборудования и электрическое соединение между ними, является основой для фактической установки проводов и может играть роль, которую электрическая принципиальная схема не может играть в конкретных строительных и ремонтных работах.

На диаграмме должны быть показаны фактические соединения между электрооборудованием и указаны данные, необходимые для внешних соединений. В диаграмме соединения текстовые символы каждого электрического элемента, порядок соединения элементов и номер линии должны соответствовать электрической схеме.

Для некоторых более сложных электрических приборов, когда на электромонтажной панели больше элементов, следует нарисовать схему соединения монтажной панели.

Как правило, электрическая монтажная схема и принципиальная схема должны использоваться вместе.

При составлении электромонтажных карт следует руководствоваться следующими основными принципами:

①Электрические элементы нарисованы в соответствии с фактическим расположением установки, а поверхность рисунка элемента нарисована в едином масштабе по фактическому размеру.

②Все заряженные компоненты в одном элементе нарисованы вместе и скреплены точечными рамками, то есть методом централизованного представления.

③ Графические и текстовые символы электрических элементов должны соответствовать электрической схеме и соответствовать национальным стандартам.

④ Все клеммы на электрических элементах, которые должны быть соединены, должны быть нарисованы и пронумерованы, а номера клейм должны соответствовать номеру провода на электрической схеме.

⑤Электрические соединения элементов или сигналов, которые не находятся на той же монтажной панели или электрическом шкафу, обычно должны быть соединены рядами зажимов и соединены в соответствии с номером провода в электрической схеме.

⑥ Соседние несколько проводов с одинаковым направлением и одинаковыми функциями могут быть представлены одной линией или пучком.

3. Расположение электрических элементов

На схеме расположения электрических элементов подробно показано место установки деталей электрооборудования. Кодовое обозначение каждого электрического элемента на рисунке должно быть таким же, как и у соответствующего элемента на соответствующей схеме. Положение установки каждого электроэлемента определяется конструкцией и рабочими требованиями станка, если двигатель должен быть вместе с перетаскиваемыми механическими частями, переключатель хода должен быть помещен на место, где должен быть получен сигнал, рабочий элемент должен быть помещен на пульт управления, а общий электрический элемент должен быть помещен в шкаф управления. На рисунке часто остается более 10% резервной площади и расположение проводных труб (желобов) для улучшения конструкции.

При составлении компоновки электрооборудования все видимые и четко обозначенные электрические устройства рисуют простые контуры с толстыми линиями, а контуры других устройств (например, станков) -с двухточечной разметкой.

① Конструкция электрических компонентов должна соответствовать следующим принципам:

②Проектирование и составление схем расположения электрических элементов должны соответствовать соответствующим национальным стандартам.

③При размещении электрических элементов того же типа под шкафом управления или панелью должны быть установлены более крупные и более тяжелые элементы.

④Тепловые компоненты должны быть установлены над или сзади шкафа управления или панели, но тепловые реле обычно устанавливаются под контактором, чтобы облегчить соединение с двигателем и контактором.

⑤ Электрические элементы, переключатели управления, приборы наблюдения, требующие регулярного обслуживания, настройки и ремонта, должны располагаться в надлежащем положении для работы персонала.

⑥Сильное электричество, слабое электричество должны быть отделены от линии, обратите внимание на соединение экрана, чтобы предотвратить проникновение помех.

⑦Электрические компоненты должны быть сконструированы таким образом, чтобы учитывать монтажные зазоры и быть как можно более аккуратными и красивыми.

## 2.2 Основные электрические звенья управления

В линии управления реле-контактором обычно используются функции управления, такие как движение до точки, самоблокировка, блокировка, запрещение, многоточечное управление, ниже анализируются линии электрического управления с этими функциями.

### 2.2.1 Основные звенья контроля

1. Линия управления движением

В производственной практике многие производственные машины нуждаются в точном динамическом управлении, некоторые производственные машины должны работать в соответствии с обычными условиями, необходимо точечное динамическое управление. На рисунке 2-3 представлены схемы управления и физические диаграммы с одним и двумя точечными движениями.

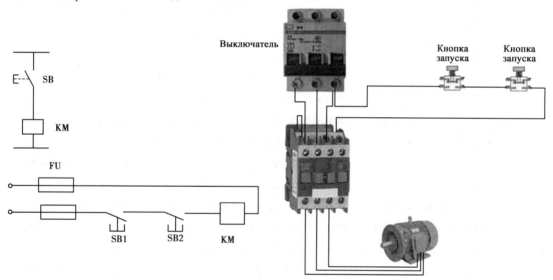

**Рисунок** 2-3 **Одноручное движение, схема управления двумя руками и физическая карта**

Анализ: При нажатии пальца кнопка часто открывается и закрывается, тогда КМ получает электрическую адсорбцию. Как только палец развязался, КМ сразу же потеряла электричество. Это называется точечным движением.

Смысл нажатия кнопки запуска: после нажатия оператором кнопки запуска, двигатель запускается и работает, и когда кнопка отпускается, двигатель перестает вращаться, то есть нажимает, нажимает, не двигается.

Точечное движение в управлении, роль состоит в том, чтобы настроить движение. То есть, когда положение заготовки аналогично требуемому положению, если двигатель работает в течение длительного времени, он может быть перегружен. В это время можно немного двигаться, немного двигаться. Включая движения руками и одной рукой.

2. Длинное движение（самоблокировка）линии управления

Анализ：Автоблокировка на самом деле соединяет обычно открытый контакт самой катушки параллельно с кнопкой запуска.

Работая в станке, рабочий не всегда может нажать на кнопку одной рукой, он должен идти на работу. Таким образом, требуется такая функция, как только кнопка нажимается, станок может работать, после того, как руки свободны, станок должен продолжать работать. Это называется длинным движением.

Когда кнопка SB нажимается, катушка KM заряжается, и ее постоянный открытый контакт KM закрывается. Когда рука отпускает кнопку, SB = 0, но ток может достигать катушки KM через закрытый нормально открытый контакт KM, поэтому катушка KM продолжает оставаться заряженной после отключения нормально включенной кнопки.

После нажатия кнопки SB катушка KM всегда заряжена. Это означает, что самоблокирующиеся схемы могут иметь функцию памяти. Он обладает запоминающей функцией для команд. Как показано на рисунках 2-4.

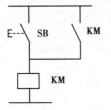

Рисунок 2-4　Схема управления
самоблокировкой

Примечание：Любой контроль, требующий памяти, требует самоблокировки.

Остановить реализацию：

Цепочка самоблокировки имеет функцию памяти, кнопка SB нажимается, катушка всегда имеет электричество для достижения длинного движения. Теперь посмотрим, как остановить работу.

На самом деле, это цепочка часто закрывающихся кнопок на цепочке самоблокировки для достижения функции остановки.

Анализ：При нажатии постоянно открывающейся кнопки SB2 катушка KM имеет электричество и реализует самоблокировку. Когда нажимается кнопка SB1 с постоянным выключением, ее контакт отключается, поэтому катушка KM теряет электричество, а ее контакт с постоянным выключением KM сбрасывается（восстанавливается состояние отключения）. Когда рука отпускается, обычно закрытая кнопка SB1 восстанавливает замкнутое состояние, но в это время часто включаемая кнопка SB находится в отключенном состоянии, а часто открывающийся контакт KM также находится в отключенном состоянии, поэтому катушка KM не может получить электричество, тем самым реализуя функцию остановки.

Мы говорим, что звено самоблокировки имеет функцию запоминания, при нажатии кнопки останова SB1, контактор KM катушка притяжения отключена, главный контакт KM отключен, потеря электропитания двигателя останавливается в то же время, вспомогательный контакт KM отключен, устранена цепь самоблокировки, поэтому «память» очищена.

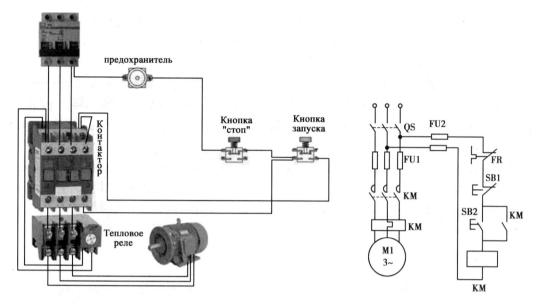

**Рисунок 2-5 Схема управления включением и остановкой и физическая схема**

На рисунке 2-5 для реализации запуска используется кнопка с постоянным открытием, а остановка осуществляется с помощью кнопки с постоянным закрытием.

На самом деле, часто открытые контакты закрываются, и катушка может получить электричество. При нажатии кнопки останова катушка, которая была бы заряжена, теряет электричество.

Один шаг вперед говорит, что до тех пор, пока нормально открытый контакт имеет функцию запуска, все нормально закрытые контакты имеют функцию остановки.

3. Запрещенная (взаимная блокировка) схема управления

Контроль блокировки означает, что различные движущиеся части производственных машин или автоматических производственных линий связаны друг с другом и ограничивают друг друга, также известные как контроль блокировки.

①При движении A-контактора B контактор не может работать, то есть A запрещает B работать.

Например: лифт, лифт может двигаться вверх и вниз, дверь лифта может быть открытым движением, но когда лифт работает, дверь лифта категорически запрещается открывать. Если мы используем контактор KM1 для управления движением лифта вверх и вниз, контактор KM2 управляет движением открытия двери лифта. Во время работы KM1 работа KM2 запрещена.

Схема управления показана на рисунке 2-6.

KM1 запрещает KM2 и фактически вводит обычно закрытые контакты KM1 в линию катушки KM2. Как упоминалось ранее, часто открытые контакты имеют функцию запуска, а часто закрытые контакты имеют функцию остановки.

Анализ: Когда мы нажимаем SB2, катушка KM1 электрически блокируется, и в это время постоянно закрытый контакт KM1, последовательно подключенный к линии катушки KM2, отключается, и KM2 не может получить электричество.

②Контакторы взаимно запрещены.

Контактор KM1 управляет правильным вращением двигателя, а KM2 управляет инверсией двигателя. Положительное и обратное движение, наоборот, не может работать одновременно, и между катушками KM1 и KM2 должна быть обеспечена взаимная блокировка.

По сути, это две запрещенные схемы. На этом рисунке в линию катушки KM1 вводятся обычно закрытые контакты KM2, а в линию катушки KM2-нормально закрытые контакты KM1. Схема схемы показана 2-7.

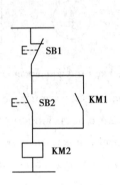

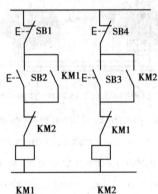

**Рисунок 2-6　Запрещенная（взаимная блокировка）схема управления**

**Рисунок 2-7　Взаимное запрещение-схема управления**

Анализ: После нажатия SB2 катушка KM1 электрически блокируется, и в это время нормально закрытый контакт KM1 в линии катушки KM2 отключается, и катушка KM2 не может получить электричество даже при нажатии SB3. В случае отключения катушки KM1 обычно закрытый контакт KM1 находится в замкнутом состоянии, когда катушка KM2 может получить электричество.

③схема последовательного управления

Контактор A работает перед контактором B. До работы А Б не может работать.

Если в цепи станка, KM1 управляет масляным насосом для подачи охлаждения масла, KM2 контролирует движение стойки, режет. Технологически предусмотрено, что резка не может быть произведена без охлаждающего масла. Для перехода в рабочее состояние KM2 должен работать в KM1. Как показано на рисунках 2-8.

Суть заключается в том, что в линию катушки заднего рабочего контактора вводится постоянный контакт первой рабочей катушки. На этом рисунке последовательность работы KM2 отстает от KM1, поэтому в линию катушки KM2 вводятся обычно открытые контакты KM1.

Если мы сначала нажмем SB3, и в это время постоянный контакт KM1 отключен, KM2 не может получить электричество, поэтому не может Проводить резку.

Сначала нажмите SB2, тогда катушка КМ1 получает электрический самоблокировку, и насос начинает подавать масло. Затем нажмите SB3, потому что катушка КМ1 заряжена, а ее нормально открытый контакт КМ1 закрыт, катушка КМ2 заряжена, самоблокируется.

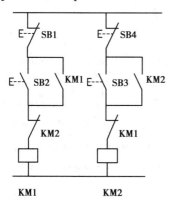

**Рисунок** 2-8   **Последовательная**

**схема управления**

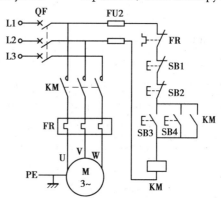

**Рисунок** 2-9   **Многоместные маршруты**

**управления**

4. Многоместные маршруты управления

Некоторые производственные установки для удобства эксплуатации часто требуют управления более чем в двух местах. Например, управление подъемом лифта можно контролировать внутри лифта или на каждом этаже. Многоместное управление должно иметь набор кнопок в каждом месте, и принцип соединения всех групп кнопок должен быть следующим: кнопка запуска должна быть включена параллельно, а кнопка остановки должна быть последовательно подключена.

На рисунке 2-9, оба места кнопки запуска SB3, SB4 часто открывают контакты и соединяют катушку КМ контроллера, пока одна из этих кнопок закрыта, катушка КМ подключается к электрической адсорбции; Кнопки останова SB1 и SB2 обычно закрываются, чтобы последовательно управлять катушкой КМ, пока один из них отключен, катушка КМ контактора отключается.

В широком смысле, схема управления n-землей может реализовать управление n-земным включением и остановкой, если она соединяет постоянно открытые контакты кнопки запуска n-земли и последовательно соединяет нормально закрытые контакты кнопки остановки n-земли с катушкой КМ контактора.

## 2.2.2   Защитные звенья линии управления

В дополнение к удовлетворению технологических требований производственной машины, электрическая система управления, чтобы иметь долгосрочную нормальную безотказную работу, также должна иметь различные защитные меры. Защитное звено является неотъемлемой частью всех электрических систем управления станками, которые используют его для защиты электродвигателей, электрических сетей, оборудования электрического управления и личной безопасности.

Защитные звенья, обычно используемые в системах электрического управления, включают защиту от перегрузки, защиту от короткого замыкания тока, защиту от нулевого и низкого напряжения и слабую магнитную защиту.

1. Защита от короткого замыкания

Изоляция обмотки электродвигателя, повреждение изоляции провода или неисправность линии, что приводит к короткому замыканию, генерирует ток короткого замыкания и вызывает повреждение изоляции электрооборудования и создает мощную электрическую энергию для повреждения электрооборудования. Поэтому при возникновении короткого замыкания необходимо быстро отключить питание. Защитные элементы короткого замыкания обычно имеют предохранители и автоматические переключатели.

（1）Защита предохранителя

Плав предохранителя последовательно соединяется в защищенной цепи, которая автоматически расплавляется, когда происходит короткое замыкание или серьезная перегрузка цепи, тем самым отрезая цепь для достижения цели защиты.

（2）Защита автоматических переключателей

Автоматический переключатель, также известный как автоматический предохранитель воздуха, имеет защиту от короткого замыкания, перегрузки и низкого давления, который может быстро автоматически отключать питание в случае вышеуказанного отказа линии. Он является одним из важных защитных элементов распределения низкого напряжения и часто используется в качестве главного переключателя питания распределительного щита низкого напряжения и выключателя выключателя трансформатора двигателя.

Обычно предохранители лучше подходят для систем с низкой точностью действия и степенью автоматизации, таких как маломощные клеточные двигатели, обычные источники питания переменного тока и т. Д. В случае короткого замыкания, вероятно, приведет к плавлению однофазного предохранителя, что приведет к однофазной работе, но для автоматических переключателей, до тех пор, пока короткое замыкание произойдет, автоматически отключится, три фазы будут отрезаны одновременно. Автоматические переключатели имеют сложную структуру, низкую частоту работы и широко используются в более требовательных случаях.

2. Защита от перегрузки

Долгосрочная перегрузка двигателя, повышение температуры обмотки двигателя превышает его допустимое значение, изоляционный материал двигателя должен стать хрупким, срок службы уменьшается, при серьезных повреждениях двигателя. Чем больше ток перегрузки, тем короче время достижения допустимого повышения температуры. Защитными элементами от перегрузки обычно являются тепловые реле. Тепловое реле может удовлетворять таким требованиям: когда электродвигатель является номинальным током, двигатель имеет номинальный подъем температуры, тепловое реле не работает, в течение более часового тока перегрузки тепловое реле должно пройти более длительный период действия, когда ток перегрузки больше, тепловое реле будет действовать через более короткое время.

Из-за тепловой инерции тепловое реле не действует мгновенно под влиянием ударного тока кратковременной перегрузки двигателя или тока короткого замыкания, поэтому при использовании теплового реле для защиты от перегрузки также должна быть защита от короткого замыкания. Кроме того, номинальный ток расплава предохранителя, выбранного для защиты от короткого замыкания, не должен превышать номинальный ток нагревательного элемента термореле в четыре раза.

Когда температура рабочей среды двигателя и температура рабочей среды теплового реле различны, надежность защиты снижается. Существующее тепловое реле, использующее термистор в качестве измерительного элемента, может встраивать термистор в обмотку двигателя и более точно измерять повышение температуры обмотки двигателя.

3. Защита от чрезмерного тока

Защита от избыточного тока широко используется в двигателях постоянного тока или асинхронных двигателях с вращающимися роторами, для трехфазных клеточных двигателей, поскольку их кратковременный избыточный ток не имеет серьезных последствий, поэтому защита от перенапряжения не используется для защиты от короткого замыкания.

Переток часто вызван неправильным запуском и слишком большим крутящим моментом нагрузки, как правило, меньше, чем ток короткого замыкания. Переток тока в работе двигателя более вероятен, чем короткое замыкание, особенно в двигателях с повторяющимися короткими рабочими торможениями с частыми положительными и отрицательными поворотами. Реле избыточного тока в асинхронных линиях двигателя постоянного тока и вращающегося ротора также играют роль защиты от короткого замыкания, значение прочности при обычном токе примерно в 1,2 раза больше, чем при пусковом токе.

4. Защита от нулевого и низкого напряжения

Когда двигатель работает, если напряжение питания по какой-то причине исчезает, то при восстановлении напряжения питания двигатель запускается сам по себе, что может привести к повреждению производственного оборудования и даже к человеческим авариям. Для электросети, в то же время, многие двигатели и другие энергопотребляющие устройства запускаются сами по себе также могут вызвать недопустимый избыточный ток и мгновенное снижение напряжения сети. Защита от самопуска двигателя при восстановлении напряжения называется защитой от нулевого напряжения.

Когда двигатель работает нормально, чрезмерное снижение напряжения питания вызовет выпуск некоторых электроприборов, что приведет к ненормальной работе линии управления, может привести к аварии, чрезмерное снижение напряжения питания также вызовет снижение или даже остановку скорости двигателя. Поэтому необходимо отключить питание, когда напряжение питания падает ниже определенного допустимого значения, что является защитой от недостаточного напряжения.

Обычно используются электромагнитные реле напряжения для защиты от низкого напряжения. Реле напряжения играют роль защиты от нулевого напряжения, в линии, когда напряжение питания слишком низкое или исчезает, реле напряжения должно быть выпущено, контактор также немедленно выпущен, потому что в это время главный контроллер не находится в нуле, поэтому при восстановлении напряжения реле напряжения не включается, контактный аппарат не может включить движение. Если двигатель перезапустить, необходимо сначала вернуть главный переключатель в нулевое положение, чтобы его контакт был закрыт, реле напряжения включило движение и заблокировало себя, а затем главный переключатель попал в положительное или обратное положение, чтобы двигатель мог начать работу. Это обеспечивает защиту от нулевого напряжения с помощью реле напряжения.

Во многих станках используется не переключатель управления, а кнопка. Используя автоматическое восстановление кнопки и самоблокировку контактора, нет необходимости добавлять дополнительное защитное реле нулевого давления. Таким образом, сама схема с самоблокирующимся звеном, таким образом, имеет как нулевую защиту давления. Часто используемые средства защиты включают:

Защита от короткого замыкания: предохранитель;

Защита от перегрузки (тепловая защита): термореле;

Защита от перенапряжения: реле перенапряжения;

Защита от нулевого напряжения: реле напряжения;

Защита низкого напряжения: реле низкого напряжения;

Защищенность от блокировки: достигается путем блокировки движущихся контактов положительного и обратного контакторов.

5. Слабая магнитная защита

Мотор постоянного тока может запускаться при определенной интенсивности магнитного поля, если магнитное поле слишком слабое, пусковой ток двигателя будет большим, магнитное поле внезапно ослабевает или исчезает, когда двигатель постоянного тока работает, скорость двигателя будет быстро увеличиваться, и даже произойдет полет. Поэтому необходима слабая защита от возбуждения. Слабая защита возбуждения достигается путем последовательного включения в слабое реле возбуждения (реле тока) контура возбуждения двигателя, в работе двигателя, если ток возбуждения исчезает или уменьшается значительно, слабое реле возбуждения освобождается, его контакт отключает питание катушки контактора основного контура, так что двигатель отключается и останавливается.

6. Прочая защита

В современном промышленном производстве объекты контроля сильно различаются, и требуется множество защитных мер. Например, защита от превышения предела в системе управления лифтом (предотвращение удара лифта по вершине или дну), доменная лебедка и оборудование шахтного подъемника должны быть оснащены устройством защиты от превышения скорости для управления скоростью и так далее.

(1) Защита местоположения

Маршрут и относительное положение движущихся частей некоторых производственных машин часто требуют, чтобы они были ограничены определенным диапазоном и должны иметь надлежащую защиту местоположения. Например, автоматическое возвратно-поступательное движение рабочего стола требует ограничения хода, верхний, нижний, левый, правый, передний и задний ход подъемного оборудования требует защиты положения, иначе это может повредить производственную машину и вызвать несчастные случаи для взрослых.

Защита положения может быть основана на переключателе хода, реле с сухой пружиной, а также на бесконтактном переключателе приближения и других электрических элементах, образующих цепь управления. Обычно нормально закрытые контакты переключателя последовательно соединяются в контакторной цепи управления, и когда движущийся компонент достигает заданного положения, действие переключателя обычно закрывает контакт и освобождает контактор от потери электричества, поэтому движущийся компонент перестает работать.

(2) Защита физических величин, таких как температура, давление, расход, скорость вращения и т. д.

При проектировании линии электрического управления часто необходимо установить необходимый контроль и защиту температуры, давления (давления жидкости или газа), расхода, скорости движения и т. Д. В процессссе производства, ограничивая вышеуказанные физические величины определенным диапазоном, чтобы обеспечить безопасную работу всей системы. Например, для холодильных установок, компрессоров кондиционирования воздуха и т. Д. Из-за плохих условий охлаждения двигателя, чтобы гарантировать, что повышение температуры обмотки двигателя не превышает допустимого повышения температуры, а термочувствительный элемент предварительно похоронен в обмотке двигателя, чтобы контролировать его рабочее состояние, чтобы защитить двигатель от перегрева и сжигания; Мощный инверторный источник средней частоты, различные типы автоматических сварочных машин питания тиристоры, трансформаторы и другие системы циркуляции с водяным охлаждением, когда давление воды, недостаточный расход повредит устройство, вы можете использовать переключатель давления и реле потока для защиты.

Большинство физических величин могут быть преобразованы в температуру, давление, расход и т. Д., Требуются различные специализированные датчики температуры, давления, расхода, скорости или реле, их основные принципы последовательно соединяются в контуре управления с некоторыми часто открытыми или часто закрытыми контактами, контролируемыми этими параметрами, а затем управляются с помощью логической комбинации, блокировки и т. Д. Значения действия некоторых реле могут быть отрегулированы в определенном диапазоне для удовлетворения потребностей защиты в разных ситуациях. Принципы работы, технические параметры и методы выбора различных защитных реле можно найти в специальных руководствах по продуктам и вводных материалах.

В системе электропривода двигатель должен быть защищен одним или несколькими защитными мерами в зависимости от различных условий работы. Существует множество защитных элементов, и для одного и того же требования к защите могут использоваться различные защитные элементы. При выборе защитного элемента следует учитывать защитные характеристики самого защитного элемента, емкость двигателя и сложность схемы, а также экономичность. В то же время в линии управления электродвигателем устанавливаются электрические и механические блокировки. Для обеспечения реализации производственных технологических требований и безопасной и надежной работы схемы, как правило, при неисправности линии управления, необходимо быстро отключить питание, чтобы предотвратить дальнейшее расширение неисправности.

## 2.3　Управление запуском трехфазного двигателя переменного тока

Линия управления трехфазным асинхронным двигателем в основном состоит из контактора, реле, штыревого переключателя, кнопки и других контактных электроприборов.

Электрические двигатели большой емкости (более 10 кВт), потому что пусковой ток больше (до 4-7 раз номинального тока).

Обычно для запуска трехфазного асинхронного двигателя существует режим прямого запуска полного давления и способ запуска с пониженным давлением.

### 2.3.1　Линия управления пуском при полном давлении

При допустимой емкости трансформатора асинхронный двигатель с крысиной клеткой должен, насколько это возможно, запускаться непосредственно при полном напряжении, то есть при запуске обмотка статора двигателя должна быть подключена непосредственно к источнику питания переменного тока, и двигатель запускается непосредственно при номинальном напряжении. Прямой запуск может повысить надежность линии управления и уменьшить нагрузку на техническое обслуживание электроприборов.

1. Одностороннее управление запуском при полном давлении

Рисунок 2-10 является наиболее часто используемой и простой линией управления однонаправленным длительным вращением двигателя с трехфазной клеткой мыши, которая обеспечивает автоматическое управление запуском и остановкой двигателя. Схема одностороннего управления запуском при полном давлении представляет собой указанную цепь подъема, защиты и остановки.

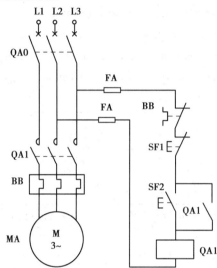

**Рисунок** 2-10　**Однофазная схема управления запуском при полном давлении**

2. Линия управления положительной инверсией

Производственные машины часто требуют движения вверх и вниз, влево и вправо, спереди и сзади в противоположных направлениях, таких как движение рабочего стола токарного станка туда и обратно, требуется, чтобы двигатель мог работать обратимо. Из принципа двигателя видно, что трехфазный асинхронный двигатель в трехфазной линии электропитания в любой из двух относительных настроек, двигатель может работать в обратном направлении. Таким образом, работа положительного и обратного переключения может быть достигнута с помощью контактора, изменяющего последовательность фаз обмотки статора, схема управления которой показана на рисунке 2-11.

При неправильной работе, то есть при одновременном нажатии кнопки запуска SF2 и SF3 в положительном и обратном направлениях, использование линии, показанной на рисунке 2-11（a）, приведет к отказу в коротком замыкании, как показано пунктирной линией на рисунке, поэтому требуется связь между положительным и отрицательным направлениями. Обычно цепь, показанная на рисунке 2-11（b）, соединяет нормально закрытый контакт одного из контакторов в цепь катушки другого контактора, и после того, как любая катушка контактора заряжена, другой контактор не может быть заряжен даже при нажатии кнопки противоположного направления. Эта блокировка часто называется взаимная блокировка, то есть между ними существует взаимная зависимость. Инженерно также часто используются обратимые контакторы с механической блокировкой, что дополнительно гарантирует, что они не могут одновременно получать электричество и повышать надежность системы.

Для того чтобы схема, показанная на рисунке 2-11 ( b ), работала в обратном направлении, она должна сначала остановить работу в положительном направлении, а затем нажать кнопку обратного запуска, чтобы достичь этого и наоборот. Поэтому линия называется " плюс-стоп-против" управления. Схема, показанная на рисунке 2-11 ( c ), может быть реализована без нажатия кнопки останова, прямое нажатие обратной кнопки может обеспечить обратную работу двигателя. Таким образом, схема называется « положительное-обратное-стоп » управление.

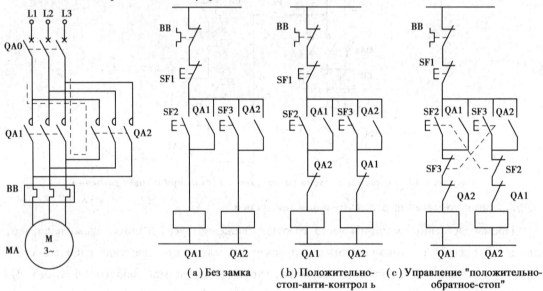

Рисунок 2-11    схема управления с положительной и обратной работой

## 2.3.2   Сброс давления асинхронного двигателя с трехфазной клеткой

При прямом запуске асинхронного двигателя с крысиной клеткой при полном давлении линия управления проста, но полный пусковой ток асинхронного двигателя, как правило, может достигать номинального тока в 4-7 раз, слишком большой пусковой ток уменьшит срок службы двигателя, так что вторичное напряжение трансформатора значительно снизится, уменьшит пусковой момент самого двигателя и даже сделает невозможным запуск двигателя, чрезмерный ток также вызовет колебания напряжения питания, Это влияет на нормальную работу другого оборудования в той же сети электропитания. Чтобы ограничить и уменьшить ударное воздействие пускового момента на машины и оборудование, электродвигатели, допускающие запуск полного давления, также в основном используют метод запуска с пониженным давлением.

Способы запуска с пониженным давлением включают в себя цепное сопротивление статорной цепи (или реактивное сопротивление), звездообразный треугольник, автотрансформатор, затяжной треугольник и использование мягкого стартера. Некоторые из этих методов были устранены с технологическим прогрессом, часто используемыми методами при запуске автотрансформаторов, звездообразно-треугольного сброса давления и использовании мягкого пуска.

1. схема управления пуском с понижением давления автотрансформатора

Автоматический трансформатор также известен как пусковой компенсатор. При запуске двигателя напряжение, полученное обмоткой статора, является вторичным напряжением автотрансформатора. После запуска автотрансформатор удаляется, и двигатель входит в работу полного напряжения.

Принцип запуска автотрансформатора с пониженным давлением:

Используется реле времени для завершения процесса сброса и запуска автотрансформатора. Поскольку задержка реле времени может быть более точной настройкой, когда время задержки реле времени прибывает, удалите автотрансформатор и закончите процесс запуска. Это реле времени использования управляет последовательностью действий каждого электроприбора в линии, называемой линией управления принципом времени.

Схема схемы показана 2-12.

Принцип работы линии таков:

(1) Закройте штыревой переключатель QS, нажмите кнопку запуска SB2, процесс работы выглядит следующим образом:

① SB2 Нажмите, катушка KM1 заряжена, самоблокировка. Главный нормально открытый контакт KM1 в зоне 1 закрывается, и двигатель подключается к источнику питания через Y-образный соединенный автотрансформатор;

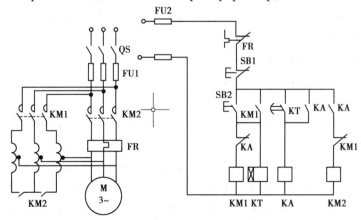

**Рисунок** 2-12    **схема управления пуском с понижением давления автотрансформаторов**

②В то время как катушка KM1 получает электричество, реле времени получает электричество KT. Временное реле KT через определенное время достигает значения задержки, его запирание с задержкой в зоне 5 обычно закрывается открытым контактом, катушка промежуточного реле KA заряжается и самоблокируется; В зоне 3 нормально закрытый контакт KA отключается, в результате чего катушка KM1 контактора отключается, а основной контакт KM1 отключается, а автотрансформатор удаляется из сети.

③Вспомогательные нормально открытые контакты KM1 в зоне 4 восстанавливаются в отключенном состоянии из-за потери тока катушки, а KT катушки также теряет электричество. Обычный открытый контакт KA в зоне 6 закрыт током катушки KA, так как катушка KM1 находится в состоянии отключения, а ее нормально закрытый контакт в зоне 6 находится в замкнутом состоянии, так что катушка KM2 контактора заряжена, а главный контакт KM2 в зоне 2 закрывается, чтобы двигатель был подключен непосредственно к источнику питания, так что он работает нормально при безопасном напряжении.

（2）Нажмите кнопку останова SB1, катушка KA, KM2 все обесточены, двигатель перестает вращаться.

При запуске автотрансформатора с пониженным давлением отношение пускового тока к пусковому крутящему моменту уменьшается в квадратном выражении. Таким образом, из сети поступает пусковой ток того же размера, и при запуске с понижением напряжения с помощью автотрансформатора создается больший пусковой момент. Этот метод запуска обычно используется в двигателях с большой емкостью и нормальной работой Y-образного соединения. Недостатком является то, что автотрансформаторы являются более дорогими, их структура относительно сложная, объемная и не позволяет часто работать.

2. Y-Δ схема управления пуском с пониженным давлением

Y-Δ Старт сброса напряжения состоит в том, чтобы при запуске обмотка статора двигателя была соединена в Y-образную форму, каждая фазовая обмотка получает напряжение в фазовом напряжении источника питания （220 V）, в конце пуска переключается на треугольное соединение, каждая фазовая обмотка выдерживает напряжение в напряжении линии питания （380 V）, двигатель входит в нормальную работу.

Эта линия может быть использована в асинхронном двигателе с клеткой мыши, обмотка статора которого соединена в треугольник при нормальной работе.

Асинхронный двигатель с трехфазной клеткой с использованием Y-Δ Преимущество запуска с пониженным давлением заключается в том, что при Y-образном соединении обмотки статора пусковое напряжение используется непосредственно Δ При включении, пусковой ток составляет 1/3 при соединении треугольником, поэтому характеристики пускового тока хороши, линия более проста, меньше инвестиций. Недостатком является то, что пусковой момент также снижается до 1/3 метода треугольного соединения, а характеристики вращающего момента плохи. Данная линия предназначена для случаев запуска при легкой или холостой нагрузке, следует подчеркнуть, что Y-Δ При соединении следует обратить внимание на согласованность направления вращения.

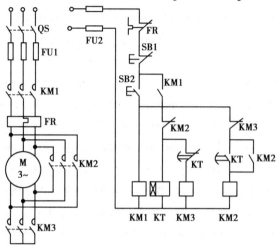

**Рисунок** 2-13    **Y-Δ схема управления пуском с пониженным давлением**

Принцип работы: Y-Δ Идея проектирования запуска с пониженным давлением по-прежнему контролируется принципом времени, схема показана на рисунке 2-13.

КМ1 и КМ3 закрываются методом Y-образного соединения.

КМ1 и КМ2 закрываются как Δ Форма соединения.

Нажмите кнопку запуска SB2:

① Катушка контактора КМ1 заряжается, а двигатель М подключается к источнику питания.

② катушка контактора КМ3 заряжена, ее главный нормально открытый контакт закрыт, Y-образный запуск, вспомогательный контакт отключен, гарантируя, что контактор КМ2 не заряжен.

③ Катушка КТ реле времени заряжена, после определенной задержки, нормально закрытый контакт отключен, отключите питание катушки КМ3.

④ Основные контакты КМ3 отключены, вспомогательные контакты КМ3 закрыты, контакты КТ закрыты, катушка КМ2 контактора заряжена, главный контакт КМ2 закрыт, так что двигатель М переключается от Y-образного запуска Δ Далеко.

Нажмите кнопку останова SB1, отключите питание линии управления, и двигатель М перестанет работать.

Асинхронный двигатель с трехфазной клеткой с использованием Y -Δ Преимущество запуска с пониженным давлением заключается в том, что при Y-образном соединении обмотки статора пусковое напряжение используется непосредственно Δ При включении, пусковой ток составляет 1 / 3 при соединении треугольником, поэтому характеристики пускового тока хороши, линия более проста, меньше инвестиций. Недостатком является то, что пусковой момент также снижается до 1 / 3 метода треугольного соединения, а характеристики вращающего момента плохи. Данная линия предназначена для случаев запуска при легкой или холостой нагрузке, следует подчеркнуть, что Y-Δ При соединении следует обратить внимание на согласованность направления вращения.

3. Принцип работы пускового устройства для сброса давления

Твердотельный стартер для сброса напряжения состоит из устройства управления стартом и остановкой двигателя и контроллера мягкого запуска, основным компонентом которого является контроллер мягкого запуска, который использует принцип управления фазовым сдвигом тиристора, изменяя выходное напряжение, управляя углом пропускания тиристора, достигая управления пусковым током и пусковым моментом посредством регулирования напряжения. В настоящее время продукты на рынке делятся на твердотельные стартеры для сброса давления и контроллеры мягкого запуска.

Контроллер мягкого запуска может быть настроен таким образом, чтобы получить различные пусковые характеристики для удовлетворения требований различных характеристик нагрузки. И имеет функцию мягкого запуска и мягкой парковки, пусковой ток, пусковой вращающий момент можно регулировать, а также имеет тепловую защиту самого двигателя и мягкого пуска, ограничение крутящего момента и удара тока, дисбаланс трехфазного источника питания, отсутствие фазы, функцию защиты от разрыва равенства и функцию обнаружения в реальном времени и отображения таких параметров, как ток, напряжение, коэффициент мощности.

Традиционные методы управления замедлением выполняются с помощью мгновенного отключения электроэнергии, но есть много применений, которые не позволяют мгновенно выключить двигатель.

Управление мягким запуском может обеспечить управление замедлением мягкой остановки, когда двигатель нуждается в остановке, не сразу отключает питание двигателя, а путем регулирования угла пропускания тиристора, постепенно уменьшается из состояния полной проводимости, так что напряжение на конце двигателя постепенно уменьшается и отключается питание, этот процесс в течение более длительного времени называется управлением мягкой остановки. Время парковки может быть скорректировано в пределах от 0 до 120s в зависимости от фактических потребностей.

Контроллер мягкого запуска может автоматически определять скорость нагрузки двигателя в соответствии с уровнем коэффициента мощности двигателя. Когда двигатель находится в холостом состоянии или имеет низкую скорость нагрузки, угол прохода тиристора изменяется с помощью фазового управления, тем самым изменяя мощность входного двигателя для достижения цели экономии энергии.

Когда двигатель требует быстрой остановки, контроллер мягкого запуска имеет функцию торможения энергопотребления.

## 2.4　Схема управления торможением трехфазного асинхронного двигателя

　　Трехфазный асинхронный двигатель от удаления источника питания до полной остановки вращения, из-за инерции всегда занимает некоторое время, чтобы остановить работу, которая часто не может быть адаптирована к технологическим требованиям некоторых производственных машин. Такие как универсальные фрезерные станки, лифты, шахтные подъемники и другие системы. Поэтому, как с точки зрения повышения эффективности производства, так и с точки зрения безопасного производства и точного позиционирования, требуется быстрая парковка, что требует управления торможением двигателя. Методы торможения трехфазного асинхронного двигателя делятся на две категории: механическое и электрическое торможение. Механическое торможение имеет электромагнитное торможение, торможение электромагнитной муфты и так далее; Электрическое торможение имеет обратное торможение, торможение потребления энергии, торможение обратной связи и так далее. При механическом торможении катушка тормозного электромагнита отключается или включается в питание, а двигатель тормозится механическим захватом. Электрическое торможение позволяет двигателю создавать тормозной шаг, противоположный направлению вращения оригинального ротора, заставляя двигатель быстро останавливаться. Тормоз электромагнитного захвата тормозится электромагнитным тормозом, который крепко цепляется за коаксиальные тормозные колеса с двигателем. Тормозной момент электромагнитного тормоза большой, тормоз быстро останавливается точно, недостатком является то, что чем быстрее тормоз, тем больше ударная вибрация. Тормоз с электромагнитным захватом состоит из отключения электричества электромагнитного захвата тормоза и электрического электромагнитного захвата тормоза. Принцип управления торможением электрического электромагнитного захвата: в обычное время тормозной тормоз всегда находится в свободном состоянии, выключается после включения электричества, например, станки и другие устройства, которые должны часто регулировать положение детали обработки, часто используют этот метод. Отключение электромагнитного захвата торможение в катушке электромагнита после отключения или отключения, двигатель находится в состоянии захвата торможения, например, лифт, кран, лебедка и другое оборудование.

### 2.4.1　Схема управления торможением выключателя

　　На рисунке 2-14 показана схема управления торможением выключателя.

　　Принцип работы линии:

　　(1) Нажмите кнопку запуска SB2:

　　① Контактор KM2 получает электричество, его главный контакт всасывается, электромагнитное кольцо YA подключается к источнику питания, сердечник электромагнита перемещается вверх, поднимает тормозной клапан, отпускает тормозное колесо.

②Катушка KM2 заряжена, ее нормально открытый контакт в линии катушки KM1 закрыт, катушка KM1 заряжена, ее основной контакт всасывается, двигатель запускается. Постоянный открытый контакт KM1 закрыт, а катушка KM1 остается электрической. Электродвигатель продолжает работать.

（2）Нажмите кнопку останова SB1：

Линии KM1 и KM2 сильно обесточены, контакт высвобожден, электродвигатель и обмотка электромагнита отключены, тормозной тормоз под действием пружины прижимается к тормозному колесу, опираясь на трение, чтобы двигатель быстро остановился.

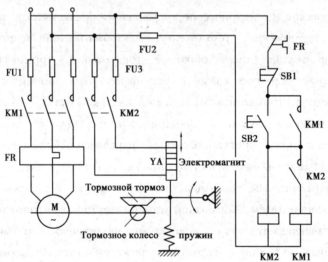

Рисунок 2-14    схема управления торможением выключателя

## 2.4.2  Обратная линия управления торможением

Обратное торможение-это метод электрического торможения, который тормозит двигатель, изменяя последовательность фаз напряжения питания двигателя. Из-за изменения последовательности фаз питания направление вращающегося магнитного поля, создаваемого обмоткой статора, также противоположно первоначальному направлению, в то время как ротор все еще вращается по инерции в исходном направлении, создавая противоположный индукционный ток в цепи ротора. Ротор подвергается действию момента, противоположного первоначальному направлению вращения, так что скорость двигателя быстро падает, чтобы достичь торможения.

При обратном торможении относительная скорость вращающегося магнитного поля ротора и статора близка к 2-кратной синхронной скорости, поэтому ток обратного торможения в обмотке статора эквивалентен 2-кратному току при прямом запуске полного напряжения. Чтобы избежать чрезмерного удара по двигателю и механической трансмиссии, обычно в цепи статора двигателя мощностью 10 кВт или более последовательно соединяются симметричные или асимметричные сопротивления, чтобы ограничить момент торможения и ток торможения, это сопротивление называется обратным тормозным сопротивлением, ключ к обратному торможению заключается в использовании управления торможением в соответствии с принципом скорости вращения. Потому что, когда скорость двигателя приближается к нулю, питание должно быть автоматически отключено, иначе двигатель будет запускаться в обратном направлении.

Поэтому для обнаружения изменения скорости двигателя используется реле скорости, которое автоматически отключает питание от реле скорости, когда скорость падает почти до нуля (100 р / мин).

1. Одностороннее реверсивное торможение

Схема управления односторонним реверсивным торможением показана на рисунке 2-15. Принцип его работы:

1) Нажмите кнопку запуска SB2:

Катушка контактора KM1 заряжается, самоблокируется, главный контакт всасывается, двигатель работает нормально. Из-за нормальной работы обычно открытый контакт реле скорости закрывается, чтобы подготовиться к действию обратного включения.

2) Нажмите кнопку остановки SB1:

①Катушка контактора KM1 обесточена, ее главный контакт отключен, отключается трехфазный источник питания. В этот момент скорость вращения двигателя высока, нормально открытый контакт KS находится в замкнутом состоянии, катушка контактора KM2 получает электричество, его главный контакт всасывается, так что обмотка статора получает питание в противоположном порядке фаз, последовательное тормозное сопротивление двигателя R входит в обратное торможение.

②Когда инерция двигателя приближается к нулю, постоянный контакт реле скорости KS отключается, катушка контактора KM2 теряет напряжение, главный контакт освобождается, отключается питание и заканчивается торможение.

2. Обратная линия управления торможением

Обратная схема управления торможением двигателя показана на рисунке 2-16. Поскольку контакт реле скорости имеет ориентацию, прямое и обратное торможение двигателя регулируется двумя постоянными контактами реле скорости KS-Z и KS-F соответственно. Линия последовательно соединяет сопротивление в цепи статора при положительном реверсивном запуске двигателя и обратном торможении, ограничивающее сопротивление R играет двойную роль ограничения тока торможения при обратном торможении и ограничивает пусковой ток при запуске. Удобное в эксплуатации, с двойной блокировкой контактов, кнопок, безопасной и надежной работы, является более

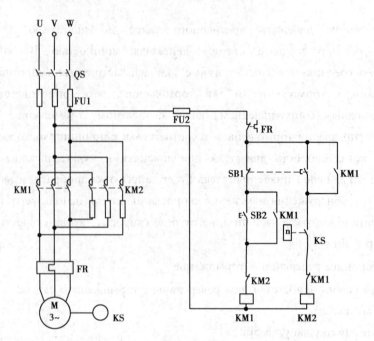

**Рисунок** 2-15　**схема управления обратным торможением с односторонним движением двигателя** совершенной линией управления.

Принцип работы линии управления, показанный на рисунке 2-16, описывается ниже.

1）Нажмите кнопку прямого пуска SB2. Процесс его работы выглядит следующим образом：

①Катушка KA1 промежуточного реле заряжена и самоблокируется. KA1 нормально открытый контакт закрыт, катушка контактора KM1 заряжена, ее основной контакт закрыт, двигатель запускается в прямом направлении.

② в конце первого запуска достигается скорость действия KS реле скорости, замыкается конец нормально открытого контакта KS-Z, так что промежуточное реле KA3 не заряжено, контактор KM3 не заряжен, так что R-строка ограничивает ток запуска в обмотке статора.

③При повышении скорости до действия реле скорости нормально открытый контакт KS-Z закрывается, катушка KM3 вступает в электрическую адсорбцию, через ее основной контакт короткое сопротивление R, запуск двигателя заканчивается.

2）При нажатии кнопки стоп SB1 процесс выглядит следующим образом：

①Потеря тока катушки KA1, постоянный контакт KA1 отключает цепь катушки KM1 контактора, главный контакт KM1 отключается, отключая трехфазный источник питания двигателя. В то же время катушка KM3 теряет электричество, и сопротивление вводится в обмотку статора.

②В это время скорость двигателя все еще выше, нормально открытый контакт KS-Z все еще закрыт, катушка KA3 остается в электрическом состоянии. Из-за потери напряжения катушки KM1, ее нормально закрытый контакт в линии катушки KM2 сбрасывается, катушка KM2 поглощается электричеством, ее основной контактный пункт переключает питание двигателя, двигатель реверсирует торможение. В цепи всегда есть резистор R, чтобы ограничить тормозной ток.

（3）Когда скорость вращения приближается к нулю, нормально открытый контакт KS-Z восстанавливается и отключается, KA3 и KM2 последовательно теряют электричество, торможение заканчивается, двигатель останавливается.

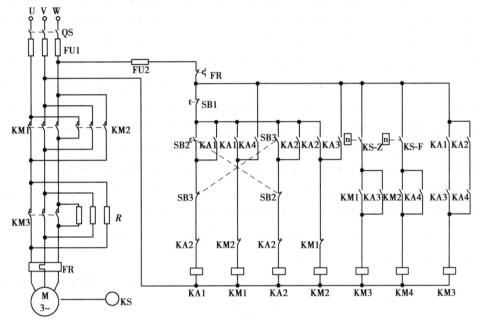

Рисунок 2-16   Обратная схема управления торможением двигателя

3）При нажатии кнопки обратного пуска SB3 процесс выполнения выглядит следующим образом:

① Если вы работаете в прямом направлении, кнопка обратного запуска SB3 одновременно отключает катушки KA1, KM1 и KM3. Сопротивление R втягивается в цепь.

②катушка KA2 промежуточного реле заряжается и самоблокируется, в то время как положительный контактор KM2 получает электричество, его главный контакт всасывается, двигатель сначала выполняет обратное торможение.

③При снижении скорости вращения до нуля постоянно включаемый контакт KS-Z восстанавливается и отключается. Мотор запускается в обратном направлении.

④Только когда обратная скорость возрастает до значения действия KS-F, нормально открытый контакт KS-F закрывается, катушка KA4 заряжается и самоблокируется, катушка KA4 закрывается, катушка KM3 заряжена, резистор R удаляется, двигатель входит в обратную нормальную работу.

Преимущество обратного торможения заключается в следующем: эффект торможения хороший, недостатком является большая потеря энергии, электрическая энергия, подаваемая сетью, и механическая энергия системы привода полностью преобразуются в тепловые потери ротора двигателя.

### 2.4.3　Схема управления энергопотреблением при торможении

Энергопотребительное торможение является широко используемым методом электрического торможения. Когда двигатель отключается от трехфазного источника переменного тока, он немедленно подключает источник постоянного тока к двухфазной обмотке статора, которая протекает через ток постоянного тока, создавая неподвижное магнитное поле постоянного тока. В этот момент ротор двигателя режет магнитный поток постоянного тока, создавая индуктивный ток. При взаимодействии статического магнитного поля и индуктивного тока создается тормозной момент, который препятствует вращению ротора, поэтому скорость двигателя быстро падает, чтобы достичь цели торможения. Когда скорость вращения падает до нуля, нет относительного движения между проводником ротора и магнитным полем, индуктивный ток исчезает, двигатель останавливается, а затем удаляется источник постоянного тока, торможение заканчивается.

Тормоза с потреблением энергии могут управляться реле времени в соответствии с принципом времени или реле скорости в соответствии с принципом скорости.

1. схема управления торможением при одностороннем движении

   энергопотребления

Схема управления торможением потребления энергии, работающая в одном направлении, показана на рисунке 2-17. Схема управления состоит из: KM1 является односторонней. Строчный контактор, KM2 является энергопотребляющим тормозным контактором, TR-выпрямительным трансформатором, VC-мостовой выпрямительный контур, R-энергопотребляющим тормозным сопротивлением.

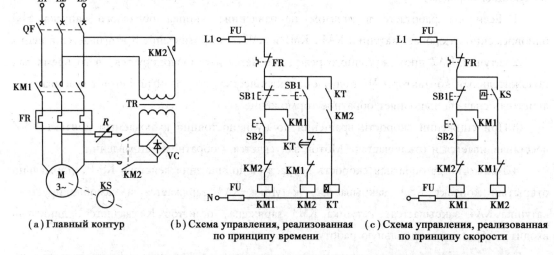

(а) Главный контур　　　　(b) Схема управления, реализованная　(с) Схема управления, реализованная
　　　　　　　　　　　　　　по принципу времени　　　　　　　по принципу скорости

**Рисунок 2-17　Схема управления торможением при одностороннем движении двигателя**

На рисунке 2-17 (b) показана схема управления, реализованная по принципу времени. Его работа велась следующим образом:

1 ) При запуске выключите выключатель QF и нажмите SB2, KM1, чтобы получить электрический самоблокировку.

2 ) При парковке нажмите SB1, KM2, KT, чтобы получить электрический самоблокировка, время задержки до, KM2, KT потеря электричества.

Действие постоянно открывающегося контакта KT: После нажатия SB1, если этого контакта нет, KM2 постоянно заряжается, если в реле времени происходит отключение катушки или механическое заклинивание, двухфазная обмотка статора длительное время подключается к току постоянного тока торможения энергопотребления. Если есть этот контакт, после отказа KT схема имеет функцию ручного управления торможением потребления энергии, при нажатии SB1 двигатель может достичь торможения потребления энергии.

Рисунок 2-17 ( с ) дает линию управления, реализованную по принципу скорости, которая управляется с помощью реле скорости. Его работа велась следующим образом:

1 ) При запуске нажмите SB1, KM1 получает электрическую блокировку, после подъема на определенную скорость вращения KS закрывается.

2 ) При торможении нажмите SB2, KM2 получает электричество, после снижения скорости до определенного значения KS отключается, KM2 теряет электричество

2. схема управления торможением с обратимым потреблением энергии

На рисунке 2-18 показана схема управления торможением реверсивного расхода энергии двигателя, управляемого по принципу скорости. Компонент схемы: KM1, KM2 являются положительными и инверторными контакторами, KM3-энергопотребляющими тормозными контакторами; KS-это реле скорости, KS1-контакт положительного действия, KS2-контакт обратного действия. Схема также может управляться принципом времени, если реле скорости заменяется реле времени.

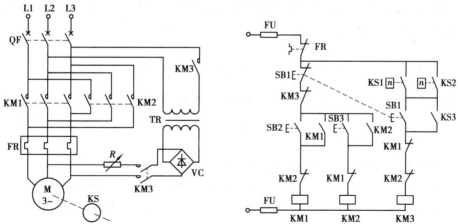

**Рисунок** 2-18    **Схема управления торможением при реверсивном потреблении энергии двигателя с использованием принципа скорости**

Принцип работы схемы таков: при запуске при положительном повороте нажмите

SB2, KM1 получает электрическую блокировку, а после увеличения скорости до определенного значения KS1 закрывается. При торможении нажмите SB1, обесточивание KM1, сброс нормально закрытого контакта, адсорбция KM3. Когда скорость вращения ниже определенного значения, KS1 отключается, и KM3 теряет электричество.

С энергетической точки зрения, торможение энергопотребления-это преобразование кинетической энергии, хранящейся при работе ротора двигателя, в электрическую энергию, а также потребляется на торможении ротора двигателя, по сравнению с обратным торможением, потеря энергии меньше, тормозная парковка точна. Таким образом, энергоемкое торможение подходит для случаев с большой электрической емкостью, требующей плавного торможения и частого запуска. Но тормоз медленнее, чем реверсивное торможение, торможение энергопотребления требует выпрямительной схемы.

# 2.5　Обратная работа электродвигателя

Обратная работа двигателя-это прямое управление инверсией. В производственной практике часто требуется, чтобы линия управления могла осуществлять положительное и обратное управление двигателем. Например, положительная инверсия шпинделя станка, продвижение вперед и назад рабочего стола, подъем и децентрализация подъемного груза крана, подъем и спуск лифта и так далее.

Из принципа вращения трехфазного асинхронного двигателя видно, что для того, чтобы двигатель работал в обратном направлении, достаточно настроить любые две относительные настройки в трехфазной линии питания, подключенной к статору двигателя, как и принцип обратного торможения. Обратная линия управления движением двигателя, по сути, представляет собой комбинацию односторонних цепей движения в обоих направлениях с добавлением необходимой блокировки в однонаправленную цепь движения в противоположных направлениях.

## 2.5.1　Схема ручного управления реверсивной работой двигателя

В зависимости от порядка работы реверсивного хода двигателя есть схема ручного управления « положительное-стоп-обратное » и схема ручного управления « положительное-обратное-стоп ».

1. "положительный-стоп-обратный" схема ручного управления

" Положительно-стоп-обратно " схема управления означает, что двигатель должен работать в обратном направлении после того, как он работает в положительном направлении, и должен сначала остановиться, а затем повернуться в обратном направлении. На рисунке 2-19 показана линия ручного управления электродвигателем « положительная-стоп-обратная », KM2-контактор положительного вращения, KM3-контактор обратного вращения.

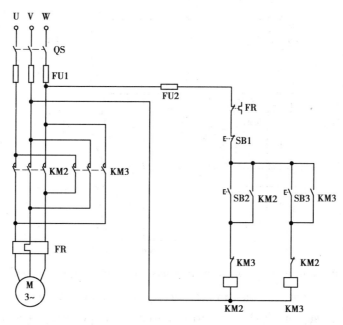

**Рисунок** 2-19    **"Положительно-стоп-обратная" схема ручного управления**

Принцип работы линии:

①Нажмите кнопку прямого запуска SB2: контактор КМ2 получает электрическую адсорбцию, его главный контакт часто открывается, чтобы подключить обмотку статора двигателя к источнику питания, последовательность фаз U, V, W, двигатель запускается в прямом направлении.

②Нажмите кнопку останова SB1: КМ2 для разрядки, двигатель останавливается.

③Нажмите кнопку обратного запуска SB3: КМ3 катушка для адсорбции основного контакта, его нормально открытая точка контакта подключает питание с фазовым порядком W, V и U к двигателю, двигатель работает с обратным запуском.

④Нажмите кнопку останова SB1: Остановка двигателя.

Поскольку обычно закрытые вспомогательные контакты КМ2 и КМ3 устанавливаются в контакторную катушку другой стороны, образуется взаимная блокировка. Таким образом, при положительном повороте двигателя обратный контактор КМ3 не получает электричества даже при неправильном нажатии кнопки инверсии SB3. Чтобы повернуть двигатель вспять, нужно сначала нажать кнопку останова, а затем нажать обратную кнопку.

2. "положительный-обратный-стоп" схема ручного управления

В реальном производственном процессе для повышения производительности труда часто требуется, чтобы электродвигатели могли непосредственно осуществлять положительное и обратное преобразование. Использование составной кнопки может составлять линию управления "плюс-против-стоп", как показано на рисунке 2-20.

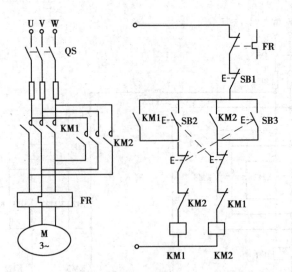

**Рисунок** 2-20    **Схема ручного управления "плюс-против-стоп"**

Если требуется инверсия двигателя, не нужно нажимать кнопку остановки SB1, нажмите кнопку инверсии SB3, так что контакт потери напряжения катушки KM2 освобождается, катушка KM3 всасывает электрический контакт, двигатель сначала отключается от источника питания, останавливает положительное вращение, а затем запускает работу в обратном направлении. И наоборот.

На самом деле, это использование составной кнопки, чтобы остановить положительное вращение, одновременно запуская инверсию.

## 2.5.2   Схема автоматического управления реверсивной работой двигателя

Обратная схема двигателя с автоматическим управлением может быть спроектирована в соответствии с принципом управления ходом. В соответствии с принципом управления ходом, также известным как управление местоположением, то есть использование переключателя хода для обнаружения положения движения туда и обратно, отправка сигнала управления для управления положительным инверсией двигателя, так что детали возвратно-поступательного движения.

На рисунке 2-21 показана схема автоматического цикла рабочего стола. Маршрутные переключатели SQ1 и SQ2 установлены в указанном месте, а упор под рабочим столом перемещается влево при нажатии на ходовой переключатель SQ1 и вправо при нажатии на ходовой переключатель SQ2.

Принцип работы линии:

Нажмите кнопку загрузки SB2 в прямом направлении и запустите процесс следующим образом:

① KM1 заряжается и самоблокируется, двигатель запускается в правильном направлении, рабочий стол работает вправо.

②Когда рабочий стол работает в положении SQ2, выключатель хода под давлением

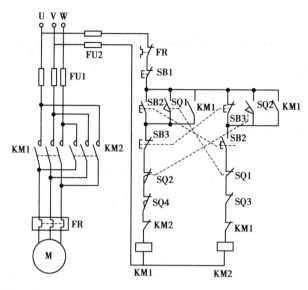

**Рисунок** 2-21   **Схема возвратно-поступательного автоматического управления**

SQ2, нормально закрытый контакт SQ2 отключен, отключение KM1 отключено, контакт с постоянным открытием SQ2 закрыт, катушка контактора KM2 поглощается электричеством, двигатель запускается в обратном направлении, так что рабочий стол автоматически возвращается.

③ Когда рабочий стол возвращается в положение SQ1, выключатель SQ1, KM2 выключается, катушка контактора KM1 поглощается электричеством, и рабочий стол перемещается вправо.

④ Рабочий стол продолжает движение дуба по кругу, пока не нажмете кнопку остановки, чтобы остановить двигатель.

Эта схема на самом деле находится на линии управления положительной-обратной остановкой, добавляя запуск в нескольких местах с помощью маршрутного переключателя.

В цепи управления маршрутные переключатели SQ3 и SQ4 защищают предельное положение и предназначены для предотвращения аварий, вызванных возможными сбоями SQ1 и SQ2. SQ4 и SQ3 устанавливаются в предельном положении хода движущихся частей при положительном и обратном вращении двигателя, соответственно. Если SQ2 выходит из строя, движущиеся части продолжают двигаться вперед под давлением SQ4, KM1 теряет электричество и останавливает двигатель. Этот ограничительный защитный переключатель хода должен быть установлен на схеме управления положением, которая мала.

## 2.6    Трехфазная асинхронная схема управления скоростью двигателя

Асинхронная регулировка скорости двигателя часто используется для улучшения скорости станка и упрощения механической трансмиссии. Согласно формуле скорости асинхронного двигателя:

$$n = \frac{(1 - s) \times 60 \times f}{p} \tag{2-1}$$

В формуле: $s$-коэффициент конверсии;

$f$-для частоты питания;

$P$-полярный логарифм статора.

Из формулы（2-1）видно, что регулировка скорости трехфазного асинхронного двигателя может быть достигнута путем изменения частоты напряжения статора $f$, логарифма статора $P$ и разности вращения $s$. В частности, обобщаются методы регулирования скорости, такие как модуляция скорости с переменным полюсом, частотная модуляция, регулировка скорости давления, модуляция сопротивления роторной цепи, каскадная модуляция скорости и электромагнитная модуляция скорости.

### 2.6.1    Скорость изменения полюса

Метод регулировки скорости, обычно изменяющий полярный логарифм обмотки, сокращен как метод регулировки скорости с переменным полюсом. Регулирование скорости с переменным полюсом-это изменение полярного логарифма двигателя путем изменения внешнего соединения обмотки статора двигателя. Сама обмотка ротора асинхронного двигателя с крысиной клеткой не имеет фиксированного ряда, после изменения полюса обмотки статора асинхронного двигателя с крысиной клеткой ряд обмотки ротора может измениться; После изменения полюса обмотки статора асинхронного двигателя с намоткой на проволоку его обмотка ротора должна быть перегруппирована и часто не может быть достигнута. Поэтому метод регулировки скорости, изменяющий полярный логарифм обмотки, обычно применяется только к асинхронным двигателям с клеткой для мышей.

Существует два метода регулирования скорости с переменным полюсом, обычно используемые асинхронными двигателями с крысиной клеткой, один из которых изменяет соединение обмотки статора, то есть изменяет направление тока каждой фазы обмотки статора; Другой-установить на статоре два отдельных набора обмоток с различными полярными логарифмами, что, в свою очередь, дает каждой обмотке возможность изменять направление тока.

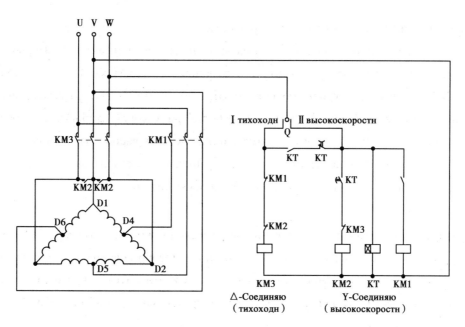

**Рисунок** 2-22   **схема регулирования скорости двухскоростного электродвигателя**

Скорость переменного полюса имеет ступенчатую регулировку, а преобразование скорости является ступенчатым.

1. Двухскоростной электродвигатель Δ/Линия управления скоростью YY

двухскоростной Н-образный авиационный Δ/ Диаграмма обмотки трехфазного статора методом YY показана в 2-22.

Следует подчеркнуть, что при обмотке статора электродвигателя Δ При изменении провода на YY последовательность фаз питания провода должна быть противоположной, чтобы гарантировать, что направление вращения двигателя при переходе от низкой скорости к высокой скорости совпадает. Δ/ Линия YY имеет постоянную мощность.

Когда главный контакт KM3 закрыт, треугольное соединение, низкая скорость;

При замыкании основных контактов KM1 и KM2, при соединении двойных звезд, они работают на высокой скорости.

Принцип работы линии:

Когда Q двойного переключателя соединяется в «низкоскоростном» положении: катушка контактора KM3 заряжена, двигатель соединен в треугольник и работает на низкой скорости под четырьмя ступенями.

Двойной переключатель Q помещен в «пустой отсек»: двигатель останавливается.

Двойной переключатель Q при совмещении с "высокоскоростным" положением: (сначала низкоскоростной, а затем высокоскоростной)

①Временное реле KT заряжается, его мгновенный постоянный открытый контакт закрывается, так что катушка KM3 заряжена, обмотка соединена в треугольник, двигатель запускается на низкой скорости при четырех полюсах.

② При определенной задержке нормально открытый контакт KT закрывается с задержкой, нормально закрытый контакт отсоединяется с задержкой, так что обмотки KM3 и KM2 получают электричество последовательно, обмотка статора автоматически Δ Переключившись на двойной YY, двигатель работает на высокой скорости под диодом.

Этот низкоскоростной запуск автоматически переключается на высокоскоростное управление с определенной задержкой, чтобы ограничить пусковой ток

2. Преобразование проводов при соединении двухскоростного

двигателя Y / YY

Преобразование проводов при соединении двухскоростного двигателя Y / YY показано на рисунке, четырехполюсное / двухполюсное преобразование числа электродов соответствует низкой и высокой скорости двигателя. Он относится к модуляции скорости с постоянным моментом вращения, схема соединения показана на рисунке 2-23.

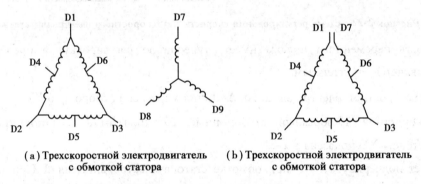

(a) Трехскоростной электродвигатель          (b) Трехскоростной электродвигатель
      с обмоткой статора                          с обмоткой статора

Рисунок 2-23    Y / YY Электрическая схема

3. Трехступенчатый асинхронный двигатель

Обычная обмотка статора трехскоростного двигателя имеет два набора обмоток, один из которых может быть соединен Δ/ YY, другой набор обмоток соединен с Y, как показано на рисунке 2-24.

Предположим, что при подключении D1, D2 и D3 к источнику питания двигатель имеет 8 полюсов; Когда D4, D5, D6 подключаются к источнику питания, а D1, D2 и D3 коротко соединяются друг с другом, двигатель имеет четыре полюса; При повторном подключении кабелей D7, D8 и D9 к источнику питания двигатель имеет 6 полюсов. Таким образом, различные концы подключаются к источнику питания, двигатель имеет 8, 6, 4 уровня скорости вращения магнитного полюса, соответствующая скорость вращения от низкой скорости до высокой скорости. Когда работает только один набор обмоток (D7, D8, D9 подключены к источнику питания), из-за другого Δ/ обмотка YY-соединения находится в вращающемся магнитном поле, Δ В катушке провода обязательно течет циркуляционный ток. Чтобы избежать образования циркуляции, обычно делается попытка соединить обмотку в открытый треугольник.

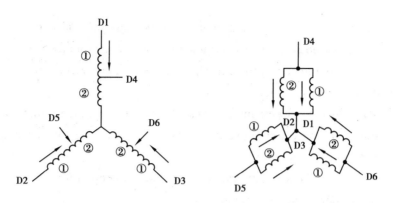

Рисунок 2-24　трёхступенчатая схема включения двигателя

## 2.6.2　Скорость преобразования частоты

Из формулы (2-1) видно, что частотная модуляция-это изменение частоты питания асинхронного двигателя, использование синхронной скорости двигателя с характеристиками изменения частоты для регулирования скорости. Среди различных методов регулирования скорости асинхронного двигателя переменного тока наилучшая производительность частотной модуляции, большой диапазон регулирования скорости, хорошая стабильность, высокая эффективность работы. В настоящее время преобразователи частоты все шире используются в системах управления электрической автоматизацией, благодаря улучшению характеристик частотной модуляции и значительному снижению цен на преобразователи частоты.

Ключевыми факторами для достижения частотной модуляции являются два фактора: во-первых, мощные переключатели. Хотя уже давно известно, что частотная модуляция является лучшим методом модуляции переменного тока, из-за практических проблем мощных электрических электронных устройств частотная модуляция не достигла больших успехов до появления теории векторного управления в 1980-х годах. Во-вторых, развитие микропроцессоров в сочетании с углубленным изучением методов управления преобразованием частоты позволило технологии управления преобразованием частоты достичь высокой производительности и высокой надежности.

1. Классификация преобразователей частоты

Существуют различные типы преобразователей частоты и различные методы их классификации.

1) Классификация по переходным звеньям

①Преобразователь переменной-прямой-переменной частоты

Сначала переменный ток с постоянным напряжением преобразования частоты « выпрямить » в постоянный ток, а затем постоянный ток « инвертор » в трехфазный переменный ток с регулируемым напряжением и частотой. Поскольку переход от постоянного тока к переменному току легче контролировать, этот метод имеет очевидные преимущества с точки зрения диапазона регулирования частоты и улучшения характеристик двигателя после преобразования частоты. В настоящее время большинство преобразователей частоты используют тип переменно-прямой-переменной.

②Преобразователь переменной частоты

Прямое преобразование переменного тока с постоянным напряжением и постоянной частотой в переменный ток с регулируемым напряжением и частотой обычно состоит из трехфазного реверсивного тиристора.

2）В соответствии с методом фильтрации цепи постоянного тока

①Частотный преобразователь напряжения

Перед инвертором используется большая емкость для амортизации реактивной мощности, а форма волны напряжения постоянного тока относительно плоская, что эквивалентно идеальному источнику постоянного напряжения.

②Частотный преобразователь источника тока

Перед инвертором используется большая индуктивность для амортизации реактивной мощности, форма волны напряжения постоянного тока относительно плоская; Для нагруженных двигателей преобразователь частоты эквивалентен источнику питания переменного тока.

3）Классификация по способу контроля

V／F Контроль

Управление V／F контролирует выходное напряжение преобразователя частоты при изменении скорости изменения, так что магнитный поток двигателя остается определенным, а коэффициент мощности и эффективность двигателя при работе в более широком диапазоне не снижаются. Это отношение управляющего напряжения к частоте, так называемое V／F управление, относится к открытому кольцу управления. Поскольку изменяется только частота, возникает явление магнитного насыщения, вызванное недостаточным крутящим моментом, вызванным слабым возбуждением, или чрезмерным возбуждением, что приводит к значительному снижению коэффициента мощности и эффективности двигателя.

Характерными особенностями V／F-контроля являются：

① Это самый простой способ управления, без выбора двигателя, отличная универсальность.

②По сравнению с другими методами управления, в низкоскоростной зоне трудно регулировать напряжение, поэтому диапазон регулирования скорости узкий, обычно используется в диапазоне регулирования около 1：10.

③ При резком ускорении, замедлении или чрезмерной нагрузке способность подавлять избыточный ток ограничена.

④Невозможно точно управлять фактической скоростью двигателя, не подходит для синхронной работы.

⑤Векторное управление

Система регулирования постоянного тока обладает отличными характеристиками регулирования скорости и управления. векторное управление в соответствии с идеей управления током якоря двигателя постоянного тока, так что асинхронный двигатель переменного тока достигает тех же характеристик регулирования скорости, что и двигатель постоянного тока. Принцип состоит в том, что ток статора, подаваемый асинхронным двигателем, теоретически делится на две части: компонент тока, который генерирует магнитное поле (ток магнитного поля), и компонент тока, который перпендикулярен магнитному полю и создает момент вращения (ток вращающего момента). Этот магнитный ток, ток вращающего момента и магнитный ток двигателя постоянного тока, ток якоря эквивалентны.

Управление вектором характеризуется:

① Необходимо использовать параметры электродвигателя, обычно в качестве специального преобразователя частоты.

②Диапазон регулирования скорости выше 1∶100.

③Скоростная отзывчивость чрезвычайно высока, подходит для быстрого ускорения, замедления работы и непрерывной работы в 4 квадранте, может быть применена в любом случае.

4)Классификация по способу модуляции выходного напряжения

①Способ PAM

Импульсная амплитудная модуляция (PAM, Pulse Amplitude Modulation) обеспечивает регулировку напряжения путем изменения амплитуды напряжения постоянного тока, а инвертор регулирует выходную частоту.

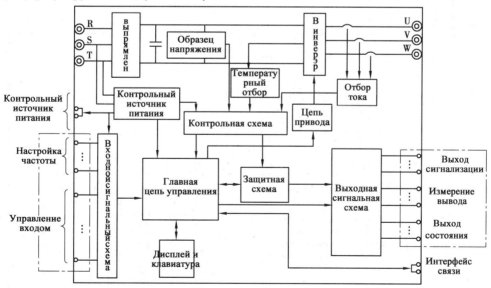

**Рисунок** 2-25 **Внутренняя структура преобразователя частоты и основные внешние порты**

②Способ PWM

Метод модуляции ширины импульса （PWM，Pulse Width Modulation）изменяет выходную частоту，а также отношение заполнения импульсов напряжения. Метод PWM может быть реализован только путем управления инверторной цепью.

5）Классификация по количеству фаз входного источника питания

① Входной конец однофазного преобразователя частоты является однофазным переменным током，а выходной конец-трехфазным переменным током.

② Входной и выходной стороны трехфазного преобразователя частоты являются трехфазными переменными токами.

2. Состав преобразователя частоты

Преобразователи частоты обычно состоят из основных цепей，цепей управления и защитных цепей. Основные схемы в основном используются для завершения преобразования электрической энергии （выпрямление и инверсия）；Схема управления в основном реализует сбор информации，изменения и функции управления системой，необходимые в процессе управления；Защитные схемы в основном используются для предотвращения повреждения，вызванного перенапряжением и перенапряжением основной цепи преобразователя частоты，а также для защиты асинхронных двигателей и трансмиссии.

Внутренняя структурная блок-схема преобразователя частоты и основные внешние порты показаны на рисунке 2-25.

3. Примеры применения преобразователей частоты

На рисунке 2-26 показана схема управления системой реверсивной регулировки

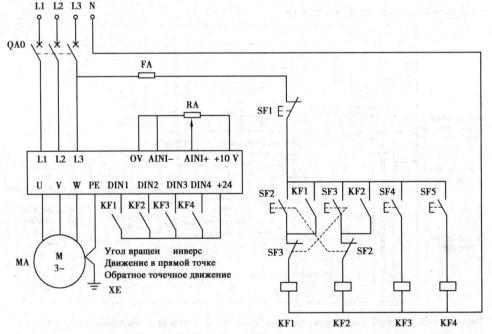

**Рисунок 2-26　схема управления системой реверсивной регулировки частоты преобразователя**

скорости преобразователя частоты Siemens MM440. Эта линия может обеспечить положительную обратную работу двигателя, регулировку скорости и функцию точечного движения. В соответствии с процессом управления и требованиями к регулированию скорости управление преобразователем частоты может быть достигнуто путем программирования преобразователя частоты и изменения параметров.

## 2.7 Анализ и проектирование линий электрического управления типичными производственными машинами

В этом разделе посредством анализа примеров типичной электрической линии управления станком, дальнейшее развитие метода анализа электрической системы управления, чтобы читатель освоил метод чтения и анализа различных данных рисунка электрической системы управления, развивать способность чтения и овладеть принципом электрической и газовой линии управления репрезентативных нескольких типичных станков, всестороннее понимание фактического оборудования, механической, гидравлической части и электрической системы управления, Понимание положения и роли электрической части во всем оборудовании закладывает основу для проектирования, установки, наладки, обслуживания и ремонта электрооборудования, а также для дальнейшего изучения и освоения конструкции релейной контактной электрической системы управления.

### 2.7.1 Основы анализа электрической линии управления

1. Содержание и требования к анализу электрической линии управления

Анализ электрической схемы управления оборудованием основан на основной структуре самого оборудования, условиях движения, технологических требованиях обработки, требованиях к электрическому приводу и требованиях к электрическому управлению. Эти данные основаны на соответствующей технической информации, полученной из самого оборудования, такой как инструкции по эксплуатации оборудования, электрические принципиальные схемы, электрические монтажные схемы и спецификации электрических элементов.

1) Описание оборудования

Инструкция по оборудованию состоит из двух частей: механической (включая гидравлическую) и электрической. При анализе сначала прочитайте инструкции из этих двух частей, чтобы понять следующее:

①Конструкция оборудования, основные технические показатели, принцип работы механической, гидравлической и пневматической частей.

②Электрический способ передачи, количество электродвигателей и исполнительных электроприборов, типовые спецификации, место установки, назначение и требования к управлению.

③Метод использования оборудования, расположение и действие каждой рукоятки, переключателя, ручки и индикатора.

④ Положение, рабочее состояние и действие электроприборов, непосредственно связанных с механическими и гидравлическими частями (маршрутные переключатели, электромагнитные клапаны, электромагнитные муфты и реле давления и т. д.).

2) Принципиальная схема электрического управления

Это центральный элемент анализа контрольных линий. Принципиальная схема состоит в основном из основной схемы, схемы управления и вспомогательной схемы.

Анализируя электрическую схему, ее необходимо сочетать с чтением других технических материалов. Например, различные методы управления, положения и действия, такие как электродвигатели и электромагнитные клапаны, различные механические переключатели положения и состояние главного электроприбора и т. Д., Только путем чтения инструкций можно понять.

3) Схема монтажа электрооборудования

Прочитайте и проанализируйте схему монтажа сборки, чтобы понять состав и распределение системы, способ соединения частей, требования к расположению и установке основных электрических компонентов, типовые спецификации проводов и проводов. Это необходимая информация для установки оборудования.

4) Схема расположения электрических элементов и схема соединения

Это техническая информация, необходимая для изготовления, установки, наладки и обслуживания электрооборудования. При отладке и ремонте различные электрические элементы и контрольные точки можно легко найти с помощью компоновочных и монтажных чертежей для необходимой отладки, тестирования и технического обслуживания.

2. Методы и этапы прочтения электротехнической схемы

После внимательного прочтения инструкций по оборудованию, понимания общей структуры системы электрического управления, распределения электродвигателей и электрических элементов и требований к управлению и т. Д. Вы можете прочитать и проанализировать электрическую принципиальную схему.

1) Анализ основной схемы

Начиная с основной схемы, в соответствии с требованиями управления каждого двигателя и электромагнитного клапана и других исполнительных электроприборов для анализа их содержания управления, включая запуск, управление направлением, регулировку скорости и торможение.

2) Аналитическая схема управления

В соответствии с требованиями управления каждого двигателя и электромагнитного клапана в основной цепи, один за другим, чтобы найти звено управления в цепи управления, используя знания основных звеньев, изученных ранее, в соответствии с различными функциями, разделенными на несколько локальных линий управления для анализа. Основным методом анализа схемы управления является метод считывания линии.

3）Анализируйте вспомогательные схемы

Вспомогательные схемы включают в себя такие части, как отображение питания, отображение рабочего состояния, освещение и сигнализация о неисправностях, которые в основном управляются элементами в цепи управления, поэтому при анализе они также должны вернуться к анализу схемы управления.

4）Аналитическое звено блокировки и защиты

Станки имеют высокие требования к безопасности и надежности, которые выполняются, и в дополнение к разумному выбору схемы перетаскивания и управления в линиях управления установлен ряд электрической защиты и необходимых электрических замков.

5）Общая проверка

После《 выравнивания до нуля 》, постепенного анализа принципа работы каждой локальной схемы и отношений управления между частями, также необходимо использовать метод《 сложения нуля в целое 》, чтобы проверить всю линию управления, чтобы увидеть, есть ли упущения. В частности, мы должны дополнительно изучить и понять связь между различными звеньями управления с общей точки зрения и понять роль каждого элемента в цепи.

### 2.7.2　Анализ электрической линии управления горизонтальным токарным станком C650

1. Основные условия работы обычных токарных станков

Обработка токарных станков включает в себя основное движение, движение подачи и вспомогательное движение.

Основное движение представляет собой вращающееся движение заготовки, которое вращается шпинделем через патрон или верхнюю часть.

Движение подачи-это прямое движение инструмента, которое регулируется подачей продольной или поперечной при обработке коробкой подачи.

Вспомогательное движение-быстрое перемещение ножа и зажим, расслабление деталей и так далее.

В соответствии с требованиями процесса резания предъявляются следующие требования к электрическому управлению:

① главный приводной двигатель использует трехфазный клеточный двигатель. положительное и обратное вращение шпинделя осуществляется путем положительного и обратного вращения шпиндельного двигателя;

②Метод регулировки скорости с использованием механической шестерни;

③Малые и средние токарные станки используют метод прямого пуска（при большой емкости, запуск с использованием звездно-треугольной декомпрессии).

④ Для достижения быстрой остановки обычно используется механическое или электрическое реверсивное торможение, линия управления имеет необходимые защитные звенья и осветительные устройства

2. Электрическое управление обычным токарным станком С650

Станок имеет три электродвигателя, на рисунке 2-27 показана схема управления станком С650:

M1 для двигателя шпинделя, перетаскивание вращения шпинделя, скважина через механизм подачи для достижения движения подачи;

M2-охлаждающий электродвигатель, поставляющий режущую жидкость;

M3 представляет собой быстродвижущийся двигатель, который быстро перемещает ножную стойку. Основные схемы и схемы управления показаны на рисунке 2-27.

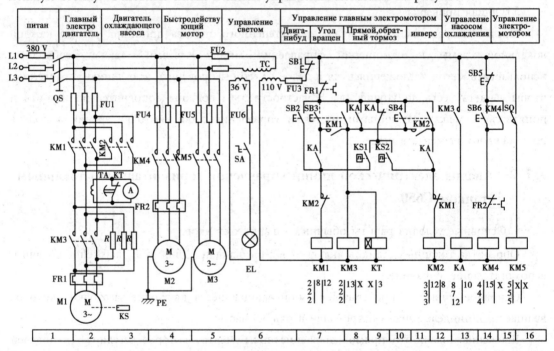

**Рисунок 2-27    Схема управления токарным станком С650**

1）Контроль точечного движения M1

При регулировке токарного станка требуется точечное управление M1, рабочий процесс выглядит следующим образом,

KM1 работает при положительном токе, KM3 используется для последовательного сопротивления, KM2-при обратном токе.

① Закройте разъединительный переключатель QS нажмите кнопку запуска SB2 контактор KML, резистор ограничения потока серии M1 вращается на низкой скорости, чтобы реализовать точечное движение.

②Отключите SB2, контактор KMI отключается, M1 останавливается.

2）Положительное и обратное управление М1 ,

① QS с положительным поворотом-кнопка запуска SB3-КМ3 , КТ включена,-промежуточное реле КА включено-короткое сопротивление М1 включенного КМL запускается только в прямом направлении.

В основной цепи через трансформатор тока ТА подключается амперметр А , амперметр А коротко подключается к нормально закрытому контакту реле времени КТ , после задержки t секунд отключается нормально закрытый контакт , амперметр А соединяется с основной цепью.

②Инвертировать выключатель изоляции QS-Нажмите кнопку запуска SB4-КМ3 , КТ-КА-КМ2-КМ2-последовательное обратное соединение двигателя , короткое сопротивление R-обратное вращение.

③Кнопка остановки SB1.

При запуске используется прямой запуск.

3. Контроль обратного торможения МI

В токарном станке С650 используется реле скорости для электрического реверсивного торможения.

Реле скорости KS соединено с коаксиальным контактом двигателя М1 , при положительном повороте двигателя реле скорости движется в направлении контакта KS2 , а при реверсе двигателя-в обратном контуре KS1.

Процесс обратного торможения М1 выглядит следующим образом :

Прямая обратная работа М1

При торможении нажмите кнопку останова SB1-КМ3 , КТ , КА , КМ1 отключены , главный контур входит в сопротивление R （ограничение обратного тока торможения）, освобождает контактор SB1-включение КМ2 （из-за инерции вращения М1 , быстроходное реле находится в постоянном открытом контуре KS2 все еще закрыто）, питание М1 переключается , реальное обратное торможение , когда скорость приближается к нулю , реле скорости отключается в нормальном контуре-отключение КМ2-остановка М1 , конец торможения.

（2）Обратное реверсивное торможение М1 работает так же , как и положительное , за исключением того , что при инверсии МI двигателя , действие KS1 обратного нормально открытого контакта реле скорости , при реверсивном торможении , КМ1 включен и реализует обратное торможение.

4. Управление быстрым перемещением ножа

Переключатель нижнего предела давления рукоятки каркаса SQ-контактор КМ5 включен-двигатель М3 вращается , чтобы обеспечить быстрое движение кронштейна.

5. Управление двигателем охлаждающего насоса

Нажмите кнопку запуска SB6 контактор КМ4 Включить вращение двигателя М2 , чтобы обеспечить режущую жидкость ,

Нажмите кнопку стоп SB5-KM4 отключение, M2 прекращает вращение.

## 2.7.3　Простая конструкция электрической линии управления

Конструкция электрической системы управления обычно включает в себя определение схемы перетаскивания, выбор мощности двигателя и проектирование электрической линии управления. Электрические линии управления спроектированы в основном для проектирования схем и проектирования линий управления. В общем, то, что мы называем проектированием электрической линии управления, в основном относится к проектированию схемы управления. Электрические схемы управления обычно разрабатываются двумя способами: общим методом проектирования и логическим методом проектирования.

Общий метод проектирования также известен как эмпирический метод проектирования. Он в основном в соответствии с требованиями производственного процесса, используя различные типичные линейные звенья, непосредственно проектирует схемы управления. Этот метод относительно прост, но требует, чтобы проектировщики были знакомы с большим количеством линий управления, освоили дизайн различных типичных линий, в то же время имеют большой опыт, в процессе проектирования часто требуется много повторных модификаций, чтобы привести линию в соответствие с требованиями дизайна.

Метод логического проектирования основан на требованиях производственного процесса и использует логическую алгебру для анализа и проектирования линии управления. Маршруты, разработанные таким образом, более рациональны и особенно подходят для завершения проектирования линий управления, требуемых более сложными производственными процессами. Но относительно, метод логического проектирования сложнее, его нелегко освоить.

1. Общий метод проектирования

1）Основные принципы общего метода проектирования（эмпирического метода проектирования）

①Максимальное выполнение требований производственных машин и процессов к электрическим схемам управления.

②В соответствии с предпосылкой удовлетворения производственных требований, схема управления стремится быть простой, экономичной, безопасной и надежной.

③Графические и текстовые символы на схемах нарисованы в соответствии с национальными стандартами.

2）Вопросы, на которые следует обратить внимание в общем методе проектирования

①Минимизируйте количество электроприборов, выбирайте один и тот же тип электроприборов и стандартных деталей, чтобы уменьшить запас, насколько это возможно, выбирайте стандартные, часто используемые или проверенные линии и звенья.

②Минимизировать типы источников питания в линиях управления, насколько это возможно, используя напряжение сети, чтобы избежать управления трансформатором.

③Минимизировать количество и длину соединительных проводов. Как показано на рисунке 2-18, рисунок а) провод не является разумным, потому что кнопки обычно устанавливаются на консоли, а контактор находится в электрическом шкафу управления, так что провод должен быть выведен из электрического шкафа управления на консоль. После перехода на рисунок b) можно уменьшить количество проводов.

④Правильно соединить контакты и минимизировать ненужные контакты, чтобы упростить схему.

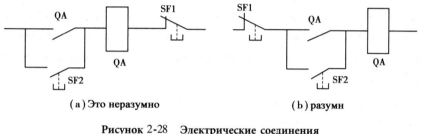

(a) Это неразумно                        (b) разумн

**Рисунок** 2-28    **Электрические соединения**

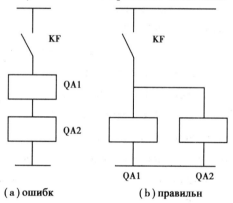

(a) ошибк            (b) правильн

**Рисунок** 2-29    **Соединение катушек**

⑤Правильно соединить катушки электроприборов. Как показано на рисунке 2-29, катушки переменного тока не могут использоваться последовательно, даже если номинальное напряжение двух катушек равно сумме дополнительного напряжения, оно не может использоваться последовательно. Если требуется одновременное движение двух катушек, их следует использовать параллельно.

⑥ При использовании контакта реле малой емкости в цепи управления для отключения или включения катушки контактора большой емкости, обратите внимание на расчет достаточности разъединения или включения контакта реле, а в случае нехватки необходимо увеличить контактор малой емкости или промежуточное реле, иначе работа ненадежна.

⑦ Обратите внимание на блокировку между электроприборами и другие защитные звенья.

## 2. Логические функции релейных переключателей в логическом проектировании

Логический метод проектирования состоит в том, чтобы спроектировать схему управления путем вычисления логических выражений схемы, ключевым моментом которой является правильное написание логических выражений схемы.

Логические переменные и их функции имеют только два значения 《 0 》 и 《 1 》, которые используются для обозначения двух разных логических состояний. Элементы линии управления релейным контактором являются двухмодальными элементами, и у них есть только два состояния: 《 проход 》 и 《 разрыва 》.

Включение или отключение переключателя, включение или отключение катушки, закрытие или отключение контакта могут быть выражены логическими значениями. Таким образом, основной закон схемы управления релейным контактором соответствует закону работы логической алгебры.

Электрическое состояние катушки реле, контактора составляет "1", состояние потери напряжения катушки-"0"; Кнопочный контакт, управляемый реле и контактором, закрывается в состоянии "1", а состояние отключения-"0". Кнопки и переключатели хода не нажимаются на "0", нажимаются на "1".

Для четкого отражения состояния элемента состояние катушки элемента, нормально открытого контакта (динамического контакта) выражается одним и тем же символом (например, контактором является KM), а состояние нормально закрытого контакта (движущегося контакта)-KM. Если KM является состоянием "1", это означает, что катушка заряжена, контактор всасывается, его нормально открытый контакт закрыт, нормально закрытый контакт отключен. Получение электричества, замыкание-это состояние "1", а отключение-состояние "0". Если KM является состоянием "0", то это противоположно вышеуказанному.

В линии управления релейным контактором логическая переменная, представляющая состояние контакта, называется входной логической переменной; Логические переменные, представляющие контролируемые элементы, такие как реле и контакторы, называются выходными логическими переменными. Выходные логические переменные вычисляются на основе входных логических переменных.

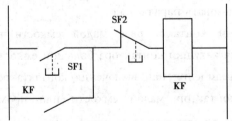

**Рисунок** 2-30　**Логические функции релейных переключателей**

На рисунке 2-30 показана логическая функция переключателя реле (схема включениясохранения-остановки). В линии SF1-кнопка сигнала запуска, SF2-кнопка выключения сигнала, а открытый контакт KF-это сигнал самосохранения. Его логическая функция является

$$F_{KF} = (SF_1 + KF) \cdot \overline{SF_2} \qquad (2\text{-}2)$$

Если $KF$ заменяется общим объектом управления $K$, а сигнал запуска / выключения заменяется общей формой $X$, то логическая функция переключателя формулы (2-2) имеет общую форму

$$F_K = (X_{\text{开}} + K) \cdot \overline{X_{\text{关}}} \qquad (2\text{-}3)$$

Расширение до объектов общего контроля:

Если $X_{\text{开}}$ открывается как сигнал открытия объекта управления, следует выбрать логическую переменную, которая изменяет состояние на открытой границе; $X_{\text{关}}$ является сигналом выключения объекта управления, и следует выбрать логическую переменную, которая изменяет состояние на линии закрытия объекта управления. Контакт $K$, используемый в схеме, является обычно открытым контактом самого выходного объекта и относится к внутренней логической переменной обратной связи объекта управления, которая действует как самоблокировка для поддержания состояния адсорбции объекта управления после получения электричества.

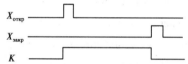

Рисунок 2-31   Типичный переключатель логической функции формы волны

Включение $X_{\text{开}}$ выключение $X_{\text{关}}$ обычно выбирают короткий сигнал, чтобы избежать формы волны, показанной на рисунке 2-31, и повысить надежность схемы.

3. Простой дизайн

Основные принципы проектирования в общем методе проектирования и логические функции переключателя объекта управления в методе логического проектирования составляют простой метод проектирования. Простой метод проектирования требует, чтобы при проектировании линии управления:

①Найдите открытый сигнал объекта управления, выключите сигнал;

②В случае наличия связывающих условий, определите соответствующие условия открытия и закрытия ограничений;

③Введите различные известные сигналы в формулу и напишите логическую функцию управляющего объекта (этот шаг может быть исключен после знания);

④В сочетании с общими принципами проектирования и логическими функциями нарисовать электрическую схему объекта управления;

④В конце концов, в соответствии с технологическими требованиями проводится дальнейшая проверка.

Из этого видно, что в основе простого метода проектирования лежит определение условий открытия (SMS) и выключения (SMS) объекта управления, а затем все проблемы проектирования просты. Конечно, некоторые условия открытия и SMS условий выключения объекта управления нелегко найти, и в это время необходимо использовать некоторые другие методы и меры для решения проблемы.

## Мышление и упражнения

1. Какие защитные звенья обычно используются в электрических системах управления?

2. Что такое взаимная блокировка? Какую роль они играют в цепи?

3. Скажите, как работает схема управления запуском звезды-треугольника декомпрессии.

4. Что такое энергопотребление торможения? Какие особенности и к каким случаям адаптироваться?

5. Опишите принцип работы линии ручного управления электродвигателем " плюс-стоп-против".

6. Принцип работы цепи управления открытым электродвигателем " плюс-против-стоп".

7. Как образуются звенья самоблокировки? Какую роль они играют в цепи?

8. Что такое обратное торможение? Какие особенности и к каким случаям адаптироваться?

9. Каковы основные законы, составляющие электрическую цепь управления?

10. Конструкция электрической линии управления трехфазным асинхронным двигателем с трехместным управлением (т. е. с возможностью запуска и остановки в трех местах).

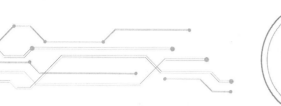

# 第3章

# 可编程控制器基础知识及系统配置方法

> ## 本章重点

- PLC 的特点与组成
- S7-200PLC 的硬件组成

> ## 本章难点

- PLC 的工作原理
- S7-200PLC 的系统扩展方法

目前,工业生产自动化控制技术发生了深刻的变化。无论是从国外引进的自动化生产线,还是自行设计的自动控制系统,普遍把可编程控制器(PLC)作为控制系统的核心器件,在自动化领域已形成了一种工业控制趋势。

## 3.1 PLC 的产生及应用

### 3.1.1 PLC 的产生

20 世纪 20 年代起,人们把各种继电器、定时器、接触器及其触点按一定的逻辑关系连接起来组成控制系统,控制各种生产机械,这就是传统的继电器控制系统。但其存在体积大、耗电多、可靠性差、寿命短、运行速度慢、适应性差的缺点,尤其当生产工艺发生变化时,就必须重新设计、重新安装,造成时间和资金的严重浪费。

20 世纪 60 年代末期,美国的汽车制造业竞争激烈,各生产厂家的汽车型号不断更新,这必然要求生产线的控制系统随之改变,以适应生产的需要。为此,1968 年,美国最大的汽车制造商通用汽车公司(GM),提出了要研制一种新型的工业控制装置以取代继电器控制装置,并提出了著名的十项招标指标,即著名的"GM 十条":

① 编程简单,可在现场修改程序。

② 系统维护方便,采用插件式结构。

③ 体积小于继电器控制柜。

④ 可靠性高于继电器控制柜。

⑤ 成本较低,在市场上可以与继电器控制柜竞争。

⑥ 可将数据直接送入计算机。

⑦ 可直接用交流 115 V 输入(注:美国电网电压是 110 V)。

⑧ 输出采用交流 115 V,可以直接驱动电磁阀、交流接触器等。

⑨ 通用性强,扩展方便。

⑩ 程序可以存储,存储器容量可以扩展到 4 KB。

1969 年,美国数字公司根据上述要求,研制出了基于集成电路和电子技术的控制装置,首次采用程序化的手段用于电气控制,这就是第一代可编程控制器。限于当时的元器件条件及计算机发展水平,早期的 PLC 主要由分立元件和中小规模集成电路组成,可以完成简单的逻辑控制及定时、计数功能。此后这项新技术迅速发展,并推动世界各国对可编程控制器的研制和应用。

早期的可编程控制器只能进行逻辑控制,简称 PLC(Programmable Logic Controller),现在的可编程控制器不仅可以进行逻辑控制,也可以对模拟量进行控制。后来美国电气制造商协会将它命名为可编程控制器(Programmable Controller),简称 PC。但 PC 这个名称已成为个人计算机(Personal Computer)的专称,所以现在仍然把可编程控制器简称为 PLC。

## 3.1.2  PLC 的定义

1987 年 2 月,国际电工委员会(IEC)对 PLC 作了如下定义:PLC(Programmable Logic Controller)是一种数字运算操作的电子系统,是专为在工业环境下应用而设计的。它采用一类可编程的存储器,用于在其内部存储程序,执行逻辑运算、顺序控制、定时、计数与算术操作等面向用户的指令,并通过数字或模拟式输入/输出控制各种类型的机械或生产过程。可编程控制器及其有关外部设备,都按易于与工业控制系统连成一个整体、易于扩充其功能的原则设计。

该定义强调了 PLC 应直接应用于工业环境,它必须具有很强的抗干扰能力、广泛的适应能力和应用范围。

## 3.1.3  PLC 的应用领域

初期的 PLC 主要在以开关量居多的电气顺序控制系统中使用,但自 20 世纪 90 年代开始,PLC 也被广泛地在流程工业自动化系统中使用,一直到现在的现场总线控制系统中,PLC 的应用越来越广泛。目前,PLC 已经广泛应用于煤炭、钢铁、石油、化工、电力、制药、汽车、环保等多种行业。PLC 的主要应用范围可以分为以下几类:

1. 中小型单机电气控制系统

这是 PLC 应用最广泛的领域,例如印刷机械、塑料机械、包装机械、铣床、磨床、电镀流水线、电梯控制系统等。这些设备对控制系统的要求大都属于逻辑顺序控制,是最适合 PLC 使用的领域。

2.制造业自动化

制造业是典型的工业类型之一,在该领域主要对物体进行品质处理、外形加工、组装,以及位置、形状、速度、力等机械量和逻辑控制为主。其电气自动化控制系统中的开关量占绝大多数,有些应用场合,数十上百台单机控制设备组合在一起形成大规模的生产流水线,如纯净水生产线、运动鞋生产线等。由于 PLC 性能的提高和通信功能的增强,使得它在制造业领域中的大中型控制系统中占绝对主导的地位。

3.运动控制

为了适应高精度的位置控制,现在的 PLC 制造商为用户提供了功能完善的运动控制功能。这一方面体现在功能强大的主机可以完成多路高速计数器的脉冲采集和大量数据处理的功能;另一方面还提供了专门的单轴或者多轴的控制步进电机和伺服电机的位置控制模块,这些智能化模块可以实现任何对位置控制的任务要求。

4.流程工业自动化

流程工业是工业类型中的重要分支,如电力、石油化工、造纸等,其特点是对物流(气体、液体为主)进行连续加工。过程控制系统是指对温度、压力、流量等模拟量的闭环控制,从而实现这些参数的自动调节的系统。作为工业控制计算机,PLC 能编制各种各样的控制算法程序,完成闭环控制。

# 3.2　PLC 的发展过程及分类

## 3.2.1　PLC 的发展过程及趋势

世界上公认的第一台 PLC 是 1969 年美国数字设备公司(DEC)研制的。限于当时的元器件条件及计算机发展水平,早期的 PLC 主要由分立元件和中小规模集成电路组成,可以完成简单的逻辑控制及定时、计数功能。此后这项新技术迅速发展,并推动世界各国对可编程控制器的研制和应用。日本和德国等先后研制出自己的可编程控制器,其发展过程大致分为以下几个阶段:

第一阶段——初级阶段(1969 年至 20 世纪 70 年代中期)。主要是逻辑运算、定时和计数功能,没有形成系列。与继电器控制相比,其可靠性有一定提高。CPU 由中小规模集成电路组成,存储器为磁芯存储器。目前此类产品已无人问津。

第二阶段——扩展阶段(20 世纪 70 年代中期至末期)。该阶段 PLC 产品的控制功能得到很大扩展。扩展的功能包括数据的传送、数据的比较和运算、模拟量的运算等功能。增加了数字运算功能,能完成模拟量的控制。开始具备自诊断功能,存储器采用 EPROM。目前,此类 PLC 已退出市场。

第三阶段——通信阶段(20 世纪 70 年代末期至 20 世纪 80 年代中期)。该阶段产品与计算机通信的发展有关,形成了分布式通信网络。但是,由于各制造商产品互不兼容,所以通信系统也是各有各的规范。在很短的时间内,PLC 就已经从汽车行业迅速扩展到其他行业,作为继电器的替代品进入了食品、饮料、金属加工、制造和造纸等行业。产品功能得到了很大的发展。同时,可靠性进一步提高。这阶段的产品有西门子公司的 SIMATIC S5 系列,GOULD 公司的 M84、884 等,富士电机的 MICRO 和 TI 公司的 T1530 等,目前,这类 PLC 仍在部分使用。

第四阶段——开放阶段(20 世纪 80 年代中期至今)。该阶段主要表现为通信系统的开放,使各制造厂商的产品可以通信,通信协议开始标准化。此外,PLC 开始采用标准化软件系统,编程语言除了传统的梯形图、流程图和语句表以外,还有用于算术运算的 BASIC 语言、用于顺序控制的 GRAPH 语言,用于机床控制的数控语言等高级语言,并完成了编程语言的标准化工作。这一阶段的产品有西门子公司的 S7 系列,AB 公司的 PLC-5、SLC500,德维森的 V80 和 PPC11 等。

我国是在改革开放之初引进可编程控制器的。相比之下,我国在中高档自动铣床方面与国外一些先进产品存在较大差距,但随着我国企业的发展以及产品的不断升级改造,目前,苏州汇川技术有限公司、无锡信捷电气有限公司、无锡华光公司、苏州电子计算机厂都取得了一定的成绩,生产出了性能优越的 PLC。可以想象,在现代工业控制领域,PLC 会随着我国进入现代化社会而进一步发展,满足现代化大型工厂和企业自动化的需求。同时 PLC 的应用领域也进一步扩展,不仅在机械设备的自动控制系统中发挥重要性,而且在其他方面进一步扩展,比如引进 PLC 控制技术对水净化工艺控制系统进行控制,实现了水处理的自动化,取得了不错的效果。不管现在还是在未来,PLC 都将在工业自动化领域中发挥不可替代的作用,而且它也必将进一步扩展,进军更多的领域,迎接新的科技革命的到来。

经过多年的发展,国内 PLC 生产厂家约有三十家,但尚未形成颇具规模的生产能力,国内 PLC 应用市场仍然以国外产品为主,如西门子的 S7-200 小系列、S7-300 中系列、S7-400 大系列,三菱的 FX 小系列、Q 中大系列,欧姆龙的 CPM 小系列、C200H 中大系列等。

目前,世界上约有 200 家 PLC 生产厂商,其中,美国的 Rockwell、GE,德国的西门子(Siemens),法国的施耐德(Schneider),日本的三菱、欧姆龙(Omron),它们掌控着全世界 80% 以上的 PLC 市场份额,它们的系列产品从只有几十个点(I/O 总点数)的微型 PLC 到有上万个点的巨型 PLC。

为了适应大、中、小型企业的需要,扩大 PLC 在工业自动化领域的应用范围,PLC 产品正朝着以下两个方向发展:

① 低档 PLC 向小型化、简易廉价方向发展,使之能更加广泛地取代继电器控制。

② 中高档 PLC 向大型、高速、多功能方向发展,使之能取代工业控制机的部分功能,对复杂系统进行综合性自动控制。

### 3.2.2　PLC 的分类

由于 PLC 产品种类繁多,其规格和性能也各不相同。对 PLC 可以根据其结构、功能的差异和应用规模进行大致分类。

1. 按结构分类

PLC 按其结构可分为整体式、模块式及叠装式 3 种。

① 整体式结构 PLC

将 CPU、I/O 单元、电源、通信等部件集成到一个机壳内的 PLC 称为整体式 PLC。整体式

PLC 由基本单元和扩展单元组成。基本单元的 I/O 点数不同,由 CPU、I/O 接口、扩展口以及与编程器相连的接口,其中扩展口与 I/O 扩展单元相连。扩展单元内只有 I/O 接口和电源等。一般用扁平电缆连接基本单元和扩展单元。还有特殊功能单元,如位置控制单元等,其可使 PLC 功能进一步得到扩展,整体式 PLC 一般都是小型机。

② 模块式结构 PLC

模块式 PLC 是将 PLC 的每个工作单元都制成独立的模块,如 CPU 模块、输入输出模块、电源模块以及各种其他功能模块。由母板以及各种模块组成模块式结构。把这些模块按控制系统需要选取后,安插到带有插槽的母板上,就构成了一个完整的 PLC 系统。这种模块式 PLC 的特点是系统构成灵活,可根据自己系统需要,自行选配不同规模并安装,扩展和维修都很方便。大中型 PLC 及某些小型 PLC,都采用独立模块式。例如,西门子公司的 S7-300 系列、S7-400 系列 PLC 都采用模块式结构形式。

③ 叠装式结构 PLC

结合整体式和模块式的特点,叠装式 PLC 把基本单元、扩展单元和功能单元制成一致模块并集成到一个机壳内,形成叠装式 PLC。如果集成的 I/O 模块不够使用,可以进行模块扩展。其 CPU、输入输出接口等也是各自独立的模块,但它们之间要靠电缆进行连接,并且各模块可以一层层地叠装。叠装式 PLC 集整体式 PLC 与模块式 PLC 优点于一身,它不但系统配置灵活,而且体积较小,安装方便。西门子公司的 S7-200 系列 PLC 就是叠装式的结构形式。

2. 按功能分类

根据 PLC 功能的不同,可以将 PLC 分为低档、中档、高档 3 类。

① 低档 PLC

低档 PLC 具有逻辑运算、定时、计数、移位以及自诊断、监控等基本功能,还可有少量的模拟量 I/O、算术逻辑运算、数据传送比较和通信等功能。主要用在逻辑控制、顺序控制或少量模拟量控制的单机控制系统。

② 中档 PLC

中档 PLC 不仅含有低档 PLC 的功能,模拟量 I/O 也很强,而且还具有数制转换、子程序、远程 I/O、通信联网等功能。另外有些 PLC 还可增设中断控制、PID(比例、积分、微分控制)控制等功能,以适用于复杂控制系统。

③ 高档 PLC

不仅具有中档 PLC 的功能,另外还增加了矩阵运算带符号、算术运算、函数、表格、CRT 可编程控制器原理与应用显示、打印和更强的通信联网功能,可用于大规模过程控制或构成分布式网络控制系统,实现工厂自动化。一般低档机多为小型 PLC,采用整体式结构;中档机可为大、中、小型 PLC,其中小型 PLC 多采用整体式结构,中型和大型 PLC 采用模块式结构。

此外也可以按系统 I/O 点数分类。PLC 的功能越强,可配置的 I/O 点数就越多。通常所说的小型、中型、大型 PLC,除指 I/O 点数不同外,也表示其对应的功能是低档、中档、高档。

## 3.2.3　PLC 的特点

1. 可靠性高

① 为了使外电路与 PLC 内部电路之间互不干扰,所有的 I/O 接口电路均采用光电隔离。

从硬件和软件上都采取抗干扰的措施,同时为了防止辐射干扰,必须对各模块进行屏蔽,提高其可靠性。

②各输入端均采用滤波时间常数为 10～20 ms 的 *RC* 滤波器,大大消除或抑制了高频干扰。

③严格筛选所有的器件,主要部件材料导电导磁良好,并且采用高性能的开关电源。

④大型 PLC 可由双 CPU 构成或三 CPU 构成,其可靠性得到大幅度提高。

⑤自诊断功能很强大,如果电源或其他软件、硬件发生异常问题,CPU 能立刻反应并报警,同时采取十分有效的措施,以避免 PLC 内部信号遭到破坏。

**2. I/O 接口模块丰富**

PLC 有许多的 I/O 接口模块,可以根据不同的信号要求,用专门的 I/O 模块连接所选用的器件或设备。此外,它还可以连接其他接口模块,比如人机对话的接口模块,联网的接口模块,以达到提高操作性能的要求,实现更多功能。

**3. 模块化结构**

针对不同工业生产控制的要求,很大一部分的 PLC 均采用模块化结构,一些小型 PLC 除外。因为 PLC 的 CPU、电源、I/O 等均采用模块化设计,用户可以通过机架及电缆将各模块连接起来,最终可以根据自己的需求自行组合系统,使系统的性能价格更合理,加快了工程的进度。

**4. 编程简单易开发**

由于大多 PLC 的编程采用梯形图形式,与继电器控制线路相类似,所以理解和掌握 PLC 对计算机不是很精通的使用者和一般工程人员来说,不是太难。

**5. 安装简易,维修方便**

PLC 在各种环境下都可以运行使用,不需要用专门的机房或柜子,只需将设备与相应的输入输出端相连接,就可运行操作。为了使用户了解整个系统的运行情况,同时便于对故障进行查找,在模块的设计上都加上了故障指示装置。

正因为模块化的采用,所以如果某些模块出现了故障问题,用户自己就可以更换故障模块,使系统迅速恢复正常并运行,保证了生产高效地进行。

# 3.3　PLC 系统组成及工作原理

## 3.3.1　PLC 系统组成

PLC 的种类很多,但其组成结构和工作原理大致相同。PLC 采用了典型的计算机结构,CPU 是 PLC 的核心,输入与输出单元是连接现场输入/输出设备与 CPU 之间的接口电路,通信接口用于与编程器、上位计算机等外设连接。对于整体式 PLC,所有部件都安装在同一机壳内。图 3-1 给出了 PLC 的结构框图。

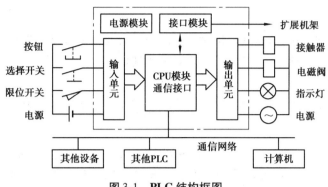

图 3-1　PLC 结构框图

1. 中央处理单元

PLC 的 CPU(Central Process Unit)与通用微机的 CPU 一样,是 PLC 的核心部分,采用通用微处理器、单片机或双极型位片式微处理器。它按 PLC 中系统程序赋予的功能,接收并存储从编程器键入的用户程序和数据;用扫描方式查询现场输入装置的各种信号状态或数据,并存入输入过程状态寄存器或数据寄存器中;诊断电源及 PLC 内部电路工作状态和编程过程中的语法错误等;在 PLC 进入运行状态后,从存储器逐条读取用户程序,经过命令解释后,按指令规定的任务产生相应的控制信号,去启闭有关的控制电路;分时、分渠道地去执行数据的存取、传送、组合、比较和变换等动作,完成用户程序中规定的逻辑运算或算术运算等任务;根据运算结果,更新有关标志位的状态和输出状态寄存器的内容,再由输出状态寄存器的位状态或数据寄存器的有关内容实现输出控制、制表打印、数据通信等功能。

2. 存储器

存储器用于存放系统程序、用户程序及工作数据。PLC 的存储器主要有两种:一种是随机读写存储器 RAM;另一种是只读存储器 ROM、PROM、EPROM 和 EEPROM。

系统程序关系到 PLC 的性能,是由 PLC 制造厂家编写的,直接固化在只读存储器中,用户不能访问和修改。用户程序一般存放于 CMOS 静态 RAM 中,用锂电池作为后备电源,以保证掉电时不会丢失信息。工作数据是 PLC 运行过程中经常变化、经常存取的一些数据。它存放在 RAM 中,以适应随机存取的要求。根据需要,部分数据在掉电时用后备电池维持其现有状态,这部分在掉电时可保存数据的存储区域成为保持数据区。

3. 输入/输出单元

输入/输出单元是可编程控制器的 CPU 与现场输入/输出装置或其他外部设备之间的连接接口部件。

输入单元将现场的输入信号经过输入单元接口电路的转换,转换为中央处理器能接收和识别的低电压信号后送给中央处理器进行运算;输出单元将中央处理器输出的低电压信号转换为控制器件所能接收的电压、电流信号,以驱动线圈、指示灯等设备。所有输入/输出单元均带有光电耦合电路,其目的是把可编程控制器与外部电路隔离开来,以提高可编程序控制器的抗干扰能力。

通常,PLC 的输入单元类型有:直流、交流和交直流方式;PLC 的输出单元类型有:晶体管输出方式、晶闸管输出方式和继电器输出方式,此外,PLC 还提供一些智能型输入/输出单元。

### 4. 通信接口

PLC 配有各种通信接口,这些通信接口一般都带有通信处理器。PLC 通过这些通信接口可与打印机、监视器、其他 PLC、计算机等设备实现通信。

### 5. 智能接口模块

智能接口模块是独立的计算机系统,PLC 的智能接口模块种类很多,如高速计数模块。

### 6. 编程设备

编程设备用来编辑、调试、输入用户程序,也可在线监控 PLC 内部状态和参数,与 PLC 人机对话。编程设备可以是专用编程器,也可以是配有专用编程软件包的通用计算机系统。目前的趋势是使用以个人计算机为基础编程设备,用户只需要购买 PLC 厂家提供的编程软件和相应的硬件接口装置即可。

### 7. 电源

PLC 配有开关电源,以供内部电路使用。许多 PLC 还向外提供 24 V 直流电源,用于外部传感器供电等。

### 8. 其他外部设备

PLC 还有许多外部设备,如 EPROM 写入器、外存储器、人机接口装置等。EPROM 写入器是用来将用户程序固化到 EPROM 存储器的一种 PLC 外部设备。PLC 内部的半导体存储器称为内存储器。外存储器一般通过编程器或其他智能模块提供的接口实现与内存储器之间的用户程序相互传送。人机界面 HMI 是用来实现操作人员与 PLC 控制系统对话的。

## 3.3.2　PLC 控制系统的工作原理

### 1. PLC 控制系统的组成

PLC 控制系统可分为三部分:输入部分、逻辑部分、输出部分。如图 3-2 所示。

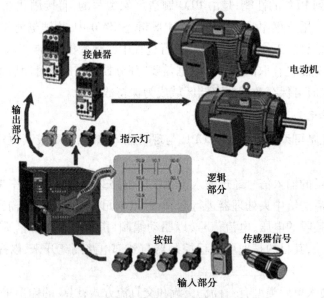

图 3-2　PLC 控制系统的组成

　　输入部分由系统中全部的输入器件构成。输入器件与 PLC 输入端子相连接,在 PLC 存储器中有一输入映像寄存器与输入端子相对应。通过 PLC 内部输入接口电路,将信号隔离、电平转换后,由 CPU 在固定的时刻读入相应的输入映像寄存器区。

　　输出部分由系统中的全部输出器件构成,输出器件与 PLC 输出端子相连接。在 PLC 存储器中有一输出映像寄存器区域与输出端子相对应。CPU 执行完用户程序后会改写输出映像寄存器中的状态值以及输出映像寄存器中的状态位,通过输出锁存器、输出接口电路隔离和功率放大后使输出端负载通电或断电。

　　逻辑部分由微处理器、存储器组成,由计算机软件代替继电器电路实现"软接线",可以灵活编程。而继电器-接触器控制系统是一种"硬件逻辑系统",它的三条支路是并行工作的。故继电器-接触器控制系统采用的是并行工作方式,如图 3-3(a)所示。PLC 是通过执行用户程序来实现控制的,它的工作原理是建立在计算机的工作原理基础上的。CPU 以分时操作方式来处理各项任务,计算机在每一瞬间只能做一件事,所以程序的执行是按程序顺序依次完成相应各存储器单元(即软继电器)的写操作,它属于串行工作方式,如图 3-3(b)所示。

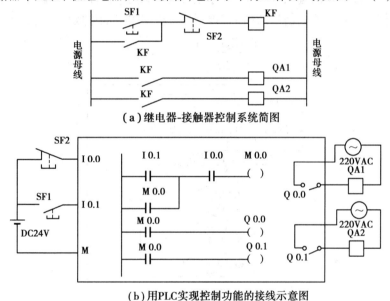

（a）继电器-接触器控制系统简图

（b）用PLC实现控制功能的接线示意图

**图 3-3　继电器-接触器控制系统与 PLC 控制系统的比较**

**2. PLC 循环扫描的工作过程**

　　PLC 通电后,首先对硬件和软件做一些初始化操作,PLC 的循环扫描过程,可以分为以下三部分:

　　第一部分是上电处理。进行初始化工作,包括硬件初始化、I/O 模块配置运行方式检查、停电保持范围及其他初始化处理等。

　　第二部分是主要工作过程。PLC 上电处理完成以后进入主要工作过程。当 CPU 处于 STOP 方式时,转入执行自诊断检查。当 CPU 处于 RUN 方式时,完成用户程序的执行和输出处理后,再转入执行自诊断检查。

　　第三部分是出错处理。PLC 每扫描一次,执行一次自诊断检查,确定 PLC 自身的动作是否正常。当检查出异常时,CPU 面板上的 LED 灯及异常继电器会接通,在特殊寄存器中会存入出错代码。当出现致命错误时,CPU 被强制为 STOP 方式,所有的扫描停止。

扫描周期的长短与 CPU 的运算速度、I/O 点的情况、用户应用程序的长短及编程情况等均有关。不同指令其执行时间是不同的,从零点几微秒到上百微秒不等。若用高速系统要缩短扫描周期时,可从软硬件上考虑。

3. PLC 用户程序的工作过程

PLC 只有在 RUN 方式下才执行用户程序,是按照图 3-4 所示的工作流程进行工作的。包括输入采样阶段、用户程序执行阶段、输出刷新阶段三个阶段。图 3-5 给出了这三个阶段 PLC 工作的中心内容。

(1) 输入采样阶段

在输入采样阶段,PLC 把所有的外部数字量输入电路的 I/O 状态(或称 ON/OFF 状态)读入至输入映像寄存器中,此时输入映像寄存器被刷新。接着系统进入用户程序执行阶段,在此阶段和输出刷新阶段,输入映像寄存器与外界隔离,无论输入信号如何变化,其内容保持不变,直到下一个扫描周期的输入采样阶段,才重新写入端子的新内容。输入信号的宽度要大于一个扫描周期,或者说输入信号的频率不能太高,否则很可能造成信号的丢失。

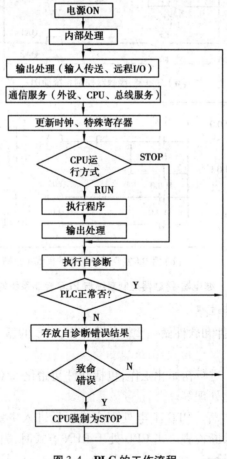

图 3-4　PLC 的工作流程

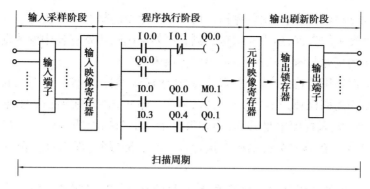

图 3-5　PLC 主要工作过程的中心内容

（2）用户程序执行阶段

在无中断或跳转指令的情况下，根据梯形图程序从首地址开始按自左向右、自上而下的顺序，对每条指令逐句进行扫描，扫描一条，执行一条。对除了输入映像寄存器以外的其他的元件映像寄存器来说，每一个元件的状态会随着程序的执行过程而刷新。

（3）输出刷新阶段

CPU 执行完用户程序后，将输出映像寄存器中所有"输出继电器"状态（I/O）在输出刷新阶段一起转存到输出锁存器中。在下一个输出刷新阶段开始之前，输出锁存器的状态不会改变，从而相应输出端子的状态也不会改变。输出锁存器状态为"1"，输出信号经输出模块隔离和功率放大后，接通外部电路使负载通电工作。输出锁存器状态为"0"，断开外部电路使负载断电，停止工作。

用户程序执行过程中，集中输入与集中输出的工作方式是 PLC 的一个特点。在采样期间，将所有输入信号一起读入，此后在整个程序处理过程中 PLC 系统与外界隔开，直至输出信号。外界信号的变化要到下一个工作周期才会在控制过程中有所反应。这从根本上提高了系统的抗干扰能力，提高了工作的可靠性。

4. PLC 输入、输出延迟反应

由于 PLC 采用循环扫描的工作方式，即对信息采用串行处理方式，必定导致输入、输出延迟响应。当 PLC 的输入端有一个输入信号发生变化时到 PLC 输出端对该输入变化作出反应，需要一段时间，这段时间就成为响应时间或滞后时间（通常滞后时间为几十毫秒）。这种现象称为输入、输出延迟响应或滞后现象。

响应时间与以下因素有关：

① 输入电路的滤波时间，它由 $RC$ 滤波电路的时间常数决定。

② 输出电路的滞后时间，它与输出电路的输出方式有关。

③ PLC 循环扫描的工作方式。

④ 用户程序中语句的安排。

5. PLC 对输入、输出的处理规则

PLC 是以扫描的方式处理信息的，它是顺序地、连续地、循环地逐条执行程序，在任何时刻它只能执行一条指令，即以"串行"处理方式进行工作。其处理规则如下：

① 输入映像寄存器的数据，由上一个扫描周期输入端子板上各输入点的状态决定。

② 输出映像寄存器的状态,由程序执行期间输出指令的执行结果决定。

③ 输出锁存器中的数据,由上一次输出刷新期间输出映像寄存器中的数据决定。

④ 输出端子的接通和断开状态,由输出锁存器来决定。

⑤ 执行程序时所用的输入、输出状态值,取决于输入、输出映像寄存器的状态。

尽管 PLC 采用周期循环扫描的工作方式,而产生输入、输出响应滞后的现象,但只要它的一个扫描周期足够短,采样频率足够高,则如果在第一个扫描周期内对某一输入变量的状态没有捕捉到,只要保证在第二个扫描周期执行程序时已捕捉到,那么也完全符合实际系统的工作状态。

扫描周期的长短既与程序的长短有关,也与每条指令执行时间的长短有关。一般 PLC 的扫描周期均小于 50 ms。

## 3.4    S7-200 PLC 系统配置及接口模块

本节主要介绍西门子 S7-200PLC 的硬件特点和系统配置,包括 S7-200 PLC 控制系统的基本构成,各种扩展模块的功能、特点和使用方法,PLC 控制系统的配置以及外部电源系统的接线等。

### 3.4.1    S7-200 PLC 控制系统的基本构成

一个最基本的 S7-200 PLC 控制系统由基本单元(S7-200 CPU 模块)、个人计算机或编程器、STEP7-Micro/WIN 编程软件及通信电缆组成。在需要进行系统扩展时,系统组成中还可包含数字量/模拟量扩展模块、智能模块、通信网络设备、人机界面及相应的工业控制软件(MCGS)等,如图 3-6 所示。

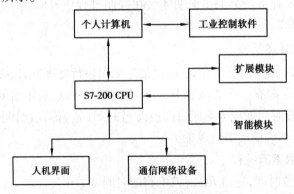

**图 3-6    S7-200 PLC 控制系统的构成**

1. 基本单元

基本单元(S7-200 CPU 模块)也称为主机。由中央处理单元(CPU)、电源以及数字量输入输出单元组成。这些都被紧凑地安装在一个独立的装置中,基本单元可以构成一个独立的控制系统。

目前,S7-200 PLC 主要有 CPU221(整体式 PLC,I/O 点数不能扩展)、CPU222、CPU224、CPU224XP、CPU226(叠装式 PLC,可以连接扩展 I/O 模块与功能模块)这五种规格。虽然外形略有差别,但基本结构相同或类似。

### 2.编程设备

编程设备的功能是编制程序、修改程序、测试程序,并将测试合格的程序下载到 PLC 系统中。为了降低编程设备的成本,目前广泛采用个人计算机作为编程设备,但需配置西门子专用编程软件。S7-200 PLC 的编程软件是 STEP7-Micro/WIN,该软件系统在 Windows 平台上运行,支持语句表、梯形图、功能块图这三种编程语言;具有指令向导功能和密码保护功能;内置 USS 协议库、Modbus 从站协议指令、PID 整定控制界面和数据归档等;使用 PPI 协议通信电缆或 CP 通信卡,实现 PC 与 PLC 之间进行通信、上传和下载程序;支持 TD400、TD400C 等文本显示界面。

### 3.通信电缆

西门子 PLC 的通信电缆主要有三种:PC/PPI 通信电缆、RS-232C/PPI 多主站通信电缆和 USB/PPI 多主站通信电缆。这些通信电缆将 S7-200 PLC 与计算机连接后,用 STEP7-Micro/WIN 编程软件设置即可实现计算机与 S7-200 PLC 间的数据通信和传输。

### 4.人机界面

人机界面(HMI)主要指专用操作员界面,如操作员面板、触摸屏、文本显示器,这些设备可以使用户通过友好的操作界面完成各种调试和控制任务。

（1）文本显示器

应用于 S7-200 PLC 的文本显示器有 TD200C、TD400C 等。通过它们可以查看、监控和改变应用程序中的过程变量。

（2）触摸屏

西门子 S7-200 PLC 系统有多种触摸屏,如 TP070、TP170A、TP170B、TP177micro、K-TP178micro 等,其中,K-TP178micro 是为中国用户量身定做的触摸屏。通过点对点连接(PPI 或者 MPI 协议)完成和 S7-200 控制器的连接,可以显示图形、变量和操作按钮,为用户提供一个友好的人机界面。除了 TP070 之外,这些触摸屏用西门子人机界面组态软件 WinCC Flexible 组态。

### 5.WinCC Flexible 和 WinCC V7 组态软件

WinCC Flexible 为 SIMATIC HMI 操作员提供工程软件,从而达到控制和监视设备的目的,同时为基于 Windows 2000/XP 的单个用户提供运行版可视化软件。在这种情况下,可将项目传输到不同的 HMI 平台,并在其上运行而无须转变。基于 Windows-CE(另一种操作系统)的设备,WinCC Flexible 软件完全兼容 ProTool(西门子人机界面旧版组态软件)制作的项目,即可通过 WinCC Flexible 使用之前已建立的工程。

西门子视窗控制中心 WinCC 是 HMI/SCADA 软件中的后起之秀,于 1996 年进入世界工控软件组态市场,以最短的时间发展成第三个在世界范围内成功的 SCADA 系统。WinCC V7.0 采用标准的 Microsoft SQL Server 2000 数据库进行生产数据的归档,同时具有 Web 浏览器功能,可使监控人员在办公室看到生产流程的动态画面,从而更好地调度指挥生产,是工业企业中 NES 和 ERP 系统首选的生产实时数据平台软件。WinCC 可与 SIMATIC S5、S7 PLC 实现方便连接和高效通信,也可与 STEP7 软件紧密结合,并可对 SIMATIC PLC 进行系统诊断。

### 3.4.2　S7-200PLC 基本模块及使用

当 S7-200 PLC 主机的 I/O 点数不能满足控制要求时,可以选配各种输入/输出接口模块来扩展。通常,I/O 扩展包括 I/O 点数扩展和功能扩展两类,S7-200 PLC 可扩展的接口模块有数字量模块、模拟模块和智能模块。

1. 数字量模块

数字量模块有数字量输入模块、数字量输出模块、数字量输入输出模块三种。

(1) 数字量输入模块

数字量输入模块的每一个输入点可接收来自用户设备的开关信号,典型的输入设备有按钮、行程开关、选择开关、继电器触点、接触器辅助触点等。每一个输入点与且仅与一个输入电路相连,通过输入接口电路把现场开关信号变成 CPU 所能接收的标准电信号。数字量输入模块可分为直流输入模块和交流输入模块。

① 直流输入模块

图 3-7(a)中所示为 EM221 DI8×DC24 V 直流输入模块的端子接线图。图中,8 个数字量输入点分为 2 组,1M、2M 分别是两组输入点内部电路的公共端,每组需用户提供一个 DC24 V 电源。图 3-7(b)中所示为直流输入模块的输入电路,只画出了 2 路输入电路,其他各路输入电路的原理图与之相同。该电路组成及各部分的作用:$R_1$ 是限流电阻,限制输入电流大小,还与 $C$ 构成低通滤波器限制输入信号中的高频干扰。$R_2$ 为滤波电容的泄放电阻。光耦合器是为了防止现场强电信号干扰进入 PLC,实现现场与 PLC 电气上的隔离。使外部信号通过光耦合变成内部电路能接收的标准电信号,保持系统的可靠性。双向发光二极管 VL 用作状态指示。

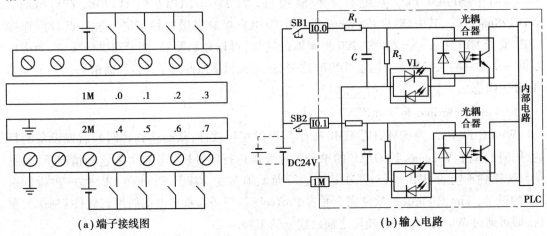

(a) 端子接线图　　　　　　　　　　(b) 输入电路

图 3-7　直流输入模块图

直流输入电路的工作原理:当现场开关闭合后,经 $R_1$、双向光耦合器的发光二极管、VL 构成通路,输入指示灯 VL 亮,表明该路输入的开关量状态为"1",输入信号经光耦合器隔离后,经内部电路与 CPU 相连,将外部输入开关的状态"1"输入 PLC 内部。当现场开关断开后,$R_1$、双向光耦合器的发光二极管、VL 不构成通路,输入指示灯 VL 不亮,表明该路输入的开关量状态为"0",输入信号经光耦合器隔离后,经内部电路与 CPU 相连,将外部输入开关的状态"0"

输入 PLC 内部。

② 交流输入模块

图 3-8(a)中所示为 EM221 DI8×AC120 V/230 V 交流输入模块的端子接线图。图中,有 8 个分隔式数字量输入点,每个输入点都占用两个接线端子,各使用一个独立的交流电源(由用户提供),这些交流电源可以不同相。图 3-8(b)中所示为交流输入模块的输入电路,只画出了 1 路输入电路,其他各路输入电路的原理图与之相同。电路组成及各部分的作用:$R_1$ 是取样电阻,同时具有吸收浪涌的作用;$C$ 具有隔离直流,接通交流的作用;$R_2$ 和 $R_3$ 对交流电压起到分压作用,光耦合器是为了防止现场强电信号干扰进入 PLC,实现现场与 PLC 电气上的隔离,使外部信号通过光耦合变成内部电路能接收的标准电信号,保持系统的可靠性。双向发光二极管 VL 用作状态指示。

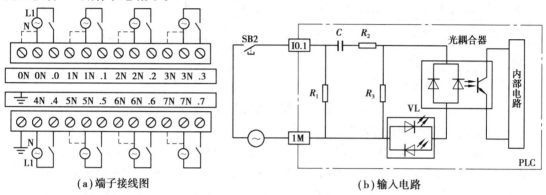

(a)端子接线图　　　　　　(b)输入电路

图 3-8　交流输入模块图

交流输入电路的工作原理:当现场开关闭合后,交流电源经 $C$、$R_2$、双向光耦合器的发光二极管,通过光耦合使光敏晶体管接收光信号,并将该信号送至 PLC 内部电路,供 CPU 处理,同时状态指示灯 VL 亮,表明该路输入的开关量状态为“1”。反之,当现场开关断开后,该路输入的开关量状态为“0”。

(2) 数字量输出模块

数字量输出模块的每一个输出点能控制一个用户的离散型(ON/OFF)负载。典型的负载包括继电器线圈、接触器线圈、电磁阀线圈、指示灯等。每一个输出点仅与一个输出电路相连,通过输出电路把 CPU 运算处理的结果转换成驱动现场执行机构的各种大功率开关信号。包括直流输出模块(晶体管输出方式)、交流输出模块(双向晶闸管输出方式)、交直流输出模块(继电器输出方式)三种模块。

① 直流输出模块(晶体管输出方式)

图 3-9(a)中所示为 EM222 DO8×DC24 V 直流输出模块的端子接线图。图中,8 个数字量输出点分为 2 组,1L+、2L+分别是两组输出点内部电路的公共端,每组需用户提供一个 DC24 V 电源。图 3-9(b)中所示为直流输出模块的输出电路,只画出了 1 路输出电路,其他各路输出电路的原理图与之相同。电路组成及各部分的作用:光耦合器实现光电隔离,场效应管是功率驱动的开关器件,稳压管用于防止输出端过电压以保护场效应管,发光二极管 VL 用作输出状态指示。

直流输出电路的工作原理:当 PLC 进入输出刷新阶段时,通过数据总线把 CPU 的运算结果,由输出映像寄存器集中传送给输出锁存器,当对应的输出映像寄存器状态为"1"时,输出锁存器的输出使光耦合器的发光二极管发光,光敏晶体管受光导通后,场效应管饱和导通,相应的直流负载在外部直流电源的激励下工作。反之,当对应的输出映像寄存器为状态"0"时,外部负载断电,停止工作。

晶体管输出方式的特点是响应速度快。

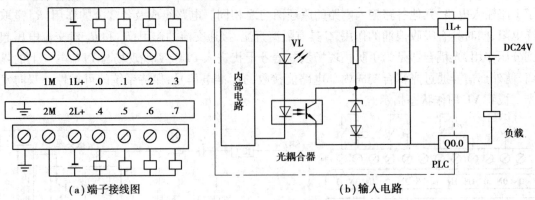

图 3-9　直流输出模块图

② 交流输出模块(双向晶闸管输出方式)

图 3-10(a)中所示为 EM222 DO8×AC120 V/230 V 模块的端子接线图。图中,有 8 个分隔式数字量输出点,每个输出点都占用两个接线端子,各使用一个独立的交流电源(由用户提供),这些交流电源可以不同相。图 3-10(b)中所示为交流输出模块的输出电路,只画出了 1 路输出电路,其他各路输出电路的原理图与之相同。电路组成及各部分的作用:双向晶闸管 VTH,可以看做是两个普通晶闸管的反并联(驱动信号是单极性的),只要门极是高电平,VTH 就双向导通,从而接通交流电源向负载供电。$R_2$ 和 $C$ 组成高频滤波电路。压敏电阻 RV 起过电压保护的作用,消除尖峰电压。电阻 $R_3$ 将光耦合器输出的电流信号转换为电压信号,用来驱动 VTH 的门极。光耦合器是为了防止现场强电信号干扰进入 PLC,实现现场与 PLC 电气上的隔离。发光二极管 VL 用作状态指示。

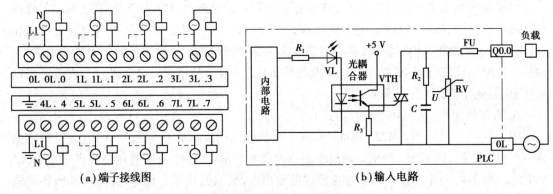

图 3-10　交流输出模块图

交流输出电路的工作原理:当输出映像寄存器状态为"1"时,输出锁存器的输出使光耦合器的发光二极管发光,光敏晶体管受光导通后,VTH 门极为高电平,在外接电压的正半轴,VTH 中的正向导通;在外接电压的负半轴,VTH 中的反向导通,则负载侧被接通。当输出映像寄存器状态为"0"时,则光耦合器的发光二极管不发光,双向晶闸管 VTH 门极没有信号,VTH 不导通,则负载侧不接通。

双向晶闸管输出方式特点是启动电流大。

③ 交直流输出模块(继电器输出方式)

图 3-11(a)中所示为 EM222 DO8×继电器模块的端子接线图。图中,8 个数字量输出点分为 2 组,1L+、2L+分别是两组输出点内部电路的公共端,每组需用户提供一个外部电源(直流或交流)。图 3-11(b)中所示为继电器输出模块的输出电路,只画出了 1 路输出电路,其他各路输出电路的原理图与之相同。电路组成及各部分的作用:继电器是功率放大的开关器件,同时又是电气隔离器件。触点用于控制负载通断。为消除继电器火花,并联有阻容熄弧电路。电阻 $R_1$ 和发光二极管 VL 组成输出状态指示电路。

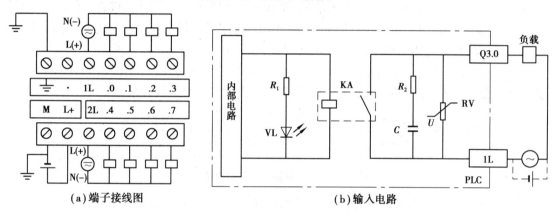

**(a)端子接线图**　　　　　　　　　　**(b)输入电路**

**图 3-11　继电器输出模块图**

继电器输出电路的工作原理:当输出映像寄存器状态为"1"时,输出接口电路使继电器线圈得电,继电器触点闭合使负载回路接通,同时状态指示发光二极管 VL 亮。当输出映像寄存器状态为"0"时,继电器线圈失电,继电器触点断开,使负载回路不接通。根据负载的性质来选择负载回路的电源。

继电器输出方式特点是输出电流大(可达 2～4 A),可带交流和直流负载,适应性强。但响应速度慢,从继电器线圈得电到触点接通的响应时间约为 10 ms。

(3) 数字量输入输出模块

S7-200 PLC 配有数字量输入输出模块(EM223 模块)。在一个模块上既有数字量输入点又有数字量输出点,这种模块称为组合模块或输入输出模块。数字量输入输出模块的输入电路及输出电路的类型与上述介绍的相同。在同一个模块上,输入、输出电路类型的组合是多种多样的,用户可根据控制需求选用。有了数字量输入输出模块可使系统配置更加灵活。

**2. 模拟量模块**

(1) PLC 对模拟量的处理

工业控制中,某些输入是模拟量,某些执行机构要求 PLC 输出模拟量信号,而 PLC 的 CPU 只能处理数字量。所以,输入 PLC 内部的模拟量首先被传感器和变送器转换成标准量程的电流或电压信号(如 4-20 mA 的直流电流信号,0-5 V 或-5V～+5 V 的直流电压信号),经滤波、放大后,PLC 用 A/D 转换器将其转换为数字信号,经光耦合器进入 PLC 内部电路,在输入采样阶段进入模拟量输入映像寄存器,执行用户程序后,PLC 输出的数字量信号存放在模拟量输出映像寄存器,在输出刷新阶段由内部电路送至光耦合器的输入端,再进入 D/A 转换器,转换后的直流模拟量信号经运算放大器放大后驱动输出,如图 3-12 所示。模拟量 I/O 模块的主要任务就是实现 A/D 转换和 D/A 转换。

图 3-12　S7-200 PLC 对输入/输出模拟量的处理

（2）模拟量输入模块

模拟量输入模块（EM231 AI4）有 4 个模拟量输入端口,每个通道占用存储器 AI 区域 2 个字节,输入值为只读数据。电压输入范围：单极性 0—10 V、0—5 V,双极性 −5 V—+5 V、−2.5—+2.5 V；电流输入范围：0—20 mA。模拟量到数字量的最大转换时间为 250 μs。模块需要 DC24 V 供电,可由 CPU 的传感器电源供电,也可由用户提供外部电压。

模拟量输入模块的分辨率以 A/D 转换后的二进制数字量的位数表示。EM231 模块的分辨率是 12 位,如图 3-13 所示,MSB 和 LSB 分别是最高有效位和最低有效位。

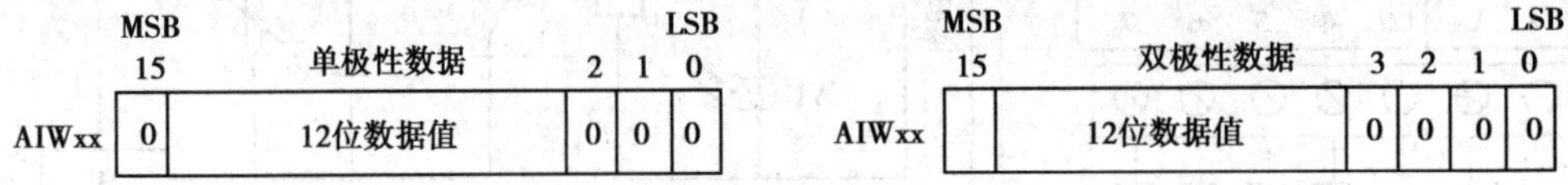

| MSB<br>15 | 单极性数据 | 2 | 1 | 0 | | MSB<br>15 | 双极性数据 | 3 | 2 | 1 | 0 |
|---|---|---|---|---|---|---|---|---|---|---|---|
| AIWxx　0 | 12位数据值 | 0 | 0 | 0 | | AIWxx　0 | 12位数据值 | 0 | 0 | 0 | 0 |

图 3-13　模拟量输入模块数据格式

单极性数据格式中：最高位是 0,表示是正值数据；最低位是连续的 3 个 0,相当于 A/D 转换值被乘以 8；中间 12 位数据的最大值是 $2^{15}-8=32\,760$。全量程输入范围对应的数字量为 0-32 000,差值 32 760−32 000＝760 则用于偏置/增益,由系统完成。双极性数据格式中,最高有效位是符号位,0 表示正值,1 表示负值；最低位是连续的 4 个 0,相当于 A/D 转换值被乘以 16。全量程输入范围对应的数字量为−32 000—+32 000。

如图 3-14 所示,EM321 模块上部共有 12 个端子,每 3 个点为一组可作为一路模拟量的输

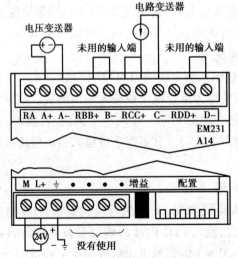

图 3-14　EM231 模拟量输入模块端子接线图

入通道,共 4 组。电压信号只用 2 个端子,电流信号需用 3 个端子,其中 RC 与 C+端子短接,未用的输入通道应短接。模块下部 M、L+端接入 DC24 V 电源,右端分别是校准电位器和配置开关 DIP。

转换时应考虑现场信号变送器的输入/输出量程(4—20 mA)与模拟量输入输出模块的量程(如 0—20 mA),找出被测物理量与 A/D 转换后的二进制数值之间的关系。

【例 3-1】　量程为 0—10NTU 的浊度仪的输出信号为 4—20mA 的电流,模拟量输入模块将 0—20 mA 的电流信号转换为 0—32 000 的数字量,设转换后的二进制数为 $x$,求以 NTU 为单位的浊度值 $y$。

**解**　由于浊度仪的输出信号是电流,模拟量输入模块应采用 0—20 mA 量程,因此 A/D 转换后的二进制数据是一个单极性数据(数字量输出范围为 0—32 000)。4—20 mA 的模拟量对应于数字量 6 400-32 000,即 0—10NTU 对应于数字量 6 400-32 000。当转换后的二进制数为 $x$ 时,对应的浊度为:

$$y = \frac{(10 - 0)}{(32\,000 - 6\,400)}(X - 6\,400)\text{NTU} = \frac{X - 6\,400}{2\,560}\text{NTU}$$

(3) 模拟量输出模块

模拟量输出模块(EM232 AQ2)有 2 个模拟量输出端口,每个通道占用存储器 AQ 区域 2 个字节。输出信号的范围:电压输出为-10—+10 V,电流输出为 0—20 mA。电压输出的设置时间是 100 μs,电流输出的设置时间是 2 ms。最大驱动能力:电压输出时负载电阻最小是 5 000 Ω,电流输出时负载电阻最大是 500 Ω。模块需要 DC24 V 供电,可由 CPU 的传感器电源供电,也可由用户提供外部电压。

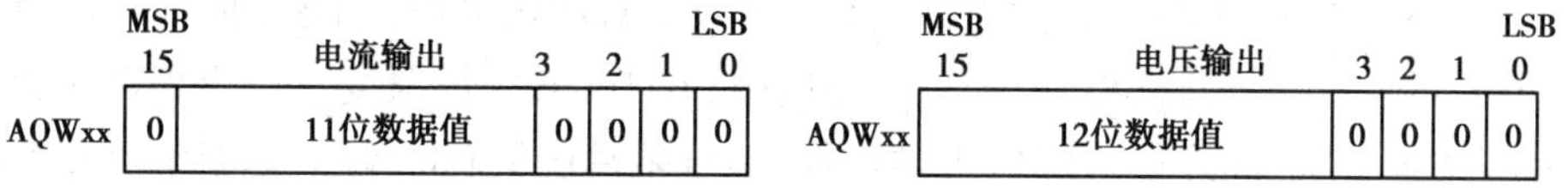

| MSB | | | | 电流输出 | 3 | 2 | 1 | LSB 0 | MSB | | | | 电压输出 | 3 | 2 | 1 | LSB 0 |
|---|---|---|---|---|---|---|---|---|---|---|---|---|---|---|---|---|---|
| 15 | | | | | | | | | 15 | | | | | | | | |
| AQWxx | 0 | | 11位数据值 | | 0 | 0 | 0 | 0 | AQWxx | | | 12位数据值 | | 0 | 0 | 0 | 0 |

图 3-15　模拟量输出模块数据格式

模拟量输出的分辨率以 D/A 转换前待转换的二进制数字量的位数表示。电压输出和电流输出的分辨率分别是 12 位和 11 位,如图 3-15 所示,MSB 和 LSB 分别是最高有效位和最低有效位。

电流输出的数据:其 2 B 的存储单元的低 4 位均为 0;最高位是 0,表示是正值数据;全量程输入范围对应的数字量为 0—32 000。电压输出的数据:其 2 B 的存储单元的低 4 位均为 0;最高有效位是符号位,0 表示正值,1 表示负值;全量程输入范围对应的数字量为-32 000—+32 000。在 D/A 转换前,低位的 4 个 0 被截断,不会影响输出信号值。

如图 3-16 所示,模块上部共有 7 个端子,左端起的每 3 个点为一组可作为一路模拟量的输出通道,共 2 组。第一组,V0 接电压负载,I0 接电流负载,M0 为公共端。模块下部 M、L+端接入 DC24 V 电源。

(4) 模拟量输入输出模块

模拟量输入输出模块(EM235 AI4/AQ1)有 4 个模拟量输入端口和 1 个模拟量输出端口。

模拟量输入功能同 EM231 模拟量输入模块,技术参数基本相同,只是电压输入范围有所不同。模拟量输出功能同 EM232 模拟量输出模块,技术参数基本相同。模块需要 DC24V 供电,可由 CPU 的传感器电源供电,也可由用户提供外部电压。图 3-17 给出了其端子接线图。

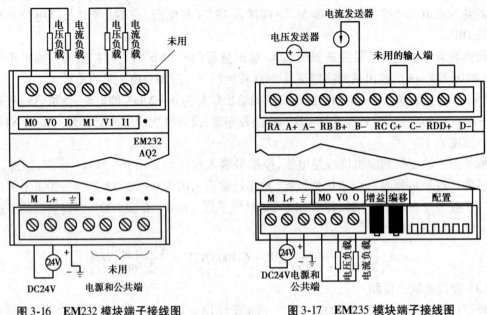

图 3-16    EM232 模块端子接线图        图 3-17    EM235 模块端子接线图

3. S7-200 PLC 的智能模块

为了满足更加复杂的控制功能的需要,S7-200 PLC 还配有多种智能模块。

（1）EM231 测温模块

S7-200 PLC 的测温模块包括热电偶模块（EM231 AI4×热电偶）和热电阻模块（EM231 AI2×RTD）两种,可以直接连接热电偶（TC）和热电阻（RTD）来测量温度。用户程序可以访问相应的模拟量通道,读取温度值。EM231 热电偶、热电阻模块具有冷端补偿电路,如果环境温度迅速变化,会产生额外的误差。所以热电偶和热电阻模块应安装在稳定的温度、湿度环境中,才能达到最大的准确度。EM 231 热电偶模块有 4 个输入通道,可以连接 7 种热电偶类型,但所有连接到模块上的热电偶必须是相同类型。输入的电压范围是−80—+80 mV,模块输出 15位加符号位的二进制数。

（2）通信模块

S7-200 PLC 提供 PROFIBUS-DP 模块、AS-i 接口模块和工业以太网卡供用户选择,以适应不同的通信方式。

### 3.4.3    S7-200 PLC 系统配置方法

S7-200 PLC 任一型号的基本单元（主机）都可单独构成基本配置,作为一个独立的控制系统。S7-200 PLC 各型号主机的 I/O 点数是固定的,它们的 I/O 地址也是固定的。可以采用主机带扩展模块的方法来扩展 S7-200 PLC 的系统配置。采用数字量模块或模拟量模块可扩展系统的控制规模,采用智能模块可扩展系统的控制功能。

1. 主机加扩展模块的最大 I/O 配置

S7-200 PLC 主机带扩展模块进行扩展配置时会受到相关因素（主机的技术指标）的限

制。每种主机的最大 I/O 配置必须服从以下限制：

① 允许主机所带扩展模块的数量

CPU221 模块（整体型 PLC）不允许带扩展模块；CPU222 模块最多可带 2 个扩展模块；CPU224 模块、CPU224XP 模块、CPU226 模块最多可带 7 个扩展模块，且 7 个扩展模块中最多只能带 2 个智能扩展模块。

② 数字量输入/输出映像寄存器区的大小

S7-200 PLC 各类主机提供的数字量 I/O 映像区为：128 个输入映像寄存器（I0.0—I15.7），128 个输出映像寄存器（Q0.0—Q15.7），数字量的最大配置不能超过此区域。

③ 模拟量输入/输出映像寄存器区的大小

S7-200 PLC 各类主机提供的模拟量 I/O 映像区为：CPU222 模块为 16 入/16 出，CPU224 模块、CPU224XP 模块、CPU226 模块为 32 入/32 出，模拟量的最大配置不能超过此区域。

2.I/O 点数的扩展与编址

编址就是对 I/O 模块上的 I/O 点进行编码，以便程序执行时可以唯一地识别每个 I/O 点。具体有以下几个原则：

① S7-200 CPU 有一定数量的本机 I/O，本机 I/O 有固定的地址。可以用扩展 I/O 模块来增加 I/O 点数，扩展模块安装在主机的右边，同种类型输入点或输出点的模块进行顺序编制，其他类型模块的有无及所处的位置都不影响本类型模块的编号。

② 数字量 I/O 点的编址是以字节长（8 位）为单位，采用存储器区域标识符（I 或 Q）、字节号、位号的组成形式，在字节号和位号之间以点分隔。如 I0.3、Q1.2 等。

③ 数字量扩展模块是以一个字节（8 位）递增的方式来分配地址的，若本模块实际位数不满 8 位，未用位不能分配给 I/O 链的后续模块。例如：CPU 224 有 10 个输出点，但它要占用逻辑输出区 16 个点的地址。而一个 4DI/4DO 模块占用逻辑空间 8 个输入点和 8 个输出点。

④ 模拟量 I/O 点的编址是以字长（16 位）为单位，在读/写模拟量信息时，模拟量 I/O 以字为单位读/写。模拟量输入只能进行读操作，模拟量输出只能进行写操作。每个模拟量 I/O 点地址由存储器区域标识符（AI 或 AQ）、数据长度标志位（W）、字节地址（偶数）组成。模拟量端口的地址从 0 开始，以 2 递增，不允许奇数编址。

⑤ 模拟量扩展模块是以 2 个端口（4 字节）递增的方式来分配地址的，就是每个模拟量扩展模块至少占用两个端口的地址。例如：EM235 模块有 4 个模拟量输入和 1 个模拟量输出，但它占用了 4 个输入端口的地址和 2 个输出端口的地址。

举例：基本单元采用 CPU224，扩展单元由 1 个 EM221 模块、1 个 EM223 模块、2 个 EM235 模块构成，模块的链接形式和各模块的编址情况如图 3-18 所示。各模块的编址情况如表 3-1 所示。

图 3-18　扩展模块的链接形式

表 3-1    各模块编址情况

| 主机 | | 模块 1 | 模块 2 | | 模块 3 | | 模块 4 | |
|---|---|---|---|---|---|---|---|---|
| CPU224(14IN/10OUT) | | 16IN | 8IN/8OUT | | 4AI/1AQ | | 4AI/1AQ | |
| I0.0 | Q0.0 | I2.0 | I4.0 | Q2.0 | AIW0 | AQW0 | AIW8 | AQW4 |
| I0.1 | Q0.1 | I2.1 | I4.1 | Q2.1 | AIW2 | | AIW10 | |
| I0.2 | Q0.2 | I2.2 | I4.2 | Q2.2 | AIW4 | | AIW12 | |
| I0.3 | Q0.3 | I2.3 | I4.3 | Q2.3 | AIW6 | | AIW14 | |
| I0.4 | Q0.4 | I2.4 | I4.4 | Q2.4 | | | | |
| I0.5 | Q0.5 | I2.5 | I4.5 | Q2.5 | | | | |
| I0.6 | Q0.6 | I2.6 | I4.6 | Q2.6 | | | | |
| I0.7 | Q0.7 | I2.7 | I4.7 | Q2.7 | | | | |
| I1.0 | Q1.0 | I3.0 | | | | | | |
| I1.1 | Q1.1 | I3.1 | | | | | | |
| I1.2 | | I3.2 | | | | | | |
| I1.3 | | I3.3 | | | | | | |
| I1.4 | | I3.4 | | | | | | |
| I1.5 | | I3.5 | | | | | | |
| | | I3.6 | | | | | | |
| | | I3.7 | | | | | | |

3. 内部电源的负载能力

(1) PLC 内部 DC5 V 电源的负载能力

S7-200 PLC 基本单元和扩展模块正常工作时,需要 DC5 V 电源。S7-200 PLC 基本单元 (CPU 模块)内部提供 DC5 V 电源,扩展模块需要的 DC5 V 电源是由 CPU 模块通过总线连接器提供的。CPU 模块能提供的 DC5 V 电源的电流值是有限的。因此,在配置扩展模块时,为确保电源不超载,应使各扩展模块消耗 DC5 V 电源的电流总和不超过 CPU 模块所提供的电流值。否则,要对系统重新进行配置。

例如,上例中所示主机带扩展模块的形式,CPU224 提供 DC5 V 电源的电流为 660 mA,4 个扩展模块 DC5 V 电源的总电流为 30 mA+40 mA+30 mA+30 mA=130 mA,小于 660 mA,因此配置是可行的。

(2) PLC 内部 DC24 V 电源的负载能力

S7-200 PLC 主机的内部电源模块还提供 DC24 V 电源。DC24 V 电源也称为传感器电源,它可以作为 CPU 模块和扩展模块的输入端检测电源。如果用户使用传感器的话,也可以作为传感器电源。一般情况下,CPU 模块和扩展模块的输入、输出点所用的 DC24 V 电源是由用户外部提供的。如果使用 CPU 模块内部的 DC24 V 电源,要注意 CPU 模块和各扩展模块消耗的电流总和,不能超过内部 DC24 V 电源提供的最大电流。

4. PLC 外部接线与电源要求

（1）现场接线的要求

S7-200 PLC 采用截面积 0.5—1.5 mm² 的导线，导线要尽量成对使用，应将交流导线和电流大的导线与弱电信号线分隔开。

（2）使用隔离电路时的接地点与电路参考点

使用同一个电源且有同一个参考点的电路时，其参考点只能有一个接地点。将 CPU 自带的 DC24 V 电源的 M 端接地，可以提高抑制噪声的能力。

（3）电源的选择

CPU 模块自带的 DC24 V 传感器电源，可以为本机的输入点或扩展模块的继电器线圈供电，如果要求的负载电流大于该电源的电流，应外加 DC24 V 电源为扩展模块供电。CPU 模块为扩展模块提供 DC5 V 电源，如果扩展模块的需求超过其额定值，应减少扩展模块。S7-200PLC 的 DC24 V 传感器电源不能与外部的 DC24 V 电源并联，否则可能会使 1 个或 2 个电源失效，因此这两个电源之间只能有一个连接点。

# 思考题与练习题

1. PLC 的定义是什么？

2. 简述 PLC 的发展情况和发展趋势。

3. PLC 有哪些主要功能。

4. 简述 S7-200 PLC 控制系统的基本构成。

5. PLC 的输入、输出延迟响应时间是什么？由哪些因素决定？

# Глава 3

# Базовые знания программируемых контроллеров и системных методов

**Основное внимание в этой главе**

- Особенности и состав PLC
- Аппаратный состав S7-200PLC

**Трудности этой главы**

- Принцип работы PLC
- Метод расширения системы S7-200PLC

В настоящее время технологии автоматизации промышленного производства претерпели глубокие изменения. Будь то автоматизированная производственная линия, введенная из-за рубежа, или саморазвивающаяся система автоматического управления, программируемый контроллер ( PLC ), как правило, является основным устройством системы управления, в области автоматизации сформировалась тенденция промышленного контроля.

## 3.1 Создание и применение PLC

### 3.1.1 Формирование PLC

С 1920-х годов люди соединяют различные реле, таймеры, контакторы и их контакты в определенные логические отношения, чтобы сформировать систему управления и управлять различными производственными машинами. Это традиционная система управления реле. Тем не менее, у него есть недостатки больших объемов, много потребляемой энергии, плохая надежность, короткий срок службы, медленная скорость работы и плохая адаптивность, особенно когда производственный процесс меняется, он должен быть переработан, переустановлен, что приводит к серьезным потерям времени и средств.

В конце 1960-х годов в автомобильной промышленности США была сильная конкуренция, и модели автомобилей различных производителей постоянно обновлялись, что неизбежно потребовало, чтобы система управления производственной линией была изменена для удовлетворения потребностей производства. С этой целью в 1968 году крупнейший американский автопроизводитель General Motors Corporation (GM) предложил разработать новый тип промышленного устройства управления для замены релейного устройства управления и предложил знаменитые десять тендерных индикаторов, известных как « GM 10 »:

①Программирование простое и может изменять программу на месте.

②Удобное обслуживание системы, использование модульной структуры.

③Размер меньше, чем шкаф управления реле.

④Надежность выше, чем в шкафу управления реле.

⑤Более низкая стоимость, на рынке может конкурировать с шкафами управления реле.

⑥Данные могут быть отправлены непосредственно в компьютер.

⑦Можно вводить непосредственно с переменным током 115В (примечание: напряжение электрической сети США составляет 110 В).

⑧Выход с использованием переменного тока 115 V, может напрямую приводить в движение электромагнитный клапан, контактор переменного тока и так далее.

⑨Сильная универсальность, удобство расширения.

⑩Программа может храниться, а емкость памяти может быть увеличена до 4 КБ.

В 1969 году, в соответствии с вышеуказанными требованиями, американская цифровая компания разработала устройство управления на основе интегральных схем и электронных технологий, впервые используя программируемые средства для электрического управления, которое является первым поколением программируемых контроллеров. Ограничиваясь тогдашними условиями компонентов и уровнем развития компьютера, ранний PLC в основном состоял из дискретных элементов и малых и средних интегральных схем, которые могли выполнять простые функции логического управления и синхронизации и счета. С тех пор эта новая технология быстро развивалась и способствовала разработке и применению программируемых контроллеров во всем мире.

Ранние программируемые контроллеры могли выполнять только логическое управление (Programmable Logic Controller), а теперь программируемые контроллеры могут управлять не только логическим управлением, но и количеством аналогов. Американская ассоциация электротехнического производства назвала его Programmable Controller (PC). Тем не менее, название ПК стало эксклюзивным для персональных компьютеров, поэтому программируемые контроллеры по-прежнему называются PLC.

### 3.1.2　Определение PLC

В феврале 1987 года Международная электротехническая комиссия (МЭК) определила PLC следующим образом: PLC (Programmable Logic Controller)-электронная система для цифровых операций, предназначенная для применения в промышленных условиях. Он использует тип программируемой памяти для своих внутренних программ хранения, выполняет ориентированные на пользователя инструкции, такие как логические операции, управление последовательностью, таймеры, счета и арифметические операции, и контролирует различные типы механических или производственных процессов с помощью цифровых или аналоговых входов / выходов. Программируемые контроллеры и связанные с ними внешние устройства спроектированы в соответствии с принципами, которые легко соединяются с промышленными системами управления и легко расширяют их функции.

Это определение подчеркивает, что PLC должен быть непосредственно применен в промышленной среде и должен обладать высокой антиинтерференционной способностью, широкой адаптируемостью и диапазоном применений.

### 3.1.3　Области применения PLC

Первоначально PLC использовался в основном в электрических системах последовательного управления с большим количеством переключателей, но PLC также широко использовался в системах промышленной автоматизации процессов с 1990-х годов, и до сих пор PLC все шире используется в системах управления шинами на месте. В настоящее время PLC широко используется в различных отраслях, таких как уголь, сталь, нефть, химическая промышленность, электроэнергия, фармацевтика, автомобили и охрана окружающей среды. Основные области применения PLC можно разделить на следующие категории:

1. Малые и средние автономные электрические системы управления

Это самая широкая область применения PLC, например, печатные машины, пластиковые машины, упаковочные машины, фрезерные станки, шлифовальные станки, гальванические конвейеры, системы управления лифтами и так далее. Требования к системам управления, предъявляемые к этим устройствам, в основном относятся к логическому порядку управления и поэтому являются областью, наиболее подходящей для использования PLC.

2. Автоматизация производства

Производство является одним из типичных промышленных типов, в этой области в основном для обработки качества объектов, обработки формы, сборки, а также положения, формы, скорости, силы и других механических объемов и логического контроля. Его электрическая автоматизированная система управления составляет подавляющее большинство переключателей, в некоторых случаях применения, десятки сотен автономных устройств управления в сочетании, чтобы сформировать крупномасштабные производственные линии, такие как линия по производству чистой воды, линия по производству спортивной обуви и так далее. Улучшение производительности PLC и коммуникационных функций делает его абсолютным доминирующим в крупных и средних системах управления в обрабатывающей промышленности.

3. Контроль движения

Чтобы адаптироваться к высокоточному управлению местоположением, современные производители PLC предоставляют пользователям функциональное управление движением. Этот аспект проявляется в том, что мощный хост может выполнять функции сбора импульсов и обработки больших объемов данных мультиплексными высокоскоростными счетчиками; С другой стороны, существуют специализированные модули управления местоположением для одноосных или многоосных шаговых и сервомоторов управления, которые могут выполнять любые задачи управления местоположением.

4. Промышленная автоматизация процессов

Процессная промышленность является важной отраслью промышленного типа, такой как электроэнергия, нефтехимия, производство бумаги и т. Д., Ее особенностью является непрерывная обработка логистики (в основном газа, жидкости). Система управления процессом относится к системе с замкнутым контуром управления аналоговыми величинами, такими как температура, давление и расход, для достижения автоматической регулировки этих параметров. Как компьютер промышленного управления, PLC может создавать различные алгоритмические программы управления для завершения управления замкнутым контуром.

# 3.2 Процесс разработки и классификация PLC

## 3.2.1 Процесс и тенденции развития PLC

Первый в мире PLC был разработан американской компанией Digital Equipment Company (DEC) в 1969 году. Ограничиваясь тогдашними условиями компонентов и уровнем развития компьютера, ранний PLC в основном состоял из дискретных элементов и малых и средних интегральных схем, которые могли выполнять простые функции логического управления и синхронизации и счета. С тех пор эта новая технология быстро развивалась и способствовала разработке и применению программируемых контроллеров во всем мире. Япония и Германия разработали свои собственные программируемые контроллеры, процесс разработки которых в основном делится на следующие этапы:

Первый этап-начальный（с 1969 по середину 1970-х годов）. В основном это логические операции, таймеры и вычислительные функции, которые не формируют серию. По сравнению с релейным управлением надежность несколько улучшилась. ЦП состоит из малых и средних интегральных схем, а память-на магнитном сердечнике. В настоящее время такой продукции нет.

Второй этап-этап расширения（с середины 1970-х до конца）. На этом этапе функция управления продуктами PLC значительно расширилась. Расширенные функции включают такие функции, как передача данных, сравнение и вычисление данных, вычисления аналоговых величин и т. д. Добавлена функция цифровых вычислений для завершения управления аналоговым объемом. Начните с функции самодиагностики, память использует EPROM. Такие PLC ушли с рынка.

Третья фаза-фаза коммуникации（конец 1970-х-середина 1980-х）. Продукция на этом этапе связана с развитием компьютерной связи, образуя распределенную сеть связи. Однако, поскольку производители разделены, системы связи также имеют свои собственные нормы. За короткий промежуток времени PLC быстро распространилась из автомобильной промышленности в другие отрасли, в качестве альтернативы реле в пищевую промышленность, напитки, металлообработку, производство и бумагу. Функциональность продукции получила значительное развитие. При этом надежность повышается постепенно-шаг за шагом. На этом этапе есть такие продукты, как Siemens серии SIMATIC S5, GOULD M84, 884 и т. д., Fuji Electric MICR0 и T1530, которые все еще частично используются.

Четвертый этап-открытый（с середины 1980-х годов по настоящее время）. Этот этап в основном проявляется в открытости систем связи, так что продукты различных производителей могут общаться, протоколы связи начинают стандартизироваться, пользователи выигрывают. Кроме того, PLC начала использовать стандартизированную систему программного обеспечения, в которой, помимо традиционных трапециферных диаграмм, блок-схем и таблиц операторов, языки программирования включают в себя язык BASIC для арифметических операций, язык GRAPH для последовательного управления, язык ЧПУ для управления станками и другие языки высокого уровня, а также завершил стандартизацию языка программирования. На этом этапе выпускаются такие продукты, как Siemens S7 Series, AB PLC-5, SLC500, Devison V80 и PPC11.

Наша страна ввела программируемые контроллеры в начале реформ и открытости. Напротив, Китай имеет большой разрыв с некоторыми передовыми зарубежными продуктами в области высокопроизводительных автоматических фрезерных станков среднего класса, большинство современных станковых изделий в технологии находятся на стадии отслеживания. С развитием предприятий Китая и непрерывной модернизацией продукции, в настоящее время, Suzhou Huichuan Technology Co., Ltd., Wuxi Xinjie Electric Co., Ltd., Wuxi Huaguang Corporation, Suzhou Electronics Factory достигли определенных результатов, производительность превосходна PLC. Можно себе представить, что в области современного промышленного контроля PLC будет развиваться дальше по мере того, как наша страна войдет в современное общество, чтобы удовлетворить потребности современных крупных заводов и предприятий в автоматизации. В то же время область применения PLC еще больше расширилась, не только играет важную роль в системах автоматического управления машинами и оборудованием, но и в других областях дальнейшего расширения, таких как внедрение технологии управления PLC для управления системой управления процессом очистки воды, автоматизация обработки воды достигла хороших результатов. Как сейчас, так и в будущем PLC будет играть незаменимую роль в области промышленной автоматизации, и она, несомненно, будет расширяться и продвигаться в новые области, чтобы приветствовать новую технологическую революцию.

После многих лет развития, отечественные производители PLC около 30, но еще не сформировали значительный объем производственных мощностей, внутренний рынок приложений PLC по-прежнему в основном иностранных продуктов, таких как: Siemens S7-200, S7-300 средней серии, S7-400 большой серии, Mitsubishi FX малой серии, Q средней серии, Omron CPM малой серии, C200H средней серии и так далее.

В настоящее время в мире насчитывается около 200 производителей PLC, в том числе Rockwell в Соединенных Штатах, GE, Siemens в Германии, Schneider во Франции, Mitsubishi в Японии, Omron, они контролируют более 80% мировой доли рынка PLC, их серия продуктов от микро-PLC с десятками точек (общее число I / O) до гигантских PLC с десятками тысяч точек.

Чтобы удовлетворить потребности крупных, средних и малых предприятий, расширяйте сферу применения PLC в области промышленной автоматизации. PLC развивается в двух направлениях:

①Низкокачественный PLC развивается в направлении миниатюризации, простоты и дешевизны, что позволяет ему более широко заменять релейное управление.

② PLC среднего и высокого класса развивается в крупномасштабном, высокоскоростном и многофункциональном направлении, что позволяет ему заменить некоторые функции промышленных машин и осуществлять комплексное управление белым движением сложных систем.

### 3.2.2 Классификация PLC

Из-за широкого ассортимента продуктов PLC их спецификации и производительность также различны. Классификация PLC может быть примерно классифицирована в зависимости от структуры, функциональных различий и масштабов применения.

1. Классификация по структуре

В соответствии со своей структурой PLC можно разделить на три типа: монолитный, модульный и блочный.

①Целостная структура PLC

Интеграция CPU, блока I／O, источника питания, связи и других компонентов в один корпус называется монолитным PLC. Целостный PLC состоит из базового и расширенного модулей. Количество точек ввода／вывода базовой ячейки варьируется от CPU, интерфейса ввода／вывода, расширения и интерфейса, связанного с программистом, в котором расширение подключено к модулю расширения ввода／вывода. В модуле расширения есть только интерфейс I／O и питание. Как правило, базовые и расширенные блоки соединяются плоскими кабелями. Он также имеет специальные функциональные блоки, такие как блок управления местоположением и т. Д. Для дальнейшего расширения своих функций. Как правило, PLC-это небольшие модели.

②Модульная структура PLC

Модульный PLC состоит в том, чтобы сделать каждый рабочий блок PLC отдельным модулем, таким как модуль CPU, модуль ввода-вывода, модуль питания и множество других функциональных модулей. Модульная структура состоит из материнских плат и различных модулей. После того, как эти модули были выбраны по требованию системы управления, они были вставлены на материнскую плату с разъемом, чтобы сформировать полную систему PLC. Этот модульный PLC характеризуется гибким составом системы, которая может быть выбрана в соответствии с ее собственными системными потребностями в разных размерах и удобной установкой, расширением и обслуживанием. Крупные и средние PLC, а также некоторые небольшие PLC имеют автономный модульный тип. Например, серии S7-300 и PLC серии S7-400 компании Siemens имеют модульную структуру.

③Складная конструкция PLC

В сочетании с монолитными и модульными характеристиками базовые, расширенные и функциональные блоки PLC превращаются в последовательные модули и интегрируются в один корпус, который состоит из сложенного PLC. Если интегрированный модуль I／O недостаточно используется, расширение модуля может быть выполнено. Его CPU, интерфейсы ввода-вывода и т. Д. Также являются отдельными модулями, но они соединяются между собой кабелями, и модули могут складываться слоями. Пакетный PLC сочетает в себе преимущества монолитного PLC и модульного PLC, который не только имеет гибкую конфигурацию системы, но и имеет меньший размер и удобную установку. Серия PLC S7-200 компании Siemens представляет собой складную конструкцию.

2. Классификация по функциям

В зависимости от функций PLC, PLC можно разделить на три категории низкого, среднего и высшего класса.

①Низкий PLC

Имеет основные функции, такие как логическая операция, таймер, счет, смещение и самодиагностика, мониторинг и т. Д. Также может иметь небольшое количество аналоговых значений I / O, арифметические логические операции, сравнение передачи данных и связь и другие функции. Автономные системы управления, используемые в основном для логического управления, последовательного управления или управления небольшим количеством аналогов.

②Средний PLC

Не только содержит функции низкоуровневого PLC, аналоговое количество I/O также очень сильное, но также имеет цифровые преобразования, подпрограммы, удаленные I/O, коммуникационные сети и другие функции. Кроме того, некоторые PLC могут добавлять такие функции, как управление прерыванием, PID (пропорциональное, интегральное, дифференциальное управление) и т. Д. Для применения к сложным системам управления.

③Высококачественный PLC

Не только с функциями PLC среднего класса, но также добавлены матричные операции с символами, арифметическими операциями, функциями, таблицами, принципами программируемого контроллера CRT и отображением приложений, печатью и более мощными функциями сети связи, которые могут использоваться для управления крупномасштабными процессами или формирования распределенной системы управления сетью для автоматизации завода. Как правило, низкоуровневые машины в основном небольшие PLC, с использованием цельной структуры; Машины среднего класса могут быть большими, средними и малыми PLC, из которых небольшие PLC в основном используют монолитную структуру, а средние и большие PLC используют модульную структуру.

Кроме того, их можно классифицировать по системным пунктам I/O.

Чем сильнее функция PLC, тем больше настраиваемых точек ввода / вывода. То, что мы обычно называем малыми, средними и большими PLC, в дополнение к тому, что относится к различным пунктам ввода / вывода, также означает, что его соответствующие функции являются низкоуровневыми, средними и высококачественными.

## 3.2.3  Особенности PLC

1. Высокая надежность

Для того чтобы внешние схемы и внутренние схемы PLC не мешали друг другу, все интерфейсные схемы I / O изолированы фотоэлектрическим методом. Как аппаратные, так и программные средства были использованы для защиты от помех, и для предотвращения радиационных помех модули должны быть экранированы, чтобы повысить их надежность.

②Каждый входной конец использует R-C-фильтр с постоянной времени фильтра от 10 до 20 мс, который значительно устраняет или подавляет высокочастотные помехи.

③ Тщательно отфильтровывайте все устройства, основные компоненты материала имеют хорошую магнитную проводимость и используют высокопроизводительные переключатели питания.

④ Крупные PLC могут состоять из двух или трех ЦП, надежность которых значительно повышается.

⑤Функция самодиагностики очень мощна, и если возникает аномальная проблема с питанием или другим программным обеспечением и оборудованием, процессор может немедленно реагировать на сигнализацию и принимать очень эффективные меры, чтобы избежать повреждения внутреннего сигнала PLC и быстро восстановить его.

2. Модуль интерфейса I / O богат

PLC имеет множество интерфейсных модулей ввода / вывода, которые могут быть подключены к используемому устройству или устройству с помощью специального модуля ввода / вывода в соответствии с различными требованиями к сигналу. Кроме того, он может подключать другие интерфейсные модули, такие как интерфейсные модули человеко-машинного диалога, сетевые интерфейсные модули, чтобы соответствовать требованиям для улучшения эксплуатационных характеристик и достижения большего количества функций.

3. Модульная структура

Для различных требований контроля промышленного производства большая часть PLC имеет модульную структуру, за исключением некоторых небольших PLC. Поскольку процессор PLC, питание, I/O и т. д., Используют модульную конструкцию, пользователи могут соединять модули через раму и кабель и в конечном итоге могут самостоятельно комбинировать систему в соответствии с их собственными потребностями, чтобы сделать производительность системы более рациональной ценой, ускоряя прогресс проекта.

4. Простое программирование легко разработать

Поскольку большинство программ PLC имеют форму трапециевидных диаграмм, похожих на линии управления реле, понимание и освоение PLC не слишком сложно для пользователей и инженеров в целом, которые не очень хорошо разбираются в компьютерах.

5. простая установка, удобный ремонт

PLC может работать в различных средах без необходимости использования специального машинного отделения или шкафа, просто подключите устройство к соответствующему терминалу ввода-вывода для работы. Для того, чтобы пользователи понимали всю работу и в то же время облегчали поиск неисправностей, в конструкцию модуля было добавлено устройство индикации неисправности.

Именно из-за модульного принятия, поэтому, если некоторые модули имеют проблемы с отказом, пользователь сам может быстро вернуться к нормальному функционированию системы, заменив проблемный модуль, обеспечивая эффективное производство.

# 3.3 Состав и принцип работы системы PLC

## 3.3.1 Состав системы PLC

Существует множество типов PLC, но их структура и принцип работы одинаковы. PLC использует типичную компьютерную структуру, процессор является ядром PLC, блок ввода и вывода-это интерфейсная схема, соединяющая устройство ввода / вывода на месте с процессором, интерфейс связи используется для подключения к компилятору, верхнему компьютеру и другим внешним устройствам. Для монолитных PLC все компоненты устанавливаются в одном корпусе. На рисунке 3-1 показана структурная блок-схема PLC.

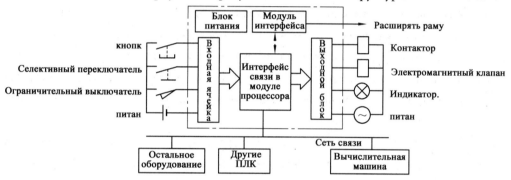

**Рисунок** 3-1    блок-схема структуры **PLC**

1. Модуль централизованной обработки

Процессор PLC ( Central Process Unit ), как и процессор универсального микропроцессора, является основной частью PLC и использует универсальный микропроцессор, монолитный или биполярный микропроцессор. Он получает и хранит пользовательские программы и данные, введенные из программиста, в соответствии с функциями, предоставленными системной программой в PLC; сканирование различных состояний сигнала или данных устройства ввода на месте и внесение их в регистр состояния процесса ввода или регистр данных; диагностика синтаксических ошибок в рабочем состоянии и программировании источников питания и внутренних схем PLC; После того, как PLC входит в рабочее состояние, программа пользователя читается из памяти один за другим, после интерпретации команды, в соответствии с задачей, указанной в инструкции, генерируется соответствующий контрольный сигнал для включения и закрытия соответствующей цепи управления; Распределение времени и каналов для выполнения таких действий, как доступ, передача, комбинация, сравнение и преобразование данных, выполнение логических или арифметических операций, указанных в программе пользователя; В соответствии с результатами операции содержимое регистра состояния и выходного состояния соответствующего бита маркера обновляется, а затем управление выходом, печать таблицы, передача данных и другие функции выполняются битовым состоянием регистра состояния вывода или соответствующим содержанием регистра данных.

2. Память

Существует два основных типа памяти PLC: RAM для случайного чтения и записи и ROM для ПЗУ, PROM, EPROM и EEPROM.

Память используется для хранения системных программ, пользовательских программ и рабочих данных.

Системные программы, связанные с производительностью PLC, написаны производителями PLC и непосредственно закреплены в памяти только для чтения, к которой пользователи не могут получить доступ и изменить.

Пользовательские программы обычно хранятся в статической оперативной памяти CMOS и используют литиевые батареи в качестве резервного источника питания, чтобы гарантировать, что информация не будет потеряна при отключении.

Рабочие данные-это некоторые данные, которые часто меняются и часто доступны во время работы PLC. Он хранится в оперативной памяти, чтобы соответствовать требованиям случайного доступа.

По мере необходимости, часть данных поддерживается в существующем состоянии с помощью резервной батареи при отключении электричества, и эта часть хранилища, которая сохраняет данные при отключении, становится областью хранения данных.

3. Модуль ввода / вывода

Блок ввода / вывода представляет собой соединительный интерфейс между процессором программируемого контроллера и устройством ввода / вывода на месте или другим внешним устройством.

Входная ячейка преобразует входной сигнал на месте через схему интерфейса входной ячейки в низковольтный сигнал, который может быть получен и идентифицирован центральным процессором и отправлен центральному процессору для вычисления; Выходной блок преобразует сигналы низкого напряжения, выводимые центральным процессором, в сигналы напряжения и тока, которые может принимать контроллер для привода катушек и индикаторов.

Все входные / выходные блоки оснащены фотоэлектрическими схемами связи, предназначенными для изоляции программируемых контроллеров от внешних схем для повышения помехоустойчивости программируемых контроллеров.

Как правило, типы входных ячеек PLC включают: режим постоянного тока, переменного и переменного постоянного тока; Типы выходной ячейки PLC: выход транзистора, выход тиристора и выход реле. Кроме того, PLC предлагает некоторые интеллектуальные блоки ввода / вывода.

4. Интерфейс связи

PLC оснащен различными коммуникационными интерфейсами, которые обычно оснащены коммуникационными процессорами. Благодаря этим коммуникационным интерфейсам PLC может общаться с принтерами, мониторами, другими PLC, компьютерами и другими устройствами.

5. Интеллектуальный интерфейсный модуль.

Модули интеллектуального интерфейса-это автономные компьютерные системы, а модули интеллектуального интерфейса PLC имеют множество типов, таких как высокоскоростные модули подсчета.

6. Программное оборудование

Программирующие устройства используются для редактирования, отладки, ввода пользовательских программ, а также для мониторинга внутреннего состояния и параметров PLC в режиме онлайн и диалога с человеком и машиной PLC. Программное оборудование может быть специализированным программистом или универсальной компьютерной системой со специальным программным пакетом. В настоящее время наблюдается тенденция к использованию программных устройств на базе персональных компьютеров, и пользователям просто нужно покупать программное обеспечение и соответствующие аппаратные интерфейсы от производителей PLC.

7. Электричество

PLC оснащен переключающим источником питания для внутренних цепей. Многие PLC также поставляют источник питания DC24V для внешних датчиков.

8. Прочее внешнее оборудование

У PLC также есть много внешних устройств, таких как EPROM-регистратор, внешняя память, устройства интерфейса человека и машины. Запись EPROM-это внешнее устройство PLC, используемое для закрепления пользовательских программ в памяти EPROM. Внутренняя полупроводниковая память PLC называется памятью.

Внешняя память обычно передает пользовательские программы друг другу с памятью через интерфейс, предоставляемый программистом или другим интеллектуальным модулем. Человеко-машинный интерфейс HMI используется для диалога между оператором и системой управления PLC.

## 3.3.2 Принцип работы PLC

Состав системы управления PLC

Система управления PLC может быть разделена на три части: входную, логическую и выходную. Как показано на рисунке 3-2.

Рисунок 3-2    Состав системы управления PLC

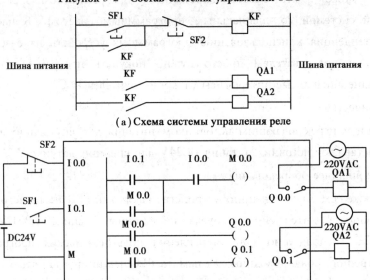

(a) Схема системы управления реле

(b) Используя PLC для реализации схемы управления функцией

Рисунок 3-3    Сравнение систем управления PLC и систем управления реле-контактором

Входная часть состоит из всех входных устройств в системе. Входное устройство подключено к входному зажиму PLC, и в памяти PLC имеется регистр входного образа, соответствующий входному зажиму. Через схему интерфейса внутреннего ввода PLC сигнал изолируется, а уровень преобразуется, и ЦП в фиксированное время читает соответствующую область регистра входного образа.

Выходная часть состоит из всех выходных устройств в системе, которые соединены с выходными зажимами PLC. В памяти PLC есть область выходного регистра образа, соответствующая выходному зажиму. После выполнения пользовательской программы ЦП переписывает значение состояния в регистре выходного образа, бит состояния в регистре выходного образа, загружает или отключает выходной конец через блокировку вывода, изоляцию схемы выходного интерфейса и усиление мощности.

Логическая часть состоит из микропроцессора, памяти, компьютерного программного обеспечения вместо релейной схемы, для реализации «мягкой проводки», может быть гибко запрограммирована. А реле-контакторная система управления-это своего рода "аппаратная логическая система". Его три направления работают параллельно. Таким образом, система управления реле-контактором использует параллельный режим работы, как показано на рисунке 3-3a. Управление PLC осуществляется путем выполнения пользовательских программ, и его принцип работы основан на принципе работы компьютера. Процессор обрабатывает задачи в режиме разделения времени, компьютер может делать только одну вещь в каждый момент времени, поэтому выполнение программы выполняется в порядке программирования для выполнения операций записи соответствующих блоков памяти (т. е. мягких реле), которые относятся к последовательному режиму работы, как показано на рисунке 3-3b.

2. Процесс работы с циклическим сканированием PLC

После включения PLC сначала сделайте некоторые инициализации аппаратного и программного обеспечения.

Процесс циклического сканирования PLC можно разделить на следующие три части:

Первая часть-электрическая обработка. Инициализация, включая инициализацию оборудования, проверку режима работы конфигурации модуля I / O, диапазон отключения электроэнергии и другие инициализации.

Вторая часть-основной рабочий процесс. После завершения электрической обработки PLC переходит в основной рабочий процесс. Когда ЦП находится в режиме STOP, он переходит на выполнение самодиагностики. Когда ЦП находится в режиме RUN, после завершения выполнения и обработки вывода пользовательской программы он переходит на выполнение самодиагностики.

Третья часть-обработка ошибок. Каждый раз, когда PLC сканирует, он проводит самодиагностическое обследование, чтобы определить, работает ли PLC нормально. При обнаружении аномалий светодиодные лампы и аномальные реле на панели ЦП включаются, а код ошибки вводится в специальный регистр. При возникновении фатальной ошибки CPU принуждается к способу STOP, и все сканирования останавливаются.

Длительность цикла сканирования зависит от скорости вычислений ЦП, состояния точки ввода / вывода, длины пользовательского приложения и программирования. Время выполнения различных инструкций варьируется от нуля нескольких микросекунд до сотен микросекунд. Если вы хотите сократить цикл сканирования с помощью высокоскоростной системы, это может быть рассмотрено с точки зрения аппаратного и программного обеспечения.

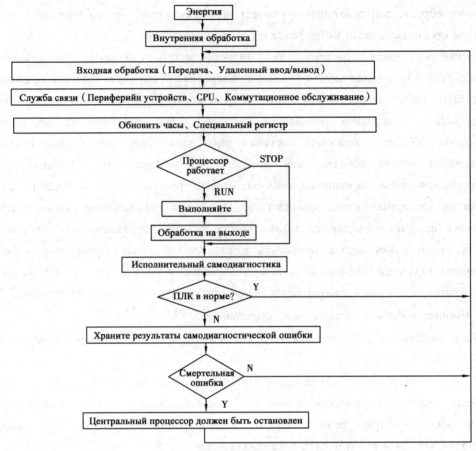

**Рисунок** 3-4　**Рабочий процесс PLC**

3. Процесс работы пользовательской программы PLC

PLC выполняет пользовательские программы только в режиме RUN и работает в соответствии с рабочим процессом, показанным на рисунке 3-4. Включает в себя три этапа: этап отбора проб ввода, этап выполнения программы пользователя и этап обновления вывода. На рисунке 3-5 показано центральное содержание этих трех этапов работы PLC.

1) Введите этап отбора проб

На этапе отбора входной выборки PLC считывает состояние ввода / вывода (или состояние ON / OFF) всех внешних схем ввода цифровой величины в регистр входного изображения, который обновляется. Затем система переходит в фазу выполнения пользовательской программы, на которой и фаза обновления вывода, регистр входного образа изолирован от внешнего мира, независимо от того, как изменяется входной сигнал, его содержимое остается неизменным до следующего цикла сканирования фазы отбора входных образцов, прежде чем перезаписывать новое содержимое зажима. Ширина входного сигнала больше, чем один цикл сканирования, или частота входного сигнала не может быть слишком высокой, иначе это может привести к потере сигнала.

2）Этап выполнения пользовательской программы

В отсутствие команд прерывания или перехода каждая команда сканируется, сканируется по одному и выполняется по одному, начиная с первого адреса в порядке слева направо и сверху вниз в соответствии с программой трапециевидной диаграммы. Для регистров образов компонентов, кроме входных регистров образов, состояние каждого элемента обновляется по мере выполнения программы.

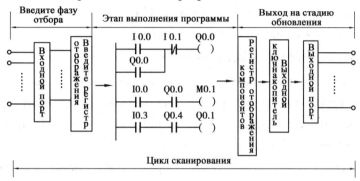

**Рисунок** 3-5 **Центральное содержание основных рабочих процессов PLC**

3）Вывод фазы обновления

После выполнения пользовательской программы ЦП переводит все состояния " выходного реле"（I／O）в регистре образов на выходе в блокирующее устройство на этапе обновления вывода. До начала следующей фазы обновления вывода состояние замка вывода не изменится, так что состояние соответствующего выходного зажима не изменится. Состояние выходного замка составляет 《 1 》, выходной сигнал изолируется выходным модулем и усиливается мощностью, подключается к внешней цепи, чтобы сделать нагрузку включенной для работы. Состояние запора выходного замка составляет " 0", отключение внешней цепи отключает нагрузку от электричества и прекращает работу.

При выполнении пользовательской программы метод работы централизованного ввода и централизованного вывода является отличительной чертой PLC. Во время отбора проб все входные сигналы считываются вместе, после чего система PLC отделяется от внешнего мира на протяжении всего процесса обработки до выходного сигнала.

Изменения внешних сигналов не будут реагировать в процессе управления до следующего рабочего цикла. Это в корне улучшает помехоустойчивость системы и повышает надежность работы.

4. Задержка реакции на вход и выход

Поскольку PLC использует режим работы с циклическим сканированием, то есть последовательной обработкой информации, это должно привести к задержке реакции ввода и вывода. Когда на входном конце PLC происходит изменение входного сигнала, требуется время, чтобы на выходе PLC отреагировать на это изменение, и это время становится временем отклика или запаздыванием（обычно задержка составляет несколько десятков миллисекунд）. Это явление называется запоздалой реакцией или запаздыванием ввода, вывода.

Время отклика связано со следующими факторами:

① Время фильтрации входной схемы определяется константой времени RC-фильтрующей схемы.

②Время запаздывания выходной цепи связано с режимом выхода выходной цепи.

③Метод работы циклического сканирования PLC.

④Организация слов в пользовательской программе.

5. Правила обработки PLC входов и выходов

PLC обрабатывает информацию сканирующим способом, он выполняет программу последовательно, непрерывно и циклически, шаг за шагом, и в любой момент он может выполнять только одну команду, то есть работать в режиме «последовательной обработки». Правила его действия таковы:

① Введите данные в регистр образов, определяемые состоянием каждой входной точки на панели зажимов в предыдущем цикле сканирования.

② Статус регистра образа вывода определяется результатом выполнения команды вывода во время выполнения программы.

③Данные в блоке вывода определяются данными в регистре отображения вывода во время последнего обновления вывода.

④ Состояние включения и отключения выходного зажима определяется запором выходного замка.

⑤Значения состояния ввода и вывода, используемые при выполнении программы, зависят от состояния регистра образов ввода и вывода.

Несмотря на то, что PLC работает с циклическим циклическим сканированием, создавая запаздывание входной и выходной реакции, до тех пор, пока один из его циклов сканирования достаточно короток, а частота отбора проб достаточно высока, если состояние входной переменной не было захвачено в течение первого цикла сканирования, гарантируя, что оно было захвачено во время выполнения программы во втором цикле сканирования, это также полностью соответствует рабочему состоянию реальной системы.

Продолжительность цикла сканирования зависит как от продолжительности программы, так и от продолжительности выполнения каждой инструкции. Обычно цикл сканирования PLC составляет менее 50-60 мс.

# 3.4　Модуль конфигурации и интерфейса системы S7-200PLC

В этом разделе в основном описываются аппаратные характеристики и конфигурация системы Siemens S7-200PLC, включая базовый состав системы управления S7-200 PLC, функции, характеристики и методы использования различных модулей расширения, конфигурацию системы управления PLC и подключение внешней системы питания.

## 3.4.1   S7-200 Основные компоненты системы управления PLC

Самая базовая система управления S7-200 PLC состоит из базового блока (модуль CPU S7-200), персонального компьютера или программиста, программного обеспечения STEP7-Micro / WIN и коммуникационного кабеля. Когда требуется расширение системы, состав системы может также включать модуль расширения цифрового / аналогового объема, интеллектуальный модуль, сетевое оборудование связи, человеко-машинный интерфейс и соответствующее программное обеспечение промышленного управления (MCGS), как показано на рисунке 3-6.

**Рисунок** 3-6   **Состав системы управления** S7-200 **PLC**

1. Основные модули

Базовый блок (модуль CPU S7-200) также известен как хост. Состоит из центрального процессора (ЦП), источника питания и блока ввода-вывода цифровых объемов. Все они компактно установлены в отдельном устройстве. Базовый блок может представлять собой независимую систему управления.

В настоящее время S7-200 PLC в основном имеет пять спецификаций: CPU221 (интегральный PLC, точка I / O не может быть расширена), CPU222, CPU224, CPU224XP, CPU226 (пакетный PLC, который может подключаться к расширенному модулю I / O и функциональному модулю). Хотя внешний вид несколько отличается, базовая структура одинакова или похожа.

2. Программное оборудование

Функция программируемого устройства состоит в том, чтобы составлять программы, изменять программы, тестировать программы и загружать проверенные программы в систему PLC. Для снижения стоимости программных устройств в настоящее время широко используются персональные компьютеры в качестве программных устройств, но требуется специальное программное обеспечение, предоставляемое Siemens. Программным обеспечением S7-200 PLC является STEP7-Micro / WIN, программное обеспечение, которое работает на платформе Windows; Поддержка трех языков программирования: таблицы предложений, трапециевидные диаграммы и функциональные блочные диаграммы; Мастер команд и защита пароля; Встроенная библиотека протокола USS, инструкции Modbus по протоколу станции, интерфейс управления настройкой PID и архив данных; Использование коммуникационного кабеля PPI или CP-карты для связи, загрузки и загрузки программ между ПК и PLC; Поддерживает интерфейсы отображения текста, такие как TD400 и TD400C.

3. Коммуникационный кабель

Существует три основных типа коммуникационных кабелей Siemens PLC: коммуникационные кабели PC／PPI, многостанционные кабели RS-232C／PPI и многостанционные кабели связи USB／PPI. После подключения S7-200 PLC к компьютеру эти кабели связи обеспечивают связь и передачу данных между компьютером и S7-200 PLC с помощью программного обеспечения STEP7-Micro／WIN.

4. Человеко-машинный интерфейс

Человеко-машинный интерфейс (HMI) в основном относится к специализированным интерфейсам оператора, таким как панель оператора, сенсорный экран, текстовый дисплей, которые позволяют пользователям выполнять различные задачи отладки и управления через дружественный интерфейс.

1) текстовый монитор

Текстовые дисплеи для S7-200 PLC включают TD200C, TD400C и другие. С их помощью можно просматривать, контролировать и изменять переменные процесса в приложении.

2) сенсорный экран

Система Siemens S7-200 PLC имеет несколько сенсорных экранов, таких как TP070, TP170A, TP170B, TP177micro и K-TP178micro. K-TP178micro-это сенсорный экран, специально разработанный для китайских пользователей. Подключение к контроллеру S7-200 с помощью однорангового соединения (PPI или MPI-протокола) позволяет отображать графику, переменные и кнопки управления, предоставляя пользователям дружественный интерфейс человека и машины. В дополнение к TP070, эти сенсорные экраны используют конфигурацию WinCC flexible, программное обеспечение Siemens для конфигурации интерфейса человека и машины.

5. Программное обеспечение для конфигурации WinCC Flexible и

　WinCC V7

WinCC flexible предоставляет инженерное программное обеспечение операторам SIMATIC HMI для управления и мониторинга устройств; В то же время для отдельных пользователей на базе Windows 2000／XP доступно программное обеспечение для визуализации. В этом случае проект может быть передан на другую платформу HMI и запущен на ней без преобразования. Устройства, основанные на Windows-CE (другая операционная система), программное обеспечение WinCC flexible полностью совместимо с проектами, созданными ProTool (прошлая конфигурация интерфейса Siemens с компьютером), и может использовать предыдущие проекты через WinCC flexible.

Центр управления окнами Siemens WinCC является восходящей звездой в программном обеспечении HMI / SCADA, которая вышла на мировой рынок конфигурации программного обеспечения с рабочим управлением в 1996 году и в кратчайшие сроки превратилась в третью в мире успешную систему SCADA. WinCC V7.0 использует стандартную базу данных Microsoft SQI Server 2000 для архивирования производственных данных, а также функцию веб-браузера, которая позволяет наблюдателям видеть динамическую картину производственных процессов в офисе, что позволяет лучше планировать и управлять производством. WinCC обеспечивает удобное подключение и эффективную связь с SIMATIC S5 и S7 PLC; Он также может быть тесно интегрирован с программным обеспечением STEP7; Системная диагностика SIMATIC PLC.

## 3.4.2  Основные модули S7-200PLC и их использование

Когда количество точек ввода / вывода на узле S7-200 PLC не отвечает требованиям управления, для расширения могут быть выбраны различные модули интерфейса ввода / вывода. Как правило, расширение ввода / вывода включает в себя два типа расширения точки ввода / вывода и расширения функции. Расширяемые интерфейсные модули S7-200 PLC включают модули цифровой величины, аналоговые модули и интеллектуальные модули.

1. Цифровой модуль

Модуль цифровой величины имеет три типа: модуль ввода цифровой величины, модуль вывода цифровой величины и модуль ввода и вывода цифровой величины.

1) Модуль ввода цифровых объемов

Каждая входная точка модуля цифрового ввода может принимать переключательные сигналы от устройства пользователя, типичные входные устройства включают кнопки, переключатели хода, переключатели выбора, контакты реле, вспомогательные контакты контактора и так далее. Каждая точка входа связана с одной входной цепью и только с ней, превращая сигнал полевого переключателя в стандартный электрический сигнал, который может принимать ЦП через входную интерфейсную цепь. Модуль цифрового ввода можно разделить на модуль ввода постоянного тока и модуль ввода переменного тока.

①Модуль ввода постоянного тока

На рисунке 3-7 (а) показан EM221 DI8 × Схема подключения модуля DC24V. На рисунке восемь точек ввода цифровой величины разделены на две группы, а 1M и 2M являются публичными концами двух внутренних схем точек ввода, каждая из которых требует от пользователя предоставления источника питания DC24V. Схема ввода модуля ввода постоянного тока, показанная на рисунке 3-7(b), рисует только схему ввода 2, а принципиальная схема остальных схем ввода та же. Компонент схемы и роль каждого компонента: R1-это токоограничивающее сопротивление, которое ограничивает размер входного тока, а также с C-низкочастотный фильтр, ограничивающий высокочастотные помехи в входном сигнале.

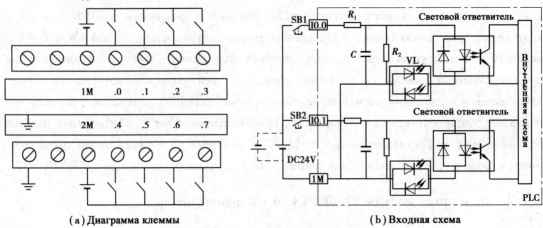

（a）Диаграмма клеммы          （b）Входная схема

**Рисунок** 3-7    **Модуль ввода постоянного тока**

R2-рассеивающее сопротивление фильтрующей емкости. Оптическая связь предназначена для предотвращения помех от сильных электрических сигналов на месте в PLC, обеспечивая электрическую изоляцию площадки от PLC. Превращение внешних сигналов через оптическую связь в стандартные электрические сигналы, которые могут быть приняты внутренними схемами, для поддержания надежности системы. Двусторонний светодиод VL используется в качестве индикатора состояния.

Принцип работы схемы ввода постоянного тока: при закрытии полевого переключателя, через R1, светодиод с двусторонней оптической связью, VL образует канал, который освещается входным индикатором VL, указывая, что состояние переключателя, входящего в эту цепь, составляет 1, входной сигнал изолируется оптической связью, соединяется внутренней цепью с ЦП, состояние внешнего входного переключателя «1» вводится в интерьер PLC. Когда выключатель на месте отключен, R1, светодиод с двусторонней оптической связью, VL не образуют канал, входной индикатор VL не горит, что указывает на состояние переключателя, входящего в этот путь, 0, входной сигнал изолирован оптической связью, через внутреннюю цепь, соединенную с ЦП, состояние внешнего входного переключателя"0" в PLC.

②Модуль ввода переменного тока

На рисунке 3-8（a）показан EM221 DI8 × Схема подключения к модулю AC120V / 230V. На рисунке есть восемь раздельных точек ввода цифровой величины, каждая из которых занимает два клеммы, каждый с использованием отдельного источника питания переменного тока（предоставленного пользователем）, который может быть разным по фазе. На рисунке 3-8（b）показана входная схема модуля ввода переменного тока, в которой нарисована только схема ввода 1, а принципиальная схема остальных входных схем идентична. Состав схемы и роль каждой ее части: R1-это сопротивление отбора проб, которое в то же время поглощает волны. С имеет роль изоляции постоянного тока, соединяющего обмен. R2 и R3 выполняют функцию разделения напряжения переменного тока. Оптическая связь предназначена для предотвращения помех от сильных электрических сигналов на месте в PLC, обеспечивая электрическую изоляцию площадки от PLC. Превращение внешних сигналов через оптическую связь в стандартные электрические сигналы, которые могут быть приняты внутренними схемами, для поддержания надежности системы. Двусторонний светодиод VL используется в качестве индикатора состояния.

Принцип работы схемы ввода переменного тока: при закрытии полевого переключателя источник питания переменного тока проходит через светодиод на C, R2 и двусторонней оптической связи, светочувствительный транзистор получает световой сигнал через оптическую связь и отправляет сигнал во внутреннюю схему PLC для обработки процессором, в то время как индикатор состояния VL горит, указывая, что состояние переключателя, входящего в цепь, составляет 1. И наоборот, когда выключатель на месте отключен, состояние переключателя, входящего в дорогу, равно 0.

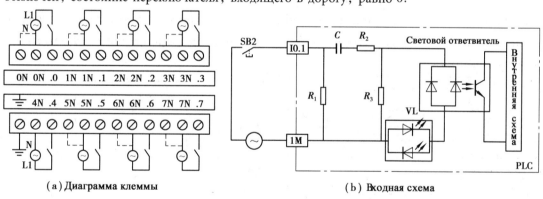

（a）Диаграмма клеммы　　　　　　　　　（b）Входная схема

**Рисунок** 3-8　**Модуль ввода переменного тока**

2）Модуль вывода цифровых объемов

Каждая точка выхода модуля цифрового вывода может управлять дискретной（ON / OFF）нагрузкой пользователя. Типичная нагрузка включает в себя катушку реле, катушку контактора, катушку электромагнитного клапана, индикатор и так далее. Каждая выходная точка соединяется и соединяется только с одной выходной цепью, которая преобразует результаты вычислительной обработки ЦП в различные мощные переключатели, приводящие исполнительный механизм на месте. Включает три модуля: модуль вывода постоянного тока（режим выхода транзистора）, модуль выхода переменного тока（режим выхода двухстороннего тиристора）и модуль вывода переменного и постоянного тока（режим выхода реле）.

①Модуль вывода постоянного тока（способ вывода транзистора）

На рисунке 3-9（a）показан EM222 DO8 × Схема подключения модуля DC24V. На рисунке восемь точек вывода цифровой величины разделены на две группы, а 1L + и 2L + являются общими концами внутренней схемы двух групп точек выхода, каждая из которых требует от пользователя предоставления источника питания DC24V. На рисунке 3-9（b）показана выходная схема выходного модуля постоянного тока, в которой нарисована только схема выхода 1 канала, а принципиальная схема остальных схем выхода та же. Состав схемы и роль каждой ее части: фотоэлектрическая изоляция осуществляется оптической связью. Полевая трубка-это устройство переключателя, управляемое мощностью. Стабилизаторы напряжения используются для предотвращения перенапряжения выходного конца для защиты полевых труб. Светодиодный VL используется в качестве индикатора выходного состояния.

Принцип работы выходной цепи постоянного тока: когда PLC входит в фазу обновления выхода, результаты операций ЦП централизованно передаются из регистра выходного образа в блок выходного сигнала через шину данных. Когда соответствующий регистр выходного образа имеет состояние 《 1 》, выход выходного замка излучает светодиод оптической связи, а светочувствительный транзистор насыщен светопроводным проводом полевой трубки, Соответствующая нагрузка постоянного тока работает под воздействием внешнего источника постоянного тока. И наоборот, когда соответствующий регистр выходного образа является состоянием "0", внешняя нагрузка отключается и перестает работать.

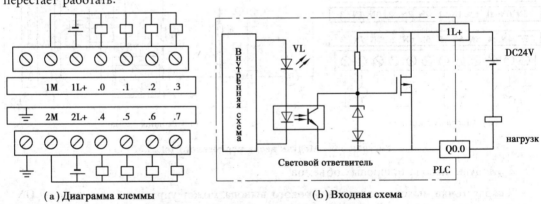

（a）Диаграмма клеммы　　　　　　　　　（b）Входная схема

Рисунок 3-9　Модуль вывода постоянного тока

Выход транзистора характеризуется быстрой реакцией.

②Модуль вывода переменного тока（двухсторонний способ вывода транзистора）

На рисунке 3-10（a）показан EM222 DO8 × Схема подключения к модулю AC120V ／ 230V. На рисунке есть восемь отдельных точек выхода цифровой величины, каждая из которых занимает два клеммы, каждый с использованием отдельного источника питания переменного тока（предоставленного пользователем）, который может быть разным по фазе. На рисунке 3-10（b）показана выходная схема выходного модуля переменного тока, в которой нарисована только схема выходного тока 1, а принципиальная схема остальных выходных цепей та же. Состав схемы и роль каждой части: двунаправленный тиристор VTH, который можно рассматривать как обратное параллельное соединение двух обычных тиристоров (приводной сигнал является однополярным), до тех пор, пока полюс двери является высоким уровнем, VTH имеет двустороннюю проводимость, тем самым подключая питание переменного тока к нагрузке.

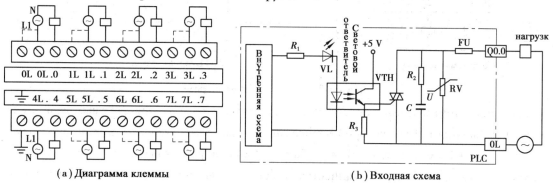

| (a) Диаграмма клеммы | (b) Входная схема |

**Рисунок** 3-10   **Модуль вывода переменного тока**

R2 и C образуют высокочастотные фильтры. Сопротивление давления RV играет роль защиты от перенапряжения, устраняя пиковое напряжение. Сопротивление R3 преобразует электрические сигналы, выходящие из оптической связи, в сигналы напряжения, которые используются для привода дверных полюсов VTH. Оптическая связь предназначена для предотвращения помех от сильных электрических сигналов на месте в PLC, обеспечивая электрическую изоляцию площадки от PLC. Светодиодный VL используется в качестве индикатора состояния.

Принцип работы выходной цепи переменного тока: когда выходной регистр образа находится в состоянии « 1 », выход выходного замка излучает светодиод оптической связи. После того, как светочувствительный транзистор проходит через светопровод, VTH-ворота чрезвычайно высоки, в положительной полуоси внешнего напряжения, положительный направляющий поток в VTH; На отрицательной полуоси внешнего напряжения обратная проводимость в VTH подключается сторона нагрузки. Когда выходной регистр образов находится в состоянии « 0 », светодиод оптической связи не светится, VTH-полюс двустороннего тиристора не имеет сигнала, VTH не ведет, а сторона нагрузки не подключена.

Выход двухстороннего тиристора характеризуется большим током запуска.

③Модуль вывода переменного и постоянного тока (режим выхода реле)

На рисунке 3-11(a) показан EM222 DO8 × Диаграмма зажима релейного модуля. На рисунке восемь точек вывода цифровой величины разделены на две группы, а 1L + и 2L + являются публичными концами внутренних схем двух групп точек выхода, каждая из которых требует от пользователя предоставления внешнего источника питания

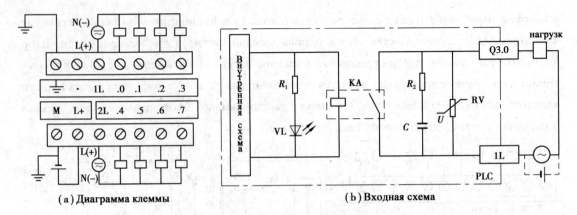

（a）Диаграмма клеммы　　　（b）Входная схема

**Рисунок** 3-11　**Модуль вывода реле**

（постоянного тока или переменного тока）. На рисунке 3-11（b）показана выходная схема выходного модуля реле, в которой нарисована только схема выхода 1, а принципиальная схема остальных схем выхода та же. Состав схемы и роль каждой ее части: реле-это переключатель с усилением мощности, а также электрическая изоляция. Контакты используются для управления разрывом нагрузки. Чтобы устранить искру реле, параллельно подключаются блокирующие дуговые схемы. Сопротивление R1 и светодиод VL образуют цепь индикатора выходного состояния.

Принцип работы выходной цепи реле: когда выходной регистр образа находится в состоянии «1», выходной интерфейсный коаксиальный коаксиальный ультра-высокой частоты пропускает электрическую катушку реле, контакт реле закрывается, чтобы включить цепь нагрузки, в то время как состояние указывает свет светодиода VL. Когда выходной регистр образов находится в состоянии "0", катушка реле теряет напряжение, контакт реле отключается, так что контур нагрузки не подключается. В зависимости от характера нагрузки выбирается источник питания контура нагрузки.

Режим выхода реле характеризуется большим выходным током （до 2-4А）, с нагрузкой переменного тока и постоянного тока, сильной адаптируемостью. Однако скорость отклика медленная, время отклика от катушки реле до контактного соединения составляет около 10 мс.

3）Модуль ввода-вывода цифровых объемов

S7-200 PLC оснащен модулем ввода-вывода цифровых объемов （модуль EM223）. В модуле есть как точка ввода, так и точка выхода цифровой величины, которая называется комбинированным модулем или модулем ввода-вывода. Тип входной и выходной цепей модуля цифрового ввода-вывода идентичен описанному выше. В одном и том же модуле комбинации типов входных и выходных схем разнообразны, и пользователи могут выбирать их в соответствии с требованиями управления. Благодаря модулю ввода-вывода цифрового объема конфигурация системы становится более гибкой.

аналоговой величины должен использовать диапазон 0-20 мА, поэтому двоичные данные после преобразования A／D являются однополярными данными (диапазон выхода цифровой величины 0-32 000). Аналоговые величины 4-20 мА соответствуют числовым величинам 6 400-32 000, то есть 0-10 НТУ соответствуют числовым величинам 6 400-32 000. При преобразовании двоичного числа x соответствующая степень мутности:

$$y = \frac{(10 - 0)}{(32\ 000 - 6\ 400)}(x - 6\ 400)\,NTU = \frac{X - 6\ 400}{2\ 560}NTU$$

3) Модуль вывода аналоговой величины

Модуль вывода аналоговой величины (EM232 AQ2) имеет два порта вывода аналоговой величины, каждый из которых занимает 2 байта в зоне AQ памяти. Диапазон выходного сигнала: выход напряжения-10B ～ + 10B, выход тока-0-20мА. Время выхода напряжения 100. μ s, время установки выхода тока составляет 2 мс. Максимальная мощность привода: минимальное сопротивление нагрузки при выходе напряжения составляет 5000 евро, максимальное сопротивление нагрузки при выходе тока-500 евро. Модуль требует питания DC24V, которое может быть получено от источника питания датчика CPU или внешнего напряжения, обеспечиваемого пользователем.

| MSB 15 | Выход тока | 3 | 2 | 1 | 0 |     | MSB 15 | Выход напряжения | 3 | 2 | 1 | 0 |
|---|---|---|---|---|---|---|---|---|---|---|---|---|
| AQWxx  0 | 11 - битное значение данных | 0 | 0 | 0 | 0 | | AQWxx  0 | 12 - битное значение данных | 0 | 0 | 0 | 0 |

*(LSB отмечен над колонкой 0)*

Рисунок 3-15   Формат данных модуля вывода аналоговых величин

Разрешение вывода аналоговой величины выражается в числах двоичных чисел, которые должны быть преобразованы до преобразования D／A. Разрешение выхода напряжения и выхода тока составляет 12 и 11 бит, соответственно, и, как показано на рисунке 3-15, MSB и LSB являются соответственно самыми высокими и самыми низкими эффективными битами.

Выходные данные по току: 4-разрядные ячейки памяти 2B равны 0; Максимум-0, что означает положительные данные; Полный диапазон входных данных соответствует цифре 0-32 000. Данные на выходе напряжения: 4-разрядная ячейка памяти 2B равна 0; Максимальный эффективный бит-символьный бит, 0-положительный, 1-отрицательный; Полный диапазон входов соответствует количеству цифр-32 000 ～ +32 000. До перехода D/A четыре нуля на нижнем уровне были отрезаны, не влияя на значение выходного сигнала.

Как показано на рисунке 3-16, верхняя часть модуля имеет в общей сложности семь зажимов, а каждая третья точка слева представляет собой набор выходных каналов, которые могут использоваться в качестве аналоговых величин на всем пути, в общей сложности 2 группы. Первая группа, V0 принимает нагрузку напряжения, I0 принимает электрическую нагрузку, M0 является общественным концом. Нижняя часть модуля M и L + подключена к источнику питания DC24V.

4 ) Модуль ввода-вывода аналоговой величины

Модуль ввода-вывода аналоговой величины ( EM235 AI4 ／ AQ1 ) имеет четыре порта ввода аналоговой величины и один порт вывода аналоговой величины.

Функция ввода аналоговой величины и модуль ввода аналоговой величины EM231, технические параметры в основном одинаковы, за исключением того, что диапазон ввода напряжения отличается. Функция вывода аналоговой величины аналогична модулю вывода аналоговой величины EM232, технические параметры в основном одинаковы. Модуль требует питания DC24V, которое может быть получено от источника питания датчика CPU или внешнего напряжения, обеспечиваемого пользователем. На рисунке 3-17 показан его клеммный график.

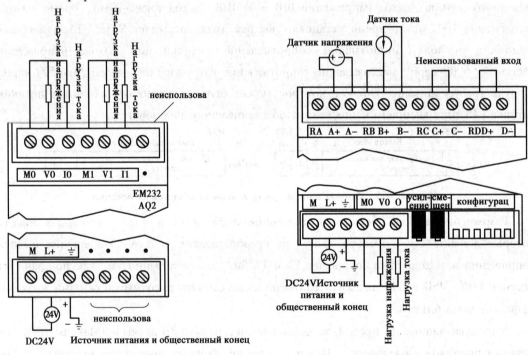

Рисунок 3-16    Схема подключения к модулю EM232

Рисунок 3-17    Схема подключения к модулю EM235

3. Умный модуль S7-200 PLC

Чтобы удовлетворить потребность в более сложных функциях управления, S7-200 PLC также поставляется с несколькими интеллектуальными модулями.

1 ) Модуль измерения температуры EM231

Термометрический модуль S7-200 PLC включает модуль термопары ( EM231 AI4 ) × Термопара и терморезисторный модуль ( EM231 AI2 ) × RTD ) два вида, которые могут быть напрямую связаны с термопарой ( TC ) и тепловым сопротивлением ( RTD ) для измерения температуры. Пользовательская программа может получить доступ к соответствующему каналу аналоговых величин и прочитать значения температуры. Модуль термопары и терморезистора ЕМ231 имеет схему компенсации холодного конца, которая создает дополнительные ошибки, если температура окружающей среды быстро меняется. Поэтому термопары и терморезисторы должны быть установлены в стабильной температуре и влажности, чтобы достичь максимальной точности. Модуль термопары ЕМ 231 имеет четыре входных канала, которые могут соединять семь типов термопар, но все термопары, подключенные к модулю, должны быть одного типа. Входной диапазон напряжения составляет от-80 до + 80 мВ, модуль выводит двоичное число из 15 бит плюс символьный бит.

2) Модуль связи

S7-200 PLC предоставляет модуль PROFIBUS-DP, интерфейсный модуль AS-i и промышленную Ethernet-карту на выбор пользователя для различных способов связи.

### 3.4.3  Метод конфигурации системы S7-200PLC

Базовые блоки (хосты) любой модели S7-200 PLC могут составлять базовую конфигурацию отдельно в качестве независимой системы управления. Количество точек ввода / вывода для узлов S7-200 PLC фиксировано, а их адреса ввода / вывода фиксированы. Конфигурация системы S7-200 PLC может быть расширена с помощью модуля расширения консоли. Использование цифрового или аналогового модуля расширяет масштаб управления системой, а интеллектуальный модуль расширяет функции управления системой.

1. Максимальная конфигурация ввода / вывода узла плюс модуль

　　расширения

Расширенная конфигурация узла S7-200 PLC с модулем расширения ограничена соответствующими факторами (техническими показателями узла). Максимальная конфигурация ввода / вывода для каждого узла должна соответствовать следующим ограничениям:

①Количество модулей расширения, которые допускает хост

Модуль CPU221 (цельный PLC) не допускает расширенных модулей; Модуль CPU222 может содержать до двух модулей расширения; Модуль CPU224, модуль CPU224XP и модуль CPU226 могут иметь до семи модулей расширения и до двух модулей интеллектуального расширения из семи модулей расширения.

②Размер области регистра образа ввода / вывода

Область отображения цифрового объема I / O, предоставляемая различными хостами S7-200 PLC, состоит из 128 регистров входных образов (I0. 0-I15. 7) и 128 регистров выходных образов (Q0. 0-Q15. 7), при этом максимальная конфигурация цифрового объема не может превышать эту область.

③Размер области регистров образов ввода / вывода

Различные типы хостов S7-200 PLC предлагают аналоговую область изображения I /

O: модуль CPU222 состоит из 16 входов / 16, модуль CPU224, модуль CPU224XP, модуль CPU226-из 32 входов / 32, максимальная конфигурация аналога не может превышать эту область.

2. Расширение и адресация пунктов I/O

Адресование-это кодирование точек ввода / вывода на модуле ввода / вывода, так что каждая точка ввода / вывода может быть идентифицирована только при выполнении программы. В частности, существуют следующие принципы:

①CPU S7-200 имеет определенное количество собственных I / O, а собственный I / O имеет фиксированный адрес. Количество точек ввода / вывода может быть увеличено с помощью расширенного модуля ввода / вывода, модуль расширения установлен справа от хоста, модули с точками ввода или вывода того же типа упорядочены, а расположение других типов модулей не влияет на номер модуля этого типа.

②Адресование точки ввода / вывода цифровой величины выражается в длине байта (8 бит), в виде составной части идентификатора области памяти (I или Q), байтового номера, битового номера, разделенного точкой между байтовым и битовым номерами. Например, I0.3, Q1.2 и т. д.

③Модуль расширения цифрового объема присваивает адрес с помощью байта (8 бит), и если фактическое число этого модуля меньше 8 бит, неиспользованные биты не могут быть назначены последующим модулям цепочки I / O. Например, CPU 224 имеет 10 точек выхода, но он занимает адрес 16 точек в области логического вывода. Модуль 4DI / 4DO занимает логическое пространство с 8 точками входа и 8 точками выхода.

④Адресование аналоговой точки I / O выражается в длине слова (16 бит), а при чтении / записи информации аналоговой величины I / O читается / записывается в словах. Имитационный ввод может быть выполнен только для операций чтения, а аналоговый выход может быть выполнен только для операций записи. Адрес точки I / O для каждого аналогового значения состоит из идентификатора области памяти (AI или AQ), бита маркера длины данных (W), байтового адреса (четное число). Адрес порта аналоговой величины начинается с 0 и увеличивается с 2, что не позволяет нечетной кодировке.

⑤Модуль расширения аналоговой величины распределяет адреса с помощью двух портов (4 байта), то есть каждый модуль расширения аналоговой величины занимает адрес не менее двух портов. Например, модуль EM235 имеет четыре аналоговых входа и один аналоговый выход, но он занимает адреса четырех входных и двух выходных портов.

Пример: базовый модуль использует CPU224, расширенный модуль состоит из одного модуля EM221, одного модуля EM223 и двух модулей EM235, а форма ссылки модуля и адресация каждого модуля показаны на рисунке 3-18. Данные о местонахождении модулей приводятся в таблице 3-1.

**Рисунок** 3-18   **Формы ссылок на расширенные модули**

Таблица 3-1   Адресация модулей

| Хостинг | Модуль1 | Модуль2 | Модуль3 | Модуль4 |
|---|---|---|---|---|
| CPU224(14IN/10OUT) | 16IN | 8IN/8OUT | 4AI/1AQ | 4AI/1AQ |
| I0.0   Q0.0 | I2.0 | I4.0   Q2.0 | AIW0   AQW0 | AIW8   AQW4 |
| I0.1   Q0.1 | I2.1 | I4.1   Q2.1 | AIW2 | AIW10 |
| I0.2   Q0.2 | I2.2 | I4.2   Q2.2 | AIW4 | AIW12 |
| I0.3   Q0.3 | I2.3 | I4.3   Q2.3 | AIW6 | AIW14 |
| I0.4   Q0.4 | I2.4 | I4.4   Q2.4 | | |
| I0.5   Q0.5 | I2.5 | I4.5   Q2.5 | | |
| I0.6   Q0.6 | I2.6 | I4.6   Q2.6 | | |
| I0.7   Q0.7 | I2.7 | I4.7   Q2.7 | | |
| I1.0   Q1.0 | I3.0 | | | |
| I1.1   Q1.1 | I3.1 | | | |
| I1.2 | I3.2 | | | |
| I1.3 | I3.3 | | | |
| I1.4 | I3.4 | | | |
| I1.5 | I3.5 | | | |
| | I3.6 | | | |
| | I3.7 | | | |

3. Загрузочная способность внутреннего питания

1)Нагрузочная мощность источника DC5V внутри PLC

При нормальной работе базового и расширенного модулей S7-200 PLC требуется питание DC 5V. Базовый блок S7-200 PLC ( модуль CPU ) обеспечивает питание DC5V изнутри, а DC 5V, необходимый для расширенного модуля, поставляется модулем CPU через шинный разъем. Модуль CPU может обеспечить ограниченное значение тока для источника питания DC 5V. Таким образом, при настройке модуля расширения, чтобы убедиться, что источник питания не перегружен, сумма тока, потребляемого каждым модулем расширения DC 5V, не должна превышать значения тока, обеспечиваемого модулем CPU. В противном случае система должна быть перепрофилирована.

Например, как показано в предыдущем примере, CPU224 обеспечивает ток питания DC 5V в 660 mA, а общий ток питания DC 5V в четырех модулях расширения составляет 30 mA + 40 mA + 30 mA + 30 mA = 130 mA, что меньше 660 mA, поэтому конфигурация возможна.

2) Нагрузочная мощность источника DC24V внутри PLC

Внутренний модуль питания хоста S7-200 PLC также обеспечивает питание DC24V. Источники питания DC24V, также известные как сенсорные источники питания, могут использоваться в качестве источника питания на входном конце модуля CPU и модуля расширения. Если пользователь использует датчик, он также может использоваться в качестве источника питания датчика. Как правило, источник питания DC24V, используемый в точках ввода и вывода модулей CPU и модулей расширения, поставляется извне пользователя. Если вы используете источник питания DC24V внутри модуля CPU, обратите внимание, что сумма тока, потребляемого модулем CPU и каждым модулем расширения, не может превышать максимального тока, обеспечиваемого внутренним источником питания DC24V.

Внешнее подключение PLC и требования к питанию

1) Требования к проводам на месте

S7-200 PLC использует провод с поперечным сечением 0. 5-1. 5mm$^2$, провод должен быть как можно более парным, линия переменного тока и линия большого тока должны быть отделены от линии слабого сигнала.

2) Место заземления и опорная точка цепи при использовании изолирующей цепи

При использовании схемы с одним и тем же источником питания и одной и той же точкой отсчета точка отсчета может иметь только одно место заземления. Заземление М-конца источника питания DC24V с процессором может улучшить способность подавлять шум.

3) Выбор источника питания

Источник питания датчика DC24V, который поставляется с модулем CPU, может питать собственную точку входа или релейную катушку расширенного модуля, и если требуемый ток нагрузки больше, чем ток этого источника питания, к источнику питания DC24V следует добавить источник питания для расширенного модуля. Модуль CPU обеспечивает источник питания DC5V для расширенного модуля, который должен быть уменьшен, если спрос на расширенный модуль превышает его номинальную стоимость. Источники питания датчика DC24V S7-200PLC не могут быть подключены к внешнему источнику питания DC24V, иначе один или два источника питания могут выйти из строя, поэтому между этими двумя источниками может быть только одна точка соединения.

## Мышление и упражнения

1. Каково определение PLC?

2. Краткое описание событий и тенденций развития PLC.

3. Какие основные функции выполняет PLC?

4. Опишите основные компоненты системы управления S7-200 PLC.

5. Каково время задержки отклика на вход и вывод PLC? Какие факторы определяют?

# 第4章

# S7-200 PLC基本指令及程序设计

> ## 本章重点

- S7-200 PLC 的内部资源
- S7-200 PLC 的基本逻辑指令
- 典型电路的 PLC 编程
- PLC 程序的简单设计方法及使用

> ## 本章难点

- S7-200 PLC 的寻址方式
- 定时器及其使用

本章主要介绍 S7-200PLC 的基本逻辑指令,包括定时器、计数器指令及其使用方法。通过本章介绍的一些 PLC 典型实例程序和环节,能够使读者掌握基本逻辑指令的使用方法;掌握不同类型的定时器、计数器的工作原理和应用方法;掌握顺序控制继电器指令(SCR)和移位寄存器指令(SHRB)的使用方法,并能灵活应用,编写出满足要求的 PLC 控制程序,编程时应注意 PLC 的编程规则。

本章以 S7-200CPU22 * 系列 PLC 的指令系统为对象,用举例的形式来说明 PLC 的基本指令系统,然后介绍常用典型电路及环节的编程,最后讲解 PLC 程序的简单设计法。

## 4.1  S7-200 PLC 的编程语言

### 4.1.1  编程语言

编程语言是 PLC 的重要组成部分,不同的生产厂家生产的 PLC 为用户提供了多种类型的编程语言以适应不同用户的需要。为了提高 PLC 程序的开放性、可移植性和互换性,国际电工委员会(IEC)制定的 IEC61131-3 是关于 PLC 语言的国际标准。IEC61131-3 提供了三种图形化语言和两种文本语言。三种图形化语言是:梯形图(LAD)、功能块图(FBD)和顺序功能图(SFC);两种文本语言:指令表(IL)和结构化文本(ST)。在我国,大多数使用者习惯用梯形图编程。S7-200 PLC 支持两类指令集:IEC61131-3 指令集、SIMATIC 指令集。IEC1131-3 指令集支持系统完全数据类型检查,通常指令执行时间较长。

SIMATIC 指令集是西门子公司为 S7-200 PLC 设计的专用指令集,该指令集中的大多数指令符合 IEC61131-3 标准,但不支持系统完全数据类型检查。SIMATIC 指令集的指令具有专用性强、执行速度快的优点。使用 SIMATIC 指令集,可以使用梯形图(LAD)、功能块图(FBD)和语句表(STL)三种编程语言编程。本书主要介绍 SIMATIC 指令集,基于梯形图和语句表这两种编程语言介绍 S7-200 PLC 的基本指令。

### 1. 梯形图(LAD)

梯形图(LAD)是与电气控制电路相对应的图形语言。它沿用了继电器、触点、串并联等术语和类似的图形符号,并简化了符号,还增加了一些功能性的指令。梯形图按自上而下、从左到右的顺序排列,最左边的竖线称为起始母线也叫左母线,然后按一定的控制要求和规则连接各个接点,最后以继电器线圈(或再接右母线)结束,称为一逻辑行或叫一"梯级"。通常一个梯形图中有若干逻辑行(梯级),形似梯子。各 PLC 生产商都把梯形图作为第一用户语言。

### 2. 语句表(STL)

S7 系列 PLC 将指令表(IL)称为语句表(STL)。语句表是用助记符来表达 PLC 的各种控制功能的。它类似于计算机的汇编语言,但比汇编语言更直观易懂,且编程简单,因此也是应用很广泛的一种编程语言。这种编程语言可使用简易编程器编程,但比较抽象,一般与梯形图语言配合使用,互为补充。目前大多数 PLC 都有语句表编程功能,但各厂家生产的 PLC 语句表的助记符不相同,也不兼容。图 4-1 所示为梯形图与对应的语句表。

### 3. 功能块图(FBD)

功能块图(FBD)类似于普通逻辑功能图,它沿用了半导体逻辑电路的逻辑框图的表达方式。一般用一种功能方框表示一种特定的功能,框图内的符号表达了该功能块图的功能。功能块图通常有若干个输入端和若干个输出端。输入端是功能块图的条件,输出端是功能块图的运算结果。功能图有基本逻辑功能、计时和计数功能、运算和比较功能及数据传送功能等。

图 4-2 所示的 FBD,没有梯形图中的触点和线圈,也没有左右母线。程序逻辑由功能框之间的连接决定,"能流"自左向右流动。一个功能框的输出端连接到另一个功能框的允许输入端。功能块图和梯形图可以互相转换。

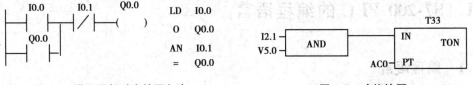

图 4-1　梯形图与对应的语句表　　　　　图 4-2　功能块图

通常梯形图(LAD)程序、语句表(STL)程序、功能块图(FBD)程序可有条件方便地转换(以网络为单位转换),比如用 S7 系列 PLC 的 STEP7-Micro/WIN 软件可以实现程序的转换。语句表可以编写梯形图和功能块图无法编写的程序。熟悉 PLC 和逻辑编程的有经验的程序员适合用语句表编程。熟悉逻辑电路的经验丰富的设计人员,使用功能块图编程也是很方便的。对于大多数人来说,用梯形图编程还是比较简单的。

## 4.1.2　程序结构

S7-200 PLC 的程序结构一般由三部分构成:用户程序、数据块和参数块。

### 1. 用户程序

用户程序在存储器空间也称为组织块,处于最高层,可以管理其他块。用户程序一般由一个主程序、若干个子程序和若干个中断程序组成,子程序和中断程序的有无和多少是可选的。

主程序是用户程序的主体,每个项目必须有且仅有一个主程序。CPU 在每个扫描周期都要执行一次主程序指令。

子程序是用户程序的可选部分,只有被其他程序调用时,才能够执行。在重复执行某项功能时,使用子程序非常有用,同一子程序可以在不同的地方被多次调用。合理使用子程序,可以优化程序结构,减少扫描时间。

中断程序也是用户程序的可选部分,用来处理预先规定的中断事件。中断程序不是被主程序调用,而是当中断事件发生时,由 PLC 的操作系统调用。

### 2. 数据块

数据块是可选部分,数据块不一定在每个控制系统的程序设计中都使用,使用数据块可以完成一些有特定数据处理功能的程序设计,如为变量存储器指定初始值。如果编辑了数据块,就需要将数据块下载至 PLC。

### 3. 参数块

参数块存放的是 CPU 组态数据,如果在编程软件上没有进行 CPU 的组态,则系统以默认值进行自动配置。除非有特殊要求的输入/输出设置、掉电保持设置等,一般情况下使用默认值。

## 4.1.3　PLC 编程中的基本概念

### 1. 网络

网络是 S7-200 PLC 编程软件中的一个特殊标记。网络由触点、线圈和功能框组成,每个网络就是完成一定功能的最小的、独立的逻辑块。一个梯形图程序由若干个网络组成,程序被网络分成了若干个程序段。图 4-3 给出了单台电动机启停控制的梯形图程序,共由 3 个网络组成。使用 STEP7-Micro/WIN 编程软件,可以以网络为单位给程序添加注释和标题,增加可读性。只有对梯形图、功能块图、语句表使用网络进行程序分段后,才能通过编程软件实现相互转换。

### 2. 梯形图(LAD)、功能块图(FBD)

梯形图中的左、右垂直线称为左、右母线,通常将右母线省略。在左、右母线之间是由触点、线圈或功能框组合的有序网络。梯形图的输入总是在图形的左边,输出总是在图形的右边。从左母线开始,经过触点和线圈(或功能框),终止于右母线,从而构成一个梯级。在一个梯级中,左、右母线之间是一个完整的"电路","能流"只能从左到右流动,不允许"短路""开

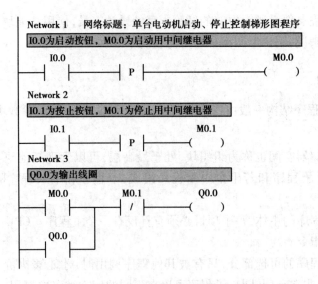

**图 4-3　单台电动机启停控制梯形图程序**

路",也不允许"能流"反向流动。

　　梯形图中的基本编程元素有:触点、线圈和功能框。触点:代表逻辑控制条件,触点闭合时表示能流可以流过,触点有常开触点和常闭触点两种。线圈:代表逻辑输出的结果,能流到,线圈被激励。功能框:代表某种特定功能的指令,能流通过功能框时,执行功能框所代表的功能,如定时器、计数器。

　　功能块图中,输入总是在功能框的左边,输出总是在功能框的右边。

　　3. 允许输入端(EN)、允许输出端(ENO)

　　允许输入端(EN):在梯形图、功能块图中,功能框的 EN 端是允许输入端。允许输入端(EN)必须存在"能流"(EN=1),才能执行该功能框的功能。

　　在语句表(STL)程序中没有 EN 允许输入端,但是允许执行 STL 指令的条件是栈顶的值必须是"1"。

　　允许输出端(ENO):在梯形图、功能块图中,功能框的 ENO 端是允许输出端。允许功能框的布尔量输出。用于指令的级联。

　　如果允许输入端(EN)存在"能流",且功能框准确无误地执行了其功能,那么允许输出端(ENO)将把"能流"传到下一个功能框。如果执行过程中存在错误,那么"能流"就在出现错误的功能框终止,即 ENO=0。ENO 可作为下一个功能框的 EN 输入,将几个功能框串联在一起,如图 4-4 所示。只有前一个功能框被正确执行,后一个功能框才可能被执行。EN 和 ENO 的操作数都是能流,数据类型为布尔型。

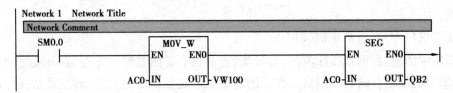

**图 4-4　允许输入、允许输出举例**

### 4. 条件输入、无条件输入

必须有"能流"通过才能执行的线圈或功能框称为条件输入指令。它们不允许直接与左母线连接,如 SHRB、MOVB、SEG 等指令。如果需要无条件执行这些指令,可以在左母线上连接 SM0.0(该位始终为 1)的常开触点来驱动它们。

无须"能流"就能执行的线圈或功能框称为无条件输入指令。与"能流"无关的线圈或功能框可以直接与左母线连接,如 LBL(跳转和标号)、NEXT、SCR(顺序控制继电器指令)、SCRE 等指令。

无允许输出端(ENO)的功能框,不能用于级联。如 CALL SBR N(N1,…)子程序调用指令和 LBL、SCR 等。

## 4.2　S7-200 PLC 数据存储与寻址方式

### 4.2.1　数据类型

#### 1. 数据类型及范围

S7-200 PLC 的指令参数所用的基本数据类型有:布尔型(BOOL)、字节型(BYTE)、无符号整数型(WORD)、有符号整数型(INT)、无符号双字整数型(DWORD)、有符号双字整数型(DINT)、实数型(REAL)。不同种类数据类型具有不同的数据长度和数值范围,如表 4-1 所示。

表 4-1　S7-200 PLC 的基本数据类型及范围

| 基本数据类型 | | 数据的位数 | 表示范围 | |
|---|---|---|---|---|
| | | | 十进制 | 十六进制 |
| 布尔型(BOOL) | | 1 | 0,1 | |
| 无符号数 | 字节型 B | 8 | $0 \sim 255$ | $0 \sim FF$ |
| | 字型 W | 16 | $0 \sim 65535$ | $0 \sim FFFF$ |
| | 双字型 DW | 32 | $0 \sim (2^{32}-1)$ | $0 \sim FFFF\ FFFF$ |
| 有符号数 | 字节型 B | 8 | $-128 \sim +127$ | $80 \sim 7F$ |
| | 字型 W | 16 | $-32768 \sim +32767$ | $8000 \sim 7FFF$ |
| | 双字型 DW | 32 | $-2^{31} \sim (2^{31}-1)$ | $8000\ 0000 \sim 7FFF\ FFFF$ |
| 实数型 R | | 32 | $\pm 1.75495 \times 10^{-38} \sim \pm 3.402823 \times 10^{38}$ | |

#### 2. 位、字节、字、双字和常数

计算机内部的数据都以二进制形式存储,二进制数的 1 位(bit)只有"1"和"0"两种取值,可以用来表示开关量或数字量两种不同的状态,比如触点的接通或断开、线圈的通电或断电。若位为 1,表示常开触点通,常闭触点断。位的数据类型是布尔型(BOOL)。由 8 位二进制数组成 1 个字节。其中,第 0 位是最低位(LSB),第 7 位是最高位(MSB)。两个字节组成 1 个

字,2 个字组成 1 个双字。

CPU 以二进制形式存储常数,常数的数据长度有字节、字、双字。常数的表示可以是二进制、十进制、十六进制、ASCII 或实数。

**3. 数据的存储区**

(1) 存储区的分类

PLC 的存储区分为程序存储区、系统存储区、数据存储区。程序存储区用于存放用户程序,存储器为 EEPROM(可电擦除可编程的只读存储器,电信号写入,电信号擦除)。系统存储区用于存放有关 PLC 配置结构的参数,如 PLC 主机及扩展模块的 I/O 配置和编址、PLC 站地址的配置,设置保护口令、停电记忆保持区、软件滤波功能等,存储器为 EEPROM。

数据存储区是 S7-200 CPU 提供给用户的编程元件的特定存储区域。它包括输入映像寄存器(I)、输出映像寄存器(Q)、变量存储器(V)、内部标志位存储器(M)、顺序控制继电器存储器(S)、特殊标志位存储器(SM)、局部存储器(L)、定时器存储器(T)、计数器存储器(C)、模拟量输入映像寄存器(AI)、模拟量输出映像寄存器(AQ)、累加器(AC)、高速计数器(HC)。存储器为 EEPROM 和 RAM。

(2) 数据区存储器的编址格式

存储器是由许多存储单元组成,每个存储单元都有唯一的地址,可以依据存储器地址来存取数据。S7-200 PLC 的存储单元按字节进行编址。但数据区存储器地址的表示格式有位、字节、字、双字地址格式。

① 位地址格式

数据区存储器区域的某一位的地址格式为:Ax. y。A:存储器区域标识符,x:字节地址,y:位号。例:I3.4 表示图 4-5 中黑色标记的位地址。1 是变量存储器的区域标识符,3 是字节地址,4 是位号,在字节地址 4 与位号 5 之间用点号"."隔开。

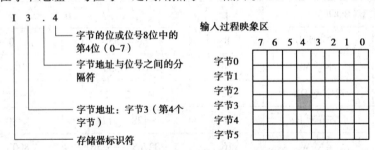

**图 4-5　存储器中的位地址表示示例**

② 字节、字、双字地址格式

数据区存储器区域的字节、字、双字地址格式由区域标识符、数据长度以及该字节、字或双字的起始字节地址构成。例如,IB2 表示输入字节,由 I2.0—I2.7 这 8 位组成。图 4-6 中,用 VB100、VW100、VD100 分别表示字节、字、双字的地址。VW100 表示由 VB100、VB101 相邻的两个字节组成的一个字,VD100 表示由 VB100—VB103 四个字节组成的一个双字,100 为起始字节地址。

③ 其他地址格式

数据区存储器区域中,还包括定时器存储器(T)、计数器存储器(C)、累加器(AC)、高速

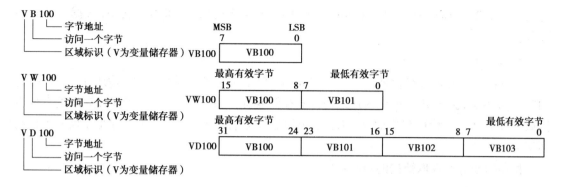

图 4-6　存储器中的字节、字、双字地址表示示例

计数器(HC)等,它们是模拟相关的电气元件的。它们的地址格式为:Ay。由区域标识符 A 和元件号组成,例 T24 表示某定时器的地址,T 是定时器的区域标识符,24 是定时器号,同时 T24 又可表示此定时器的当前值。

### 4.2.2　寻址方式

PLC 编程时,无论采用何种哪种语言,都需要给出每条指令的操作码和操作数。操作码指出这条指令的功能是什么,操作数指明操作码需要的数据。指令中如何提供操作数或操作数地址,称为寻址方式。S7-200 PLC 的寻址方式有:立即寻址、直接寻址和间接寻址。

1. 立即寻址

指令直接给出操作数,操作数紧跟着操作码,在取出指令的同时也就取出了操作数,所以称为立即操作数或立即寻址。立即寻址方式可用来提供常数、设置初始值等。指令中常常使用常数。例如,传送指令"MOVD 256,VD100"的功能就是将十进制常数 256 传送到 VD100 单元,这里 256 就是源操作数,直接跟在操作码后,不用再去寻找源操作数了,所以这个操作数称为立即数,这种寻址方式就是立即寻址方式。

指令中立即寻址使用常数,常数值可以是字节、字、双字类型,CPU 以二进制方式存储所有常数,指令中可用十进制、十六进制、ASCII 码或浮点数形式来表示。

2. 直接寻址

指令直接给出操作数地址的寻址方式。操作数的存储器地址应按规定的格式表示,可以采用位地址,或字节、字、双字地址寻址。使用时指出数据存储区的区域标识符、数据长度及起始地址。举例如下:

位寻址:LD I3.4　　　　　　　　　逻辑取指令

字节寻址:MOVB VB50,VB100　数据长度是字节,用字节传送指令

字寻址:MOVW VW50,VW100

双字寻址:MOVD VD50,VD100　将起始地址是 50 的变量存储器中的双字数据传送到起始地址为 100 的变量存储器中,即将 VB50—VB53 中的数据传送到 VB100—VB103 中。

可以进行位寻址的编程元件有:输入继电器 I、输出继电器 Q、辅助继电器 M、特殊继电器 SM、局部存储器 L、变量存储器 V、顺序控制继电器 S。PLC 存储区中还有些编程元件,比如说定时器 T、计数器 C、高速计数器 HC、累加器 AC,不指出字节地址,而是在区域标识符后直接

写编号。如 T39、C20、HC1、AC1,其中,T39、C20 既指当前值,又可做位状态,根据指令进行区分。

3. 间接寻址

指令给出了存放操作数地址的存储单元的地址。操作数地址的地址称为地址指针,指针用"＊"号表示,例＊AC1,可作为地址指针的存储器有:V、L、AC(1～3),可间接寻址的存储器区域有:I、Q、V、M、S、T(仅当前值)、C(仅当前值)。对独立的位(BIT)值或模拟量值不能进行间接寻址。

使用间接寻址存取数据的步骤:

① 建立指针

使用间接寻址对某个存储单元读写前,应先建立地址指针。地址指针为双字长,存放要访问的存储单元的 32 位物理地址。可作为指针的存储器有:变量存储器(V)、局部存储器(L)或累加器(AC1、AC2、AC3),AC0 不能用作间接寻址的指针。建立指针时,必须使用双字传送指令(MOVD),将所要访的存储器单元的地址装入用来作为指针的存储器单元或累加器。注意:装入的是地址而不是数据本身,如 MOVD&VB200,AC1;表示把 VB200 的地址送入 AC1 建立指针,注意:"VB200"只是一个直接地址编号,并不是它的物理地址。"&"表示取的是存储器地址,而不是存储器内容。指令中的第二个地址数据长度必须是双字长,如:AC、LD 和 VD。这里地址"VB200"要用 32 位表示,因而必须使用双字传送指令(MOVD)。

② 使用指针来存取数据

编程时在指令的操作数前加"＊",表示该操作数为一指针,并依据指针中的内容值作为地址存取数据。使用指针可存取字节、字、双字型的数据。下面两条指令是建立指针和间接存取的应用方法:

    MOVD            &VB200,AC1
    MOVW            ＊AC1,AC0

执行指令 MOVW ＊AC1,AC0,把指针中的内容值(VB200)作为地址,由于指令 MOVW 的标识符是"W",因而指令操作数的数据长度应是字型,把地址 VB200、VB201 处 2 个字节的内容(1234)传送到 AC0,如图 4-7 所示。操作数(AC1)前面的"＊"号表示该操作数(AC1)为指针。

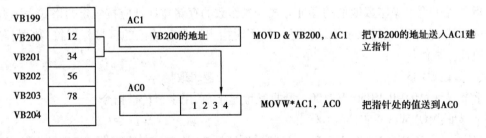

图 4-7　使用指针间接寻址

③ 修改指针

存取连续地址的存储单元中数据时,通过修改指针可以非常方便地存取数据。在 S7-200 PLC 中,指针的内容不会自动改变,可用自增或自减等指令修改指针值。这样就可连续地存取存储单元中的数据。图 4-8 中,用两次自增指令 INCD AC1,将 AC1 指针中的值(VB200)修改为 VB202 后,指针即指向新地址 VB202。执行指令 MOVW　*AC1,AC0,这样就可在变量存储器(V)中连续地存取数据,将 VB202、VB203 二个字节的数据(5678)传送到 AC0。

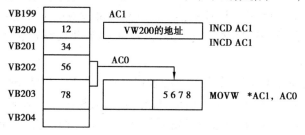

图 4-8　存取数据时指针的修改

修改指针值时,应根据存取的数据长度来进行调整。若对字节进行存取,指针值加 1(或减 1);若对字进行存取、或对定时器、计数器的当前值进行存取,指针值加 2(或减 2);若对双字进行存取,则指针值加 4(减 4)。图 4-8 中,存取的数据长度是字型数据,因而指针值加 2。

# 4.3　S7-200 PLC 的编程元件

PLC 的数据区存储器区域在系统软件的管理下划分出若干小区,并将这些小区赋予不同的功能,由此组成了各种内部元件,这些内部元件就是 PLC 的编程元件。每一种 PLC 提供的编程元件的数量是有限的,其数量和种类决定了 PLC 的规模和数据处理能力。

## 4.3.1　软元件

在 PLC 内部,这些具有一定功能的编程元件,不是真正存在的物理器件,而是由电子电路、寄存器和存储器单元等组成的,有固定的地址。例如,输入继电器是由输入电路和输入映像寄存器构成,虽有继电器特性,却没有机械触点。为了将这些编程元件与传统的继电器区别开来,有时又称作软元件或软继电器,其特点是:

① 软继电器是看不见、摸不着的,没有实际的物理触点。

② 每个软继电器可提供无限多个常开触点和常闭触点,可放在同一程序的任何地方,即其触点可以无限次地使用。

③ 体积小、功耗低、寿命长。

## 4.3.2　软元件介绍

S7-200 PLC 提供的软元件如下。

1. 输入继电器(I)

PLC 外部的输入端子用于接收来自现场的开关信号,每一个输入端子在 PLC 内部与输入映像寄存器(I)的相应位相对应。现场输入信号的状态,在每个扫描周期的输入采样阶段读入,并将采样值存于输入映像寄存器,供程序执行时使用。当外部常开按钮闭合时,则对应的输入映像寄存器的位状态为"1",在程序中其常开触点闭合,常闭触点打开。

**注意**:输入映像寄存器的状态只能由外部输入信号驱动,而不能在内部由程序指令来改变。

现场实际输入点数不能超过 PLC 能提供的具有外部接线端子的输入继电器的数量,具有地址而未使用的输入映像寄存器区可能剩余,为避免出错,建议空着这些地址,不作他用。

2.输出继电器(Q)

输出继电器就是位于 PLC 数据存储区的输出映像寄存器。PLC 外部的输出端子可连接各种现场被控负载,每一个输出端子与输出映像寄存器的相应位相对应。CPU 将输出的结果存放在输出映像寄存器 Q 中,在扫描周期的结尾,CPU 以批处理方式将输出映像寄存器的数值送到输出锁存器,对相应的输出端子刷新,作为控制外部负载的开关信号。当程序使输出映像寄存器的某位状态为"1"时,相应的输出端子开关闭合,外部负载通电。

**注意**:输出继电器使用时不能超过 PLC 能提供的具有外部输出模块接线端子的数量,具有地址而未使用的输出映像寄存器区可能剩余,为避免出错,建议空着这些地址,不作他用。

I/O 映像区实际上就是外部输入输出设备状态的映像区,PLC 通过 I/O 映像区的各个位与外部物理设备建立联系。I/O 映像区每个位都可以映像输入、输出模块上的对应端子状态。在程序执行过程中,对输入和输出的读写是通过映像寄存器完成,不是实际的输入输出端子,如图4-9 所示,这样提高了抗干扰性,加快了运算速度,存取可按位、字节、字、双字,操作更灵活。

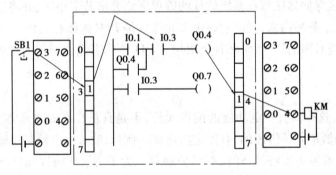

**图4-9 S7-200 CPU 输入、输出的操作**

3.通用辅助继电器(M)

通用辅助继电器(M)也称中间继电器,是模拟继电器控制系统中的中间继电器,它存放中间操作状态,或存储其他相关的数据。内部标志位存储器(M)以位为单位使用,也可以以字节、字、双字为单位使用。

4.变量存储器(V)

变量存储器用于存放全局变量、存放程序执行过程中控制逻辑操作的中间结果或其他相关的数据。变量存储器全局有效,全局有效是指同一个存储器可以在任一程序分区(主程序、子程序、中断程序)被访问。

5.局部变量存储器(L)

局部存储器用来存放局部变量,局部存储器是局部有效的。局部有效是指某一局部存储器只能在某一程序分区(主程序或子程序或中断程序)中使用。常用于带参数的子程序调用过程中。

S7-200 PLC 提供 64 个字节局部存储器,可用作暂时存储器或为子程序传递参数。主程序、子程序、中断程序都有 64 个字节的局部存储器使用,不同程序的局部存储器不能互相访问。可以按位、字节、字、双字访问局部存储器。可以把局部存储器作为间接寻址的指针,但是不能作为间接寻址的存储器区。

### 6. 顺序控制继电器(S)

顺序控制继电器(S)用于顺序控制(或步进控制)。主要用于顺序控制继电器指令(SCR)。SCR 指令提供控制程序的逻辑分段,从而实现顺序控制。

### 7. 特殊存储器(SM)

S7-200 PLC 为用户提供一些特殊的控制功能及系统信息,用户对操作的一些特殊要求也通过特殊标志位(SM)通知系统。特殊标志位区域分为只读区域(SM0.0—SM29.7,头 30 个字节为只读区)和可读写区域,在只读区特殊标志位,用户只能利用其触点,不能改变其状态。

例如,SMB0 有 8 个状态位 SM0.0—SM0.7,部分含义如下:

SM0.0:CPU 在 RUN 时,SM0.0 总为 1,即该位始终接通为 ON。

SM0.1:PLC 由 STOP 转为 RUN 时,SM0.1 接通一个扫描周期,常用作初始化脉冲。

SM0.2:当 RAM 中保存的数据丢失时,SM0.2 接通一个扫描周期。

SM0.3:PLC 上电进入 RUN 方式时,SM0.3 接通一个扫描周期,可在不断电的情况下代替 SM0.1 的功能。

SM0.4:分时钟脉冲,占空比为 50%,30 s 闭合、30 s 断开,周期为 1 min 的脉冲串。

SM0.5:秒时钟脉冲,占空比为 50%,0.5 s 闭合、0.5 s 断开,周期为 1 s 的脉冲等。以上是只读特殊继电器。

SM0.6:该位为扫描时钟脉冲,本次扫描为 1,下次扫描为 0。

SM1.0:当执行某些指令,其结果为 0 时,将改位置 1。

SM1.1:当执行某些指令,其结果溢出或为非法数值时,将改位置 1。

SM1.2:当执行数学运算指令,其结果为负数时,将改位置 1。

SM1.3:试图除以 0 时,将改位置 1。

关于状态字(SM):

SMB0 包括 8 个状态位:SM0.0/SM0.1/SM0.2/SM0.3/SM0.4/SM0.5/SM0.6/SM0.7)。

SMB1 包含了各种潜在的错误提示,可在执行某些指令或执行出错时由系统自动进行置位或复位。

SMB2 在自由接口通信时,自由接口接收字符的缓冲区。

SMB3 在自由接口通信时,发现接收到的字符中有奇偶校验错误时,可将 SM3.0 置位。

SMB4 标志中断队列是否溢出或通信接口使用状态。

SMB5 标志 I/O 系统错误。

SMB6 CPU 模块识别(ID)寄存器。

SMB7 系统保留。

SMB8-SMB21 I/O 模块识别和错误寄存器,按字节对形式(相邻两个字节)存储扩展模块 0—6 的模块类型、I/O 类型、I/O 点数和测得的各模块 I/O 错误。

SMB22-SMB26 记录系统扫描时间。

SMB28-SMB29 存储 CPU 模块自带的模拟电位器所对应的数字量。

SMB30-SMB130 SMB30 为自由接口通信时,自由接口 0 的通信方式控制字节;SMB130 为自由接口通信时,自由接口 1 的通信方式控制字节;两字节可读可写。

SMB31-SMB32 永久存储器(EEPROM)写控制。

SMB34-SMB35 用于存储定时中断的时间间隔。

SMB36-SMB65 高速计数器 HSC0、HSC1、HSC2 的监视及控制寄存器。

SMB66-SMB85 高速脉冲输出(PTO/PWM)的监视及控制寄存器。

SMB86-SMB94 自由接口通信时,接口 0 或接口 1 接收信息状态寄存器。

SMB186-SMB194 自由接口通信时,接口 0 或接口 1 接收信息状态寄存器。

SMB98-SMB99 标志扩展模块总线错误号。

SMB131-SMB165 高速计数器 HSC3、HSC4、HSC5 的监视及控制寄存器。

SMB166-SMB194 高速脉冲输出(PTO)包络定义表。

SMB200-SMB299 预留给智能扩展模块,保存其状态信息。

**8. 定时器(T)**

定时器(T)是累计时间增量的内部元件。S7-200 PLC 定时器有三种类型:接通延时定时器 TON,断开延时定时器 TOF,保持型接通延时定时器 TONR。定时器的定时时基有三种:1 ms、10 ms、100 ms,使用时需要提前设置时间设定值。与定时器相关的有两个变量:定时器当前值和定时器状态位。定时器地址表示格式为:T[定时器号],如 T24、T37、T38 等。

S7-200 PLC 定时器的有效地址范围是 T(0—255)。

**9. 计数器(C)**

计数器用来累计其计数输入端脉冲电平由低到高的次数,常用来对产品进行计数或进行特定功能的编程。S7-200 PLC 有三种类型计数器:增计数、减计数、增减计数。使用时需要提前设定计数设定值。与计数器相关的有两个变量:计数器当前值和计数器状态位。计数器地址表示格式为:C[计数器号],如 C3、C22。

S7-200 PLC 计数器的有效地址范围是 C(0—255)。

**10. 模拟量输入映像寄存器(AI)、模拟量输出映像寄存器(AQ)**

模拟量输入模块电路将外部输入的模拟信号转换成 1 个字长(16 位)的数字量,存放在模拟量输入映像寄存器(AI)中,供 CPU 运算处理。AI 中的值为只读值,只能进行读取操作。CPU 运算的相关结果存放在模拟量输出映像寄存器(AQ)中,供 D/A 转换器将 1 个字长的数字量转换为模拟量,以驱动外部模拟控制的设备。AQ 中的数字量为只写值,用户不能读取模拟量输出值。

**11. 高速计数器(HC)**

高速计数器(High-speed Counter)用来累计比 CPU 扫描速率更快的高速脉冲信号,计数过程与扫描周期无关。高速计数器的当前值为双字(32 位)整数,且为只读值。读取高速计数器当前值应以双字来寻址。

**12. 累加器(AC)**

累加器是用来暂时存储计算中间值的存储器,也可向子程序传递参数或返回参数。S7-200 CPU 提供了 4 个 32 位累加器(AC0、AC1、AC2、AC3)。累加器的地址格式为:AC[累加器号],如 AC0。CPU226 模块累加器的有效地址范围为:AC(0～3)。累加器是可读写单元,可以按字节、字、双字存取累加器中的数值。由指令标识符决定存取数据的长度,例如,MOVB 指令存取累加器的字节,MOVW 指令存取累加器的字,MOVD 指令存取累加器的双字。按字节、字存取时,累加器只存取存储器中数据的低 8 位、低 16 位;以双字存取时,则存取存储器的 32 位。

[例 4-1] 累加器使用举例。

若累加器 AC1 中内容如图 4-10 所示,则进行字节、字和双字的数据传送操作后结果如图 4-10 所示。

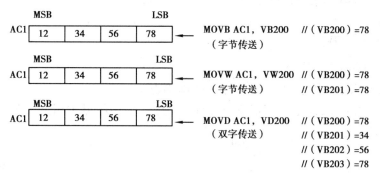

图 4-10 累加器运算结果图

# 4.4 S7-200 PLC 的基本逻辑指令

S7-200 PLC 使用西门子公司的 SIMATIC 指令集。本书主要介绍 SIMATIC 指令集中的主要指令,包括最基本的逻辑控制指令和完成特殊任务的功能指令。基本逻辑指令以位逻辑操作为主,在位逻辑指令中,除另有说明外,可用作操作数的编程元件有:I、Q、M、SM、T、C、V、S、L,并且数据类型是布尔型(如 I0.0、Q0.0)。

## 4.4.1 逻辑取及线圈驱动指令

逻辑取及线圈驱动指令为"LD""LDN"" = "。

LD(Load):取指令。用于网络块逻辑运算开始的常开触点与母线的连接。

LDN(Load Not):取反指令。用于网络块逻辑运算开始的常闭触点与母线的连接。

=(Out):线圈驱动指令。基本用法如图 4-11 所示。

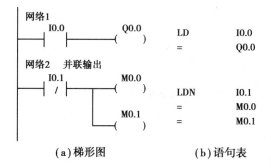

图 4-11 "LD""LDN"" = "指令使用举例

使用说明：

① "LD""LDN"指令不仅用于网络块逻辑计算开始时与母线相连的常开和常闭触点,在分支电路块的开始也要使用 LD、LDN 指令；

② 并联的"="指令可连续使用任意次；

③ 在同一程序中不能使用双线圈输出,即同一元件在同一程序中只使用一次"="指令；

④ "LD""LDN""="指令的操作数为:I、Q、M、SM、T、C、V、S 和 L。T、C 也作为输出线圈,但在 S7-200PLC 中输出时不是以使用"="指令形式出现。

### 4.4.2　触点串联指令

触点串联指令为"A""AN"。

A(And):与指令。用于单个常开触点的串联连接。

AN(And Not):与反指令。用于单个常闭触点的串联连接,基本用法如图 4-12 所示。

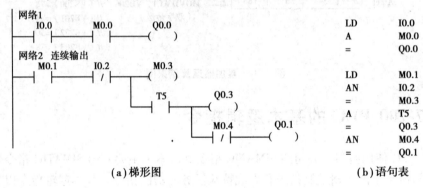

（a）梯形图　　　　　　　　　　　　　（b）语句表

图 4-12　"A""AN""="指令使用举例

使用说明：

① "A""AN"是单个触点串联连接指令,可连续使用。但在用梯形图编程时会受到打印宽度和屏幕显示的限制。S7-200 的编程软件中规定的串联触点数最多为 11 个。

② 图 4-12 中所示连续输出电路,可以反复使用"="指令,但次序必须正确,不然就不能连续使用"="指令编程了。图 4-13 所示电路就不属于连续输出电路。

③ "A""AN"指令的操作数为:I、Q、M、SM、T、C、V、S 和 L。

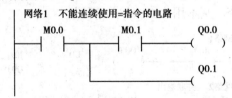

图 4-13　不可连续使用"="指令的电路

### 4.4.3　触点并联指令

触点并联指令为:"O""ON"。

O(Or):或指令。用于单个常开触点的并联连接。

ON(Or Not):或反指令。用于单个常闭触点的并联连接,基本用法如图 4-14 所示。

使用说明:

① 单个触点的"O""ON"指令可连续使用。

② "O""ON"指令的操作数同前。

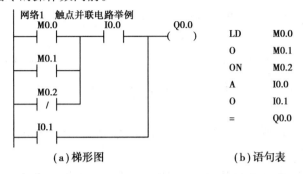

（a）梯形图　　　　　　　　　（b）语句表

**图 4-14　"O""ON"指令使用举例**

### 4.4.4　置位和复位指令

S(Set):置位指令,R(Reset):复位指令,其功能如表 4-2 所示。

**表 4-2　置位/复位指令功能表**

|  | LAD | STL | 功能 |
|---|---|---|---|
| 置位指令 | bit<br>——(S)<br>N | S　bit,N | 从 bit 开始的 N 个元件置 1 并保持 |
| 复位指令 | bit<br>——(R)<br>N | R　bit,N | 从 bit 开始的 N 个元件置 0 并保持 |

置位即置 1,复位即置 0。置位和复位指令可以将位存储区的某一位开始的一个或多个(最多可达 255 个)同类存储器位置 1 或置 0。

这两条指令在使用时需指明三点:操作性质、开始位和位的数量。

(1) S,置位指令

将位存储区的指定位(位 bit)开始的 N 个同类存储器位置位。

用法:S　bit,N

例:S　Q0.0,1

(2) R,复位指令

将位存储区的指定位(位 bit)开始的 N 个同类存储器位复位。当用复位指令时,如果是对定时器 T 位或计数器 C 位进行复位,则定时器位或计数器位被复位,同时,定时器或计数器的当前值被清零。

用法:R　bit,N

例:R　Q0.2,3

置位复位指令用法如图 4-15 所示。

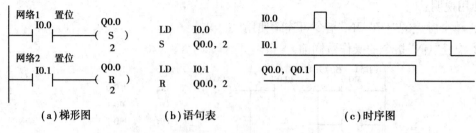

| (a)梯形图 | (b)语句表 | (c)时序图 |

图 4-15    S/R 指令使用举例

使用说明：

① 对位元件来说一旦被置位,就保持在通电状态,除非对它复位;而一旦被复位就保持在断电状态,除非再对它置位。

② S/R 指令可以互换次序使用,但由于 PLC 采用扫描工作方式,所以写在后面的指令具有优先权。如在上图中,若 I0.0 和 I0.1 同时为 1,则 Q0.0、Q0.1 肯定处于复位状态而为 0。

③ 如果对计数器和定时器复位,则计数器和定时器的当前值被清零。定时器和计数器的复位有其特殊性,具体情况大家可参考计数器和定时器的有关部分。

④ N 的范围为 1 ～ 255,N 可为:VB、IB、QB、MB、SMB、SB、LB、AC、常数、* VD、* AC 和 * LD。一般情况下使用常数。

⑤ S/R 指令的操作数为:I、Q、M、SM、T、C、V、S 和 L。

### 4.4.5    立即指令

立即指令是为了提高 PLC 对输入/输出的响应速度而设置的,它不受 PLC 循环扫描工作方式的影响,允许对输入输出点进行快速直接存取。立即指令的名称和类型如下:

① 立即触点指令(立即取、取反、或、或反、与、与反)

② =I,立即输出指令

③ SI,立即置位指令

④ RI,立即复位指令

(1) 立即触点指令

在每个标准触点指令的后面加"I"。指令执行时,立即读取物理输入点的值,但是不刷新对应映像寄存器的值。

这类指令包括:LDI、LDNI、AI、ANI、OI 和 ONI。

用法:LDI    bit

例:LDI    I0.2

注意:bit 只能是 I 类型。

(2) =I,立即输出指令

用立即指令访问输出点时,把栈顶值立即复制到指令所指出的物理输出点,同时,相应的输出映像寄存器的内容也被刷新。

用法:=I    bit

例: =I   Q0.2

注意: bit 只能是 Q 类型。

（3）SI, 立即置位指令

用立即置位指令访问输出点时, 从指令所指出的位(bit)开始的 N 个(最多为 128 个)物理输出点被立即置位, 同时, 相应的输出映像寄存器的内容也被刷新。

用法: SI   bit, N

例: SI   Q0.0, 2

注意: bit 只能是 Q 类型。

（4）RI, 立即复位指令

用立即复位指令访问输出点时, 从指令所指出的位(bit)开始的 N 个(最多为 128 个)物理输出点被立即复位, 同时, 相应的输出映像寄存器的内容也被刷新。

用法: RI   bit, N

例: RI   Q0.0, 1

图 4-16 给出了立即指令的用法。

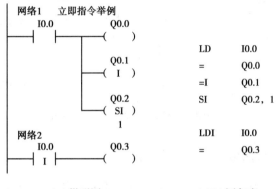

（a）梯形图　　　　　　　　　（b）语句表

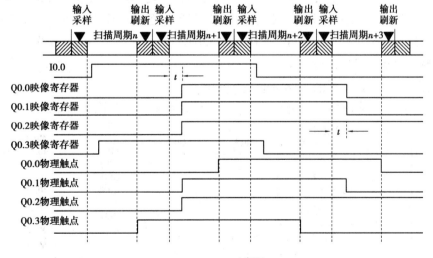

（c）时序图

图 4-16   立即指令使用举例

## 4.4.6　脉冲生成指令

脉冲生成指令为 EU(Edge Up)、ED(Edge Down),表 4-3 为脉冲生成指令使用说明。梯形图如图 4-17 所示。

表 4-3　脉冲生成指令使用说明

| 指令名称 | LAD | STL | 功能 | 说明 |
|---|---|---|---|---|
| 上升沿脉冲 | ─┤ P ├─ | EU | 在上升沿产生脉冲 | 无操作数 |
| 下降沿脉冲 | ─┤ N ├─ | ED | 在下降沿产生脉冲 | |

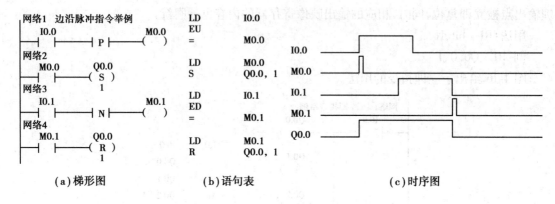

图 4-17　脉冲生成指令使用举例

## 4.4.7　逻辑堆栈操作指令

S7-200 系列 PLC 使用一个 9 层堆栈来处理所有逻辑操作。堆栈是一组能够存储和取出数据的暂存单元,其特点是"先进后出"。每一次进行入栈操作,新值放入栈顶,栈底值丢失;每一次进行出栈操作,栈顶值弹出,栈底值补进随机数。逻辑堆栈指令主要用来完成对触点进行的复杂连接。S7-200 中把 ALD、OLD、LPS、LRD、LPP 指令都归纳为栈操作指令。

1. 串联电路块的并联连接指令

两个以上触点串联形成的支路叫串联电路块。

OLD(Or Load):或块指令。用于串联电路块的并联连接。梯形图如图 4-18 所示。

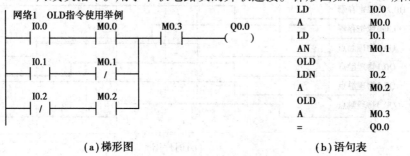

图 4-18　OLD 指令使用举例

使用说明：

① 在块电路的开始也要使用 LD、LDN 指令。

② 每完成一次块电路的并联时要写上 OLD 指令。

③ OLD 指令无操作数。

**2. 并联电路块的串联连接指令**

两条以上支路并联形成的电路叫并联电路块。

ALD( And Load)："与"块指令。用于并联电路块的串联连接。梯形图如图 4-19 所示。

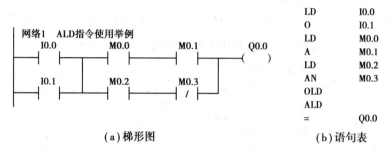

(a) 梯形图　　　　　　(b) 语句表

**图 4-19　ALD 指令使用举例**

使用说明：

① 在块电路开始时要使用 LD、LDN 指令。

② 在每完成一次块电路的串联连接后要写上 ALD 指令。

③ ALD 指令无操作数。

**3. 逻辑堆栈操作指令**

(1) 逻辑入栈指令

LPS，逻辑推入栈指令(分支或主控指令)。在梯形图中的分支结构中，用于生成一条新的母线，左侧为主控逻辑块，完整的逻辑行从此处开始。

**注意**：使用 LPS 指令时，本指令为分支的开始，以后必须有分支结束指令 LPP。即 LPS 与 LPP 指令必须成对出现。

(2) 逻辑出栈指令

LPP，逻辑弹出栈指令(分支结束或主控复位指令)。在梯形图中的分支结构中，用于将 LPS 指令生成一条新的母线进行恢复。

**注意**：使用 LPP 指令时，必须出现在 LPS 的后面，与 LPS 成对出现。

(3) 逻辑读栈指令

LRD，逻辑读栈指令。在梯形图中的分支结构中，当左侧为主控逻辑块时，开始第二个后从逻辑块的编程。

(4) 装入堆栈指令

LDS，装入堆栈指令。复制堆栈中的第 n 级的值到栈顶，原栈中各级栈值依次下压一级，栈底值丢失。

LPS、LRD、LPP、LDS 指令的堆栈操作过程如图 4-20 所示，"X"表示数值不确定。

LPS、LRD、LPP 指令的使用如图 4-21、图 4-22 所示。

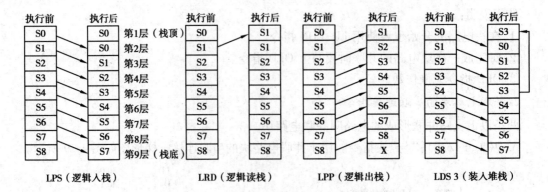

图 4-20　LPS、LRD、LPP、LDS 指令的操作过程

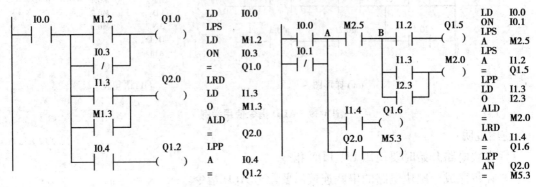

图 4-21　逻辑堆栈指令使用举例 1　　　　图 4-22　逻辑堆栈指令使用举例 2

使用这几个指令需注意以下几点：

① 由于受堆栈空间的限制（9 层堆栈），LPS、LPP 指令连续使用时应少于 9 次。

② LPS 与 LPP 指令必须成对使用，它们之间可以使用 LRD 指令。

③ LPS、LRD、LPP 指令均无操作数。

### 4.4.8　比较指令

比较指令是将两个数值或字符串按指定条件进行比较，比较条件成立时，比较触点就闭合。所以比较指令实际上也是一种位指令。

比较指令的类型有：字节比较、整数比较、双字整数比较、实数比较和字符串比较。

数值比较指令的运算符有 6 种：=、>=、<、<=、>和<>，字符串比较指令只有 =和<>两种。

对比较指令可进行 LD、A 和 O 编程。在语句表中使用 LD 指令进行编程时，比较条件成立，将栈顶置 1。使用 A/O 指令进行编程时，比较条件成立，则在栈顶执行 A/O 操作，并将结果放入栈顶。

#### 1. 字节比较

字节比较用于比较两个字节型整数值 IN1 和 IN2 的大小，字节比较是无符号的。比较式可以是 LDB、AB 或 OB 后直接加比较运算符构成。

如：LDB=、AB<>、OB>=等。

2. 整数比较

整数比较用于比较两个单字长整数值 IN1 和 IN2 的大小,整数比较是有符号的(整数范围为 16#8000 和 16#7FFF 之间 -32 768—+32 767)。比较式可以是 LDW、AW 或 OW 后直接加比较运算符构成。

如:LDW = 、AW<>、OW>=等。

3. 双字整数比较

双字整数比较用于比较两个双字长整数值 IN1 和 IN2 的大小,双字整数比较是有符号的(双字整数范围为 16#80000000 和 16#7FFFFFFF 之间)。比较式可以是 LDD、AD 或 OD 后直接加比较运算符构成。

如:LDD = 、AD<>、OD>=等。

4. 实数比较

实数比较用于比较两个双字长实数值 IN1 和 IN2 的大小,实数比较是有符号的(负实数范围为 -1.175495E-38 和 -3.402823E+38,正实数范围为 +1.175495E-38 和 +3.402823E+38)。比较式可以是 LDR、AR 或 OR 后直接加比较运算符构成。

如:LDR = 、AR<>、OR>=等。

5. 字符串比较

用于比较两个字符串的 ASCII 字符是否相等,字符串的长度不能超过 254 个字符。

图 4-23 给出了比较指令的用法。

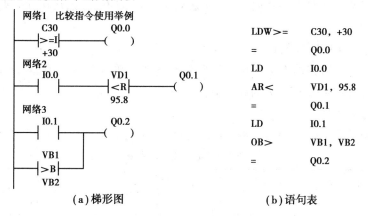

(a)梯形图　　　　　　(b)语句表

图 4-23　比较指令使用举例

## 4.4.9　NOT 及 NOP 指令

1. 取反(NOT)指令

取反指令用来改变能流的状态;能流到达取反触点时,能流就停止;能流未到达取反触点时,能流就通过;在梯形图中,取反指令用取反触点表示,将她左边的逻辑运算结果取反。在语句表中,取反指令对堆栈的栈顶作取反操作,改变栈顶值,取反指令无操作数。图 4-24 给出了取反指令使用方法。

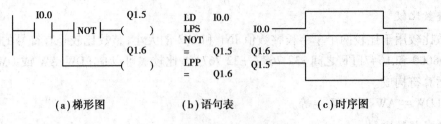

(a)梯形图　　　　(b)语句表　　　　(c)时序图

图 4-24　取反指令使用举例

**2. 空操作(NOP)指令**

空操作(NOP)指令主要是为了方便对程序进行检查和修改,预先在程序中设置了一些 NOP 指令,在修改和增加其他指令时,可使程序地址的更改量减小。NOP 指令对程序的执行和运算结果没有影响。其指令格式为:NOP N,操作数 N 是一个 0—255 之间的常数。

## 4.4.10　定时器指令

定时器指令通过对 PLC 内部的时钟脉冲进行计数来工作的。定时器编程时要预设定时值,在运行过程中,当定时器的输入条件满足(输入端接通或有负跳变)时,当前值从 0 开始按一定单位(分辨率)增加;当前值到达预设值时,定时器触点动作。

**1. 几个基本概念**

(1) 种类

S7-200 PLC 提供 3 种类型定时器:接通延时定时器 TON、有记忆接通延时定时器 TONR 和断开延时定时器 TOF。

(2) 分辨率与定时时间的计算

单位时间的时间增量称为定时器的分辨率 $S$,有 3 个等级:1 ms、10 ms 和 100 ms,定时器定时时间 $T$ 的计算:$T=PT\times S$,$PT$ 为设定值。

(3) 定时器的编号

定时器的编号用名称 T 和常数编号(最大 255),定时器基本情况如表 4-4 所示。

表 4-4　定时器基本参数

| 定时器类型 | 分辨率/ms | 计时范围/s | 定时器号 |
|---|---|---|---|
| TON TOF | 1 | 32.767 | T32,T96 |
| | 10 | 327.67 | T33—T36,T97—T100 |
| | 100 | 3276.7 | T37—T63,T101—T255 |
| TONR | 1 | 32.767 | T0,T64 |
| | 10 | 327.67 | T1—T4,T65—T68 |
| | 100 | 3 276.7 | T5—T31,T69—T95 |

**2. 定时器指令使用说明**

(1) 接通延时定时器 TON

接通延时定时器指令用于单一间隔的定时。上电周期或首次扫描,定时器位 OFF,当前值为 0。使能输入接通时,定时器位为 OFF,当前值从 0 开始计数时间,当前值达到预设值时,定时器位 ON,当前值连续计数到 32 767。使能输入断开,定时器自动复位,即定时器位 OFF,当前值为 0。

指令格式:TON Txxx,PT

例:TON T120,8

（2）有记忆接通延时定时器 TONR

TONR,有记忆接通延时定时器指令,用于对许多间隔的累计定时。上电周期或首次扫描,定时器位为 OFF,当前值保持。使能输入接通时,定时器位为 OFF,当前值从 0 开始计数时间。使能输入断开,定时器位和当前值保持最后状态,使能输入再次接通时,当前值从上次的保持值继续计数,当累计当前值达到预设值时,定时器位为 ON,当前值连续计数到 32767。

TONR 定时器只能用复位指令进行复位操作。

指令格式:TONR Txxx,PT

例:TONR T20,63

（3）断开延时定时器 TOF

TOF,断开延时定时器指令,用于断开后的单一间隔定时。上电周期或首次扫描,定时器位为 OFF,当前值为 0。使能输入接通时,定时器位为 ON,当前值为 0。当使能输入由接通到断开时,定时器开始计数,当前值达到预设值时,定时器位为 OFF,当前值等于预设值,停止计数。

TOF 复位后,如果使能输入再有从 ON 到 OFF 的负跳变,则可实现再次启动。

指令格式:TOF Txxx,PT

例:TOF T35,6

**注意:**

① 不能把一个定时器号同时用作断开延时定时器(TOF)和接通延时定时器(TON)。

② 使用复位(R)指令对定时器复位后,定时器位为"0",定时器当前值为"0"。

③ 保持型(有记忆)接通延时定时器(TONR)只能通过复位指令进行复位。

④ 对于断开延时定时器(TOF),需要输入端有一个负跳变(由 on 到 off,即断开)的输入信号启动计时。

3. 应用举例

图 4-25 所示为三种类型定时器的基本使用举例,其中 T35 为 TON,T2 为 TONR,T36 为 TOF。

4. 定时器的刷新方式和正确使用

（1）定时器的刷新方式

① 1 ms 定时器:由系统每隔 1 ms 刷新一次,与扫描周期及程序处理无关,它采用中断刷新方式。

② 10 ms 定时器:由系统在每个扫描周期开始时自动刷新,在一个扫描周期内定时器位和定时器的当前值保持不变。

③ 100 ms 定时器:在定时器指令执行时被刷新,它仅用在定时器指令在每个扫描周期执行一次的程序中。

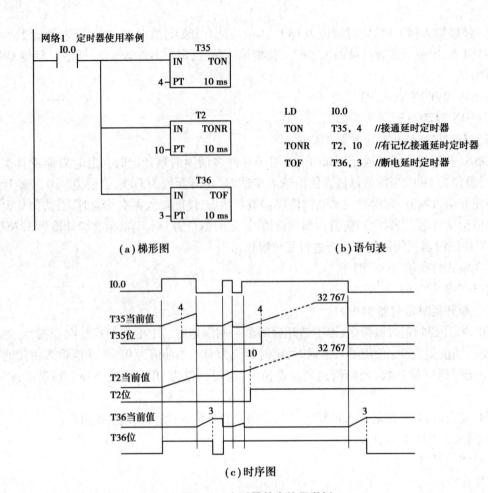

（a）梯形图　　　　　　　　（b）语句表

（c）时序图

图 4-25　定时器基本使用举例

（2）定时器的正确使用

① 在图 4-26（a）中，T32 定时器 1 ms 更新一次。定时器当前值 100 在图示 A 处刷新，Q0.0 可以接通一个扫描周期，若在其他位置刷新，Q0.0 则用永远不会接通。而在 A 处刷新的概率是很小的。若改为图 4-26（b），就可保证定时器当前值达到设定值时，Q0.0 会接通一个扫描周期，因为只有 Q0.0 接通，T32 才会复位。图 4-26（a）同样不适合 10 ms 分辨率定时器。

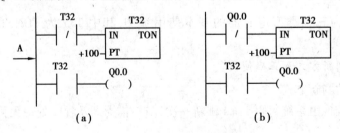

（a）　　　　　　　　　　　（b）

图 4-26　1 ms 定时器的使用

② 在图 4-27（a）中，对 10 ms 定时器 T33，使用错误方法时，则永远产生不了 Q0.0 脉冲。因为当定时器计时到时，定时器在每次扫描开始时刷新。该例中 T33 被置位，但执行到定时器指令时，定时器将被复位。当常开触点 T33 被执行时，T33 永远为 OFF，Q0.0 也将为 OFF。

因此,要采用图 4-27(b)所示梯形图。

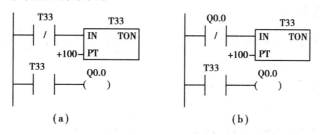

图 4-27　10 ms 定时器的使用

③ 100 ms 定时器只能用于每个扫描周期内同一定时器指令执行一次,且仅执行一次的场合。100 ms 分辨率定时器,在定时器指令执行时刷新。

主程序中不能重复使用同一个 100 ms 的定时器指令在子程序和中断程序中不易使用 100 ms 定时器。子程序和中断程序不是每个扫描周期都执行的,那么在子程序和中断程序中的 100 ms 定时器的当前值就不能及时刷新,造成时基脉冲丢失,致使计时失准。在主程序中,不能重复使用同一个 100 ms 的定时器号,否则该定时器指令在一个扫描周期中多次被执行,定时器的当前值在一个扫描周期中多次被刷新。这样定时器就会多计了时基脉冲,同样造成计时失准。因而,100 ms 定时器只能用于每个扫描周期内同一定时器指令执行一次,且仅执行一次的场合。

5. 时间间隔定时器

这是在最新版本的 CPU 中增加的有特殊功能的定时器,该定时器的实质是 2 条指令。使用这 2 条指令可以记录某一信号的开通时刻以及开通延续的时间。PLC 停电后,停止记录。

触发时间间隔(BITIM,Beginning Interval Time)指令用来读取 PLC 中内置的 1 ms 计数器的当前值,并将该值存储于 OUT。双字毫秒值的最大计时间隔为 2 的 32 次方,即 49.7 天。

计算时间间隔(CITIM,Calculate Interval Time)指令计算当前时间与 IN 所提供时间的时间差,并将该差值存储于 OUT。双字毫秒值的最大计时间隔为 2 的 32 次方,即 49.7 天。

两条指令的有效操作数为:IN 和 OUT 端均为双字。

图 4-28 给出了时间间隔定时器的应用。该应用要求 I0.0 接通 20 s 后,Q0.0 输出。

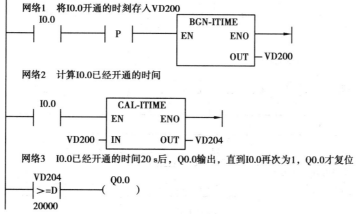

图 4-28　时间间隔定时器使用举例

### 4.4.11　计数器指令

计数器用来累计输入脉冲的次数,在实际应用中用来对产品进行计数或完成复杂的逻辑控制任务。

1.几个基本概念

(1)种类

计数器指令有 3 种:增计数 CTU、增减计数 CTUD 和减计数 CTD。

(2)编号

计数器的编号用计数器名称 C 和数字(最大 255)组成,其包含两方面信息:计数器位和计数器当前值。

计数器位:计数器位和继电器一样是个开关量,表示计数器是否发生动作的状态,当计数器的当前值达到设定值时,该位被置位为 ON。

计数器当前值:其值是个存储单元,用来存储计数器当前所累计的脉冲个数,用 16 位符号整数表示,最大数值为 32 767。

2.计数器指令使用说明

(1)增计数器 CTU

首次扫描,计数器位为 OFF,当前值为 0。脉冲输入 CU 的每个上升沿,计数器计数 1 次,当前值增加 1 个单位,当前值达到预设值时,计数器位 ON,当前值继续计数到 32 767 停止计数。复位输入有效或执行复位指令,计数器自动复位,即计数器位为 OFF,当前值为 0。

指令格式:CTU Cxxx,PV

例:CTU　C20,3

程序实例:图 4-29 为增计数器的用法。

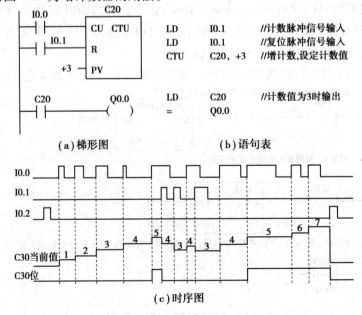

（a）梯形图　　　　　　　（b）语句表

（c）时序图

图 4-29　增计数器应用举例

（2）增减计数器

CTUD,增减计数器指令。有两个脉冲输入端:CU 输入端用于递增计数,CD 输入端用于递减计数。

指令格式:CTUD Cxxx,PV

例:CTUD C30,5

程序实例:图 4-30 所示为增减计数器的应用实例。

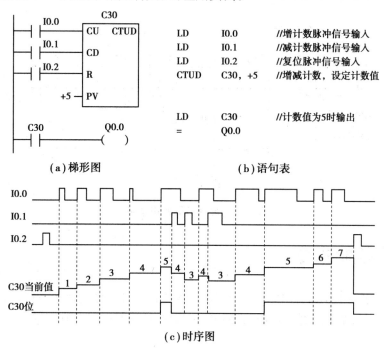

图 4-30　增减计数器应用举例

（3）减计数器 CTD

脉冲输入端 CD 用于递减计数。首次扫描,计数器位 OFF,当前值为等于预设值 PV。计数器检测到 CD 输入的每个上升沿时,计数器当前值减小 1 个单位,当前值减到 0 时,计数器位 ON。

复位输入有效或执行复位指令,计数器自动复位,即计数器位 OFF,当前值复位为预设值,而不是 0。

指令格式:CTD Cxxx,PV

例:CTD C40,4

程序实例:图 4-31 为减计数器的应用实例。

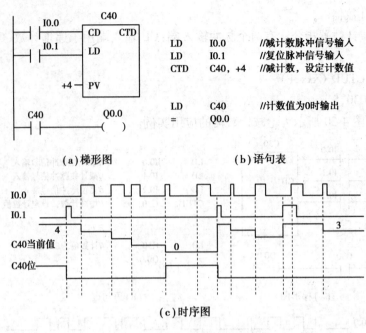

(a)梯形图　　　　　　　　　(b)语句表

(c)时序图

图 4-31　减计数器应用举例

# 4.5　程序控制指令

程序控制类指令使程序结构灵活,合理使用该类指令可以优化程序结构,增强程序功能。这类指令主要包括:结束、暂停、看门狗、跳转、子程序、循环和顺序控制等指令。

## 4.5.1　结束指令

结束指令分为有条件结束指令 END 和无条件结束指令 MEND。两条指令在梯形图中以线圈形式编程。指令不含操作数,执行完结束指令后,系统结束主程序,返回到主程序起点。

使用说明:

① 结束指令只能用在主程序中,不能在子程序和中断程序中使用。

② 在调试程序时,在程序的适当位置插入无条件结束指令可实现程序的分段调试。

③ 可以利用程序执行的结果状态、系统状态或外部设置切换条件来调用有条件结束指令,使程序结束。

④ 使用 Micro/Win32 编程时,不需手工输入无条件结束指令,该软件自动在内部加上一条无条件结束指令到主程序的结尾。

## 4.5.2　停止指令

STOP 指令有效时,可以使主机 CPU 的工作方式由 RUN 切换到 STOP,从而立即中止用户程序的执行。STOP 指令在梯形图中以线圈形式编程,指令不含操作数。

STOP 指令可以用在主程序、子程序和中断程序中。如果在中断程序中执行 STOP 指令,则中断处理立即中止,并忽略所有挂起的中断。继续扫描程序的剩余部分,在本次扫描周期结束后,完成将主机从 RUN 到 STOP 的切换。STOP 和 END 指令通常在程序中用来对突发紧急事件进行处理,以避免实际生产中的重大损失。用法如图 4-32 所示。

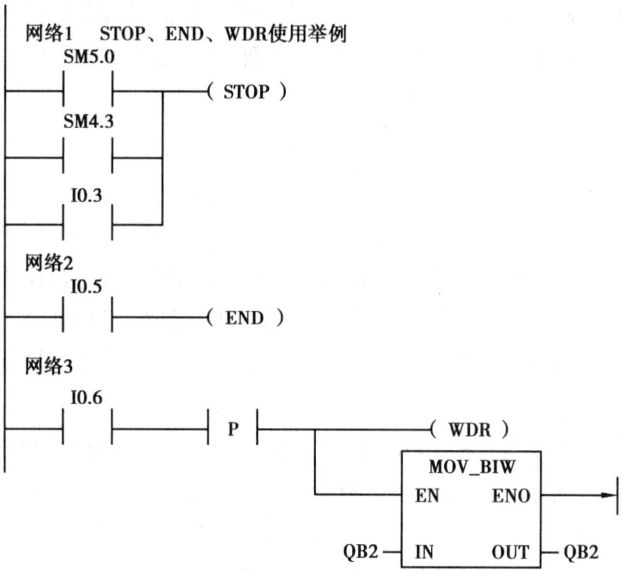

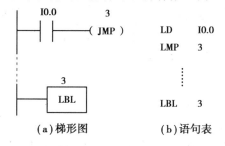

图 4-32　结束、停止及看门狗指令应用举例

### 4.5.3　跳转及标号指令

跳转指令使程序流程跳转到指定标号 N 处的程序分支执行,两个指令成对使用。指令格式如图 4-33 所示。

跳转指令 JMP(Jump to Label):当输入端有效时,使程序跳转到标号处执行。

标号指令 LBL(Label):指令跳转的目标标号。操作数 n 为 0—255。

```
        I0.0        3
        ┤├────( JMP )          LD    I0.0
        ┊                      LMP   3
                               ┊
         3
        ┌────┐
        │LBL │                 LBL   3
        └────┘
     (a)梯形图            (b)语句表
```

图 4-33　跳转及标号指令应用举例

使用说明:

① 跳转指令和标号指令必须配合使用,而且只能使用在同一程序块中,如主程序、同一个子程序或同一个中断程序。不能在不同的程序块中互相跳转。

② 执行跳转后,被跳过程序段中的各元器件的状态:

a. Q、M、S、C 等元器件的位保持跳转前的状态;

b. 计数器 C 停止计数,当前值存储器保持跳转前的计数值;

c. 对定时器来说,因刷新方式不同而工作状态不同。在跳转期间,分辨率为 1 ms 和 10 ms 的定时器会一直保持跳转前的工作状态,原来工作的继续工作,到设定值后,其位的状态也会改变,输出触点动作,其当前值存储器一直累积到最大值 32 767 才停止。对分辨率为 100 ms 的定时器来说,跳转期间停止工作,但不会复位,存储器里的值为跳转时的值,跳转结束后,若输入条件允许,可继续计时,但已失去了准确计时的意义。所以在跳转段里的定时器要慎用。

### 4.5.4　看门狗指令

WDT(Watchdog Reset)称为看门狗复位指令。它可以把警戒时钟刷新,即延长扫描周期,从而有效地避免看门狗超时错误。为了保证系统可靠运行,PLC 内部设置了系统监视定时器(WDT),用于监视扫描周期是否超时。每当扫描到 WDT 监视定时器时,WDT 监视定时器将复位。WDT 定时器有一设定值(100~300 ms),系统正常工作时,所需扫描时间小于 WDT 的设定值,WDT 定时器及时复位。

系统故障情况下,扫描时间大于 WDT 设定值,该定时器不能及时复位,则报警并停止 CPU 运行,同时复位输入、输出。这种故障称为 WDT 故障,其防止因系统故障或程序进入死循环而引起的扫描周期过长。系统正常工作时,有时会因为用户程序过长或使用中断指令、循环指令使扫描时间过长而超过 WDT 定时器的设定值,为防止这种情况下 WDT 动作,可使用监视定时器复位指令(WDR),使 WDT 定时器复位,从而增加了 CPU 系统扫描所允许的时间。

看门狗复位指令(WDR)在梯形图中以线圈形式编程,无操作数。使用看门狗复位指令(WDR)时要特别小心,如果因为使用 WDR 指令而使扫描时间拖得过长(比如说在循环结构中使用 WDR),那么在终止本次扫描前,下列操作方式将被禁止:① 通信(自由端口方式除外);② I/O 更新(立即 I/O 除外);③ 强制更新;④ SM 位更新;⑤ 运行时间诊断;⑥ 在中断程序中的 STOP 指令。

带数字量输出的扩展模块也包含有一个看门狗定时器,在扩展的扫描时间内,对每个带数字量输出的扩展模块进行立即写操作,以保证正确的输出。

看门狗指令的用法如图 4-32 所示。

### 4.5.5　循环指令

FOR-NEXT 指令循环执行 FOR(开始)指令和 NEXT(结束)指令之间的循环体(程序)指令段。FOR 和 NEXT 指令用来规定需重复一定次数的循环体程序。FOR 指令参数 INDX 为当前循环数计数器,用来记录循环次数的当前值。参数 INIT 及 FINAL 用来规定循环次数的初值及终值,循环体程序每执行一次 INDX 值加 1。当循环次数当前值大于终值时,循环结束。可以用改写 FINAL 参数值的方法在程序运行中控制循环体的实际循环次数。

FOR-NEXT 指令可以实现 8 层嵌套。FOR 指令和 NEXT 指令必须成对使用,在嵌套程序中距离最近的 FOR 指令及 NEXT 指令是一对。

循环指令使用举例如图 4-34 所示。

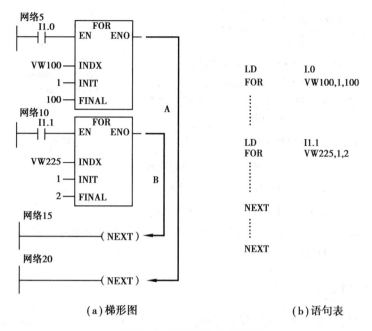

（a）梯形图　　　　　　　　（b）语句表

**图 4-34　循环指令应用举例**

参数使用说明：

① 循环指令盒中有三个数据输入端：当前循环计数 INDX、循环初值 INIT 和循环终值 FINAL。在使用时必须给 FOR 指令指定当前循环计数（INDX）、初值（INIT）和终值（FINAL）。

② INDX 操作数：VW、IW、QW、MW、SW、SMW、LW、T、C、AC、*VD、*AC 和 *CD；属 INT 型。

③ INIT 和 FINAL 操作数：VW、IW、QW、MW、SW、SMW、LW、T、C、AC、常数、*VD、*AC 和 *CD；属 INT 型。

循环指令使用说明：

① FOR、NEXT 指令必须成对使用。

② FOR 和 NEXT 可以循环嵌套，嵌套最多为 8 层，但各个嵌套之间不可有交叉现象。

③ 每次使能输入（EN）重新有效时，指令将自动复位各参数。

④ 初值大于终值时，循环体不被执行。

⑤ 在使用循环指令时，要注意在循环体中对 INDX 的控制，这一点非常重要。

## 4.5.6　诊断指令

PLC 的主机面板上有一个 SF/DIAG（故障/诊断）指示灯，当 CPU 发生系统故障时，该指示灯发红光。对于 DIAG 诊断功能部分，可以使用指令控制该指示灯是否发黄光。指令应用如图 4-35 所示。

在该指令中，如果输入参数 IN 的数值为 0，则诊断指示灯被设置为不发光。如果输入参数 IN 的数值大于 0，则诊断指示灯被设置为发黄光。

除使用指令控制发黄光外，也可以通过编程软件系统块中的"配置 LED"复选框选项来控制 SF/DIAG 发黄光，一共有两个选项：

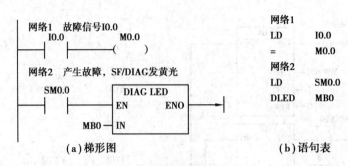

图 4-35　诊断指令应用举例

① 当有数据被强制时,SF/DIAG 指示灯发黄光;

② 当模块有 I/O 错误时,SF/DIAG 指示灯发黄光。

如果选中,相关事件发生时,SF/DIAG 指示灯发黄光;如果未选中,SF/DIAG 指示灯发黄光,只受诊断 LED(DLED)指令控制。

### 4.5.7　顺序功能指令

对于一些简单的控制任务,经验设计法确实是一种简捷有效的方法,而面对复杂的控制要求,用经验设计法就显得非常困难,并存在着以下的问题:

(1) 设计方法很难掌握,设计周期长

用经验法设计系统的梯形图时,没有一套固定的方法和步骤可以遵循,具有很大的试探性和随意性。对于各种不同的控制系统,没有一种通用的容易掌握的设计方法。在设计复杂系统的梯形图时,用大量的中间单元来完成记忆、联锁、互锁等功能。由于需要考虑的因素很多,它们往往又交织在一起,分析起来非常困难,并且很容易遗漏一些应该加以考虑的问题。修改某一局部电路时,很可能会"牵一发而动全身",对系统的其他部分产生意想不到的影响。因此梯形图的修改也很麻烦。往往花了很长的时间还得不到一个满意的结果。

(2) 装置交付使用后维修困难

用经验法设计出的梯形图往往看上去非常复杂。对于其中某些复杂的逻辑关系,即使是设计者的同行,分析起来都很困难,更不用说维修人员了。这给 PC 控制系统的维修和改进带来了很大的困难。

事实上,对于 PLC 所擅长的离散型控制场合,不管控制任务有多复杂,通过细心分析就会发现,所谓的控制过程就是在 PLC 的指挥下,系统状态发生变化的过程。所以,只要把系统的状态从工艺要求中分离出来,控制问题也就迎刃而解了。系统状态的变化是有规律的,一般是按顺序一步一步进行的,在此基础上,人们总结形成了一套科学有效的程序设计方法,称为顺序设计法或步进梯形图设计。

如果一个控制系统可以分解成几个独立的控制动作,且这些动作必须严格按照一定的先后次序执行,这样的控制系统叫顺序控制系统。

顺序控制设计法就是针对顺序控制系统的一种专门的设计方法。使用顺序控制设计法时,首先根据系统的工艺过程画出顺序功能图,然后根据顺序功能图画出梯形图。

1. 顺序功能图基本概念

顺序设计法或步进梯形图设计的概念是在继电器控制系统中形成的,步进梯形图是用有触点的步进式选线器(或鼓形控制器)来实现的。但是由于触点的磨损和接触不良,工作可靠性不强。20 世纪 70 年代出现的控制器主要由分立元件和中小规模集成电路组成。因为其功能有限,可靠性不高,已经基本上被 PC 替代。可编程序控制器的设计者们继承了前者的思想,为控制程序的编制提供了大量通用和专用的编程元件和指令,开发了供编制步进控制程序用的功能表图语言,使这种先进的设计方法成为当前 PC 梯形图设计的主要方法。

这种设计方法很容易被初学者接受。对于有经验的工程师,也会提高设计的效率。程序的调试、修改和阅读也很容易。

顺序功能图的设计步骤:

① 首先根据系统的工作过程中状态的变化,将控制过程划分为若干个阶段。这些阶段称为步(Step)。步是根据 PC 输出量的状态划分的。只要系统的输出量的通/断状态发生了变化,系统就从原来的步进入新的步。在各步内,各输出量的状态应保持不变,如图 4-36 所示。

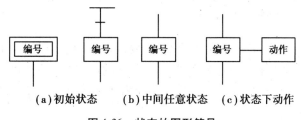

　(a)初始状态　　　(b)中间任意状态　　(c)状态下动作

**图 4-36　状态的图形符号**

② 各相邻步之间的转换条件。转换条件使系统从当前步进入下一步。常见的转换条件有限位开关的通/断,定时器、计数器常开触点的接通等。转换条件也可能是若干个信号的与、或逻辑组合。

③ 画出顺序功能图或列出状态表。

④ 根据顺序功能图或状态表,采用某种编程方式,设计出系统的梯形图程序。

顺序功能图又称为功能表图,它是一种描述顺序控制系统的图解表示方法,是专用于工业顺序控制程序设计的一种功能说明性语言。它能形象、直观、完整地描述控制系统的工作过程、功能和特性,是分析、设计电气控制系统控制程序的重要工具。

功能图主要由"状态""转移"及"有向线段"等元素组成。如果适当运用组成元素,就可得到控制系统的静态表示方法,再根据转移触发规则模拟系统的运行,就可以得到控制系统的动态过程。

(1) 步(状态)

步也就是状态,是控制系统中一个相对不变的性质,对应于一个稳定的情形。可以将一个控制系统划分为被控系统和施控系统。例如在数控车床系统中,数控装置是施控系统,而车床是被控系统。对于被控系统,在某一步中要完成某些"动作"(action),对于施控系统,在某一步中则要向被控系统发出某些"命令"(command)。如图 4-37 所示,矩形框中可写上该状态的编号或代码。

① 初始状态。初始状态是功能图运行的起点,一个控制系统至少要有一个初始状态。初始状态的图形符号为双线的矩形框。在实际使用时,有时也是画单线矩形框,有时画一条横线表示功能图的开始。

② 工作状态。工作状态是控制系统正常运行时的状态,根据系统是否运行,状态可分为

动态和静态两种。动状态是指当前正在运行的状态,静状态是没有运行的状态。不管控制程序中包括多少个工作状态,在一个状态序列中同一时刻最多只有一个工作状态在运行,即该状态被激活。

③ 与状态对应的动作。在每个稳定的状态下,可能会有相应的动作。动作的表示方法如图 4-38 所示。

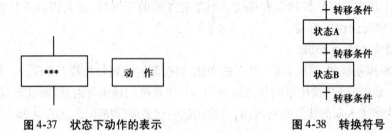

图 4-37　状态下动作的表示　　　　　图 4-38　转换符号

（2）转移

为了说明从一个状态到另一个状态的变化,要用转移概念,即用一个有向线段来表示转移的方向,连接前后两个状态。如果转移是从上向下的（或顺向的）,则有向线段上的方向箭头可省略。两个状态之间的有向线段上再用一段横线表示这一转移。转移的符号如图 4-38 所示。

转移是一种条件,当此条件成立,称为转移使能。该转移如果能够发生,则称为触发。一个转移能够触发必须满足两个条件:状态为动状态及转移使能。转移条件是指使系统从一个状态向另一个状态转移的必要条件,通常用文字、逻辑方程及符号来表示。

（3）功能图的构成规则

① 状态与状态不能相连,必须用转移分开;

② 转移与转移不能相连,必须用状态分开;

③ 状态与转移、转移与状态之间的连接采用有向线段,从上向下画时,可以省略箭头;当有向线段从下向上画时,必须画上箭头,以表示方向;

④ 一个功能图至少要有一个初始状态。

2. 顺序控制指令

（1）顺序控制指令介绍

顺序控制指令是 PLC 生产厂家为用户提供的可使功能图编程简单化和规范化的指令。S7-200 PLC 提供了四条顺序控制指令,如表 4-5 所示。

表 4-5 顺序控制指令的形式及功能

| STL | LAD | 功能 | 操作对象 |
|---|---|---|---|
| LSCR bit<br>（Load Sequential Control Relay） | bit<br>SCR | 顺序状态开始 | S（位） |
| SCRT bit<br>（Sequential Control Relay Transition） | ——（SCRT） | 顺序状态转移 | S（位） |

| STL | LAD | 功能 | 操作对象 |
|---|---|---|---|
| SCRE<br>(Sequential Control Relay End) | ——(SCRE) | 顺序状态结束 | 无 |
| CSCRE<br>(Conditional Sequence Control Relay End) | | 条件顺序状态结束 | 无 |

从表中可以看出,顺序控制指令的操作对象是顺序继电器 S,S 的范围为 S0.0 和 S31.7。

从 LSCR 指令开始到 SCRE 指令结束的所有指令组成一个顺序控制继电器(SCR)段。LSCR 指令标记一个 SCR 段的开始,当该段的状态器置位时,允许该 SCR 段工作。SCR 段必须用 SCRE 指令结束。当 SCRT 指令的输入端有效时,一方面置位下一个 SCR 段的状态器 S,以便使下一个 SCR 段开始工作;另一方面又同时将该段的状态器复位,使该段停止工作。每一个 SCR 程序段一般有以下三种功能:

① 驱动处理:即在该段状态器有效时,要做什么工作,有时也可能不做任何工作;

② 指定转移条件和目标:即满足什么条件后状态转移到何处;

③ 转移源自动复位功能:状态发生转移后,置位下一个状态的同时,自动复位原状态。

(2)应用举例

在使用功能图时,应先画出功能图,然后对应于功能图画出梯形图。图 4-39 所示为顺序控制指令应用的一个实例。

(3)使用说明

① 顺控指令仅对元件 S 有效,顺控继电器 S 也具有一般继电器的功能,所以对它能够使用其他指令。

② SCR 段程序能否执行取决于该状态器(S)是否被置位,SCRE 与下一个 LSCR 之间的指令逻辑不影响下一个 SCR 段程序的执行。

③ 不能把同一个 S 位用于不同程序中,如果在主程序中用了 S0.1,则在子程序中就不能再使用它。

④ 在 SCR 段中不能使用 JMP 和 LBL 指令,就是说不允许跳入、跳出或在内部跳转,但可以在 SCR 段附近使用跳转和标号指令。

⑤ 在 SCR 段中不能使用 FOR、NEXT 和 END 指令。

⑥ 在状态发生转移后,所有的 SCR 段的元器件一般也要复位,如果希望继续输出,可使用置位/复位指令,如图 4-39 中的 Q0.4。

⑦ 在使用功能图时,状态器的编号可以不按顺序安排。

**3.功能图的主要类型**

(1)单流程型

单流程由一系列相继激活的步组成。每步的后面仅有一个转换条件,每个转换条件后面仅有一步,如图 4-40 所示。

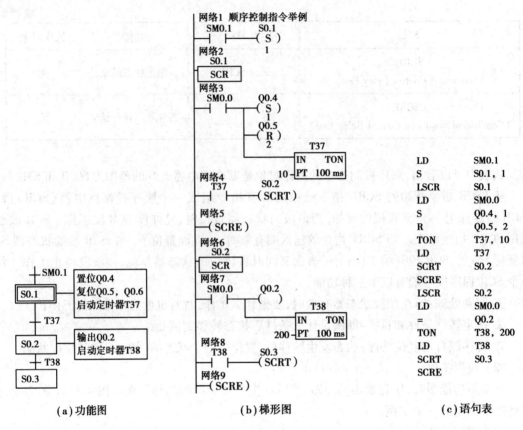

（a）功能图　　　　（b）梯形图　　　　（c）语句表

图 4-39　顺序控制指令应用实例

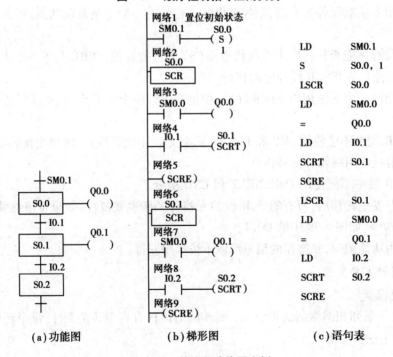

（a）功能图　　　　（b）梯形图　　　　（c）语句表

图 4-40　单流程功能图实例

（2）可选择序列

在生产实际中,对具有多流程的工作需要进行流程的选择。选择序列的开始称为分支,某一步的后面有几个步,当满足不同的转换条件时,转向不同的步。选择序列的结束称为合并,几个选择序列合并到同一个序列上,各个序列上的步在各自转换条件满足时转换到同一个步。图 4-41 给出了可选择序列的应用举例。

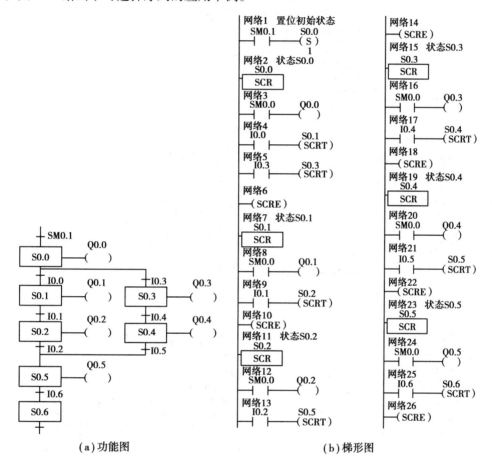

图 4-41　可选择序列应用实例

（3）并行序列结构

并行序列的开始称为分支。当转换实现导致几个序列同时激活时,这些序列称为并行序列。它们被同时激活后,每个序列中的活动步的进展将是独立的,如图 4-42(a)所示。并行序列中,水平连线用双线表示,用以表示同步实现转换。并行序列的分支中只允许有一个转换条件,并标在水平双线之上。并行序列的结束称为合并。在并行序列中,处于水平双线以上的各步都为活动步,且转换条件满足时,同时转换到同一个步,如图 4-42(a)所示。并行序列的合并只允许有一个转换条件,并标在水平双线之下。图 4-42 给出了应用实例。

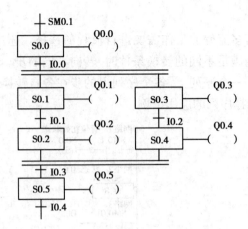

（a）功能图

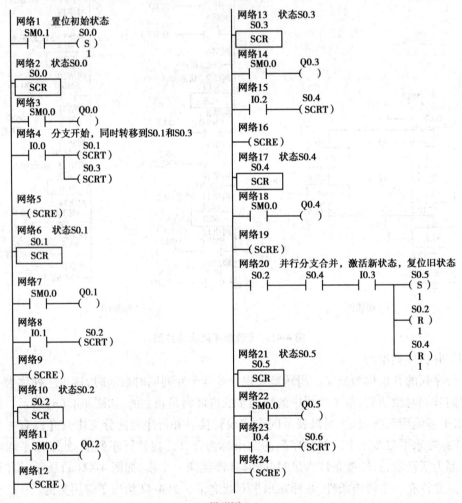

（b）梯形图

图 4-42　并行序列应用实例

**4. 顺序控制指令应用举例**

下面以十字路口交通信号灯 PLC 控制为例进行说明。

（1）控制要求

交通信号灯设置示意图及工作时序图如图 4-43 所示,控制要求如下:

① 接通启动按钮后,信号灯开始工作,南北向红灯、东西向绿灯同时亮。

② 东西向绿灯亮 25 s 后,闪烁 3 次（1 s/次）,接着东西向黄灯亮,2 s 后东西向红灯亮,30 s 后东西向绿灯又亮……如此不断循环,直至停止工作。

③ 南北向红灯亮 30 s 后,南北向绿灯亮,25 s 后南北向绿灯闪烁 3 次（1 s/次）,接着南北向黄灯亮,2 s 后南北向红灯又亮……如此不断循环,直至停止工作。

（2）输入与输出信号地址分配

根据控制要求对系统输入与输出信号进行地址分配,其分配情况如表 4-6 所示。

**表 4-6　交通信号灯控制 I/O 地址分配表**

| 输入信号 | | 输出信号 | |
|---|---|---|---|
| 启动按钮 SB1 | I0.1 | 南北红灯 HL1、HL2 | Q0.0 |
| 停止按钮 SB2 | I0.2 | 南北绿灯 HL3、HL4 | Q0.4 |
| | | 南北黄灯 HL5、HL6 | Q0.5 |
| | | 东西红灯 HL7、HL8 | Q0.3 |
| | | 东西绿灯 HL9、HL10 | Q0.1 |
| | | 东西黄灯 HL11、HL12 | Q0.2 |

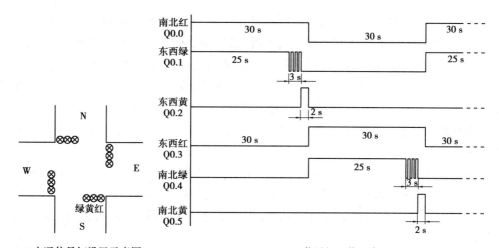

（a）交通信号灯设置示意图　　　　（b）信号灯工作时序图

**图 4-43　交通信号灯控制示意图**

（3）设计顺序功能图

根据交通信号灯时序图设计顺序功能图,如图 4-44 所示。该顺序功能图是典型的并列序列结构,东西向和南北向信号灯并行循环工作,只是在时序上错开一个节拍。所以,东西向和南北向梯形图的编程思路是一样的。根据顺序功能图很容易写出梯形图程序。

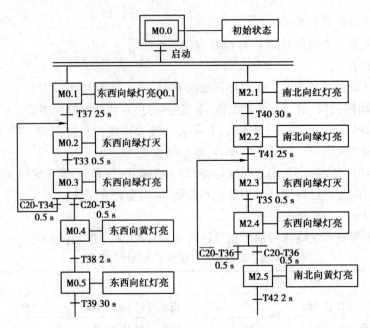

图 4-44　交通信号灯控制顺序功能图

# 4.6　PLC 编程初步指导

## 4.6.1　梯形图编程的基本规则

PLC 中的编程元件可看成类似实际继电器的元件,具有常开、常闭触点及线圈,线圈的得电失电将导致触点的动作。再用母线代替电源线,用能流的概念代替电流概念,采用绘制继电器电路图类似的思路绘制出梯形图,但是又与继电器-接触器控制系统有区别:

① PLC 采用梯形图编程是模拟继电器控制系统的表示方法,因而梯形图内各种元件也沿用了继电器的叫法,称为"软继电器"。每个软继电器实际上是存储器中的一位。

② 梯形图中流过的"电流"不是物理电流,而是"能流",它只能从左到右、自上而下流动,且不允许倒流。

③ 梯形图中的常开、常闭触点不是现场物理开关的触点,而是对应于寄存器中相应位的状态。常开触点理解为取位状态操作,常闭触点理解为位状态取反。在梯形图同一元件的常开、常闭触点的切换没有时间延迟,而继电器控制系统中复合常开、常闭触点是属于先断后合型。

④ 梯形图中的输出线圈不是物理线圈,不能用它直接驱动现场执行机构。

⑤ PLC 的输入/输出继电器、中间继电器、定时器、计数器等编程元件的常开、常闭触点可无限次反复使用,因为存储单元中的位状态可取用任意次。而继电器控制系统中的继电器的触点数是有限的。

编写梯形图程序时,还应遵循下列规则:

① 梯形图由多个网络组成,每个网络开始于左母线,终止于右母线,线圈与右母线直接

相连(S7-200PLC 绘图时,将右母线省略),触点不能放在线圈的右边,如图 4-45 所示。

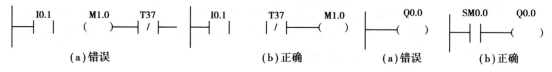

图 4-45　梯形图画法示例 1　　　　　　　　图 4-46　梯形图画法示例 2

② 梯形图中的线圈、定时器、计数器和功能指令框一般不能直接连接在左母线上,可通过特殊的中间继电器 SM0.0 来完成,如图 4-46 所示。

③ 在同一程序中,同一地址编号的线圈只能出现一次,通常不能重复使用,但是它的触点可以无限次使用。在同一程序中,同一编号的线圈使用两次及两次以上称为双线圈输出。双线圈输出非常容易引起误动作,所以应避免使用。S7-200 PLC 中不允许双线圈输出。

④ 几个串联支路的并联,应将串联多的触点组尽量安排在最上面;几个并联回路的串联,应将并联回路多的触点组尽量安排在最左边。如图 4-47 所示。

⑤ 桥式电路必须经过修改后才能画出梯形图。如图 4-48 所示。

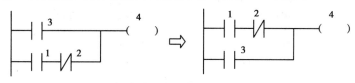

(a)把串联多的电路块放在最上边

(b)把并联多的电路块放在最左边

图 4-47　梯形图画法示例 3

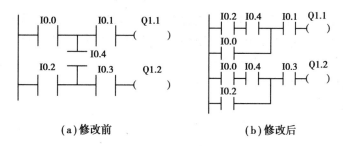

(a)修改前　　　　　　　　　(b)修改后

图 4-48　桥式电路修改前后的梯形图

⑥ 梯形图程序每行中的触点数没有限制,但如果太多,会受屏幕显示的限制,另外,打印出的梯形图程序也不好看。所以如果一行的触点数太多,可以采取一些中间过渡的措施。

### 4.6.2　LAD 和 STL 编程语言之间的转换

利用梯形图编程时,可以把整个梯形图程序看成由许多网络块组成,每个网络块均起始于母线,所有的网络块组合在一起就是梯形图程序。LAD 程序可以通过编程软件直接转换为

STL 形式。S7-200PLC 用 STL 编程时,如果也以每个独立的网络块为单位,则 STL 程序和 LAD 程序基本上是一一对应的,且两者可通过编程软件相互转换;如果不以每个独立的网络块为单位编程,而是连续编写,则 STL 程序和 LAD 程序不能通过编程软件相互转换。图 4-49 给出了两种编程语言互相转换的实现步骤。

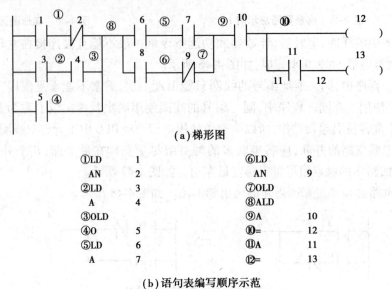

(a)梯形图

| ①LD | 1 | ⑥LD | 8 |
|------|---|------|---|
| AN | 2 | AN | 9 |
| ②LD | 3 | ⑦OLD | |
| A | 4 | ⑧ALD | |
| ③OLD | | ⑨A | 10 |
| ④O | 5 | ⑩= | 12 |
| ⑤LD | 6 | ⑪A | 11 |
| A | 7 | ⑫= | 13 |

(b)语句表编写顺序示范

图 4-49    语句表编程举例

# 4.7    典型简单电路和环节的 PLC 程序设计

## 4.7.1    脉冲延时产生电路

要求当有输入信号后,经过一段时间之后产生一个脉冲。该电路常用于获取启动或关断信号,图 4-50 给出了该电路的程序及时序图。该电路中利用脉冲指令 I0.0 上升沿产生一个启动脉冲,接下来在网络 2 中采用定时器 T33 来实现延时功能,由于定时器没有瞬动触点,故采用中间继电器 M0.1 组成自锁回路以实现逻辑延时。

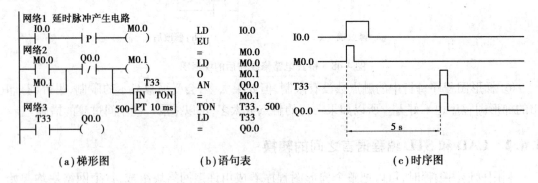

(a)梯形图          (b)语句表          (c)时序图

图 4-50    延时脉冲产生电路

## 4.7.2　瞬时接通/延时断开电路

该电路要求在输入信号有效时,马上有输出,而在输入信号为 OFF 时,输出信号经过一段时间的延时才断开,图 4-51 给出了该电路图的程序及时序图。该电路的关键问题是确定定时器 T37 的计时条件。本例中采用输出信号 Q0.0 进行自锁。图 4-52 给出了使用图 4-50 所示典型环节的该电路的另一种设计方法。

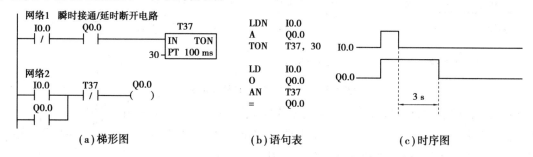

（a）梯形图　　　　　　　　（b）语句表　　　　　　　（c）时序图

图 4-51　瞬时接通/延时断开电路

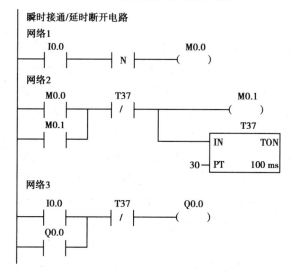

图 4-52　使用典型电路设计程序

## 4.7.3　延时接通/延时断开电路

该电路要求有输入信号后,过一段时间输出信号变为 ON;当输入信号为 OFF 后,输出信号需要经过延时才能变为 OFF,图 4-53 给出了该电路的程序和时序图。该电路的关键是采用两个定时器配合来实现电路功能。

## 4.7.4　计数器的扩展

S7-200 CPU226 模块的最大计数值为 32 767,若需要更大的计数范围可将多个计数器串联使用,图 4-54 为计数器的扩展电路。复位信号:C51 采用自身的常开触点复位,当 C51 计数

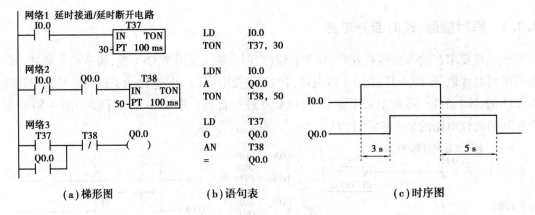

（a）梯形图　　　　　（b）语句表　　　　　（c）时序图

图 4-53　延时接通/延时断开电路

到 30 000 时,C52 计数一次后的下一个扫描周期 C51 复位。C52 采用外置的复位信号 I0.4。图中,若增计数器 C51 的输入信号 I0.3 的上升沿脉冲数到 $N = 30\ 000 \times 30\ 000 = 9 \times 10^8$ 时,Q1.0 才有输出。

### 4.7.5　长定时电路

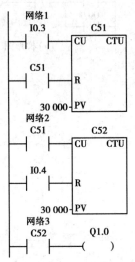

图 4-54　计数器的扩展

S7-200 PLC 单一定时器的最大计时时间是 3 276.7 s,当需要设置的定时值超过该值时,可以通过扩展的方法来扩大定时器的计时范围。图 4-55 给出了长定时电路的梯形图程序。两个或多个定时器的串联可以扩大定时器的定时范围。图 4-55(a)中,当输入信号 I2.0 接通到输出线圈,Q2.0 有输出,共延时: $T = (30\ 000 + 30\ 000) \times 0.1\ \text{s} = 6\ 000\ \text{s}$。若还要扩大定时范围,可增加串联的定时器数目。扩大计时范围也可采用定时器和计数器串联的方法,程序如图 4-55(b)所示。从电源接通到输出线圈 Q2.0 有输出,共延时 $T = 3\ 000.0\ \text{s} \times 20\ 000 = 6 \times 10^7\ \text{s}$。若还要增大计时范围,可增加串联的计数器数目。

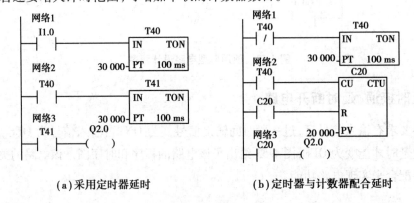

（a）采用定时器延时　　　　　（b）定时器与计数器配合延时

图 4-55　长定时电路

## 4.7.6　闪烁电路

闪烁电路也叫作振荡电路,图 4-56 给出了闪烁电路典型的程序及时序图。图中,当输入信号 I0.1 有效时,定时器 T37 开始计时,1 s 后使输出信号 Q0.1 激励,同时定时器 T38 开始计时;2 s 后,T38=1,T37 复位,T38 也复位。下一个扫描周期,T37 又开始计时,周而复始,使输出线圈 Q0.1 连续地断 1 s,通 2 s。调整 T37、T38 的设定值,就可以改变闪烁频率。

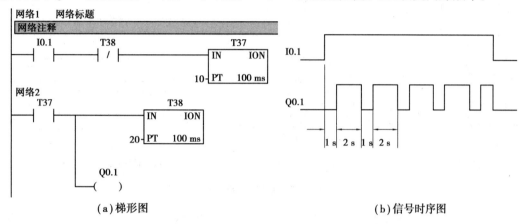

(a)梯形图　　　　　　　　　　　　(b)信号时序图

图 4-56　闪烁控制梯形图及信号时序图

## 4.7.7　报警电路

报警电路是电气自动化控制系统中不可缺少的重要环节,标准的报警电路应该具有声光报警功能。当出现故障时,报警指示灯闪烁,报警电铃或者蜂鸣器响。操作人员发现故障出现时,通过按消铃按钮,把电铃或者蜂鸣器关掉,报警指示灯从闪烁变为长亮。当把故障完全解除后,报警灯熄灭。另外还应设置试灯、试铃按钮,用于平时检测报警指示灯及电铃灯设备的好坏。图 4-57 给出了标准电路的程序及时序图。

## 4.7.8　单向运转电动机启动、停止控制程序

单向运转电动机启动、停止是最基本、最简单的控制电路,其主回路采用接触器控制电机启停。控制回路采用 S7-200 CPU222 进行控制。采用启动按钮和停止按钮给 PLC 提供输入信号,PLC 输出信号 Q0.0 控制接触器 KM。注意:没有将热继电器的常闭触点作为输入设备,而是将其串接在 PLC 输出设备——接触器的线圈回路中,不仅起到过载保护的作用,还可以节省输入点。图 4-58(c)中采用 Q0.0 的常开触点组成自锁回路,实现启、停控制。对于该程序,若同时按下启动和停止按钮,则停止优先。注意:触点的通断与 PLC 外部接的是常开按钮还是常闭按钮没有关系,只取决于输入映像寄存器的位值。位值为 1,则常闭触点断开,常开触点闭合。而输入映像寄存器的位值取决于外部输入电路的通断。外部输入电路接通时,输入映像寄存器的位值为 1。图 4-58(d)中,对于该程序,若同时按下启动和停止按钮,则启动优先。

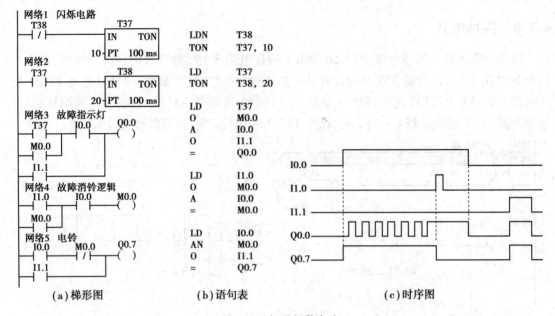

图 4-57　标准报警电路

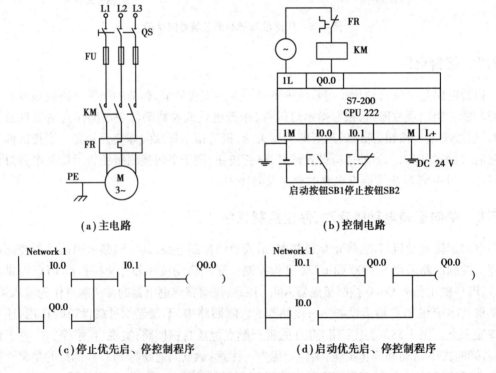

(a) 主电路　　　　　　　　　(b) 控制电路

(c) 停止优先启、停控制程序　　　(d) 启动优先启、停控制程序

图 4-58　单向运转电动机启动、停止控制程序

## 4.7.9　具有点动调整功能的电动机启、停控制程序

该电路除了启动按钮、停止按钮外,还增加了点动按钮 SB3,图 4-59 给出控制电路及程序。在继电器控制系统中,点动控制可以采用复合按钮,利用常开、常闭触点的先断后合的特

点实现。而 PLC 梯形图中软继电器常开和常闭按钮的状态转换是同时进行的。可以采用图中所示的中间继电器 M2.0 和它的常闭触点来模拟先断后合型电器的特性。按下 SB3，Q0.1 得电，M2.0 得电，则(M2.0 的非)＝0，断开 Q0.1 的自锁回路。

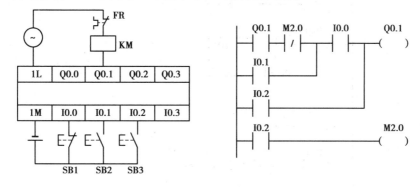

**图4-59　具有点动调整功能的电动机启、停控制程序**

### 4.7.10　电动机的正、反转控制程序

电动机的正反转控制，输入设备有停止按钮 SB1、正向启动按钮 SB2、反向启动按钮 SB3，输出设备有正转接触器 KM1、反转接触器 KM2。电动机可逆运行方向的切换是通过接触器 KM1、KM2 的切换来实现的，切换时要改变电源的相序。采用定时器 T33、T34 分别作正转、反转的延迟时间。硬件设计也采用了互锁。图 4-60 给出了控制电路和程序。

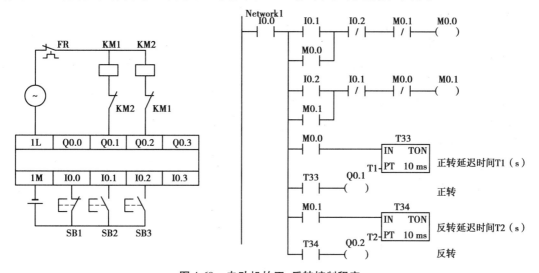

**图4-60　电动机的正、反转控制程序**

## 思考题与练习题

1. 理解 S7-200 PLC 的程序设计和继电器控制系统电气原理图的区别。

2. 计数器有哪几种类型？与计数器相关的变量有哪些？

3. 写出如图 4-61 所示梯形图的语句表程序。

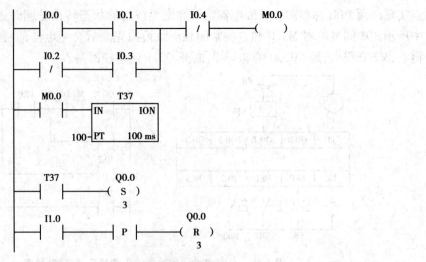

**图 4-61  习题 3 梯形图程序**

4. S7-200 PLC 定时器的分辨率有哪几种？不同分辨率的定时器的当前值是如何刷新的？

5. 已知某控制程序的语句表形式如下，请将其转换为梯形图的形式。

```
LD      I0.0
LPS
A       M0.0
LPS
AN      M0.1
=       Q0.0
LPP
A       M0.2
TON     T37,10
LPP
A       M0.3
A       M0.4
=       Q0.2
TOF     T38,10
```

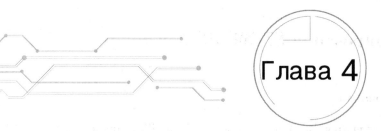

# Глава 4

# Основные инструкции и программирование S7-200 PLC

> ### Основное внимание в этой главе

- Внутренние ресурсы S7-200 PLC
- Основные логические инструкции S7-200 PLC
- Программирование PLC типичных схем
- Простые методы проектирования и использования программ PLC

> ### Трудности этой главы

- Способ адресации S7-200 PLC
- Таймер и его использование

В этой главе представлены основные логические инструкции S7-200PLC, таймеры, инструкции счетчика и методы их использования. Эта глава посвящена изучению программирования PLC. Благодаря некоторым типичным примерам программ и звеньев PLC, описанным в этой главе, мы должны овладеть методами использования базовых логических команд, освоить принципы работы и методы применения различных типов таймеров, счетчиков, освоить методы использования команд реле последовательного управления (SCR) и команд регистров сдвига (SHRB) и иметь возможность гибко применять и разрабатывать программы управления PLC, которые отвечают требованиям. Обратите внимание на правила программирования PLC.

Эта глава посвящена командной системе PLC серии S7-200CPU22 * , иллюстрирует базовую командную систему PLC в виде примера, затем описывает программирование обычно используемых типичных схем и звеньев и, наконец, объясняет простой дизайн программы PLC.

# 4.1 Языки программирования S7-200 PLC

## 4.1.1 Языки программирования

Языки программирования являются важной частью PLC, и PLC, производимые различными производителями, предоставляют пользователям множество типов языков программирования для удовлетворения потребностей различных пользователей. В целях повышения открытости, переносимости и взаимозаменяемости программ PLC, IEC 61131-3, разработанный Международной электротехнической комиссией ( МЭК ), является международным стандартом языка PLC. IEC61131-3 предлагает три графических языка и два текстовых языка. Три графических языка: трапециевидные диаграммы ( LAD ), функциональные блочные диаграммы ( FBD ) и последовательные функциональные диаграммы ( SFC ); Два текстовых языка: таблица инструкций ( IL ) и структурированный текст ( ST ). В нашей стране большинство пользователей привыкли программировать с помощью трапециевидных диаграмм. S7-200 PLC поддерживает два типа наборов команд: IEC61131-3 и SIMATIC. Набор инструкций IEC1131-3 поддерживает полную проверку типов данных в системе и обычно выполняет инструкции дольше.

Набор инструкций SIMATIC-это специальный набор инструкций, разработанный компанией Siemens для S7-200 PLC, большинство из которых соответствуют стандарту IEC61131-3, но не поддерживают полную проверку типа данных в системе. Директивы набора команд SIMATIC имеют преимущества высокой специализации и быстрой реализации. С набором инструкций SIMATIC можно программировать на трех языках программирования: трапециевидной диаграмме ( LAD ), функциональной блочной диаграмме ( FBD ) и таблице предложений ( STL ). Эта книга в основном посвящена набору инструкций SIMATIC и представляет основные инструкции S7-200 PLC на двух языках программирования, основанных на трапециевидных диаграммах и таблицах предложений.

1. Трапециевидные диаграммы ( LAD )

Трапециевидные диаграммы ( LAD )-это графический язык, соответствующий электрическим схемам управления. Он использует такие термины, как реле, контакты, последовательное параллельное соединение и аналогичные графические символы, а также упрощает символы и добавляет некоторые функциональные инструкции. Трапециевидные диаграммы расположены сверху вниз, слева направо, вертикальная линия слева называется начальной шиной, также называемой левой шиной, а затем соединяет контакты в соответствии с определенными требованиями и правилами управления и заканчивается катушкой реле ( или затем правой шиной ), называемой логической строкой или 《 лестницей 》. Обычно в трапециевидной диаграмме есть несколько логических строк ( ступеней ), напоминающих лестницу. Производители PLC используют трапециевидные диаграммы в качестве первого языка пользователя.

2. Таблица операторов (STL)

S7 Series PLC называет таблицу инструкций (IL) таблицей операторов (STL). Таблица операторов используется для обозначения различных функций управления PLC.

Он похож на компьютерный язык компиляции, но более интуитивно понятный и простой в программировании, чем язык компиляции, и, следовательно, является широко используемым языком программирования. Этот язык программирования может быть запрограммирован с помощью простого компилятора, но более абстрактный, как правило, в сочетании с языком трапециевидных диаграмм, дополняющим друг друга. В настоящее время большинство PLC имеют функции программирования таблиц операторов, но вспомогательные символы таблиц PLC, производимые различными производителями, различны и несовместимы. На рисунке 4-1 показана трапециевидная диаграмма и соответствующая таблица операторов.

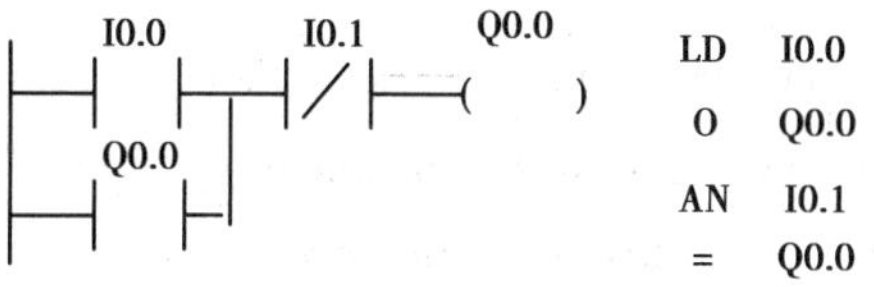

$$
\begin{array}{c}
\text{I0.0} \quad \text{I0.1} \quad \text{Q0.0} \\
\end{array}
\qquad
\begin{array}{ll}
\text{LD} & \text{I0.0} \\
\text{Q0.0} & \\
\text{O} & \text{Q0.0} \\
\text{AN} & \text{I0.1} \\
= & \text{Q0.0} \\
\end{array}
$$

**Рисунок** 4-1 **Трапециевидные диаграммы и соответствующие таблицы операторов**

3. Функциональная блочная диаграмма (FBD)

Функциональная блочная диаграмма (FBD) похожа на обычную логическую функциональную диаграмму, которая следует выражению логической блок-схемы полупроводниковой логической схемы. Как правило, конкретная функция обозначается в функциональной рамке, а символы в блок-схеме выражают функции этой функциональной блочной диаграммы. Диаграммы функциональных блоков обычно имеют несколько входов и несколько выходов. Входной конец является условием функциональной блочной диаграммы, а выходной конец является результатом операции функциональной блочной диаграммы. Функциональная диаграмма включает в себя основные логические функции, функции отсчета времени и счета, функции вычислений и сравнения и функции передачи данных.

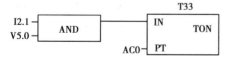

**Рисунок** 4-2 **Функциональные блоки**

FBD, показанный на рисунке 4-2, не имеет контактов и катушек в трапециевидной диаграмме и не имеет левой и правой шины. Логика программы определяется соединением между функциональными рамками, и поток энергии течет слева направо. Выходной конец одного функционального поля подключен к допустимому входному концу другого. Функциональные блоки и трапециевидные диаграммы могут быть преобразованы друг в друга.

Как правило, программы с трапециевидными диаграммами (LAD), таблицы операторов (STL), программы с функциональными блочными диаграммами (FBD) могут быть преобразованы условно и легко (в сетевых единицах), например, с помощью программного обеспечения STEP7-Micro/WIN серии S7 PLC для реализации преобразования программы. Таблицы операторов могут составлять трапециевидные диаграммы и функциональные блоки, которые не могут быть написаны. Опытные программисты, знакомые с PLC и логическим программированием, подходят для составления глоссария. Опытные дизайнеры, знакомые с логическими схемами, также легко программировать с помощью функциональных блоков. Для большинства людей программирование с помощью трапециевидных диаграмм относительно просто.

### 4.1.2　Структура процесса

Структура программы S7-200 PLC обычно состоит из трех частей: пользовательской программы, блока данных и блока параметров.

1. Пользовательские программы

Пользовательская программа, также известная как организационный блок в пространстве памяти, находится на самом высоком уровне и может управлять другими блоками. Пользовательские программы обычно состоят из основной программы, нескольких подпрограмм и нескольких программ прерывания, а наличие и количество подпрограмм и программ прерывания являются факультативными.

Основная программа является субъектом пользовательской программы, и каждый проект должен иметь и иметь только одну основную программу. Процессор выполняет основную программную инструкцию один раз в каждом цикле сканирования.

Подпрограмма является необязательной частью пользовательской программы и может быть выполнена только при вызове другой программы. Использование подпрограмм очень полезно при повторном выполнении определенной функции. Одна и та же подпрограмма может быть вызвана несколько раз в разных местах. Рациональное использование подпрограмм позволяет оптимизировать структуру программы и сократить время сканирования.

Программа прерывания также является факультативной частью пользовательской программы для обработки заранее определенных событий прерывания. Программа прерывания вызывается не основной программой, а операционной системой PLC, когда происходит событие прерывания.

2. Блок данных

Блоки данных являются необязательной частью, и блоки данных не обязательно используются в программировании каждой системы управления, и использование блоков данных позволяет выполнять некоторые программные проекты с конкретными функциями обработки данных, такими как назначение начальных значений для памяти переменных. Если блок данных отредактирован, его необходимо загрузить в PLC.

3. Параметры блока

Блок параметров хранит данные конфигурации ЦП, и если конфигурация ЦП не выполняется в программном обеспечении программирования, система автоматически настроена по умолчанию. Если нет специальных требований к настройкам ввода/вывода, настройкам удержания разряда и т. п., обычно используются значения по умолчанию.

## 4.1.3  Основные понятия программирования PLC

1. Сеть

Сеть является особым маркером в программном обеспечении S7-200PLC. Сеть состоит из контактов, катушек и функциональных рамок, каждая из которых является минимальным, независимым логическим блоком для выполнения определенной функции. Программа трапециевидной диаграммы состоит из нескольких сетей, которые разделены на несколько сегментов. На рисунке 4-3 показана трапециевидная схема управления запуском и остановкой одного двигателя, состоящая из трех сетей. Программное обеспечение STEP7-Micro/WIN позволяет сети добавлять примечания и заголовки для программ, повышая их читаемость. Только после того, как трапециевидные диаграммы, функциональные блочные диаграммы и таблицы операторов будут разделены по сети, они могут быть преобразованы друг в друга с помощью программного обеспечения программирования.

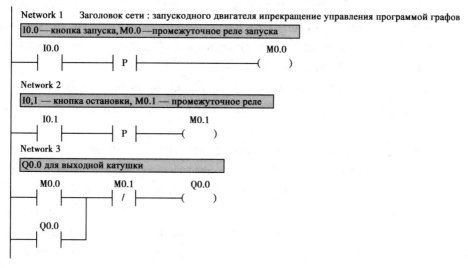

**Рисунок** 4-3  **Порядок трапециевидной схемы управления пуском и остановкой двигателя**

2. Трапециевидные диаграммы(LAD), функциональные
   блочные диаграммы(FBD)

Левая и правая вертикальные линии в трапециевидной диаграмме называются левой и правой шинами, которые обычно опущены правой шиной. Между левой и правой шинами находится упорядоченная сеть, состоящая из контактов, катушек или функциональных рамок. Вход в трапециферную диаграмму всегда слева от графика, а выход всегда справа от графика. Начиная с левой шины, через контакт и катушку(или функциональную раму), заканчивая на правой шине, образуя таким образом ступень. В одном эшелоне между левой и правой шинами находится целая "схема", "поток энергии" может течь только слева направо, не допускается "короткое замыкание", "открытое замыкание", не допускается "поток энергии" в обратном направлении.

Основные элементы программирования в трапециевидной диаграмме: контакты, катушки и функциональные рамки.

Контакт: представляет собой логическое условие управления. Когда контакт закрывается, поток энергии может течь. Есть два типа контактов: обычно открытые и обычно закрытые.

Катушка: представляет собой результат логического вывода. Может течь, катушка возбуждается.

Функциональное поле: Директива, представляющая определенную функцию. При прохождении через функциональные рамки выполняется функция, представленная функциональными рамками. Например, таймер, счетчик.

На диаграмме функциональных блоков вход всегда находится слева от функциональной рамки, а выход всегда справа от функциональной рамки.

3. Допустимый входной конец (EN), Допустимый выходной конец (ENO)

Допустимый входной конец (EN): В трапециевидной диаграмме, функциональной блочной диаграмме, EN-конец функциональной рамки является допустимым входным концом. Разрешенный входной конец (EN) должен иметь "поток энергии" (EN = 1), чтобы выполнять функции этого функционального поля.

В программе Таблицы Операторов (STL) нет EN, который разрешает входной конец, но позволяет выполнять инструкции STL при условии, что значение верхней части стека должно быть "1".

Разрешенный выход (ENO): В трапециевидной диаграмме, функциональной блочной диаграмме, Eno конец функциональной рамки является допустимым выходом. Позволяет выводить булевую величину из функционального поля. Каскад для команд.

Если допускается наличие "потока энергии" на входном конце (EN) и функциональная рамка точно выполняет свои функции, то разрешающий конец (ENO) передаст "поток энергии" в следующую функциональную рамку. Если во время выполнения есть ошибка, то "Поток энергии" заканчивается, когда появляется неправильное функциональное поле, то есть ENO = 0. ENO может использоваться в качестве ввода EN для следующей функциональной рамки, соединяющей несколько функциональных рамок последовательно, как показано на рисунке 4-4. Только если предыдущая функция выполняется правильно, последняя функция может быть выполнена. Операционные числа EN и ENO являются потоками энергии, а тип данных-булевый тип.

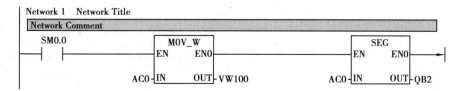

**Рисунок** 4-4 **Примеры допустимых входов, допустимых выходов**

4. Условный импорт, безусловный импорт

Должен быть《поток энергии》, который проходит через катушку или функциональную рамку, называемую условной командой ввода. Они не допускают прямого подключения к левой шине, такой как SHRB, MOVB, SEG и другие инструкции. Если эти команды должны выполняться без каких-либо условий, их можно приводить в движение с помощью обычного контакта SM0.0 (бит всегда равен 1), подключенного к левой шине.

Катушка или функциональная рамка, которая может быть выполнена без《потока энергии》, называется безусловной командой ввода. Катушка или функциональная рамка, не связанная с《потоком энергии》, может быть подключена непосредственно к левой шине, такой как LBL (переходы и метки), NEXT, SCR (инструкции реле последовательного управления), SCRE и другие инструкции.

Функциональная рамка без разрешенного выходного конца (ENO) не может использоваться для каскадов. Например, команды вызова подпрограмм CALL SBR N (N1, ...) и LBL, SCR и т. д.

# 4.2 Способы хранения и адресации данных S7-200 PLC

## 4.2.1 Типы данных

1. Тип и объем данных

Основные типы данных, используемые в параметрах команды S7-200 PLC, включают: тип Буля (BOOL), тип байта (BYTE), тип целочисленных чисел без символа (WORD), тип целочисленных чисел с символом (INT), тип целочисленных чисел без символа (DWORD), тип целочисленных чисел с символом (DINT) и тип вещественных чисел (REAL). Различные типы данных имеют разную длину и диапазон значений, как показано в таблице 4-1.

**Таблица** 4-1 **Основные типы и диапазоны данных S7-200 PLC**

| Основные типы данных | Цифры данных | Диапазон представления | |
|---|---|---|---|
| | | Десятичная система счисления | Шестнадцатеричная система счисления |
| Тип Буля (BOOL) | 1 | 0, 1 | |

续表

| Основные типы данных | | Цифры данных | Диапазон представления | |
|---|---|---|---|---|
| | | | Десятичная система счисления | Шестнадцатеричная система счисления |
| Беззнаковое число | Тип байтаB | 8 | 0 ~ 255 | 0 ~ FF |
| | ШрифтW | 16 | 0 ~ 65535 | 0 ~ FFFF |
| | Двойной шрифтDW | 32 | $0 \sim (2^{32}-1)$ | 0 ~ FFFF FFFF |
| Символическое число | Тип байтаB | 8 | −128 ~ +127 | 80 ~ 7F |
| | ШрифтW | 16 | −32768 ~ +32767 | 8000 ~ 7FFF |
| | Двойной шрифтDW | 32 | $-2^{31} \sim (2^{31}-1)$ | 8000 0000 ~ 7FFF FFFF |
| Реальные типы чиселR | | 32 | $\pm 1.75495 \times 10^{-38} \sim \pm 3.402823 \times 10^{38}$ | |

2. биты, байты, слова, два слова и константы

Данные внутри компьютера хранятся в двоичной форме, а 1 бит(bit) двоичного числа имеет только два значения《1》и《0》, которые могут использоваться для обозначения двух разных состояний переключателя или количества чисел, таких как включение или отключение контакта, включение или отключение катушки. Если бит равен 1, это означает, что контакт часто открывается, а контакт часто закрывается. Тип данных бита-булевый тип (BOOL). Восемь двоичных массивов в один байт. Среди них 0-е место является самым низким(LSB), а 7-е-самым высоким (MSB). Два байта образуют одно слово. Два слова состоят из двух слов.

Процессор хранит константы в двоичной форме, а длина данных константы-байты, слова и два слова. Постоянные могут быть представлены двоичными, десятичными, шестнадцатеричными, ASCII или действительными числами.

3. Зона хранения данных

1) Классификация зон хранения

Хранилище PLC делится на программные области хранения, системные области хранения и области хранения данных. Зона программного хранения предназначена для хранения пользовательских программ с памятью EEPROM (электрическая стирка программируемой памяти только для чтения, запись электрических сигналов, стирание электрических сигналов). Зона системного хранения используется для хранения параметров конфигурации PLC, таких как конфигурация и адресация I/O хоста PLC и модуля расширения, конфигурация адреса станции PLC, настройка защитного пароля, зона памяти отключения электроэнергии, функция фильтрации программного обеспечения и т. Д. Память EEPROM.

Зона хранения данных-это конкретная область хранения программных элементов, предоставляемых пользователю процессором S7-200. Он включает в себя регистр входного образа (I), регистр выходного образа (Q), переменную (V), внутреннюю память маркера (M), память реле последовательного управления (S), специальную память маркера (SM), локальную память (L), память таймера (T), память счетчика (C), регистр входного образа аналогового количества (AI), регистр образов аналогового вывода (AQ), накопитель (AC), Высокоскоростные счетчики (HC). Память EEPROM и RAM.

2) Формат адресации памяти в зоне данных

Память состоит из множества блоков памяти, каждый из которых имеет уникальный адрес, к которому можно получить доступ на основе адреса памяти. Блок памяти S7-200 PLC адресуется в байтах. Тем не менее, адреса памяти в области данных представлены в формате битов, байтов, слов и двузначных адресов.

① Формат битного адреса

Адрес одного бита в области памяти области данных имеет формат: Ax. y. A: Идентификатор области памяти, x: байт-адрес, y: битовый номер. Пример: I3. 4 указывает битовый адрес черной метки на рисунке 4-5. I является региональным идентификатором переменной памяти, 3-байтовым адресом, 4-битным номером, разделенным точкой между байтовым адресом 4 и битным номером 5.

② Формат байт, слово, двухбуквенный адрес

Формат байтов, слов и двузначных адресов в области памяти области данных состоит из идентификатора области, длины данных и начального байтового адреса этого байта, слова или слова. Например, IB2 означает входной байт, состоящий из 8 бит I2. 0 ~ I2. 7. На рисунке 4-6 адреса байтов, слов и двух слов представлены с помощью VB100, VW100 и VD100 соответственно. VW100-это слово, состоящее из двух байт, прилегающих к VB100 и VB101, VD100-это слово, состоящее из четырех байт VB100-VB103, а 100-начальный байт-адрес.

③ Другие форматы адресов

Область памяти в области данных также включает в себя память таймера (T), память счетчика (C), накопитель (AC), высокоскоростной счетчик (HC) и т. Д. Они имитируют соответствующие электрические элементы. Их адресный формат: Ay. Состоит из регионального идентификатора A и номера элемента, пример T24 указывает адрес таймера, T-региональный идентификатор таймера, 24-номер таймера, а T24-текущее значение таймера.

## 4.2.2 Способ адресации

При программировании PLC, независимо от используемого языка, необходимо указать код операции и число операций для каждой команды. Код операции указывает, каковы функции этой команды, а число операций указывает данные, необходимые для кода операции. Как указать число операций или адрес числа операций в инструкции называется

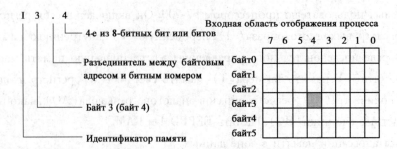

Рисунок 4-5  Пример представления битового адреса в памяти

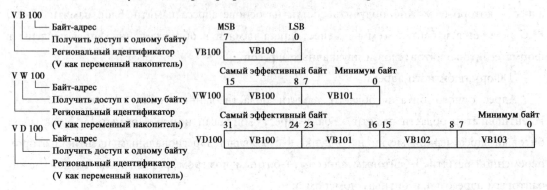

Рисунок 4-6  Примеры представления байтов, слов и двузначных адресов в памяти

адресным способом. Система S7-200 PLC имеет следующие формы адресации: немедленная, прямая и косвенная.

## 1. Немедленная адресация

Команда дает число операций непосредственно, число операций следует за кодом операции, при извлечении команды также удаляется число операций, поэтому называется немедленным числом операций или немедленной адресацией. Немедленная адресация может быть использована для обеспечения констант, установки начальных значений и т. д. В директивах часто используются константы. Например, функция команды передачи 《MOVD 256, VD100》 заключается в передаче десятичной константы 256 в блок VD100, где 256 является исходным операндом, непосредственно после кода операции, больше не нужно искать исходный операнд, поэтому этот операнд называется мгновенным числом, этот способ адресации является немедленным способом адресации.

Непосредственные числа часто используются в директивах. Постоянные значения могут быть байтами, словами, типами слов. Процессор хранит все константы в двоичном виде. Директива может быть представлена в виде десятичного, шестнадцатеричного, ASCII-кода или числа с плавающей запятой.

## 2. Прямая адресация

Директива дает прямой способ адресации адреса операнда. Адрес памяти операнда должен быть указан в указанном формате и может быть указан с использованием битового адреса или адреса байта, слова или двузначного адреса. При использовании указываются региональные идентификаторы, длина данных и начальный адрес зоны хранения данных. Ниже приводятся примеры:

Битовая адресация: LD I3.4 Логическая команда получения

Базовая адресация: MOVB VB50, длина данных VB100-байт, передача команд в байтах

Адресация слов: MOVW VW50, VW100

Двузначная адресация: MOVD VD50, VD100 передает двузначные данные из переменной памяти с начальным адресом 50 в переменную память с исходным адресом 100, то есть данные из VB50-VB53 передаются в VB100-VB103.

Программные элементы, которые могут быть адресованы битами, включают: входное реле I, выходное реле Q, вспомогательное реле M, специальное реле SM, локальное запоминающее устройство L, переменное запоминающее устройство V, реле последовательного управления S. В зоне хранения PLC также есть программные элементы, такие как таймер T, счетчик C, высокоскоростной счетчик HC, аккумулятор AC, которые не указывают байтовый адрес, но записывают номер непосредственно после регионального идентификатора. Например, T39, C20, HC1, AC1. Среди них T39 и C20 относятся как к текущему значению, так и к битовому состоянию, дифференцированному в соответствии с директивой.

3. Косвенная адресация

В инструкции указан адрес ячейки хранения, в которой хранится адрес числа операций. Адрес адреса операционного числа называется указателем адреса, указатель обозначен номером " * ", пример * AC1, память, которая может использоваться в качестве указателя адреса, имеет: V, L, AC (1-3), область памяти, которая может быть косвенно адресована: I, Q, V, M, S, T (только текущее значение), C (только текущее значение). Непрямая адресация независимых битовых значений (BIT) или аналоговых значений невозможна.

Шаги использования косвенной адресации для доступа к данным:

①Построить указатель

Прежде чем использовать косвенную адресацию для чтения и записи ячейки памяти, необходимо установить указатель адреса. Указатель адреса-это двухбуквенный указатель, в котором хранится 32-битный физический адрес ячейки памяти, к которой необходимо получить доступ. Память, которая может использоваться в качестве указателя: переменная (V), локальная (L) или накопитель (AC1, AC2, AC3), AC0 не может использоваться в качестве указателя для косвенной адресации. При установке указателя необходимо использовать двухбуквенную команду передачи (MOVD) для загрузки адреса ячейки памяти, к которой необходимо получить доступ, в ячейку памяти или накопитель, используемый в качестве указателя. Примечание: загружается адрес, а не сами данные, в следующем формате: MOVD & VB200, AC1; Выражение: Отправьте адрес VB200 в указатель установки AC1, обратите внимание: 《VB200》-это просто прямой адресный номер, а не его физический адрес. " & " означает получение адреса памяти, а не содержимого памяти. Длина данных второго адреса в директиве должна быть двузначной, например, AC, LD и VD. Здесь адрес " VB200 " должен быть представлен 32-битным, поэтому необходимо использовать двухбуквенную команду передачи( MOVD ).

②Использование указателей для доступа к данным

При программировании перед числом операций команды добавляется 《 * 》, что означает, что число операций является указателем и что данные доступны в качестве адреса на основе значения содержимого в указателе. Используя указатель, можно получить доступ к байтам, словам и двузначным данным. Следующие две директивы являются приложениями для установления указателей и косвенного доступа:

MOVD        & VB200, AC1

MOVW        * AC1, AC0

Выполните инструкцию MOVW * AC1, AC0, используя значение содержимого в указателе( VB200 ) в качестве адреса, так как идентификатор команды MOVW является " W ", длина данных операции команды должна быть шрифтом, передавая два байта содержимого адреса VB200 и VB201( 1234 ) в AC0, как показано на рисунке 4-7. Номер " * " перед оперативом( AC1 )означает, что это оператив( AC1 )является указателем.

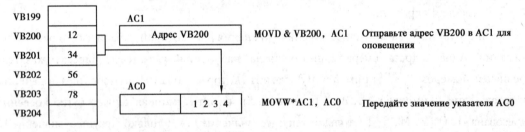

Рисунок 4-7   Косвенная адресация с помощью указателя

③Изменить указатель

При получении доступа к данным в ячейке хранения с непрерывным адресом можно легко получить доступ к данным путем изменения указателя. В S7-200 PLC содержимое указателя не изменяется автоматически, и значение указателя может быть изменено с помощью команд, таких как самоумножение или самоуничтожение. Это обеспечивает непрерывный доступ к данным в ячейках хранения. На рисунке 4-8 указатель указывает на новый адрес VB202 после того, как значение в указателе AC1 ( VB200 )было изменено на VB202 с помощью двухкратной команды самосовершенствования INCD AC1. Выполните инструкцию MOVW * AC1, AC0, которая обеспечивает непрерывный доступ к данным в памяти переменных( V ), передавая два байта данных VB202 и VB203( 5678 )в AC0.

При изменении значения указателя его следует корректировать в зависимости от длины получаемых данных. Если байт доступен, значение указателя плюс 1( или минус 1 ); Если вы получаете доступ к слову или текущему значению таймера или счетчика, значение указателя добавляет 2 ( или минус 2 ); При получении доступа к двум словам значение

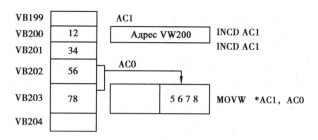

**Рисунок** 4-8   **Изменение указателя при доступе к данным**

указателя увеличивается на 4 (или минус 4). На рисунке 4-8 длина данных доступа является шрифтом данных, поэтому значение указателя плюс 2.

# 4.3   Программные компоненты S7-200 PLC

Области памяти зоны данных PLC, управляемые системным программным обеспечением, делятся на несколько небольших блоков и наделяют их различными функциями, создавая различные внутренние компоненты, которые являются программными компонентами PLC. Количество программных компонентов, предлагаемых каждым PLC, ограничено, и их количество и тип определяют размер PLC и возможности обработки данных.

## 4.3.1   Мягкие компоненты

Внутри PLC эти программные элементы с определенными функциями не являются реальными физическими устройствами, а состоят из электронных схем, регистров и блоков памяти и т. Д. С фиксированным адресом. Например, входные реле состоят из входных цепей и регистров образов, которые имеют релейные свойства, но не имеют механических контактов. Чтобы отличить эти программные элементы от традиционных реле, иногда называемых мягкими элементами или мягкими реле, они характеризуются:

①Мягкие реле невидимы и неприкасаемы, не имеют физических контактов.

②Каждое мягкое реле может обеспечивать неограниченное количество открытых и закрытых контактов, которые могут быть размещены в любом месте одной и той же программы, т. е. их контакты могут использоваться неограниченное количество раз.

③Малый размер, низкое энергопотребление, длительный срок службы.

## 4.3.2   Введение мягких компонентов

Программные компоненты S7-200 PLC являются следующими:

1. Входное реле (I)

Входные зажимы снаружи PLC используются для получения сигналов переключателя с места, и каждый входной зажим соответствует соответствующему биту входного регистра образов(I) внутри PLC. Состояние входного сигнала на месте считывается на этапе отбора входных проб в каждом цикле сканирования, а значения отбора проб хранятся в регистре входных образов для использования при выполнении программы. Когда внешняя кнопка с постоянным открытием закрывается, битовое состояние соответствующего регистра входного образа составляет 1, в программе его контакт с постоянным открытием закрывается, а контакт с постоянным закрытием открывается.

Внимание:

Статус регистра входного образа может управляться только внешним входным сигналом, а не программными инструкциями внутри.

Фактическое количество точек ввода на месте не может превышать количество входных реле с внешними разъемами, которые PLC может предоставить, а области регистров входных образов с адресами, которые не используются, могут остаться, не избегая ошибок, рекомендуется оставить эти адреса пустыми и не использовать их в других целях.

2. Выходное реле(Q)

Выходное реле-это регистр выходного образа, расположенный в зоне хранения данных PLC. Внешние оконечные устройства PLC могут подключаться к различным полевым нагрузкам, каждый из которых соответствует соответствующему биту в регистре образов.

Процессор хранит результаты вывода в регистре выходного изображения Q, и в конце цикла сканирования процессор посылает значения регистров выходного изображения в блоке вывода пакетным способом, обновляя соответствующий выходной зажим в качестве переключающего сигнала для управления внешней нагрузкой. Когда программа делает определенный статус выходного регистра образа% 1, соответствующий выключатель выходного зажима закрывается, и внешняя нагрузка включается.

Внимание:

Выходные реле не могут использоваться больше, чем PLC может предоставить количество разъемов с внешним выходным модулем, а области регистров образов с адресами, которые не используются, могут остаться, не избегая ошибок, и рекомендуется оставить эти адреса пустыми и не использовать их в других целях.

Зона изображения I/O на самом деле является областью отображения состояния внешнего устройства ввода/вывода, и PLC связывается с внешним физическим устройством через каждый бит области изображения I/O. Каждый бит в зоне отображения I/O может отображать соответствующее клеточное состояние на модуле ввода и вывода. Во время выполнения программы чтение и запись входов и выходов проходят через регистр образов, а не через фактические входные и выходные зажимы, как показано на рисунке 4-9, что повышает помехоустойчивость, ускоряет вычислительную скорость, доступ может быть по битам, байтам, словам, словам, операции более гибкие.

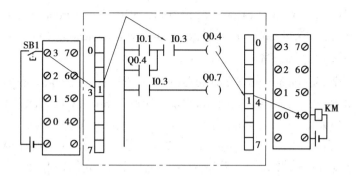

**Рисунок** 4-9   **Операции ввода и вывода CPU S**7-200

3. Общее вспомогательное реле( M )

Универсальное вспомогательное реле( M ), также известное как промежуточное реле, является промежуточным реле в аналоговой системе управления реле, которое хранит промежуточное рабочее состояние или хранит другие соответствующие данные. Внутреннее битовое запоминающее устройство( M ) используется в битах, а также может использоваться в байтах, словах и двух словах.

4. Память переменных( V )

Память переменных используется для хранения глобальных переменных, промежуточных результатов управления логическими операциями во время выполнения программы или других соответствующих данных. Память переменных является глобальной эффективной. Глобальная действительность означает, что одна и та же память может быть доступна в любом разделе программы ( основная программа, подпрограмма, программа прерывания).

5. Память локальных переменных( L )

Локальная память используется для хранения локальных переменных. Локальная память локально эффективна. Локальная действительность означает, что локальная память может использоваться только в одном разделе программы ( основной или подпрограмме или программе прерывания). Часто используется при вызове подпрограмм с параметрами.

S7-200 PLC обеспечивает 64 байт локальной памяти, которая может использоваться в качестве временной памяти или для передачи параметров подпрограмме. Основная программа, подпрограмма и программа прерывания имеют 64 байта локальной памяти, и локальная память различных программ не может быть доступна друг другу. Доступ к локальной памяти можно получить по битам, байтам, словам и двум словам. Локальная память может использоваться в качестве указателя для косвенной адресации, но не в качестве области памяти для косвенной адресации.

6. Реле последовательного управления( S )

Реле последовательного управления( S )используется для последовательного управления ( или шагового управления ). В основном используется для директив реле последовательного управления ( SCR ). Директива SCR обеспечивает логический сегмент процедуры контроля, обеспечивая тем самым контроль последовательности.

7. Специальная память( SM )

S7-200 PLC предоставляет пользователям некоторые специальные функции управления и информацию о системе, а некоторые особые требования пользователей к работе также уведомляются системой через специальные биты разметки( SM ).

Специальные биты разметки делятся на зоны только для чтения ( SM0. 0 ~ SM29. 7, первые 30 байт для зон только для чтения) и зоны для чтения и записи, в зоне только для чтения специальные биты разметки, пользователи могут использовать только свои контакты, не могут изменить их статус.

Например, SMB0 имеет 8 битов состояния SM0. 0-SM0. 7, что частично означает следующее:

SM0. 0: когда процессор находится в RUN, SM0. 0 в сумме 1, то есть бит всегда подключен к ON;

SM0. 1: Когда PLC переходит от STOP к RUN, SM0. 1 подключается к циклу сканирования, который обычно используется для инициализации импульсов;

SM0. 2: При потере данных, сохраненных в ОЗУ, SM0. 2 подключается к циклу сканирования;

SM0. 3: При включении заряда PLC в режим RUN SM0. 3 подключается к циклу сканирования, который заменяет функцию SM0. 1 при постоянном токе;

SM0. 4: импульсы с тактовым коэффициентом заполнения 50%, закрытие 30s, отключение 30s, импульсная строка с периодом 1 мин. ;

SM0. 5: Секундные тактовые импульсы, коэффициент заполнения 50%, закрытие 0,5 s, отключение 0,5 s, импульсы с периодом 1s и так далее. Это специальные реле только для чтения.

SM0. 6: бит представляет собой импульс сканирующих часов, 1 для текущего сканирования и 0 для следующего;

SM1. 0: При выполнении определенных инструкций, результат которых равен 0, местоположение 1 будет изменено;

SM1. 1: При выполнении определенных инструкций, результат которых переполнен или является незаконным значением, местоположение 1 будет изменено;

SM1. 2: при выполнении математической операционной команды, результат которой отрицательный, положение 1 будет изменено;

SM1. 3: При попытке деления на 0 будет изменено местоположение 1.

Слово о состоянии( SM )

SMB0 включает 8 битов состояния: SM0. 0/SM0. 1/SM0. 2/SM0. 3/SM0. 4/SM0. 5/SM0. 6/SM0. 7)

SMB1 содержит множество потенциальных подсказок об ошибках, которые могут быть автоматически сброшены или сброшены системой при выполнении определенных инструкций или ошибок.

SMB2-буфер для получения символов в свободном интерфейсе при общении.

Когда SMB3 общается в свободном интерфейсе, SM3.0 может быть битирован, если в полученном символе обнаруживается ошибка проверки чётности.

Знак SMB4 указывает, переполнена ли очередь прерывания или используется ли интерфейс связи.

SMB5 указывает на системную ошибку ввода/вывода.

Регистр распознавания модулей CPU SMB6 (ID).

Сохранение системы SMB7.

Модуль SMB8-SMB21 I/O распознает и регистрирует ошибки, сохраняя тип модуля 0-6, тип I/O, количество точек I/O и измеренные ошибки I/O каждого модуля в байтовой форме (два соседних байта).

Время сканирования системы SMB22-SMB26.

SMB28-SMB29 хранит количество чисел, соответствующее аналоговому потенциалу модуля CPU.

SMB30-SMB130 SMB30 является свободным интерфейсом связи, когда свободный интерфейс 0 управляет байтом; SMB130-это свободный интерфейс связи, когда свободный интерфейс 1 управляет байтом; Два байта можно читать и писать.

Постоянное запоминающее устройство SMB31-SMB32 (EEPROM) для управления записью.

SMB34-SMB35 используется для хранения временных интервалов прерывания.

Регистры мониторинга и управления высокоскоростными счетчиками SMB36-SMB65 HSC0, HSC1 и HSC2.

Регистр мониторинга и управления высокоскоростным импульсным выходом SMB66-SMB85 (PTO/PWM).

Свободный интерфейс SMB86-SMB94 для связи, интерфейс 0 или интерфейс 1 принимает регистр состояния информации.

SMB186-SMB194 Свободный интерфейс для связи, интерфейс 0 или интерфейс 1 принимает регистр состояния информации.

Ошибка шины модуля расширения SMB98-SMB99.

Регистры мониторинга и управления для высокоскоростных счетчиков SMB131-SMB165 HSC3, HSC4 и HSC5.

SMB166-SMB194 Высокоскоростной импульсный выход (PTO) Таблица определения огибающей.

SMB200-SMB299 зарезервирован для интеллектуального модуля расширения, который сохраняет информацию о состоянии.

8. Таймер (T)

Таймер (T)-это внутренний элемент, который накапливает приращение времени.

Таймер S7-200 PLC имеет три типа: Включите таймер задержки TON, отключите таймер задержки TOF и поддерживайте таймер задержки TONR. Часовые базы таймеров бывают трех типов: 1 мс, 10 мс, 100 мс. При использовании необходимо заранее установить значение времени. Существует две переменные, связанные с таймером: текущее значение таймера и положение таймера. Адрес таймера представлен в формате: Т [ номер таймера], например Т24, Т37, Т38 и т. д.

Эффективный диапазон адресов таймера S7-200 PLC-T(0-255).

8. Счетчик( C )

Счетчик используется для накопления количества импульсов на входном конце счета от низкого до высокого и часто используется для подсчета продукта или программирования конкретных функций. S7-200 PLC имеет три типа счетчиков: увеличение, уменьшение, увеличение или уменьшение. При использовании необходимо заранее установить значение счета. С счетчиком связаны две переменные: текущее значение счётчика и бит состояния счётчика. Адрес счетчика представлен в формате: C [ номер счетчика], например, C3, C22.

Диапазон действительных адресов счетчика S7-200 PLC составляет C(0-255).

10. Регистр образов ввода аналоговых величин( AI ), регистр
образов вывода аналоговых величин( AQ )

 Схема модуля аналогового ввода преобразует аналоговый сигнал внешнего ввода в цифровую величину длиной 1 слово ( 16 бит ), которая хранится в регистре образов аналогового ввода ( AI ) для вычислительной обработки ЦП. Значения в AI являются значениями только для чтения и могут выполняться только операции чтения. Результаты, связанные с операциями CPU, хранятся в регистре образов выходного аналогового объема ( AQ ), где преобразователь D/A преобразует цифровую величину длиной 1 слово в аналоговую величину для управления устройством, управляемым внешним аналоговым объемом. Количество чисел в AQ является только записанным значением, и пользователь не может прочитать выходное значение аналога.

11. Высокоскоростные счетчики( HC )

Высокоскоростные счетчики ( High-speed Counter ) используются для накапливания высокоскоростных импульсных сигналов быстрее, чем сканирование ЦП, и процесс подсчета не связан с циклом сканирования. Текущее значение высокоскоростного счетчика-это целое число из двух слов ( 32 бита ) и только для чтения. Чтение текущего значения высокоскоростного счетчика должно быть адресовано двумя словами.

12. Накопитель( AC )

Накопитель-это память, используемая для временного хранения вычисленных промежуточных значений, а также для передачи или возврата параметров подпрограмме. Процессор S7-200 содержит четыре 32-разрядных накопителя( AC0, AC1, AC2, AC3 ). Адрес накопителя имеет формат: AC [ номер накопителя], например AC0. Модульный накопитель

CPU226 имеет эффективный диапазон адресов: AC ( 0 ~ 3 ). Накопитель-это читающая и записывающая ячейка, которая может получать доступ к значениям в накопителе по байтам, словам и двум словам. Длина доступа к данным определяется идентификатором команды, например, байт команды MOVB для доступа к накопителю, слово команды MOVW для доступа к накопителю, слово команды MOVD для доступа к накопителю. При использовании байтов и слов накопитель получает доступ только к данным в памяти на 8 бит ниже и 16 бит ниже; При двузначном доступе доступ к 32-разрядной памяти.

Примеры использования аккумуляторов примеры.

Если содержимое накопителя AC1 показано на рисунке 4-10, результаты операций передачи данных в байтах, словах и близнецах показаны на рисунке 4-10.

Рисунок 4-10   Результаты операций сумматора

# 4. 4   Основные логические инструкции S7-200 PLC

S7-200 PLC использует набор инструкций SIMATIC компании Siemens. Эта книга посвящена главным образом основным инструкциям, сосредоточенным в директивах SIMATIC, включая самые элементарные инструкции логического управления и функциональные инструкции для выполнения специальных задач. Фундаментальные логические команды в основном работают с битовой логикой, в битовой логической команде, если не указано иное, программные элементы, которые могут использоваться в качестве операнда, включают: I, Q, M, SM, T, C, V, S, L, и тип данных является булевым типом( например, I0. 0, Q0. 0).

### 4. 4. 1   Логический доступ и команда привода катушки

Команды логического доступа и привода катушки являются LD, LDN и =.

LD ( Load ): Возьмите команду. Используется для соединения обычно открытых контактов с шиной для начала логических операций сетевого блока.

LDN( Load Not)-Взять обратную команду. Подключение обычно закрытых контактов к шине для начала логических операций сетевого блока.

=( Out): команда привода катушки. Основное использование показано на рисунке 4-11.

```
Сеть 1
    I0.0              Q0.0        LD        I0.0
    ┤├────────────────( )         =         Q0.0

Сеть 2    Параллельный вывод
    I0.1              M0.0        LDN       I0.1
    ┤/├───────────────( )         =         M0.0
                                            =         M0.1
                      M0.1
                      ( )
```

(а) градиент              (b) Таблица показаний

**Рисунок 4-11    LD, LDN, = Примеры использования команд**

Описание использования:

①Директивы LD и LDN используются не только для открытых и закрытых контактов, связанных с шиной в начале логических вычислений сетевого блока, но и для команд LD и LDN в начале разветвленного блока;

②Параллельное = Директива может использоваться непрерывно в любой раз;

③В одной и той же программе нельзя использовать двухпроводный выход, то есть один и тот же компонент используется только один раз в одной и той же программе = команда;

④Операционные числа LD, LDN, = Директивы: I, Q, M, SM, T, C, V, S и L. T и C также используются в качестве выходной катушки, но при выходе в S7-200PLC они не появляются в виде команды использования =.

## 4.4.2　Порядок последовательного соединения контактов

Контактная последовательная команда-A, AN.

A(и):& Директива. Последовательное подключение к одному постоянному контакту.

AN(And Not): с контрдирективой. Для последовательного соединения одного обычно закрытого контакта основное использование показано на рисунке 4-12.

```
Сеть 1
    I0.0    M0.0    Q0.0           LD        I0.0
    ┤├──────┤├──────( )            A         M0.0
                                   =         Q0.0
Сеть 2   Непрерывный вывод
    M0.1    I0.2    M0.3           LD        M0.1
    ┤├──────┤/├─────( )            AN        I0.2
                                   =         M0.3
                    T5     Q0.3    A         T5
                    ┤├─────( )      =         Q0.3
                                   AN        M0.4
                    M0.4   Q0.1    =         Q0.1
                    ┤/├────( )
```

(а) градиент                           (b) Таблица показаний

**Рисунок 4-12    A, AN, = Примеры использования директивы**

Описание использования:

①A, AN-это команды последовательного соединения отдельных контактов, которые могут использоваться непрерывно. Однако при программировании с помощью трапециевидных диаграмм ширина печати и дисплей ограничены. Программное обеспечение S7-200 предусматривает до 11 последовательных контактов;

②схема непрерывного выхода, показанная на рисунке 4-12, может быть использована повторно = команда, но порядок должен быть правильным, иначе она не может быть использована непрерывно = команда запрограммирована; Схема, показанная на рисунке 4-13, не является непрерывной выходной схемой;

③Операционные числа директив A и AN: I, Q, M, SM, T, C, V, S и L.

Рисунок 4-13 Непрерывное использование = схема команды

## 4.4.3 Приказ о параллельном соединении контактов

Контактная команда параллельного соединения: O, ON.

O (или): или Директива. Параллельное подключение к одному постоянному контакту.

ON (Or Not): или контрдиректива. Для параллельных соединений с одним обычно закрытым контактом основное использование показано на рисунке 4-14.

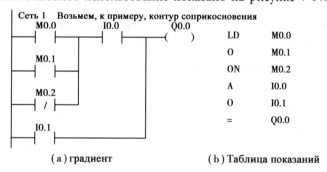

(a) градиент    (b) Таблица показаний

Рисунок 4-14 O, ON Примеры использования директив

Описание использования:

①Директивы O и ON для отдельных контактов могут использоваться непрерывно.

②Количество операций в директивах O и ON такое же, как и раньше.

## 4.4.4 Команда сброса и сброса

S (Set): команда позиционирования, R (Reset): команда сброса, функции которой показаны в таблице 4-2.

Таблица 4-2　Функциональная таблица команд установки/сброса

| | LAD | STL | функц |
|---|---|---|---|
| Команда по позиционированию | bit ——(S) N | S bit,N | N-компоненты, начиная с bit, устанавливаются и сохраняются |
| Команда перезагрузки | bit ——(R) N | R bit,N | N компоненты, начиная с bit, очищены и сохраняются |

Позиция-это 1, сброс-это 0. Команды сброса и сброса могут помещать одну или несколько ( до 255 ) аналогичных позиций памяти в одном или нескольких битовых хранилищах, начиная с одного или нескольких битов.

При использовании этих двух директив необходимо указать три момента: характер операции, начальный бит и количество битов.

1) S, команда позиционирования

Расположение указателя битовой области памяти ( бит ) начинается с n битов аналогичной памяти.

Использование: S bit, N

Пример: S Q0.0,1

2) R, команда сброса

Сброс n битов аналогичной памяти, начиная с определения местоположения бита ( бит ). При использовании команды сброса, если T-бит таймера или C-бит счетчика сбрасывается, бит таймера или счетчика сбрасывается, а текущее значение таймера или счетчика вычисляется.

Использование: R bit, N

Пример: R Q0.2,3

Использование команды сброса значений показано на рисунке 4-15.

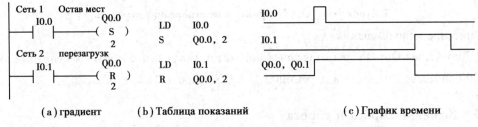

　　( а ) градиент　　　　( b ) Таблица показаний　　　　　　　( с ) График времени

Рисунок 4-15　Примеры использования директивы S/R

Описание использования:

①для битового элемента, как только он установлен, он остается в электрическом состоянии, если только он не сброшен; После сброса оставьте его в отключенном состоянии, если только он не будет снова установлен.

②Директивы S/R могут использоваться в взаимозаменяемом порядке, но поскольку PLC использует метод сканирования, приоритет отдается директивам, написанным ниже. Как показано на рисунке выше, если I0. 0 и I0. 1 являются 1 одновременно, Q0. 0 и Q0. 1 определенно находятся в состоянии сброса и равны 0.

③При сбросе счетчика и таймера текущие значения счетчика и таймера вычищаются. Сброс таймера и счетчика имеет свои особенности, в частности, вы можете обратиться к соответствующей части счетчика и таймера.

④Диапазон N составляет 1 ~ 255, N может быть: VB, IB, QB, MB, SMB, SB, LB, AC, константы, ∗ VD, ∗ AC и ∗ LD. Как правило, используются константы.

⑤Операционные числа Директивы S/R: I, Q, M, SM, T, C, V, S и L.

## 4.4.5 Немедленное указание

Немедленная команда, предназначенная для увеличения скорости отклика PLC на вход/вывод, не зависит от того, как работает циклическое сканирование PLC, что позволяет быстро и напрямую получить доступ к точкам ввода/вывода. Названия и типы немедленных директив являются следующими:

(1) Немедленно Контактная Директива (Немедленно взять, взять обратно, или, или наоборот, и, и против)

(2) = I, команда немедленного вывода

(3) SI, команда немедленного позиционирования

(4) RI, команда немедленного сброса

(1) Приказ немедленного контакта

После каждой стандартной контактной директивы добавить 《 I 》. При выполнении команды немедленно читается значение физической точки ввода, но не обновляется значение соответствующего регистра образа.

К таким директивам относятся: LDI, LDNI, AI, ANI, OI и ONI.

Использование: LDI bi

Пример: LDI I0. 2

Примечание: bit может быть только типом I.

(2) = I, команда немедленного вывода

При доступе к выходной точке с помощью немедленной команды верхняя часть стека немедленно копируется в физическую точку выхода, указанную командой, а содержимое соответствующего регистра образа вывода также обновляется.

Использование: = I bit

Пример: = I Q0. 2

Примечание: bit может быть только типом Q.

(3) SI, команда немедленного позиционирования

При доступе к выходной точке с помощью команды мгновенного позиционирования

N（до 128）физических точек вывода, начиная с бита, указанного в инструкции, немедленно размещаются, а содержимое соответствующего регистра выходного образа также обновляется.

Использование: SI bit, N

Пример: SI Q0.0, 2

Примечание: bit может быть только типом Q.

（4）RI, команда немедленного сброса

При доступе к точке выхода с помощью команды немедленного сброса, N физических точек выхода（до 128）, начиная с бита（bit）, указанного в инструкции, немедленно сбрасываются, а содержимое соответствующего регистра образа вывода также обновляется.

Использование: RI bit, N

Пример: RI Q0.0, 1

На рисунке 4-16 показано использование немедленных инструкций.

（a）градиент　　　（b）Таблица показаний

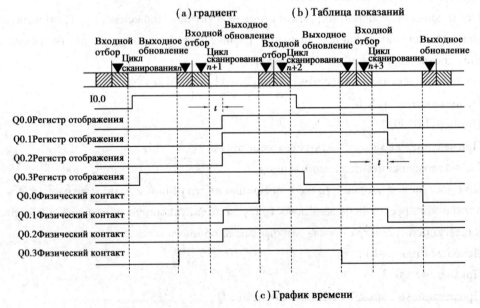

（c）График времени

Рисунок 4-16　Примеры использования немедленных инструкций

## 4.4.6 Команда генерации импульсов

Команда генерации импульсов-EU ( Edge Up ), ED ( Edge Down ). В таблице 4-3 приведены инструкции по использованию команд генерации импульсов. Трапециевидные диаграммы показаны на рисунках 4-17.

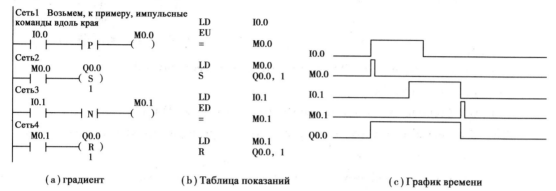

（а）градиент                    （b）Таблица показаний                    （с）График времени

**Рисунок** 4-17   **Примеры использования команд генерации импульсов**

**Таблица** 4-3   **инструкция по применению команд импульсного производства**

| Имя команды | LAD | STL | функц | инструкц |
|---|---|---|---|---|
| Восходящий импульс | ┤ P ├ | EU | Генерирует импульсы вдоль подъёма | Число без операции |
| Нисходящий импульс вдоль | ┤ N ├ | ED | Вниз по течению генерирует импульс | |

## 4.4.7 Операционная инструкция логического стека

В PLC серии S7-200 используется 9-слойный стек для обработки всех логических операций. Стек представляет собой набор временных единиц хранения, способных хранить и извлекать данные, которые характеризуются《продвинутым выходом》. Каждый раз, когда выполняется операция входа в стек, новое значение помещается в верхнюю часть стека, а нижняя часть стека теряется; Каждый раз, когда выполняется операция выхода из стека, всплывает верхнее значение стека, а нижнее значение стека заполняется случайным числом. Команды логического стека в основном используются для выполнения сложных соединений с контактами. Директивы ALD, OLD, LPS, LRD и LPP в S7-200 сгруппированы в инструкции по работе со стеком.

1. команда параллельного соединения последовательных блоков

Подходы, образованные последовательно двумя или более контактами, называются последовательными блоками.

OLD( Or Load ): или блочная команда. Параллельные соединения для последовательных блоков. Трапециевидные диаграммы показаны на рисунках 4-18.

（a）градиент                （b）Таблица показаний

**Рисунок** 4-18    **Примеры использования директивы OLD**

Описание использования：

①В начале блочной схемы также используются команды LD и LDN.

②При каждом параллельном соединении блоковой цепи записывается команда OLD.

③Директива OLD не содержит операционных чисел.

2. Команда последовательного соединения параллельных блоков

Схема, образованная параллельным соединением двух или более ветвей, называется параллельным блоком.

ALD（And Load）:& Блочная команда. Последовательное соединение для параллельных блоков. Трапециевидные диаграммы показаны на рисунках 4-19.

（a）градиент                （b）Таблица показаний

**Рисунок** 4-19    **Примеры использования директивы ALD**

Описание использования：

①В начале блочной схемы используются команды LD и LDN.

② После каждого последовательного соединения блоковой цепи записывается команда ALD.

③Директива ALD не имеет операционного числа.

3. Операционная инструкция логического стека

1）Логические команды входа в стек

LPS,команда логического толкания в стек（ветвь или главная команда управления）. В разветвленной структуре в трапециевидной диаграмме используется для создания новой шины, которая в основном управляет логическим блоком слева, начиная с логической строки.

Примечание：При использовании директивы LPS, эта директива является началом ветви, и позже должна быть директива конца ветви LPP. Директивы LPS и LPP должны появляться в паре.

2) Логические команды выхода из стека

LPP, логически всплывающая команда стека (конец ветви или команда главного управления сбросом). В трапециевидной структуре ветви используется для восстановления новой шины, генерируемой командой LPS.

Примечание: При использовании инструкций LPP они должны появляться за LPS и в паре с LPS.

3) Логическое чтение стека инструкций

LRD, команда логического чтения стека. В разветвленной структуре на трапециевидной диаграмме, когда левая сторона доминирует над логическим блоком, начинается вторая задняя часть, которая больше программируется из логического блока.

4) Команда загрузки стека

LDS, загрузите команду стека. Копировать значение n-го уровня в стеке в верхнюю часть стека. Значения стека на всех уровнях в исходном стеке, в свою очередь, нажимают на один уровень, нижнее значение стека теряется.

Операции стека команд LPS, LRD, LPP и LDS показаны на рисунке 4-20, и значение Xbiaosji неопределенно.

| До казни | После казни | | До казни | После казни | До казни | После казни | До казни | После казни |
|---|---|---|---|---|---|---|---|---|
| S0 | S0 | Первый этаж (Наверх стопк) | S0 | S1 | S0 | S1 | S0 | S3 |
| S1 | S0 | Второй этаж | S1 | S1 | S1 | S2 | S1 | S0 |
| S2 | S1 | Третий этаж | S2 | S2 | S2 | S3 | S2 | S1 |
| S3 | S2 | Четвертый этаж | S3 | S3 | S3 | S4 | S3 | S2 |
| S4 | S3 | Пятый этаж | S4 | S4 | S4 | S5 | S4 | S3 |
| S5 | S4 | Шестой этаж | S5 | S5 | S5 | S6 | S5 | S4 |
| S6 | S5 | Седьмой этаж | S6 | S6 | S6 | S7 | S6 | S5 |
| S7 | S6 | Восьмой этаж | S7 | S7 | S7 | S8 | S7 | S6 |
| S8 | S7 | Девятый этаж (Конц стек) | S8 | S8 | S8 | X | S8 | S7 |

LPS(Логический стек)    LRD (Логический книжный магазин)    LPP (Логический стек)    LDS 3 (В стопку)

Рисунок 4-20 Процессы работы команд LPS, LRD, LPP, LDS

Использование директив LPS, LRD и LPP показано на рисунках 4-21 и 4-22.

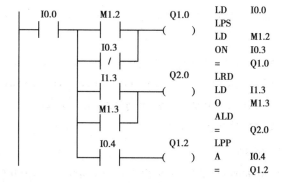

Рисунок 4-21 Пример использования команд логического стека

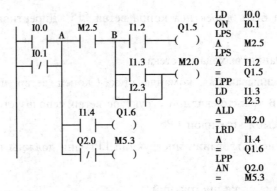

Рисунок 4-22    Пример использования команд логического стека 2

При использовании этих директив необходимо учитывать следующие моменты:

①Из-за ограничений пространства стека (9 слоев стека) команды LPS и LPP должны использоваться не менее 9 раз подряд.

②Директивы LPS и LPP должны использоваться в паре, и между ними может использоваться директива LRD.

③Директивы LPS, LRD и LPP не имеют операционных чисел.

## 4.4.8    Сравнительная директива

Команда сравнения-это сравнение двух значений или строк по указанным условиям, и когда условия сравнения установлены, контакт сравнения закрывается. Таким образом, команда сравнения на самом деле является битовой директивой.

Типы команд сравнения: сравнение байтов, сравнение целых чисел, сравнение целых чисел в двух словах, сравнение реальных чисел и сравнение строк.

Существует шесть типов операторов для команд численного сравнения: =, >=, <, <=, >и<>, и только две команды для сравнения строк=и<>.

Директивы сравнения могут быть запрограммированы на LD, A и O. При программировании с помощью команды LD в таблице предложений, условия сравнения устанавливаются, а верхняя часть стека устанавливается на 1. Когда для программирования используется команда A/O, условия сравнения устанавливаются, операция A/O выполняется в верхней части стека и результат помещается в верхнюю часть стека.

1. Сравнение байт

Сравнение байт используется для сравнения размеров целых значений IN1 и IN2 двух байт-типов, а сравнение байт не имеет знаков. Сравнительная формула может состоять из LDB, AB или OB непосредственно после сравнения операторов.

Например: LDB = , AB<>, OB >=и т. д.

2. Сравнение целых чисел

Целое сравнение используется для сравнения размеров двух однозначных целых чисел IN1 и IN2, а целое сравнение является символическим (диапазон целых чисел между 16 #

8000 и 16 # 7FF−32768−+32767). Сопоставительная формула может состоять из LDW, AW или OW непосредственно после сравнения операторов.

Например: LDW = , AW<>, OW >= и т. д.

3. Сравнение целых чисел

Сравнение целых чисел в двух словах используется для сравнения размеров двух целых чисел длиной два слова IN1 и IN2, а сравнение целых чисел в двух словах является символическим ( диапазон целых чисел между 16 # 80 000 000 и 16 # 7 FFFFFFFFFF ). Сопоставительная формула может состоять из LDD, AD или OD непосредственно после сравнения операторов.

Например: LDD = , AD<>, OD >= и т. д.

4. Сравнение реальных цифр

Реальное сравнение используется для сравнения размеров двух двузначных длинных действительных значений IN1 и IN2, а реальное сравнение является символическим ( диапазон отрицательных действительных чисел составляет−1175495E−38 и−3402823E+38, а диапазон положительных действительных чисел − + 11175495E − 38 и + 3402823E + 38 ). Сравнительная формула может состоять из LDR, AR или OR непосредственно после сравнения операторов.

Например: LDR = , AR<>, OR >= и т. д.

5. Сравнение строк

Для сравнения того, равны ли символы ASCII двух строк. Длина строки не должна превышать 254 символов.

На рисунке 4-23 показано использование инструкции сравнения.

( a ) градиент                    ( b ) Таблица показаний

Рисунок 4-23   Примеры использования инструкции сравнения

## 4.4.9   Директивы NOT и NOP

1. Обратный( NOT )Директива

Обратная команда используется для изменения состояния потока энергии; Когда поток достигает обратного контакта, поток энергии останавливается; Когда поток энергии не достигает обратного контакта, поток энергии проходит; На трапециевидной диаграмме обратная команда отображается обратным контактом, который изменяет результат логической операции слева от нее. В таблице операторов обратная команда выполняет обратную операцию на верхней части стека, изменяя значение верхней части стека. Взять контркоманду без операции. На рисунке 4-24 показан метод использования контркоманд.

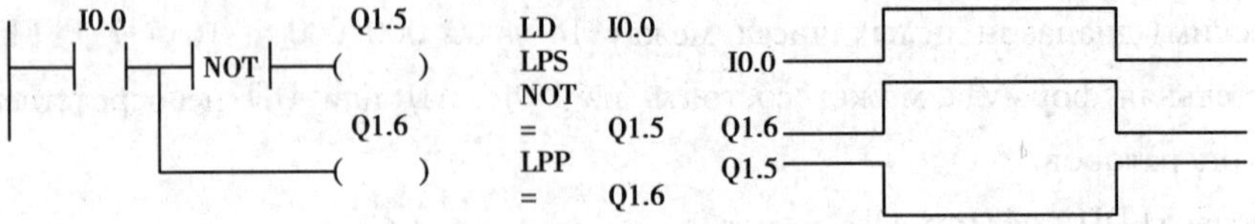

(а) градиент　　　　(b) Таблица показаний　　　　(с) График времени

**Рисунок** 4-24　**Примеры использования контркоманд**

2. Пустая операция( NOP )Директива

Директивы пустых операций ( NOP ) в основном предназначены для облегчения проверки и изменения программы, предварительно устанавливая некоторые инструкции NOP в программе и уменьшая количество изменений адреса программы при изменении и добавлении других инструкций. Директива NOP не влияет на выполнение программы и результаты операции. Формат команды: NOP N, операнд N-константа между 0 и 255.

## 4.4.10　Директива таймера

Команда таймера работает путем подсчета тактовых импульсов внутри PLC. Таймер программируется по умолчанию, и во время работы, когда условия ввода таймера выполнены(входной конец включен или имеет отрицательный скачок), текущее значение увеличивается с 0 по определенной единице ( разрешение ); Когда текущее значение достигает заданного значения, действие контакта таймера.

1. Несколько основных понятий

1 )、Виды

S7-200 PLC предлагает три типа таймеров: TON, TON, TONR и TOF.

2 )Расчет разрешения и времени

Коэффициент приращения времени на единицу времени называется разрешением S таймера и имеет три уровня: 1 мс, 10 мс и 100 мс, время таймера T вычислено: $T = PT \times S$, PT является заданным значением.

3 )Номер таймера

Номер таймера имеет обозначение T и константу ( максимум 255 ), а основные характеристики таймера показаны в таблицах 4-4.

**Таблица** 4-4　**Основные параметры таймера**

| Тип таймера | Показатель распределения голосов/ms | Диапазон времени/s | 定时器号 |
|---|---|---|---|
| TON TOF | 1 | 32. 767 | T32,T96 |
| | 10 | 327. 67 | T33 ~ T36,T97 ~ T100 |
| | 100 | 3276. 7 | T37 ~ T63,T101 ~ T255 |
| TONR | 1 | 32. 767 | T0,T64 |
| | 10 | 327. 67 | T1 ~ T4,T65 ~ T68 |
| | 100 | 3276. 7 | T5 ~ T31,T69 ~ T95 |

2. Инструкции по использованию таймера

1) Включите таймер задержки TON

Команда включения таймера задержки используется для одного интервала времени. Электрический цикл или первое сканирование, бит таймера OFF, текущее значение 0. Позволяет вводить при подключении бит таймера OFF, текущее значение начинает отсчитывать время с 0, текущее значение достигает заданного значения, бит таймера ON, текущее значение непрерывно засчитывается до 32767. Позволяет отключить вход, таймер автоматически сбрасывается, то есть бит таймера OFF, текущее значение 0.

Формат команды: TON Txxx,PT

Пример: TON T120,8

2) Таймер задержки с подключением к памяти TONR

TONR, с памятью подключить команду таймера задержки. Для кумулятивного времени многих интервалов. Электрический цикл или первое сканирование, бит таймера OFF, текущее значение поддерживается. Позволяет вводить в соединение, когда бит таймера OFF, текущее значение начинает отсчитывать время с 0. Позволяет отключить вход, а бит таймера и текущее значение остаются в окончательном состоянии. При повторном включении ввода текущее значение продолжает отсчитываться от предыдущего значения удержания, а когда кумулятивное текущее значение достигает заданного значения, бит таймера ON, текущее значение непрерывно засчитывается до 32767.

Таймер TONR может выполнять операции сброса только с помощью команды сброса.

Формат команды: TONR Txxx,PT

Пример: TONR T20,63

3) Отключить таймер задержки TOF

TOF, отключите команду таймера задержки. Единый интервал времени после отключения. Электрический цикл или первое сканирование, бит таймера OFF, текущее значение 0. При включении возможности ввода таймера бит ON, текущее значение 0. При включении ввода энергии от подключения к отключению таймер начинает считать, и текущее значение достигает заданного значения, когда бит таймера OFF, текущее значение равно заданному значению, останавливает счет.

После сброса TOF повторный запуск может быть реализован, если вы сделаете возможным ввод с отрицательным переходом от ON к OFF.

Формат команды: TOF Txxx, PT

Пример: TOF T35, 6

Внимание:

①Номер таймера не может использоваться одновременно в качестве выключающего таймера задержки (TOF) и включаемого таймера задержки (TON).

②После сброса таймера с помощью команды сброса (R) положение таймера является "0", текущее значение таймера-"0".

③Поддерживаемый (запоминающийся) таймер задержки (TONR) может быть сброшен только с помощью команды сброса.

④Для отключения таймера задержки (TOF) требуется время запуска входного сигнала с отрицательным переходом на входной стороне (от on до off, т. е. отключение).

3、Примеры применения

На рисунке 4-25 показаны основные примеры использования трех типов таймеров: T35-TON, T2-TONR и T36-TOF.

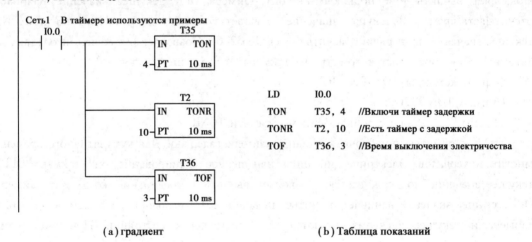

（a）градиент　　　　　　　　　　　（b）Таблица показаний

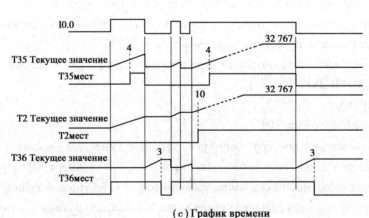

（c）График времени

Рисунок 4-25　Примеры базового использования таймеров

**4. Способ обновления таймера и правильное использование**

1) Способ обновления таймера

①Таймер 1 мс: обновляется системой каждые 1 мс и не имеет отношения к циклу сканирования и обработке программы. Используется метод прерывания обновления.

② Таймер 10 мс: автоматически обновляется системой в начале каждого цикла сканирования. Текущие значения таймера и таймера остаются неизменными в течение цикла сканирования.

③Таймер 100 мс: обновляется при выполнении команды таймера. Он используется только в программе, в которой команда таймера выполняется один раз в каждом цикле сканирования.

2) Правильное использование таймера

①На рисунке 4-26 (а) таймер T32 1ms обновляется один раз. Когда текущее значение таймера 100 обновляется на рисунке А, Q0. 0 может быть подключен к циклу сканирования, а Q0. 0 никогда не подключается, если обновляется в другом месте. Вероятность обновления в точке А очень мала. При изменении на рисунок 4-26 (b) можно гарантировать, что, когда текущее значение таймера достигает заданного значения, Q0. 0 подключается к циклу сканирования, потому что T32 будет сброшен только при подключении Q0. 0. Рисунок 4-26 (а) также не подходит для таймера с разрешением 10 мс.

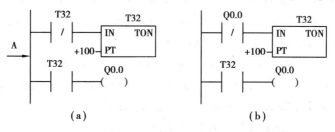

**Рисунок** 4-26   **Использование таймеров** 1мс

② На рисунке 4-27 (а) для таймера T33 10 ms, при использовании неправильного метода, импульс Q0. 0 никогда не может быть создан. Потому что, когда таймер приходит, таймер обновляется в начале каждого сканирования. В этом случае T33 был установлен, но при выполнении команды таймера таймер будет сброшен. Когда обычно открытый контакт T33 выполняется, T33 всегда будет OFF, а Q0. 0 будет OFF. Поэтому следует использовать трапециферную диаграмму, показанную на рис. 4-27 (b).

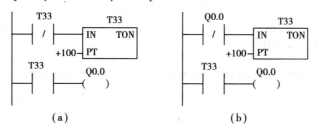

**Рисунок** 4-27   **Использование таймеров** 10 **ms**

③Таймер 100 мс может использоваться только в тех случаях, когда одна и та же команда таймера выполняется один раз в течение каждого цикла сканирования и только один раз. Таймер с разрешением 100 мс обновляется при выполнении команды таймера.

Одна и та же команда таймера на 100 мс не может быть повторно использована в основной программе. Подпрограмма и программа прерывания выполняются не каждый цикл сканирования, поэтому текущее значение таймера 100 мс в подпрограмме и программе прерывания не может быть обновлено вовремя, что приводит к потере импульсов на основе времени, что приводит к искажению времени. В основной программе нельзя повторно использовать один и тот же номер таймера 100 мс, иначе команда таймера выполняется несколько раз в течение цикла сканирования, а текущее значение таймера обновляется несколько раз в течение цикла сканирования. Таким образом, таймер будет учитывать больше импульсов на основе времени, что также приводит к искажению времени. Таким образом, таймер 100 мс может использоваться только в тех случаях, когда одна и та же команда таймера выполняется один раз в течение каждого цикла сканирования и только один раз.

5. Таймер интервалов

Это таймер со специальными функциями, добавленный в последнюю версию CPU, говоря, что это таймер, на самом деле две команды. С помощью этих двух инструкций можно регистрировать момент включения сигнала и его продолжительность. После отключения электроэнергии PLC, остановите запись.

Интервал времени запуска(BITIM, Beginning Interval Time) Эта инструкция используется для чтения текущего значения встроенного 1-миллисекундного счетчика в PLC и хранения этого значения в OUT. Максимальное время измерения двухбуквенного миллисекундного значения составляет 32 квадрата 2, или 49,7 дня.

Расчет интервалов времени ( CITIM, Calculate Interval Time ) Директива вычисляет разницу во времени между текущим временем и временем, предоставляемым IN, и хранит эту разницу в OUT. Максимальное время измерения двухбуквенного миллисекундного значения составляет 32 квадрата 2, или 49,7 дня.

Эффективное число операций для обеих директив: IN и OUT являются двумя словами.

На рисунке 4-28 показано применение таймеров с временными интервалами. Приложение требует выхода Q0.0 после подключения I0.0 к 20s.

## 4.4.11    Команда счетчика

Счетчик используется для накапливания количества входных импульсов и используется в практическом применении для подсчета продукта или выполнения сложных задач логического управления.

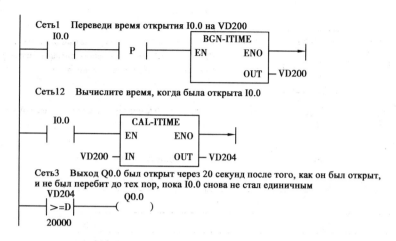

**Рисунок** 4-28   **Примеры использования таймеров интервалов времени**

1. Несколько основных понятий

1) Виды

Существует три типа команд счетчика: CTU для увеличения, CTUD для увеличения и вычитания и CTD для вычитания.

2) №

Номер счетчика состоит из имени счетчика C и числа (максимум 255).

Номер счетчика содержит две информации: бит счетчика и текущее значение счетчика.

бит счетчика: бит счетчика, как и реле, является переключателем, указывающим состояние, в котором происходит действие счетчика, и когда текущее значение счетчика достигает заданного значения, этот бит устанавливается как ON.

Текущее значение счетчика: его значение представляет собой блок памяти, используемый для хранения количества импульсов, накапливаемых счетчиком в настоящее время, и выражается целым числом 16-битных символов с максимальным значением 32767.

2. инструкция по использованию счетчика

1) Дополнительный счетчик CTU

Первое сканирование, бит OFF счетчика, текущее значение 0. Импульс вводится на каждый восходящий край CU, счетчик засчитывается 1 раз, текущее значение увеличивается на 1 единицу, текущее значение достигает заданного значения, бит счетчика ON, текущее значение продолжает считать до 32767 остановки счета. Введите правильный сброс или выполните команду сброса, счетчик автоматически сбросит, то есть бит счетчика OFF, текущее значение 0.

Формат команды: CTU Cxxx, PV

Пример: CTU C20, 3

Пример программы: Рисунок 4-29 показывает использование дополнительных счетчиков.

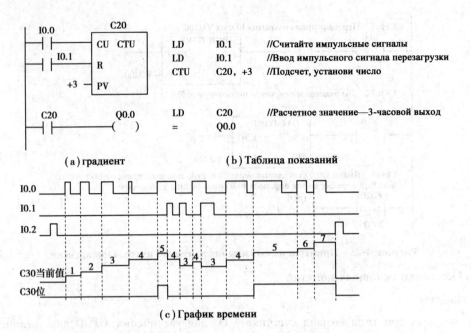

（a）градиент    （b）Таблица показаний

（c）График времени

Рисунок 4-29    Примеры применения дополнительных счетчиков

2）Счетчик прибавлений и вычитаний

CTUD，инструкция счетчика прибавлений и вычитаний. Есть два конца импульсного ввода：входной конец CU используется для прогрессивного счета，а входной конец CD используется для регрессивного счета.

Формат команды：CTUD Cxxx，PV

Пример：CTUD C30，5

Пример программы： на рисунке 4-30 показан пример применения счетчика приращений и вычитаний.

3）Минус счетчик CTD

Импульсный входной CD используется для регрессивного счета. Первое сканирование，бит OFF счетчика，текущее значение равно заданному значению PV. Когда счетчик обнаруживает каждый восходящий край ввода CD，текущее значение счётчика уменьшается на 1 единицу，а текущее значение уменьшается до 0，бит счётчика ON.

Введите правильный сброс или выполните команду сброса，счетчик автоматически сбросит，то есть бит счетчика OFF，текущее значение сбросит заданное значение，а не 0.

Формат команды：CTD Cxxx，PV

Пример：CTD C40，4

Пример программы： Рисунок 4-31 представляет собой пример приложения для вычитания счетчика.

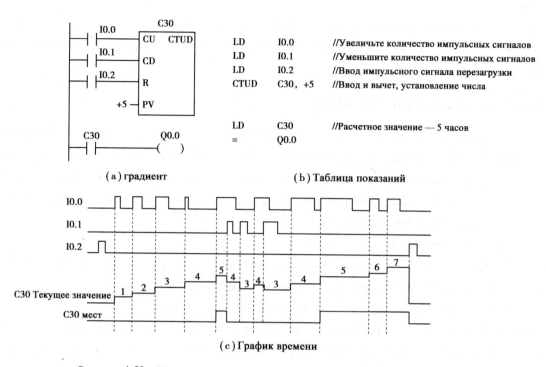

（а）градиент　　　　　　　　　　（b）Таблица показаний

（c）График времени

Рисунок 4-30　　Примеры применения счетчиков приращений и вычитаний

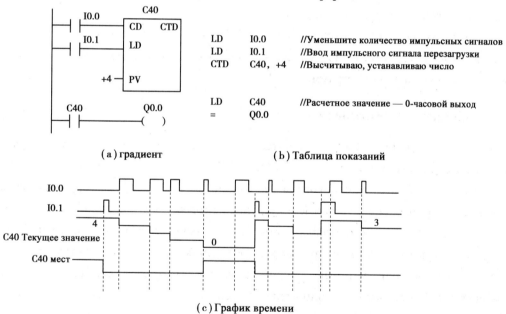

（а）градиент　　　　　　　　　　（b）Таблица показаний

（c）График времени

Рисунок 4-31　　Примеры применения вычитающих счетчиков

## 4.5　Директивы программного контроля

Директивы класса управления программой делают структуру программы гибкой, и разумное использование таких директив может оптимизировать структуру программы и улучшить ее функциональность. Такие директивы в основном включают: конец, паузу, сторожевой пес, прыжок, подпрограмму, цикл и контроль последовательности и другие инструкции.

### 4.5.1　Окончательная директива

Директива об окончании делится на директиву об условном завершении END и директиву о безусловном завершении MEND. Две команды запрограммированы в виде катушек в трапециевидной диаграмме. Директива не содержит числа операций. После выполнения команды завершения система завершает основную программу и возвращается к исходной точке основной программы.

Описание использования:

①Окончательная команда может быть использована только в основной программе и не может быть использована в подпрограмме или программе прерывания.

② При отладке программы можно осуществить поэтапный отладку программы, включив безусловную команду окончания в соответствующее место программы.

③ Условная команда окончания может быть вызвана с помощью состояния результата, состояния системы или внешних условий переключения настроек, выполняемых программой, чтобы завершить программу.

④Программирование с помощью Micro/Win32 не требует ручного ввода безусловной команды окончания, которая автоматически добавляет безусловную команду окончания внутри к концу основной программы.

### 4.5.2　Приказ о прекращении

Когда инструкции STOP действительны, можно переключить режим работы центрального процессора хоста с RUN на STOP, что немедленно приостанавливает выполнение пользовательской программы. Команда STOP запрограммирована в виде катушек в трапециевидной диаграмме. Директива не содержит числа операций.

Директивы STOP могут использоваться в основной программе, подпрограмме и программе прерывания. Если в программе прерывания выполняется инструкция STOP, обработка прерываний немедленно приостанавливается, и все висящие прерывания игнорируются. Продолжайте сканирование оставшейся части программы и завершайте переключение хоста с RUN на STOP после завершения этого цикла сканирования. Директивы STOP и END, как правило, используются в процедурах для реагирования на чрезвычайные ситуации, чтобы избежать значительных потерь при фактическом производстве. Использование показано на рисунке 4-32.

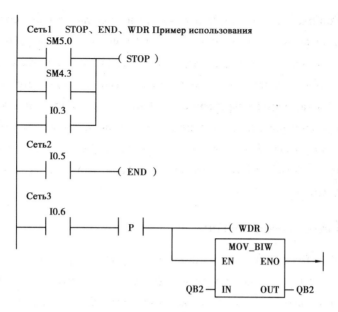

Рисунок 4-32 Конец, остановка и примеры применения команды сторожевой собаки

## 4.5.3 Инструкции по переходу и маркировке

Команда перехода позволяет программному процессу перейти в раздел программы с заданным номером N для выполнения, и две команды используются в паре. Формат инструкции показан на рисунке 4-33.

Команда перехода JMP (Jump to Label): когда входной конец действителен, программа переходит к метке для выполнения.

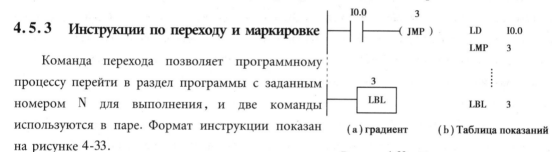

（a）градиент （b）Таблица показаний

Рисунок 4-33 Примеры применения инструкций по переходу и маркировке

Директива по маркировке LBL (Label): Целевая метка, с которой команда переходит. Количество операций n равно 0 ~ 255.

Описание использования:

1) Команда перехода и команда маркировки должны использоваться вместе и могут использоваться только в одном и том же блоке, например, в основной программе, той же подпрограмме или той же программе прерывания. Нельзя перепрыгивать между собой в разных блоках программ.

2) После выполнения прыжка состояние компонентов, пропущенных в сегменте программы:

① Позиции компонентов Q, M, S, C и т. Д. остаются в состоянии, предшествовавшем прыжку;

②Б) счетчик C прекращает подсчет, текущая память значений сохраняет значение до перехода;

③Для таймеров рабочее состояние отличается в зависимости от способа обновления. Во время прыжка таймеры с разрешением 1 мс и 10 мс остаются в рабочем состоянии до прыжка и продолжают работать до заданного значения. Состояние их битов также меняется после настройки, а действие выходного контакта накапливается до максимального значения 32 767. Для таймера с разрешением 100 мс, который прекращает работу во время перехода, но не восстанавливается, значение в памяти является значением при переходе, и после завершения перехода, если условия ввода позволяют, можно продолжать отсчет времени, но потерял смысл точного отсчета времени. Поэтому с таймером в секции прыжков нужно быть осторожным.

## 4.5.4　Приказ сторожевой собаки

WDT ( Watchdog Reset )-это инструкция по сбросу сторожевой собаки. Он может обновить часы тревоги, то есть продлить цикл сканирования, тем самым эффективно избегая ошибок сторожевой собаки в тайм-ауте. Чтобы обеспечить надежную работу системы, внутри PLC установлен таймер системного мониторинга ( WDT ), который контролирует, не превышает ли цикл сканирования времени. Всякий раз, когда таймер наблюдения WDT сканируется, таймер наблюдения WDT восстанавливается. Таймер WDT имеет заданное значение ( 100 – 300 мс ), при нормальной работе системы требуется время сканирования меньше, чем заданное значение WDT, и таймер WDT своевременно сбрасывается.

В случае системного сбоя время сканирования больше, чем заданное значение WDT, таймер не может быть сброшен вовремя, сигнализация и остановка работы ЦП, в то же время сброс ввода и вывода. Эта неисправность называется сбоем WDT, чтобы предотвратить длительный цикл сканирования, вызванный системным сбоем или программой, входящей в мертвый цикл.

Когда система работает нормально, она иногда превышает заданное значение таймера WDT из-за чрезмерной длительности пользовательской программы или использования команды прерывания или команды цикла, чтобы сделать время сканирования слишком длинным. Чтобы предотвратить действие WDT в этом случае, таймер WDT может быть сброшен с помощью команды сброса таймера наблюдения ( WDR ), тем самым увеличивая время, разрешенное сканированием системы CPU.

Команда сброса сторожевой собаки ( WDR ) запрограммирована в виде катушки на трапециевидной диаграмме без операционного числа.

Будьте особенно осторожны с использованием команды сброса сторожевого пса ( WDR ), и если время сканирования слишком затянуто из-за использования команды WDR ( например, использование WDR в циклической структуре ), следующие методы работы будут запрещены до окончания сканирования:

①Связь( кроме способов свободного порта );

②Обновление ввода/вывода(за исключением немедленного ввода/вывода);

③Обязательное обновление;

④Обновление SM;

⑤Диагностика рабочего времени;

⑥Директива STOP в программе прерывания.

Расширенный модуль с цифровым выходом также содержит сторожевой таймер, который записывает каждый модуль расширения с цифровым выходом в течение расширенного времени сканирования,чтобы гарантировать правильный выход.

Использование инструкций сторожевой собаки показано на рисунке 4-32.

## 4.5.5   Цикл инструкций

Команда FOR-NEXT выполняет определенное количество циклических(программных) сегментов между командами FOR(начало)и NEXT(конец).

Директивы FOR и NEXT используются для определения циклических программ, которые должны повторяться определенное количество раз. Параметры команды FOR INDX-это счетчик текущих циклов,используемый для записи текущего значения количества циклов. Параметры INIT и FINAL используются для определения начальных и конечных значений количества циклов. Каждый раз, когда выполняется циклическая программа, значение INDX увеличивается на 1. Когда текущее значение количества циклов превышает конечное значение, цикл заканчивается. Фактическое количество циклов в цикле может контролироваться в ходе выполнения программы путем изменения значения параметра FI-NAL.

Директива FOR-NEXT обеспечивает 8-слойную вставку. Директивы FOR и NEXT должны использоваться в паре, а ближайшая директива FOR и NEXT являются парой в вложенной программе.

Примеры использования циркуляционных директив приведены на рисунке 4-34.

Описание использования параметров:

①В наборе циркуляционных команд есть три входа данных: INDX（index value or current loop count）, INIT（starting value）и FINAL（ending value）. При использовании инструкции FOR необходимо указать текущий циклический счет（INDX）, начальное значение(INIT)и конечное значение(FINAL).

②Операционные числа INDX:VW,IW,QW,MW,SW,SMW,LW,T,C,AC, ∗ VD, ∗ AC и ∗ CD;Относится к типу INT.

③Операционные числа INIT и FINAL: VW, IW, QW, MW, SW, SMW, LW, T, C, AC, константы, ∗ VD, ∗ AC и ∗ CD;Относится к типу INT.

Описание использования циркуляционной команды:

①Директивы FOR и NEXT должны использоваться парами.

② FOR и NEXT могут иметь циклические вложения до 8 слоев, но не должны

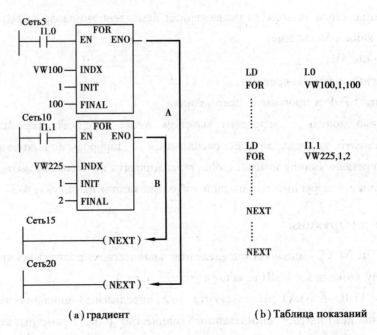

（a）градиент                                （b）Таблица показаний

**Рисунок** 4-34    **Примеры применения циклических директив**

пересекаться между собой.

③Каждый раз, когда ввод энергии（EN）восстанавливается, команда автоматически сбрасывает параметры.

④Когда начальное значение превышает конечное, цикл не выполняется.

⑤ При использовании циркуляционных команд важно обратить внимание на управление INDX в циклическом теле.

### 4.5.6    Диагностические инструкции

На центральной панели PLC есть индикатор SF/DIAG（неисправность/диагностика）, который излучает красный свет, когда происходит системный сбой в процессоре. Для диагностической части DIAG можно использовать инструкции для контроля того, излучает ли индикатор желтый свет. Применение директивы показано на рисунке 4-35.

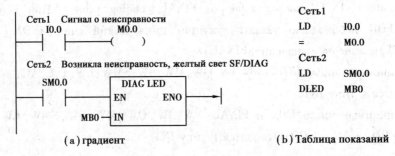

（a）градиент                                （b）Таблица показаний

**Рисунок** 4-35    **Примеры применения диагностических инструкций**

В этой инструкции диагностический индикатор устанавливается как не светящийся, если значение входного параметра IN равно 0. Если значение входного параметра IN превышает 0, диагностический индикатор настроен на желтый свет.

В дополнение к использованию команды для управления желтым светом, SF/DIAG также можно управлять желтым светом с помощью флажка《Настройка светодиода》в блоке программного обеспечения программирования с двумя вариантами:

①Когда данные являются обязательными, индикатор SF/DIAG излучает желтый свет;

② Если модуль имеет ошибку ввода/вывода, индикатор SF/DIAG светится желтым светом.

Если выбрано, индикатор SF/DIAG излучает желтый свет, когда происходит соответствующее событие; Если индикатор SF/DIAG не выбран, желтый свет регулируется только инструкцией.

## 4.5.7 Последовательные функциональные инструкции

Для некоторых простых задач управления эмпирический дизайн действительно является кратким и эффективным методом, и перед лицом сложных требований к управлению использование эмпирического дизайна кажется очень сложным, и есть следующие проблемы:

（1）Методы проектирования трудно освоить, длительный цикл проектирования

При эмпирическом проектировании трапециевидных диаграмм системы не существует фиксированного набора методов и шагов, которые можно было бы следовать, и они имеют большую пробную и случайную природу. Для различных систем управления не существует универсального и легко доступного метода проектирования. При проектировании трапециевидных диаграмм сложных систем большое количество промежуточных элементов используется для выполнения таких функций, как память, блокировка и взаимная блокировка. Поскольку существует множество факторов, которые необходимо принимать во внимание, они часто переплетаются, их очень трудно проанализировать и легко упустить некоторые из вопросов, которые следует учитывать. При модификации определенной локальной схемы вполне вероятно, что она будет《тянуть за собой весь тел》, оказывая неожиданное влияние на другие части системы. Поэтому изменение трапециевидной диаграммы также является проблематичным. Зачастую для получения удовлетворительного результата требуется много времени.

（2）Трудности с обслуживанием после поставки устройства в эксплуатацию

Трапециевидные диаграммы, разработанные эмпирическим методом, часто выглядят очень сложными. Для некоторых из этих сложных логических отношений, даже для коллег дизайнера, трудно анализировать, не говоря уже о обслуживающем персонале. Это создает значительные трудности для обслуживания и улучшения систем управления ПК.

На самом деле, для дискретных ситуаций управления, в которых PLC хорош, независимо от того, насколько сложна задача управления, тщательный анализ показывает, что так называемый процесс управления-это процесс изменения состояния системы под командованием PLC. Таким образом, пока состояние системы отделяется от технологических требований, проблема управления также решается. Изменения состояния системы являются регулярными и, как правило, происходят шаг за шагом, на основе которых формируется научно эффективный метод программирования, известный как последовательное проектирование или шаговое трапециевидное проектирование.

Если система управления может быть разбита на несколько отдельных действий управления, которые должны выполняться строго в определенном порядке, такая система управления называется системой последовательного управления, управление которой всегда осуществляется шаг за шагом в порядке.

Метод последовательного управления-это специальный метод проектирования системы последовательного управления. При проектировании с последовательным управлением сначала рисуется последовательная функциональная диаграмма в соответствии с технологическим процессом системы, а затем трапециевидная диаграмма в соответствии с последовательной функциональной диаграммой.

1. Основные понятия последовательной функциональной карты

Концепция последовательного проектирования или шагового трапециевидного проектирования формируется в системе управления реле, а шаговая трапециевидная диаграмма реализуется с помощью контактного шагового искателя (или барабанного контроллера). Однако из-за износа контактов и плохого контакта работа ненадежна. Контроллеры, появившиеся в 1970-х годах, в основном состояли из дискретных элементов и малых и средних интегральных схем. Из-за его ограниченной функциональности и низкой надежности он был в основном заменен ПК. Разработчики программируемых контроллеров унаследовали идею первого, предоставляя большое количество универсальных и специализированных программных элементов и инструкций для программирования программ управления и разрабатывая язык функциональных таблиц для разработки шаговых программ управления, что делает этот передовой метод проектирования основным методом проектирования современных трапеций ПК.

Этот метод проектирования легко принимается новичками. Для опытных инженеров это также повышает эффективность дизайна. Отладка, изменение и чтение программы также легко.

Последовательные этапы проектирования функциональных диаграмм:

① Во-первых, процесс управления делится на несколько этапов в зависимости от изменения состояния в процессе работы системы. Эти этапы называются шагами (step). Шаги разделены в зависимости от состояния вывода РС. Как только изменяется состояние пропускания/отключения выходного объема системы, система переходит от первоначального шага к новому. На каждом этапе состояние каждого выходного количества должно оставаться неизменным, как показано на рисунке 4-36.

(а)Начальный режим　（b）Промежуточный　（с）Действие в состоянии
произвольный режим

**Рисунок** 4-36　**Графические символы состояния**

② Условия перехода между соседними шагами. Условия преобразования позволяют системе перейти от текущего этапа к следующему. Обычные условия переключения Включение/отключение конечных переключателей, Таймер, включение часто включаемых контактов счетчика и т. д. Условия преобразования также могут быть комбинацией нескольких сигналов или логических комбинаций.

③ Нарисуйте последовательную функциональную диаграмму или перечислите таблицу состояния.

④ В соответствии с последовательной функциональной диаграммой или таблицей состояния, используя какой-то способ программирования, разработайте программу трапециевидной диаграммы системы.

Последовательная функциональная диаграмма, также известная как функциональная диаграмма, представляет собой графическое представление, описывающее систему последовательного управления, и является функциональным иллюстративным языком, предназначенным для промышленного программирования последовательного управления. Он изображает, интуитивно и полностью описывает рабочие процессы, функции и характеристики системы управления и является важным инструментом для анализа и проектирования программ управления электрической системой управления.

Функциональная диаграмма состоит в основном из таких элементов, как《состояние》, 《переход》 и ориентированные отрезки. При надлежащем использовании составных элементов можно получить статическое представление системы управления, а затем смоделировать работу системы в соответствии с правилами запуска передачи, чтобы получить динамический процесс системы управления.

1）Шаг(Статус)

Шаг, то есть состояние, является относительно неизменным свойством системы управления, соответствующим стабильной ситуации. Система контроля может быть разделена на систему обвинения и систему управления. Например, в токарной системе с ЧПУ устройство с ЧПУ является системой управления, а токарный станок является системой обвинения. Что касается системы обвинения, то на определенном этапе должно быть завершено определенное《действие》(action), а в отношении системы управления на определенном этапе должны быть даны определенные 《команды》 (command) системе обвинения. Как показано на рисунке 4-37. В прямоугольной рамке может быть записан номер или код состояния.

① Начальное состояние. Начальное состояние-это начало работы функциональной диаграммы, и система управления должна иметь по крайней мере одно начальное состояние. Графический символ начального состояния-прямоугольная рамка с двумя линиями. При практическом использовании иногда это также рисунок однолинейной прямоугольной рамки, а иногда рисунок горизонтальной линии указывает начало функциональной карты.

② Рабочее состояние. Рабочее состояние-это состояние системы управления при нормальном функционировании. В зависимости от того, работает ли система, состояние можно разделить на динамическое и статическое. Динамическое состояние-это состояние, которое в настоящее время работает, а статическое состояние-состояние, которое не работает. Независимо от того, сколько рабочих состояний входит в контрольную программу, в один и тот же момент в последовательности состояний запускается не более одного рабочего состояния, то есть состояние активируется.

③ Действия, соответствующие состоянию. В каждом стабильном состоянии могут быть соответствующие движения. Способ представления действия показан на рисунке 4-38.

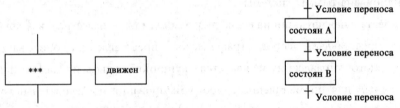

**Рисунок** 4-37   **Представление действий в состоянии**     **Рисунок** 4-38    **символ преобразования**

2) Передача

Чтобы проиллюстрировать изменения от одного состояния к другому, используйте концепцию передачи, то есть направление передачи, обозначенное ориентированным сегментом, соединяющим два состояния до и после. Если передача осуществляется сверху вниз (или по направлению), стрелка направления на отрезке может быть опущена. Перемещение между двумя состояниями выражается еще одним отрезком горизонтальной линии между двумя состояниями. Символ передачи показан на рисунке 4-38.

Передача является условием, когда это условие установлено, называется передача энергии. Передача называется триггером, если она может привести к переходу состояния. Передача, которая может инициировать, должна быть удовлетворена: состояние является динамическим состоянием и передача энергии. Условия перехода являются необходимыми для перехода системы из одного состояния в другое, как правило, в виде текста, логических уравнений и символов.

3) Правила формирования функциональных карт

① Состояние и состояние не могут быть связаны, должны быть отделены переходом;

② Передача и передача не могут быть связаны, должны быть отделены состоянием;

③ Соединение между состоянием и переходом, переходом и состоянием с использованием направленного отрезка, стрелка может быть опущена при рисовании сверху вниз; Когда есть отрезки, нарисованные снизу вверх, стрелки должны быть нарисованы, чтобы указать направление;

④Функциональная карта должна иметь по крайней мере одно начальное состояние.

2. Порядок управления инструкциями

1) введение инструкций последовательного управления

Директивы последовательного управления-это инструкции, предоставляемые производителями PLC пользователям, которые упрощают и стандартизируют программирование функциональных диаграмм. S7-200 PLC предоставляет четыре последовательные инструкции управления, как показано в таблице 4-5.

Таблица 4-5   **Форма и функции инструкций последовательного контроля**

| STL | LAD | функц | Объект операции |
|---|---|---|---|
| LSCR bit<br>( Load Sequential Control Relay ) | bit<br>SCR | Начало последовательного состояния | S( мест ) |
| SCRT bit<br>( Sequential Control Relay Transition ) | ——( SCRT) | Последовательный переход состояния | S( мест ) |
| SCRE<br>( Sequential Control Relay End ) | ——( SCRE) | Конец последовательного состояния | без |
| CSCRE<br>( Conditional Sequence Control Relay End ) | | Конец состояния условного порядка | без |

Как видно из таблицы, объектом действия команды последовательного управления является последовательное реле S. Диапазон S-S0. 0 и S31. 7.

Все команды, начиная с директивы LSCR и заканчивая директивой SCRE, образуют сегмент реле последовательного управления ( SCR ). Команда LSCR отмечает начало сегмента SCR и позволяет этому сегменту SCR работать, когда его статус установлен. Пункт SCR должен заканчиваться инструкцией SCRE. Когда входной конец команды SCRT действителен, с одной стороны, установите состояние S следующего сегмента SCR, чтобы следующий сегмент SCR начал работать; С другой стороны, в то же время происходит сброс статора этого сегмента, в результате чего он перестает работать. Каждый сегмент SCR обычно имеет три функции:

①Обработка привода: то есть, что нужно сделать, когда этот сегмент состояния эффективен; Иногда они могут не выполнять никакой работы;

②Укажите условия и цели передачи: то есть, какие условия были выполнены и куда переместилось состояние;

③Функция автоматического сброса источника передачи：после перехода состояния，установите следующее состояние одновременно，автоматически сбросите исходное состояние.

2）Примеры применения

При использовании функциональных диаграмм следует сначала нарисовать функциональные диаграммы，а затем трапециевидные диаграммы，соответствующие функциональным диаграммам. На рисунке 4-39 показан пример применения директивы последовательного управления.

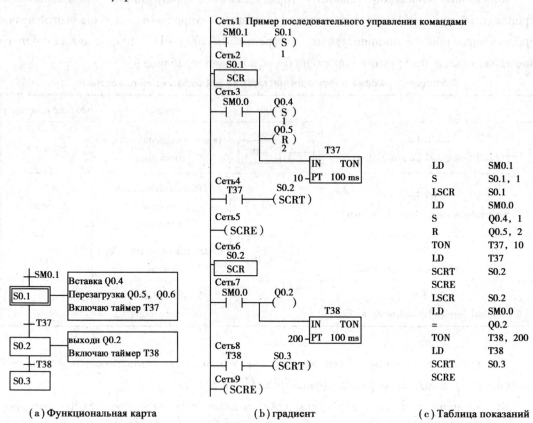

（а）Функциональная карта　　　　（b）градиент　　　　（c）Таблица показаний

Рисунок 4-39　Примеры применения инструкций последовательного управления

3）Описание использования

①Выполнение инструкций является эффективным только для элемента S，и реле с параллельным управлением S также имеет функцию общего реле，поэтому для него могут использоваться другие инструкции.

②Выполнение программы сегмента SCR зависит от того，был ли установлен этот статус（S），и логика команд между SCRE и следующим LSCR не влияет на выполнение программы следующего сегмента SCR.

③Нельзя использовать один и тот же S-бит в разных программах，например，если S0. 1 используется в основной программе，он больше не может использоваться в подпрограмме.

④ Невозможно использовать команды JMP и LBL в сегменте SCR, то есть не разрешается прыгать, выпрыгивать или прыгать изнутри, но можно использовать команды перехода и маркировки вблизи сегмента SCR.

⑤Директивы FOR, NEXT и END не могут использоваться в разделе SCR.

⑥ После перехода состояния все компоненты сегмента SCR, как правило, также должны быть сброшены, и если вы хотите продолжить вывод, вы можете использовать команду сброса/сброса, как Q0.4 на рисунке 4-39.

⑦При использовании функциональных диаграмм номера состояний могут быть не упорядочены по порядку.

Основные типы функциональных карт

1) Однопоточный тип

Один процесс состоит из ряда последовательных шагов активации. За каждым шагом есть только одно условие преобразования, а за каждым условием преобразования-только один шаг, как показано на рисунке 4-40.

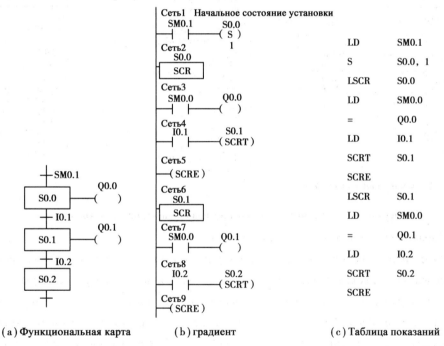

(а) Функциональная карта        (b) градиент        (с) Таблица показаний

**Рисунок 4-40    Примеры однопроцессных функциональных диаграмм**

2) Выборная последовательность

В производственной практике необходимо выбирать процессы для работы с несколькими процессами. Выбор начала последовательности называется ветвью. Есть несколько шагов позади определенного шага, и при выполнении различных условий преобразования повернитесь к другому шагу. Выбор конца последовательности называется слиянием. Несколько выбранных последовательностей объединяются в одну и ту же последовательность, и шаги каждой последовательности преобразуются в один и тот же шаг, когда соответствующие условия преобразования выполняются. На рисунке 4-41 приведены примеры применения альтернативных последовательностей.

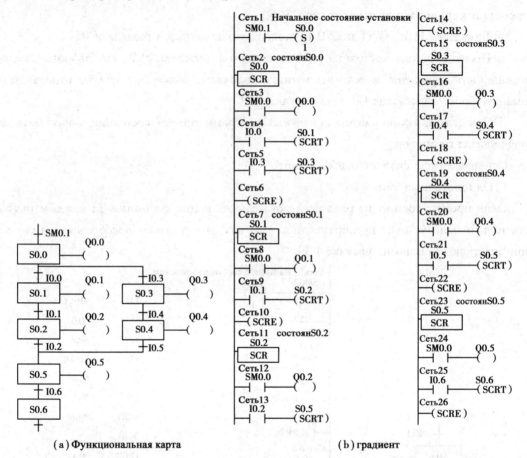

（a）Функциональная карта  （b）градиент

**Рисунок 4-41  Примеры применения выборочных последовательностей**

3）Параллельная последовательная структура

Начало параллельной последовательности называется ветвью. Когда реализация преобразования приводит к одновременной активации нескольких последовательностей, эти последовательности называются параллельными последовательностями. После их одновременной активации прогресс активных шагов в каждой последовательности будет независимым, как показано на рисунке 4-42 ( а ). В параллельной последовательности горизонтальное соединение представлено двумя линиями для обозначения синхронизации для достижения преобразования. В ветвях параллельных последовательностей допускается только одно условие преобразования, отмеченное над горизонтальными двумя линиями. Конец параллельной последовательности называется слиянием. В параллельной последовательности каждый шаг, расположенный выше горизонтальной двухпутной линии, является активным шагом, и когда условия преобразования выполнены, он одновременно преобразуется в один и тот же шаг, как показано на рисунке 4-42 ( а ). Объединение параллельных последовательностей допускает только одно условие преобразования и помечено ниже горизонтальной двухлинейной. На рисунке 4-42 приведены примеры применения.

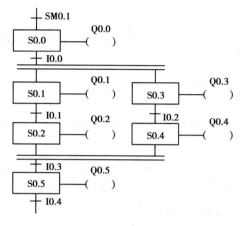

（a）Функциональная карта

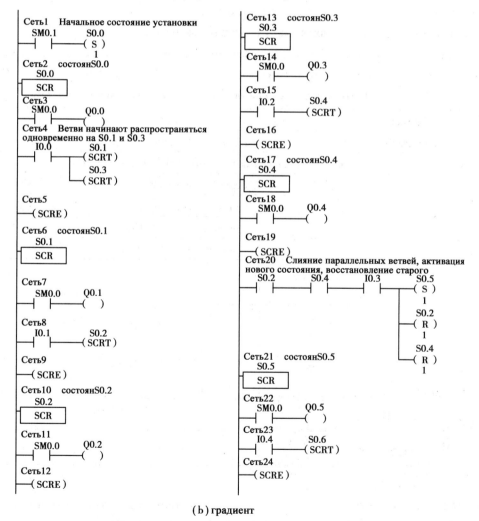

（b）градиент

Рисунок 4-42    Примеры применения параллельных последовательностей

**4. Примеры применения инструкций последовательного контроля**

Ниже приводится пример управления светофором PLC на перекрестке.

**1) Требования контроля**

Схема установки светофора и график работы показаны на рисунке 4-43, требования к управлению следующие:

①После включения кнопки пуска сигнальный свет начинает работать, с севера на юг на красный свет, с востока на запад на зеленый свет одновременно.

②После того, как что-то светит на зеленый свет 25 s, он мигает 3 раза (1 s/раз), затем что-то горит на желтый свет, что-то горит на красный свет после 2 s, и что-то снова горит на зеленый свет после 30 s... так непрерывно циркулирует, пока работа не прекратится.

③После того, как с севера на юг горит красный свет на 30 s, зеленый свет горит с севера на юг, зеленый свет мигает с севера на юг три раза (1 s/раз) после 25 s, затем горит желтый свет с севера на юг, а красный свет снова горит с севера на юг после 2 s... так непрерывно циркулирует, пока работа не прекратится.

**2) Распределение адресов входных и выходных сигналов**

Распределение адресов входных и выходных сигналов системы осуществляется в соответствии с требованиями управления, как показано в таблицах 4-6.

Таблица 4-6 **Таблица распределения адресов I/O для управления светофорами**

| Входной сигнал | | выходной сигнал | |
|---|---|---|---|
| Кнопка запускаSB1 | I0.1 | Красный свет Север-ЮгHL1、HL2 | Q0.0 |
| Кнопка стопSB2 | I0.2 | Северный и Южный зеленый светHL3、HL4 | Q0.4 |
| | | Север-Юг жёлтыйHL5、HL6 | Q0.5 |
| | | Красный свет. HL7、HL8 | Q0.3 |
| | | Зеленый свет. HL9、HL10 | Q0.1 |
| | | Желтый свет. HL11、HL12 | Q0.2 |

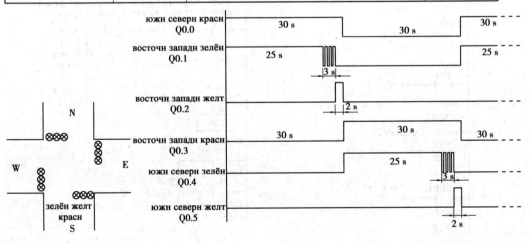

(а) Схемы светофора на дорогах    (b) Схема рабочего времени сигнальной лампочки

Рисунок 4-43    **Схема управления светофорами**

3) Функциональная схема последовательности проектирования

На основе хронологической схемы светофоров спроектирована функциональная схема последовательности, как показано на рисунке 4-44. Последовательная функциональная диаграмма является типичной параллельной последовательной структурой, которая работает параллельно с сигнальными огнями с востока на запад и с севера на юг, просто разбивая такт в хронологическом порядке. Таким образом, идея программирования трапециевидных диаграмм с востока на запад и с севера на юг одинакова. Программу трапециевидных диаграмм легко записать на основе последовательной функциональной диаграммы.

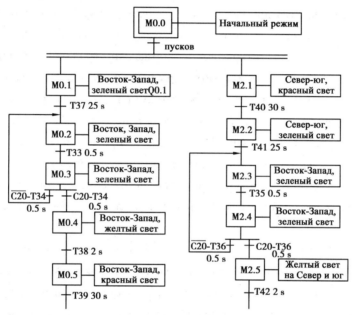

Рисунок 4-44  Функциональная схема последовательности управления светофорами

# 4.6  Предварительное руководство по программированию PLC

## 4.6.1  Основные правила программирования трапециевидных диаграмм

Программные элементы в PLC можно рассматривать как элементы, похожие на фактические реле, с нормально открытыми, часто закрытыми контактами и катушками, потеря напряжения катушки приведет к действию контакта. Затем используйте шину вместо линии питания, концепцию потока энергии вместо концепции тока, используя аналогичную идею построения схемы реле, чтобы нарисовать трапециевидную диаграмму, но в отличие от системы управления реле-контактором:

① PLC использует трапециевидное программирование для представления системы управления аналоговым реле, поэтому различные элементы в трапециевидной диаграмме также следуют названию реле, называемого《мягким релем》. Каждое мягкое реле на самом деле является одним из элементов памяти.

②"Электрический ток", протекающий по трапециевидной диаграмме, является не физическим током, а《энергетическим потоком》, который может течь только слева направо, сверху вниз и не допускает обратного течения.

③Обычно открытые и обычно закрытые контакты в трапециевидной диаграмме не являются контактами физического переключателя на месте, а соответствуют состоянию соответствующего бита в регистре. Часто открытые контакты понимаются как операции с битовым состоянием, обычно закрытые контакты понимаются как обратные битовые состояния. В трапециевидной диаграмме переключение нормально открытых и нормально закрытых контактов одного и того же элемента не задерживается во времени, а комбинированные нормально открытые и нормально закрытые контакты в системе управления реле относятся к типу первого разрыва и последующего соединения.

④Выходная катушка в трапециевидной диаграмме не является физической катушкой и не может быть использована для прямого привода исполнительного механизма на месте.

⑤Часто открытые и часто закрытые контакты программных элементов, таких как входные/выходные реле PLC, промежуточные реле, таймеры и счетчики, могут использоваться бесконечно много раз, так как битовое состояние в ячейке хранения желательно использовать любой раз. Количество контактов реле в системе управления реле ограничено.

При составлении трапециевидных схем должны также соблюдаться следующие правила:

① Трапециевидная диаграмма состоит из нескольких сетей, каждая из которых начинается с левой шины и заканчивается на правой шине, катушка напрямую связана с правой шиной( при рисовании S7-200PLC опущена правая шина), контакт не может быть размещен справа от катушки, как показано на рисунке 4-45.

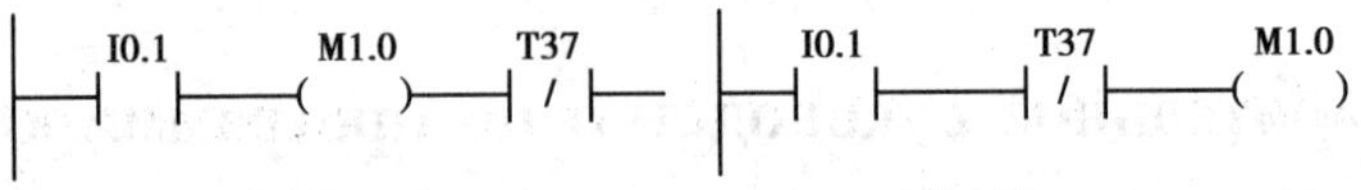

(a) Ошибка    (b) Правильно

Рисунок 4-45  Пример трапециевидного рисунка 1

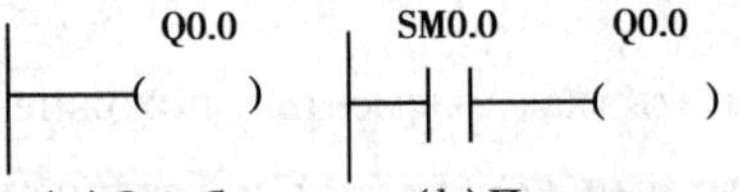

(a) Ошибка    (b) Правильно

Рисунок 4-46  Пример трапециевидного рисунка 2

②Катушки, таймеры, счетчики и функциональные командные рамки в трапециевидной диаграмме, как правило, не могут быть подключены непосредственно к левой шине и могут быть выполнены с помощью специального промежуточного реле SM0. 0, как показано на рисунке 4-46.

③В одной и той же программе катушка с одним и тем же адресным номером может появляться только один раз и обычно не может быть повторно использована, но ее контакты могут использоваться неограниченное количество раз. В одной и той же программе катушки с одним и тем же номером используются дважды и более, называемые двухпроводными выходами. Выход с двумя кольцами может легко вызвать неправильное действие, поэтому его следует избегать. Выход с двумя катушками в S7-200 PLC не допускается.

④ Параллельное соединение нескольких последовательных ветвей должно быть организовано как можно выше с несколькими последовательными контактными группами; Последовательное соединение нескольких параллельных контуров должно быть организовано как можно дальше слева от группы контактов с несколькими параллельными контурами. Как показано на рисунке 4-47.

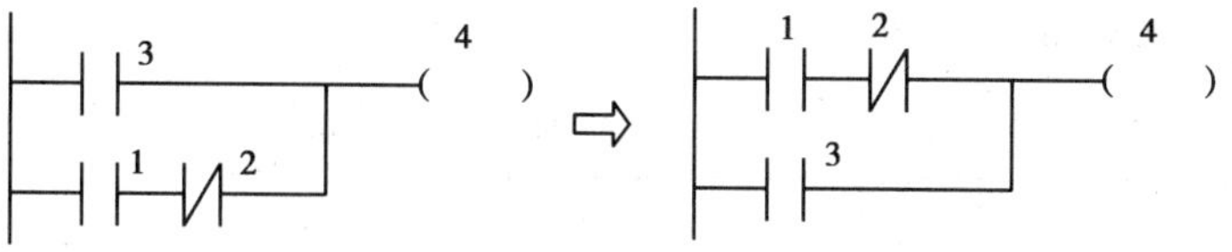

(a) Поставьте последовательные мультипликационные блоки в верхнюю часть

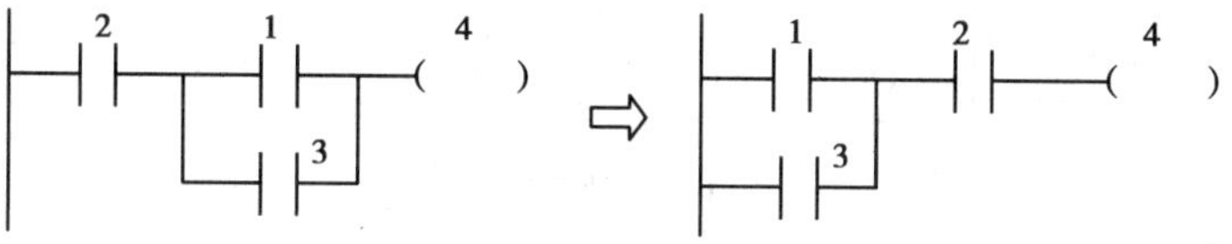

(b) Поставьте параллельные многогранные блоки цепи слева

**Рисунок** 4-47    **Пример трапециевидного рисунка** 3

⑤Мостовые схемы должны быть изменены, чтобы нарисовать трапециевидную схему. Как показано на рисунке 4-48.

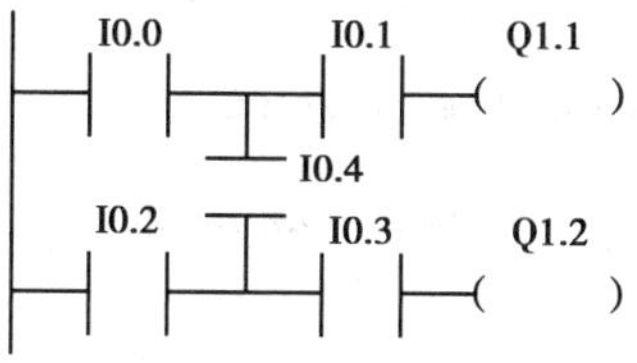

(a) До модификации 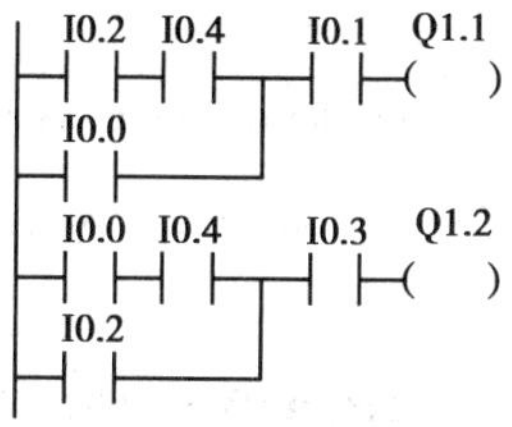              (b) После модификаци и

**Рисунок** 4-48    **Трапециевидная схема до и после модификации мостовой схемы**

⑥Количество контактов в каждой строке программы трапециевидных диаграмм не ограничено, но если их слишком много, они могут показаться неудобными из-за ограничений на экране, а распечатанные трапециевидные диаграммы не выглядят хорошо. Поэтому, если в строке слишком много контактов, можно предпринять некоторые промежуточные переходные меры.

## 4.6.2    Преобразование между языками программирования **LAD** и **STL**

При программировании с помощью трапециевидных диаграмм всю программу трапециевидной диаграммы можно рассматривать как состоящую из множества сетевых блоков, каждый из которых начинается с шины, и все сетевые блоки в совокупности являются трапециевидными диаграммами. Программа LAD может быть преобразована непосредственно в STL с помощью программного обеспечения программирования. Когда S7-200PLC программируется на STL, программы STL и LAD в основном соответствуют друг другу, если они также основаны на каждом отдельном сетевом блоке, и они могут быть преобразованы в программное обеспечение; Если программы STL и LAD не программируются в единицах для каждого отдельного сетевого блока, а написаны непрерывно, программы STL и LAD не могут быть преобразованы друг в друга программным обеспечением. На рисунке 4-49 показаны этапы реализации конверсии между двумя языками программирования.

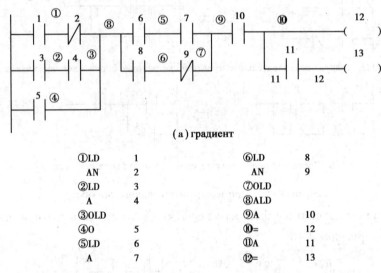

(а) градиент

| ①LD | 1 | ⑥LD | 8 |
| AN | 2 | AN | 9 |
| ②LD | 3 | ⑦OLD | |
| A | 4 | ⑧ALD | |
| ③OLD | | ⑨A | 10 |
| ④O | 5 | ⑩= | 12 |
| ⑤LD | 6 | ⑪A | 11 |
| A | 7 | ⑫= | 13 |

(b) Демонстрация порядка написания таблицы показаний

Рисунок 4-49　Примеры программирования таблиц

## 4.7　Программирование PLC для типичных простых схем и звеньев

### 4.7.1　Схема генерации с задержкой импульса

Требуется, чтобы после того, как будет входной сигнал, через некоторое время был создан импульс. Эта схема часто используется для получения сигнала запуска или выключения, и на рисунке 4-50 показан график своевременности программы этой схемы. В этой схеме используется импульсная команда I0. 0 для генерации пускового импульса, а затем таймер T33 используется в сети 2 для достижения функции задержки. Поскольку таймер не имеет мгновенного контакта, для реализации логики задержки используется промежуточное реле M0. 1.

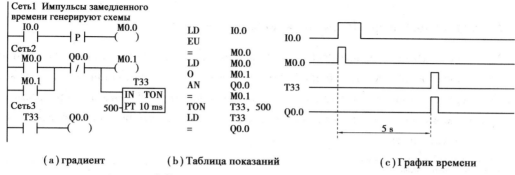

（а）градиент            （b）Таблица показаний            （c）График времени

Рисунок 4-50    схема генерации запаздывающих импульсов

## 4.7.2    Переходное включение/отсоединение от цепи с задержкой

Эта схема требует немедленного выхода, когда входной сигнал действителен, а когда входной сигнал является OFF, выходной сигнал отключается после некоторой задержки, на рисунке 4-51 показан график своевременности программы этой схемы. Ключевой задачей этой схемы является определение условий таймера Т37. В данном случае для самоблокировки используется выходной сигнал Q0. 0. На рисунке 4-52 показан еще один способ проектирования схемы с использованием типичных звеньев, показанных на рисунке 4-50.

（а）градиент            （b）Таблица показаний            （c）График времени

Рисунок 4-51    мгновенное включение/отсоединение

Мгновенное включение сети/Отсоединить цепь с задержкой

Сеть1

I0.0 ——| |——| N |——( M0.0 )

Сеть2

M0.0 ——| |——| T37 /|——( M0.1 )

M0.1 ——| |——

T37
IN    TON
30—PT    100 ms

Сеть3

I0.0 ——| |——| T37 /|——( Q0.0 )

Q0.0 ——| |——

Рисунок 4-52    Использование типичных схем проектирования

### 4.7.3  Включение/отсроченное отключение цепи

Эта схема требует входного сигнала, и через некоторое время сторона выходного сигнала становится ON; Когда входной сигнал является OFF, выходной сигнал должен пройти задержку, чтобы превратиться в OFF, и на рисунке 4-53 показана программа и хронология схемы. Ключом к этой схеме является использование двух таймеров для выполнения функций схемы.

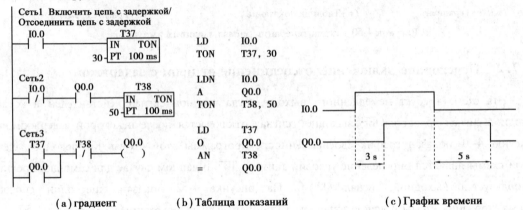

（a）градиент          （b）Таблица показаний          （c）График времени

Рисунок 4-53    Включение/выключение с задержкой

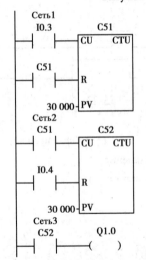

Рисунок 4-54    Расширение счетчика

### 4.7.4  Расширение счетчика

Максимальное значение модуля S7-200 CPU226 составляет 32767, и для последовательного использования нескольких счетчиков требуется больший диапазон счисления, на рисунке 4-54 показана программа расширения схемы счетчика. Сигнал сброса: С51 использует свой собственный открытый контакт сброса, и когда С51 подсчитывается до 30 000, С52 отсчитывает следующий цикл сканирования, а С51 сбрасывает. С52 использует внешний сигнал сброса I0. 4. На рисунке, если входной сигнал I0. 3 счетчика увеличения С51 поднимается по импульсу до N = 30 000 ×30 000 = 9×B 108 часов Q1. 0 имеет выход.

### 4.7.5  Длинные схемы замедления

Максимальное время отсчета для одного таймера S7-200 PLC составляет 3276. 7s, и диапазон отсчета таймера может быть расширен с помощью расширенного метода, когда требуемое значение времени превышает это значение. На рисунке 4-55 показана трапециевидная схема схемы с длинным временем. Последовательное подключение двух или более таймеров может расширить диапазон таймеров. Рисунок 4-55（a），когда входной сигнал I2.0 подключен к выходной катушке Q2.0 имеет выход，общая задержка：T =（30 000+30 000）×0.1 s = 6 000 s.

Если будет расширен диапазон времени, можно будет увеличить число последовательных таймеров. Расширение диапазона отсчета времени может также осуществляться методом последовательного подключения таймера и счетчика，как показано на рисунке 4-55（b）. Подключение от электропитания к выходной катушке Q2.0 с выходом，с общей задержкой T = 3 000.0 s×20 000 = 6×107c. При увеличении диапазона отсчета можно увеличить число последовательных счетчиков.

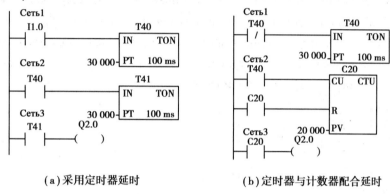

(a）采用定时器延时 (b）定时器与计数器配合延时

**Рисунок** 4-55 **Длинные схемы времени**

## 4.7.6 Сцинтилляционные схемы

Сцинтилляционные схемы также называются осцилляционными схемами, часто используемыми в сигнализации, развлечениях и других случаях, рисунок 4-56 дает типичный график своевременности программы. На рисунке, когда входной сигнал I0.1 действителен, таймер T37 начинает отсчет времени, а выходной сигнал Q0.1 возбуждается после 1s, в то время как таймер T38 начинает отсчет времени；После 2s, T38 = 1, T37 Сброс, T38 также Сброс. Следующий цикл сканирования, T37 снова начинает отсчет времени, повторяясь, так что выходная катушка Q0.1 непрерывно разрывает 1s, проходя 2s. Корректируя значения T37 и T38, можно изменить частоту сцинтилляции.

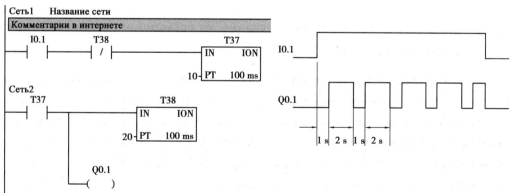

**Рисунок** 4-56 **Трапециевидная диаграмма управления сцинтилляцией и график сигнала**

### 4.7.7 Схема сигнализации

Схема сигнализации является неотъемлемой и важной частью системы управления электрической автоматизацией, стандартная схема сигнализации должна иметь функцию акустической и оптической сигнализации. При возникновении неисправности мигает индикатор тревоги, звонит звонок тревоги или зуммер. Когда оператор обнаруживает неисправность, он выключает звонок или зуммер, нажимая кнопку выключения, и индикатор сигнализации переходит от мигания к длинному освещению. Когда неисправность полностью устранена, сигнализация выключается. Кроме того, следует установить пробную лампу, кнопку пробного вызова для обычного обнаружения сигнализации сигнализации и устройства звонка. Рисунок 4-57 дает график своевременности программы стандартной схемы.

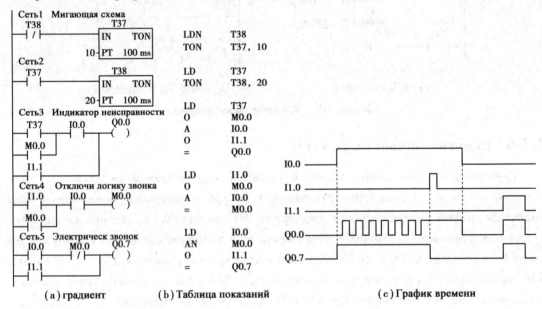

(a) градиент          (b) Таблица показаний          (c) График времени

Рисунок 4-57    Стандартная схема сигнализации

### 4.7.8 Процедуры управления запуском и остановкой электродвигателя одностороннего хода

Запуск и остановка электродвигателя с односторонним движением является самой основной и простой схемой управления. Основной контур использует контактор для управления стартом и остановкой двигателя. Схема управления управляется с помощью S7-200 CPU222. Используйте кнопки запуска и остановки для подачи входного сигнала в PLC. Выходной сигнал PLC Q0.0 управляет контактором KM. Примечание: Обычно закрытый контакт теплового реле не используется в качестве входного устройства, а последовательно соединяется в контуре катушки выходного устройства PLC-контактора, что не только защищает от перегрузки, но и экономит входную точку. Рисунок 4-58 (с) использует нормально открытые контакты Q0.0, чтобы сформировать контур самоблокировки, чтобы реализовать управление стартом и остановкой. Для программы, если одновременно нажимаются кнопки запуска и остановки, приоритет прекращается. Примечание: Прорыв контакта не имеет никакого отношения к тому, подключена ли кнопка PLC снаружи к кнопке с постоянным включением или с постоянным закрытием, зависит только от значения бита в регистре входного образа. Значение бита 1, обычно закрытый контакт отключен, часто открытый контакт закрыт. Значение бита в регистре входного образа зависит от пропускания внешней входной цепи. При подключении внешней входной цепи битовое значение входного регистра образа составляет 1. На рисунке 4-58 (d) для программы приоритет при запуске, если одновременно нажимаются кнопки запуска и остановки.

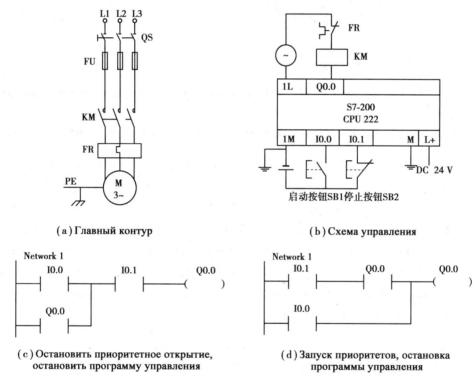

(a) Главный контур　　　　　　　　　　(b) Схема управления

(c) Остановить приоритетное открытие,　　(d) Запуск приоритетов, остановка
　　остановить программу управления　　　　программы управления

Рисунок 4-58　Процедуры управления запуском и остановкой электродвигателя одностороннего хода

### 4.7.9　Процедуры управления стартом и остановкой двигателя с точечной регулировкой

В дополнение к кнопке запуска, кнопке остановки, схема также добавляет кнопку нажатия SB3, на рисунке 4-59 представлены схемы управления и программы. В релейной системе управления управление точечным движением может быть реализовано с помощью составной кнопки, используя характеристики первого и последующего соединения нормально открытых и часто закрытых контактов. В трапециевидной диаграмме PLC преобразование состояния обычно открытых и обычно закрытых кнопок мягкого реле происходит одновременно. Для моделирования характеристик устройств с первым разрывом и последующим включением можно использовать промежуточное реле M2. 0 и его обычно закрытые контакты, показанные на рисунке. Нажмите SB3, Q0. 1 для получения электричества, M2. 0 для получения электричества, тогда ( не-M2. 0 ) = 0, отключите контур самоблокировки Q0. 1.

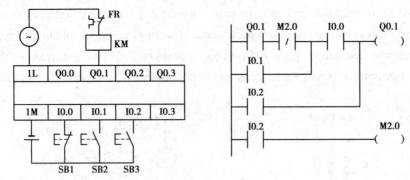

**Рисунок** 4-59   **Процедуры управления стартом и остановкой электродвигателя с точечной регулировкой**

### 4.7.10   Процедуры положительного и обратного управления электродвигателем

Управление положительным поворотом двигателя, входное устройство имеет кнопку остановки SB1, кнопку прямого запуска SB2, кнопку обратного запуска SB3, выходное устройство имеет контактор положительного вращения KM1, контактор обратного вращения KM2. Переключение обратимого направления работы двигателя осуществляется путем переключения контакторов KM1 и KM2, при котором изменяется последовательность фаз питания. Используются таймеры T33 и T34 соответственно для положительного и обратного времени задержки. Аппаратный дизайн также включает взаимную блокировку. На рисунке 4-60 показаны схемы и процедуры управления.

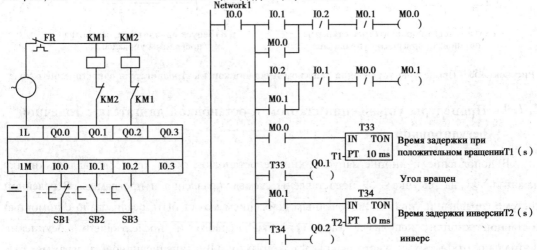

**Рисунок** 4-60   **Процедуры положительного и обратного управления электродвигателями**

# Мышление и упражнения

1. Понимание различий между программным дизайном S7-200 PLC и электрической схемой системы управления реле.

2. Какие типы счетчиков существуют? Какие переменные связаны со счетчиком?

3. Программа таблиц операторов для написания трапециевидных диаграмм, показанных на рисунке 4-61.

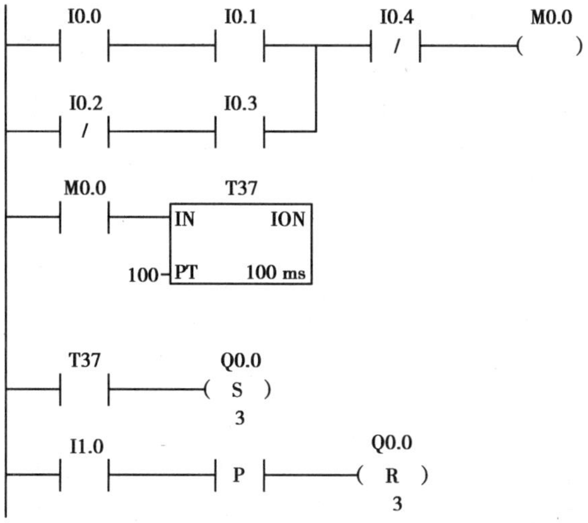

**Рисунок** 4-61    **Упражнения** 3 **Трапециевидные диаграммы**

4. Какое разрешение имеет таймер S7-200 PLC? Как обновляется текущее значение таймера с различным разрешением?

5. Форма таблицы операторов известной управляющей программы, преобразуйте ее в форму трапециевидной диаграммы.

```
LD      I0.0
LPS
A       M0.0
LPS
AN      M0.1
=       Q0.0
LPP
A       M0.2
TON     T37,10
LPP
A       M0.3
A       M0.4
=       Q0.2
TOF     T38,10
```

# 第5章

# S7-200系列PLC功能指令及应用

> ## 本章重点

- 传送类指令
- 运算指令
- 子程序
- 时钟指令
- 中断指令
- 通信指令

> ## 本章难点

- PID 指令

　　PLC 作为一个计算机控制系统,不仅可以用来实现继电器接触系统的位控功能,而且也能够应用于多位数据的处理、过程控制等领域。几乎所有的 PLC 生产厂家都开发增设了用于特殊控制要求的指令,这些指令称之为功能指令。

　　本章结合实例重点讲解基本功能指令(数据传送指令、数学运算指令、数据处理指令)、程序控制指令、子程序指令、中断指令、PID 回路指令和高速处理类指令。这些功能指令实际上是厂商为满足各种客户的特殊需要而开发的通用子程序。

　　功能指令涉及的数据类型较多,S7-200 PLC 不支持完全数据类型检查,编程时要格外注意操作数的数据类型要与指令标识符相匹配,同时要保证操作数在 S7-200 PLC 的合法范围内。S7-200 PLC 中绝大多数功能指令的操作数类型及寻址范围如下:

　　字节型:VB、IB、QB、MB、SB、SMB、LB、AC、*VD、*LD、*AC 和常数。

　　字型:VW、IW、QW、MW、SW、SMW、LW、AC、T、C、*VD、*LD、*AC 和常数。

　　双字型:VD、ID、QD、MD、SD、SMD、LD、AC、*VD、*LD、*AC 和常数。

　　本章对于以上数据类型和寻址方式不再重复,对于个别稍有变化的指令,仅作补充和说明,读者也可参阅 S7-200 PLC 相关编程手册。

# 5.1　数据传送指令

数据传送指令用于各个存储单元之间的数据传送,将源存储单元中的数据复制到目的存储单元,也可以对存储单元赋值。传送过程中数据值保持不变。

## 5.1.1　单个数据传送指令

用来进行一个数据的传送。在不改变原值的情况下将输入端(IN)指定的数据传送到输出端(OUT)。按操作数的数据类型分为:字节传送(MOVB)、字传送、双字传送和实数传送。

1. 字节传送指令

字节传送指令以字节作为数据传送单元,包括:字节传送指令 MOVB 和立即读/写字节传送指令。

(1) 字节传送指令 MOVB

字节传送指令指令格式:

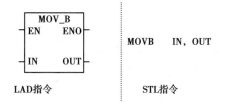

LAD指令　　　　　STL指令

MOV_B:字节传送梯形图指令盒标识符(也称功能符号,B 表示字节数据类型,下同);

MOVB:语句表指令操作码助记符;

EN:使能控制输入端(I、Q、M、T、C、SM、V、S、L 中的位);

IN:传送数据输入端;

OUT:数据输出端;

ENO:指令和能流输出端(即传送状态位)。

后续指令的 EN、IN、OUT、ENO 功能同上,只是 IN 和 OUT 的数据类型不同。

指令功能:在使能输入端 EN 有效时,将由 IN 指定的一个 8 位字节数据传送到由 OUT 指定的字节单元中。

(2) 立即读字节传送指令 BIR

立即读字节传送指令格式:

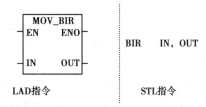

LAD指令　　　　　STL指令

MOV_BIR:立即读字节传送梯形图指令盒标识符;

BIR:语句表指令操作码助记符。

指令功能：当使能输入端 EN 有效时，BIR 指令立即（不考虑扫描周期）读取当前输入继电器中由 IN 指定的字节（IB），并送入 OUT 字节单元（并未立即输出到负载）。

注意：IN 只能为 IB。

（3）立即写字节传送指令 BIW

立即写字节传送指令格式：

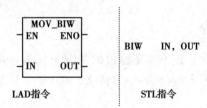

MOV_BIW：立即写字节传送梯形图指令盒标识符；

BIW：语句表指令操作码助记符。

指令功能：当使能输入端 EN 有效时，BIW 指令立即（不考虑扫描周期）将由 IN 指定的字节数据写入到输出继电器中由 OUT 指定的 QB，即立即输出到负载。

注意：OUT 只能是 QB。

2.字/双字传送指令

字/双字传送指令以字/双字作为数据传送单元。

字/双字指令格式类同字节传送指令，只是指令中的功能符号（标识符或助计符，下同）中的数据类型符号不同而已：

MOV_W/MOV_DW：字/双字梯形图指令盒标识符；

MOVW/MOVD：字/双字语句表指令操作码助记符。

[**例** 5-1]　在 I0.1 控制开关导通时，将 VW100 中的字数据传送到 VW200 中，程序如图 5-1 所示。

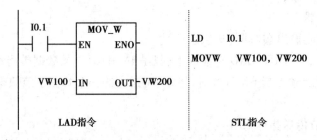

**图 5-1　字数据传送指令应用示例**

3.实数传送指令 MOVR

实数传送指令以 32 位实数双字作为数据传送单元，实数传送指令功能符号为：

MOV_R：实数传送梯形图指令盒标识符；

MOVR：实数传送语句表指令操作码助记符。

[**例** 5-2]　在 I0.1 控制开关导通时，将常数 3.14 传送到双字单元 VD200 中，程序如图 5-2 所示。

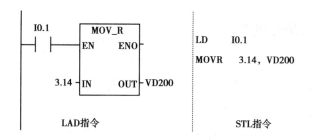

**图 5-2　实数数据传送指令应用示例**

## 5.1.2　块传送指令

块传送指令可用来一次传送多个同一类型的数据,最多可将 255 个数据组成一个数据块,数据块的类型可以是字节块、字块和双字块。从输入端(IN)指定地址起始的 N 个连续字节、字、双字存储单元中的内容传送到输出端(OUT)指定地址起始的 N 个连续字节、字、双字存储单元中。按操作数的数据类型分为:字节块传送(BMB)、字块传送、双字块传送。下面仅介绍字节块传送指令 BMB:

字节块传送指令格式:

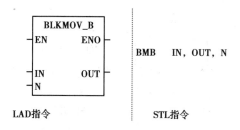

BLKMOV_B:字节块传送梯形图指令标识符;

BMB:语句表指令操作码助记符;

N:块的长度,字节型数据(下同)。

指令功能:当使能输入端 EN 有效时,以 IN 为字节起始地址的 N 个字节型数据传送到以 OUT 为起始地址的 N 个字节存储单元。

与字节块传送指令比较,字块传送指令为 BMW(梯形图标识符为 BLKMOV_W),双字块传送指令为 BMD(梯形图标识符为 BLKMOV_D)。

[**例 5-3**]　在 I0.1 控制开关导通时,将 VB10 开始的 10 个字节单元数据传送到 VB100 开始的数据块中,程序如图 5-3 所示。

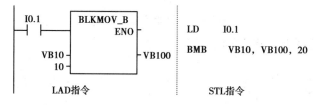

**图 5-3　字节块数据传送指令应用示例**

### 5.1.3 字节交换与填充指令

1.字节交换指令 SWAP

SWAP 指令专用于对 1 个字长的字型数据进行处理。

指令格式:

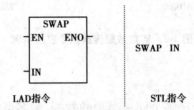

| LAD指令 | STL指令 |

SWAP:字节交换梯形图指令标识符、语句表助计符。

指令功能:EN 有效时,将 IN 中的字型数据的高位字节和低位字节进行交换。

2.填充指令 FILL

填充指令 FILL 用于处理字型数据。

指令格式:

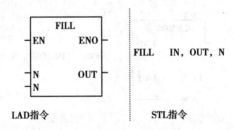

| LAD指令 | STL指令 |

FILL:填充梯形图指令标识符、语句表指令操作码助记符;

N:填充字单元个数,N 为字节型数据。

指令功能:EN 有效时,将字型输入数据 IN 填充到从 OUT 开始的 N 个字存储单元。

[例 5-4] 在 I0.0 控制开关导通时,将 VW100 开始的 256 个字节全部清 0。程序如图 5-4 所示。

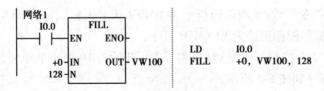

**图 5-4 填充指令应用示例**

注意:在使用本指令时,OUT 必须为字单元寻址。

## 5.2 移位指令

移位指令的作用是对操作数按二进制位进行移位操作,移位指令包括:左移位、右移位、循环左移位、循环右移位以及移位寄存器指令。

### 5.2.1 左移和右移指令

左移和右移指令的功能是将输入数据 IN 左移或右移 N 位,其结果送到 OUT 中。

移位指令使用时应注意:

① 被移位的数据:字节操作是无符号的;对于字和双字操作,当使用有符号数据类型时,符号位也将被移动;

② 在移位时,存放被移位数据的编程元件的移出端与特殊继电器 SM1.1 相连,移出位送 SM1.1,另一端补 0;

③ 移位次数 N 为字节型数据,它与移位数据的长度有关,如 N 小于实际的数据长度,则执行 N 次移位,如 N 大于数据长度,则执行移位的次数等于实际数据长度的位数;

④ 左、右移位指令对特殊继电器的影响:结果为零,置位 SM1.0,结果溢出,置位 SM1.1;

⑤ 运行时刻出现不正常状态置位 SM4.3,ENO=0。

移位指令分字节、字、双字移位指令,其指令格式类同。这里仅介绍一般字节移位指令。

字节移位指令包括字节左移指令 SLB 和字节右移指令 SRB。

指令格式:

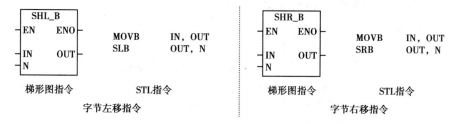

其中 N≤8。

指令功能:当 EN 有效时,将字节型数据 IN 左移或右移 N 位后,送到 OUT 中。在语句表中,OUT 和 IN 为同一存储单元。

对于字移位指令、双字移位指令,只是把字节移位指令中的表示数据类型的"B"改为"W"或"DW(D)",N 值取相应数据类型的长度即可。

### 5.2.2 循环左移和循环右移指令

循环左移和循环右移是指将输入数据 IN 进行循环左移或循环右移 N 位后,把结果送到 OUT 中。

指令特点:

① 被移位的数据:字节操作是无符号的;对于字和双字操作,当使用有符号数据类型时,符号位也将被移动。

② 在移位时,存放被移位数据的编程元件的最高位与最低位相连,又与特殊继电 SM1.1 相连。循环左移时,低位依次移至高位,最高位移至最低位,同时进入 SM1.1;循环右移时,高位依次移至低位,最低位移至最高位,同时进入 SM1.1。

③ 移位次数 N 为字节型数据,它与移位数据的长度有关,如 N 小于实际的数据长度,则执行 N 次移位;如 N 大于数据长度,则执行移位的次数为 N 除以实际数据长度的余数。

④ 循环移位指令对特殊继电器影响为:结果为零,置位 SM1.0,结果溢出,置位 SM1.1。运行时刻出现不正常状态置位 SM4.3、ENO=0。

循环移位指令也分字节、字、双字移位指令,其指令格式类同。这里仅介绍字循环移位指令。字循环移位指令有字循环左移指令 RLW 和字循环右移指令 RRW。

指令格式:

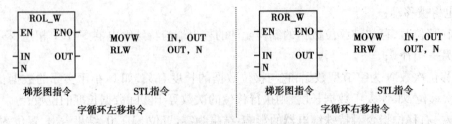

指令功能:当 EN 有效时,把字型数据 IN 循环左移/右移 N 位后,送到 OUT 指定的字单元中。

### 5.2.3 移位寄存器指令

移位寄存器指令又称自定义位移位指令。

移位寄存器指令格式如下:

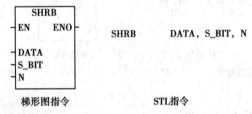

其中:DATA 为移位寄存器数据输入端,即要移入的位;S_BIT 为移位寄存器的最低位;N 为移位寄存器的长度和移位方向。

注意:

① 移位寄存器的操作数据由移位寄存器的长度 N(N 的绝对值≤64)任意指定。

② 移位寄存器最低位的地址为 S_BIT,最高位地址的计算方法为:

$$MSB = ( \mid N \mid -1+(S\_BIT \ 的(位序)号))/8(商)$$

$$MSB\_M = ( \mid N \mid -1+(S\_BIT \ 的(位序)号)) \ MOD \ 8(余数)$$

则最高位的字节地址为:MSB+S_BIT 的字节号(地址);

最高位的位序号为:MSB_M。

例如:设 S_BIT=V20.5(字节地址为 20,位序号为 5),N=16。

则 MSB=(16-1+5)/8 的商 MSB=2,余数 MSB_M=4。

则移位寄存器的最高位的字节地址为 MSB+S_BIT 的字节号(地址)=2+20=22、位序号为 MSB_M=4,最高位为 22.4,自定义移位寄存器为 20.5~22.4,共 16 位,如图 5-5 所示。

| | | 位 | | 号 | | | | |
|---|---|---|---|---|---|---|---|---|
| | D7 | D6 | D5 | D4 | D3 | D2 | D1 | D0 |
| 字 20 | | | 20.5 | S_BIT | | | | |
| 节 21 | | | | | | | | |
| 地 址 22 | | | | 最高位 22.4 | | | | |

图 5-5 自定义位移位寄存器示意图

③ N>0 时,为正向移位,即从最低位依次向最高位移位,最高位移出。

④ N<0 时,为反向移位,即从最高位依次向最低位移位,最低位移出。

⑤ 移位寄存器的移出端与 SM1.1 连接。

指令功能:当 EN 有效时,如果 N>0,则在每个 EN 的上升沿,将数据输入 DATA 的状态移入移位寄存器的最低位 S_BIT;如果 N<0,则在每个 EN 的上升沿,将数据输入 DATA 的状态移入移位寄存器的最高位,移位寄存器的其他位按照 N 指定的方向,依次串行移位。

[例 5-5] 在输入触点 I0.1 的上升沿,从 VB100 的低 4 位(自定义移位寄存器)由低向高移位,I0.2 移入最低位,其梯形图、时序图如图 5-6 所示。

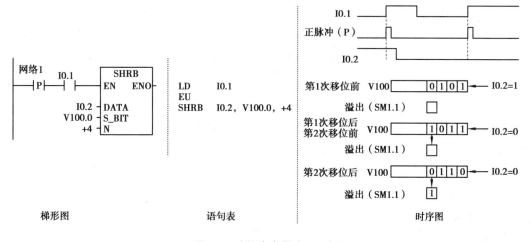

梯形图　　　　　　　　语句表　　　　　　　　时序图

图 5-6 移位寄存器应用示例

本例工作过程:

① 建立移位寄存器的位范围为 V100.0—V100.3,长度 N=+4。

② 在 I0.1 的上升,移位寄存器由低位→高位移位,最高位移至 SM1.1,最低位由 I0.2 移入。

移位寄存器指令对特殊继电器影响为:结果为零,置位 SM1.0,溢出,置位 SM1.1;运行时刻出现不正常状态,置位 SM4.3,ENO=0。

## 5.3　算术和逻辑运算指令

算术运算指令包括加法、减法、乘法、除法及一些常用的数学函数指令；逻辑运算指令包括逻辑与、或、非、异或以及数据比较等指令。

### 5.3.1　算术运算指令

1. 加法指令

加法指令对两个输入端（IN1、IN2）指定的有符号数进行相加操作，结果送到输出端（OUT）。

加法指令可分为整数、双整数、实数加法指令，它们各自对应的操作数的数据类型分别为有符号整数、有符号双整数、实数。

在 LAD 中，执行结果为 IN1+IN2→OUT；

在 STL 中，通常将操作数 IN2 与 OUT 共用一个地址单元，因而执行结果为 IN1＋OUT→OUT。

（1）整数加法指令+I

整数加法指令格式：

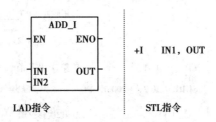

| LAD指令 | STL指令 |

ADD_I：整数加法梯形图指令标识符；

+I：整数加法语句表指令操作码助记符；

IN1：输入操作数 1（下同）；

IN2：输入操作数 2（下同）；

OUT：输出运算结果（下同）。

操作数和运算结果均为单字长。

指令功能：当 EN 有效时，将两个 16 位的有符号整数 IN1 与 IN2（或 OUT）相加，产生一个 16 位的整数，结果送到单字存储单元 OUT 中。

在使用整数加法指令时特别要注意：

对于梯形图指令实现功能为 OUT←IN1+IN2，若 IN2 和 OUT 为同一存储单元，在转为 STL 指令时实现的功能为 OUT←OUT+IN1；若 IN2 和 OUT 不为同一存储单元，在转为 STL 指令时实现的功能为先把 IN1 传送给 OUT，然后顺序 OUT←IN2+OUT。

（2）双字长整数加法指令+D

双字长整数加法指令的操作数和运算结果均为双字（32 位）长。指令格式类同整数加法指令。

双字长整数加法梯形图指令盒标识符为:ADD_DI;

双字长整数加法语句表指令助计符为:+D。

（3）实数加法指令+R

实数加法指令实现两个双字长的实数相加,产生一个 32 位的实数。指令格式类同整数加法指令。

实数加法梯形图指令盒标识符为:ADD_R;

实数加法语句表指令操作码助记符为:+R。

上述加法指令运算结果置位特殊继电器 SM1.0(结果为零)、SM1.1(结果溢出)、SM1.2(结果为负)。

2.减法指令

减法指令对两个输入端(IN1,IN2)指定的有符号数进行相减操作,结果送到输出端(OUT)。

减法指令可分为整数、双整数、实数减法指令,它们各自对应的操作数分别是有符号整数、有符号双整数、实数。

在 LAD 中,执行结果为 IN1-IN2→OUT;

在 STL 中,通常将操作数 IN1 与 OUT 共用一个地址单元,因而执行结果为 OUT-IN2→OUT。

3.乘法指令

乘法指令对两个输入端(IN1,IN2)指定的有符号数进行相乘操作,结果送到输出端(OUT)。

乘法指令可分为整数、双整数、实数乘法指令和整数完全乘法指令。前三种指令的操作数的数据类型分别为有符号整数、有符号双整数、实数。整数完全乘法指,把输入端指定的两个 16 位整数相乘,产生一个 32 位乘积,并送到输出端。

在 LAD 中,执行结果为 IN1 * IN2→OUT;

在 STL 中,通常将操作数 IN2 与 OUT 共用一个地址单元,因而执行结果为 IN1 * OUT→OUT。

（1）整数乘法指令 * I

整数乘法指令格式:

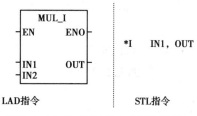

LAD指令　　　　　STL指令

指令功能:当 EN 有效时,将两个 16 位单字长有符号整数 IN1 与 IN2 相乘,运算结果仍为单字长整数送 OUT 中。运算结果超出 16 位二进制数表示的有符号数的范围,则产生溢出。

（2）完全整数乘法指令 MUL

完全整数乘法指令将两个 16 位单字长的有符号整数 IN1 和 IN2 相乘,运算结果为 32 位的整数送 OUT 中。

梯形图及语句表指令中功能符号均为 MUL。

（3）双整数乘法指令 * D

双整数乘法指令将两个 32 位双字长的有符号整数 IN1 和 IN2 相乘,运算结果为 32 位的整数送 OUT 中。

梯形图指令功能符号为:MUL_DI;

语句表指令功能符号为:DI。

（4）实数乘法指令 * R

实数乘法指令将两个 32 位实数 IN1 和 IN2 相乘,产生一个 32 位实数送 OUT 中。

梯形图指令功能符号为:MUL_R;

语句表指令功能符号为: * R。

上述乘法指令根据运算结果置位特殊继电器 SM1.0(结果为零)、SM1.1(结果溢出)、SM1.2(结果为负)。

4. 除法指令

除法指令对两个输入端(IN1,IN2)指定的有符号数进行相除操作,结果送到输出端(OUT)。除法指令可分为整数、双整数、实数除法指令和整数完全除法指令。

前三种指令各自对应的操作数分别为有符号整数、有符号双整数、实数。除法指令是对两个有符号数进行除法操作,类似乘法指令。

（1）整数除法指令

两个 16 位整数相除,结果只保留 16 位商,不保留余数。其梯形图指令盒标识符为:DIV_I;语句表指令助计符为:/I。

（2）完全整数除法指令

两个 16 位整数相除,产生一个 32 位的结果,其中低 16 位存商,高 16 位存余数。其梯形图指令盒标识符与语句表指令助计符均为:DIV。

（3）双整数除法指令

两个 32 位整数相除,结果只保留 32 位整数商,不保留余数。其梯形图指令盒标识符为:DIV_DI;语句表指令助计符为:/D。

（4）实数除法指令

两个实数相除,产生一个实数商。其梯形图指令盒标识符为:DIV_R;语句表指令助计符为:/R。

除法指令对特殊继电器位的影响同乘法指令。

[例 5-6]    乘除运算指令应用示例如图 5-7 所示。

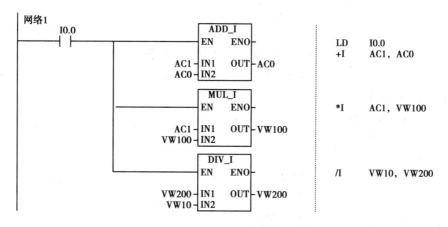

**图 5-7　乘除算术运算指令应用示例**

## 5.3.2　增减指令

增减指令又称为自动加 1 和自动减 1 指令。

增减指令可分为：字节增/减指令（INCB/DECB）、字增/减指令（INCW/DECW）和双字增减指令（INCD/DECD）。下面仅介绍常用的字节增减指令：

- 字节加 1 指令格式：

- 字节减 1 指令格式：

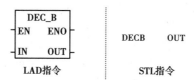

指令功能：当 EN 有效时，将一个 1 字节长的无符号数 IN 自动加（减）1，得到的 8 位结果送 OUT 中。

在梯形图中，若 IN 和 OUT 为同一存储单元，则执行该指令后，IN 单元字节数据自动加（减）1。

## 5.3.3　数学函数指令

S7-200 PLC 中的数学函数指令包括指数运算、对数运算、求三角函数的正弦、余弦及正切值，其操作数均为双字长的 32 位实数。

1. 平方根函数

SQRT：平方根函数运算指令。

指令格式：

指令功能：当 EN 有效时，将由 IN 输入的一个双字长的实数开平方，运算结果为 32 位的

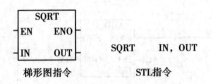

梯形图指令　　　　　　　　STL指令

实数,并将其送入 OUT 中。

2. 自然对数函数指令

LN:自然对数函数运算指令。

指令格式:

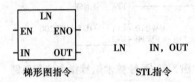

梯形图指令　　　　　　　　STL指令

指令功能:当 EN 有效时,将由 IN 输入的一个双字长的实数取自然对数,运算结果为 32 位的实数并将其送入 OUT 中。

当求解以 10 为底 x 的常用对数时,可以分别求出 $LN_x$ 和 LN10(LN10 = 2.302585),然后用实数除法指令/R 实现相除即可。

[例 5-7]　求 log 10100,其程序如图 5-8 所示。

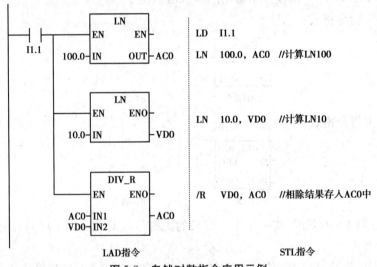

LAD指令　　　　　　　　　　　　　STL指令

图 5-8　自然对数指令应用示例

3. 指数函数指令

EXP:指数函数指令。

指令格式:

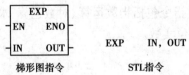

梯形图指令　　　　　　STL指令

指令功能:当 EN 有效时,将由 IN 输入的一个双字长的实数取以 e 为底的指数运算,其结果为 32 位的实数,并将其送入 OUT 中。

由于数学恒等式 $y^x = e^x \ln y$,故该指令可与自然对数指令相配合,完成以 y(任意数)为底,x(任意数)为指数的计算。

4. 正弦函数指令

SIN:正弦函数指令。

指令格式:

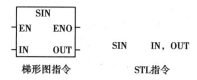

指令功能:当 EN 有效时,将由 IN 输入的一个字节长的实数弧度值求正弦,运算结果为 32 位的实数,并将其送入 OUT 中。

**注意**:输入字节所表示必须是弧度值(若是角度值应首先转换为弧度值)。

[**例 5-8**]　计算 130 度的正弦值。

首先将 130 度转换为弧度值,然后输入给函数,程序如图 5-9 所示。

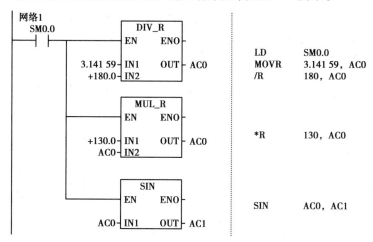

图 5-9　正弦指令应用示例

5. 余弦函数指令

COS:余弦函数指令。

指令格式:

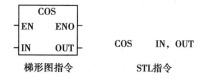

指令功能:当 EN 有效时,将由 IN 输入的一个双字长的实数弧度值求余弦,结果为一个 32 位的实数,并将其送入 OUT 中。

6. 正切函数指令

TAN:正切函数指令。

指令格式:

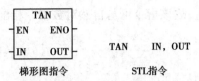

梯形图指令　　　　　STL指令

指令功能:当 EN 有效时,将由 IN 输入的一个双字长的实数弧度值求正切,结果为一个 32 位的实数,并将其送入 OUT 中。

用上述数学函数指令运算结果置位特殊继电器 SM1.0(结果为零)、SM1.1(结果溢出)、SM1.2(结果为负)、SM4.3(运行时刻出现不正常状态)。

当 SM1.1=1(溢出)时,ENO 输出出错标志 0。

### 5.3.4　逻辑运算指令

逻辑运算指令是对要操作的数据按二进制位进行逻辑运算,主要包括逻辑与、逻辑或、逻辑非、逻辑异或等操作。逻辑运算指令可实现字节、字、双字运算。其指令格式类同,这里仅介绍一般字节逻辑运算指令。

字节逻辑指令包括下面 4 条:

① ANDB:字节逻辑"与"指令;

② ORB:字节逻辑"或"指令;

③ XORB:字节逻辑"异或"指令;

④ INVB:字节逻辑"非"指令。

指令格式如下:

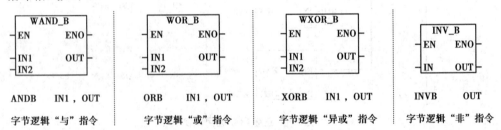

字节逻辑"与"指令　　字节逻辑"或"指令　　字节逻辑"异或"指令　　字节逻辑"非"指令

指令功能:当 EN 有效时,逻辑与、逻辑或、逻辑异或指令中的 8 位字节数 IN1 和 8 位字节数 IN2 按位相与(或、异或),结果为 1 个字节无符号数,并将其送入 OUT 中;在语句表指令中,IN1 和 OUT 按位"与",其结果送入 OUT 中。

对于逻辑非指令,把 1 字节长的无符号数 IN 按位取反后送入 OUT 中。

对于字逻辑、双字逻辑指令的格式,只是把字节逻辑指令中表示数据类型的"B"该为"W"或"DW"即可。

逻辑运算指令结果对特殊继电器的影响:结果为零时置位 SM1.0,运行时刻出现不正常状态置位 SM4.3。

## 5.4　表功能指令

所谓表是指定义一块连续存放数据的存储区,通过专设的表功能指令可以方便地实现对表中数据的各种操作,S7-200 PLC 表功能指令包括:填表指令、查表指令、表中取数指令。

## 5.4.1　填表指令

填表指令 ATT(Add To Table)用于向表中增加一个数据。

指令格式:

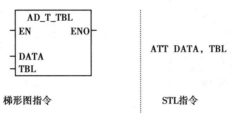

<table>
<tr><td>梯形图指令</td><td>STL指令</td></tr>
</table>

其中:DATA 为字型数据输入端;TBL 为字型表格首地址。

指令功能:当 EN 有效时,将输入的字型数据填写到指定的表格中。

在填表时,新数据填写到表格中最后一个数据的后面。

**注意:**

① 表中的第一个字存放表的最大长度(TL);第二个字存放表内实际的项数(EC),如图 5-10 所示。

② 每填加一个新数据 EC 自动加 1。表最多可以装入 100 个有效数据(不包括 LTL 和 EC)。

③ 该指令对特殊继电器影响为:表溢出置位 SM1.4、运行时刻出现不正常状态置位 SM4.3,同时 ENO=0(以下同类指令略)。

[**例** 5-9]　将 VW100 中数据填入表中(首地址为 VW200),如图 5-10 所示。

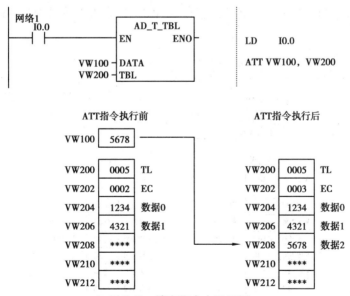

图 5-10　填表指令应用示例

本例工作过程:

① 设首地址为 VW200 的表存储区(表中数据在执行本指令前已经建立,表中第一字单元存放的长度为 5,第二字单元存放实际数据项 2 个,表中两个数据项为 1234 和 4321);

② 将 VW100 单元的字数据 5678 追加到表的下一个单元(VW208)中,且 EC 自动加 1。

### 5.4.2　查表指令

查表指令 FND(Table Find)用于查找表中符合条件的字型数据所在的位置编号。

指令格式如下：

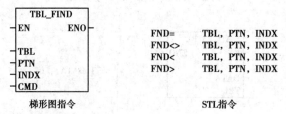

|  | |
|---|---|
| 梯形图指令 | STL指令 |

其中：

TBL 为表的首地址；

PTN 为需要查找的数据；

INDX 为用于存放表中符合查表条件的数据的地址；

CMD 为比较运算符代码"1"、"2"、"3"、"4"，分别代表查找条件："="、"<>"、"<"和">"。

指令功能：在执行查表指令前，首先对 INDX 清 0，当 EN 有效时，从 INDX 开始搜索 TBL，查找符合 PTN 且 CMD 所决定的数据，每搜索一个数据项，INDX 自动加 1；如果发现了一个符合条件的数据，那么 INDX 指向表中该数的位置。为了查找下一个符合条件的数据，在激活查表指令前，必须先对 INDX 加 1。如果没有发现符合条件的数据，那么 INDX 等于 EC。

**注意**：查表指令不需要 ATT 指令中的最大填表数 TL。因此，查表指令的 TBL 操作数比 ATT 指令的 TBL 操作数高两个字节。例如，ATT 指令创建的表的 TBL＝VW200，对该表进行查找指令时的 TBL 应为 VW202。

[**例 5-10**]　查表找出 3130 数据的位置存入 AC1 中（设表中数据均为十进制数表示），程序如图 5-11 所示。

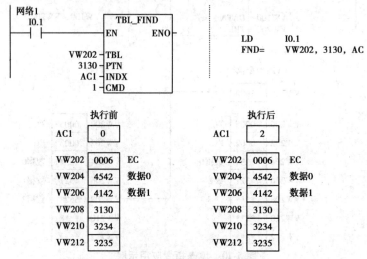

图 5-11　查表指令应用示例

执行过程：

① 表首地址 VW202 单元，内容 0006 表示表的长度，表中数据从 VW204 单元开始；

② 若 AC1＝0，在 I0.1 有效时，从 VW204 单元开始查找；

③ 在搜索到 PTN 数据 3130 时，AC1 = 2，其存储单元为 VW208。

## 5.4.3　表中取数指令

在 S7-200 PLC 中，可以将表中的字型数据按照"先进先出"或"后进先出"的方式取出，送到指定的存储单元。每取一个数，EC 自动减 1。

**1. 先进先出指令 FIFO**

先进先出指令格式：

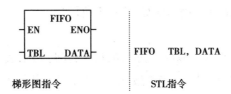

梯形图指令　　　　　　　　STL指令

指令功能：当 EN 有效时，从 TBL 指定的表中，取出最先进入表中的第一个数据，送到 DATA 指定的字型存储单元，剩余数据依次上移。

FIFO 指令对特殊继电器影响为：表空时置位 SM1.5。

[例 5-11]　　先进先出指令应用示例如图 5-12 所示。

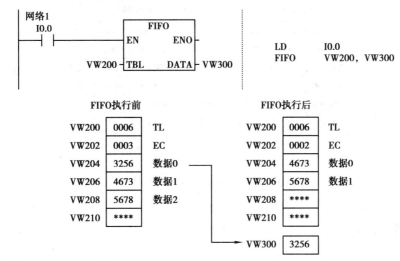

图 5-12　**FIFO 指令应用示例**

执行过程：

①表首地址 VW200 单元，内容 0006 表示表的长度，数据 3 项，表中数据从 VW204 单元开始；

②在 I0.0 有效时，将最先进入表中的数据 3256 送入 VW300 单元，下面数据依次上移，EC 减 1。

**2. 后进先出指令 LIFO**

后进先出指令格式：

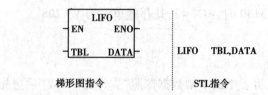

梯形图指令　　　　　　　　STL指令

指令功能:当 EN 有效时,从 TBL 指定的表中,取出最后进入表中的数据,送到 DATA 指定的字型存储单元,其余数据位置不变。

LIFO 指令对特殊继电器影响为:表空时置位 SM1.5。

[例 5-12]　后进先出指令应用示例如图 5-13 所示。

执行过程:

① 表首地址 VW100 单元,内容 0006 表示表的长度,数据 3 项,表中数据从 VW104 单元开始;

② 在 I0.0 有效时,将最后进入表中的数据 3721 送入 VW200 单元,EC 减 1。

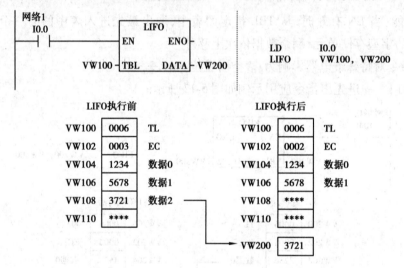

图 5-13　LIFO 指令应用示例

## 5.5　转换指令

在 S7-200 PLC 中,转换指令是指对操作数的不同类型及编码进行相互转换的操作,以满足程序设计的需要。

### 5.5.1　数据类型转换指令

在 PLC 中,使用的数据类型主要包括:字节数据、整数、双整数和实数,对数据的编码主要有 ASCII 码、BCD 码。数据类型转换指令是将数据之间、码制之间或数据与码制之间进行转换,以满足程序设计的需要。

1. 字节与整数转换指令

字节到整数的转换指令 BIT 和整数到字节的转换指令 ITB 的指令格式如下:

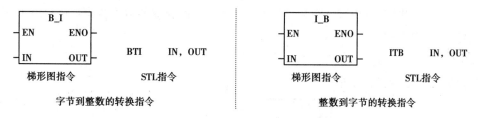

字节到整数的转换指令功能:当 EN 有效时,将字节型数据从 IN 输入并转换成整数型数据,结果送 OUT 中。

整数到字节的转换指令功能:当 EN 有效时,将整数型数据从 IN 输入并转换成字节型数据,结果送 OUT 中。

2. 整数与双整数转换指令

整数到双整数的转换指令 ITD 和双整数到整数的转换指令 DTI 的指令格式:

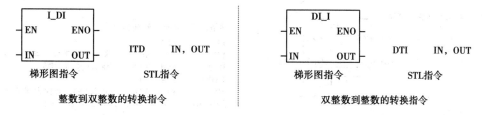

整数到双整数的转换指令功能:当 EN 有效时,将整数型输入 IN,转换成双整数型数据,结果送 OUT 中。

双整数到整数的转换指令功能:当 EN 有效时,将双整数型输入 IN,转换成整数型数据,结果送 OUT 中。

3. 双整数与实数转换指令

(1) 实数到双整数转换

① 实数到双整数转换 ROUND 指令格式:

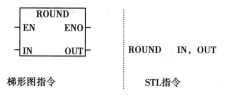

指令功能:当 EN 有效时,将实数型数据输入 IN,转换成双整数型数据(对 IN 中的小数四舍五入),结果送 OUT 中。

② 实数到双整数转换指令 TRUNC

指令格式如下:

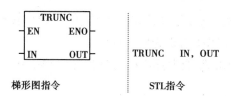

指令功能：当 EN 有效时，将实数型数据输入 IN，转换成双整数型数据（舍去 IN 中的小数部分），结果送 OUT 中。

（2）双整数到实数转换指令 DTR

双整数到实数转换指令格式：

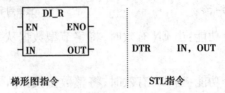

梯形图指令　　　　　　STL指令

指令功能：当 EN 有效时，将双整数型数据输入 IN，转换成实数型，结果送 OUT 中。

[例 5-13]　将计数器 C10 数值（101 英寸）转换为厘米，转换系数 2.54 存于 VD8 中，转换结果存入 VD12 中，程序如图 5-14 所示。

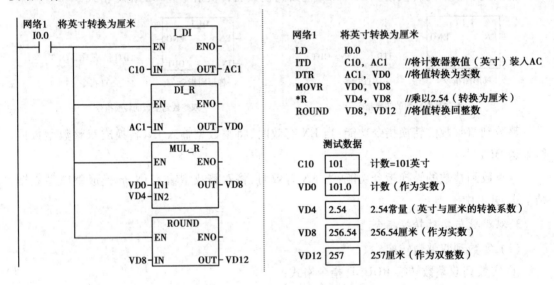

图 5-14　转换指令应用示例

4. 整数与 BCD 码转换指令

1）整数到 BCD 码的转换指令 IBCD

整数到 BCD 码的转换指令格式：

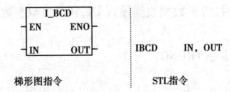

梯形图指令　　　　　　STL指令

指令功能：当 EN 有效时，将整数型数据输入 IN（0～9999）转换成 BCD 码数据，结果送到 OUT 中。在语句表中，IN 和 OUT 可以为同一存储单元。

上述指令对特殊继电器的影响为：BCD 码错误，置位 SM1.6。

（2）BCD 码到整数的转换指令 BCDI

BCD 码到整数的转换指令格式：

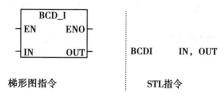

| 梯形图指令 | STL指令 |

指令功能：当 EN 有效时，将 BCD 码数据输入 IN(0～9999)转换成整数型数据，结果送到 OUT 中。在语句表中，IN 和 OUT 可以为同一存储单元。

上述指令对特殊继电器的影响为：BCD 码错误，置位 SM1.6。

[例 5-14]　将存放在 AC0 中的 BCD 码数 0001 0110 1000 1000（图中使用 16 进制数表示为 1688）转换为整数，指令如图 5-15 所示。

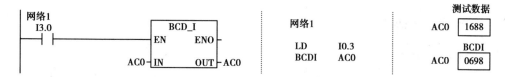

图 5-15　**BCD 码到整数的转换指令应用示例**

转换结果 AC0=0698（16 进制数）。

## 5.5.2　编码和译码指令

1. 编码指令 ENCO

在数字系统中，编码是指用二进制代码表示相应的信息位。

指令格式：

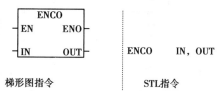

| 梯形图指令 | STL指令 |

IN：字型数据；

OUT：字节型数据低 4 位。

指令功能：当 EN 有效时，将 16 位字型数据输入 IN 的最低有效位(值为 1 的位)的位号进行编码，编码结果送到由 OUT 指定字节型数据的低 4 位。

例如：设 VW20=0000000 00010000（最低有效位号为 4）；

执行指令：ENCO VW20,VB1

结果：VW20 的数据不变，VB1=xxxx0100（VB1 高 4 位不变）。

2. 译码指令 DECO

译码是指将二进制代码用相应的信息位表示。

指令格式：

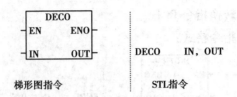

|  |  |
| --- | --- |
| 梯形图指令 | STL指令 |

DECO IN, OUT

IN：字节型数据；

OUT：字型数据。

指令功能：当 EN 有效时，将字节型输入数据 IN 的低 4 位的内容译成位号（00～15），由该位号指定 OUT 字型数据中对应位置 1，其余位置 0。

例如：设 VB1＝00000100＝4；

执行指令：DECO VB1，AC0

结果：VB1 的数据不变，AC0＝00000000 00010000（第 4 位置 1）。

### 5.5.3　七段显示码指令

1. 七段 LED 显示数码管

在一般控制系统中，用 LED 作状态指示器具有电路简单、功耗低、寿命长、响应速度快等特点。LED 显示器是由若干个发光二极管组成显示字段的显示器件，应用系统中通常使用七段 LED 显示器，如图 5-16 所示。

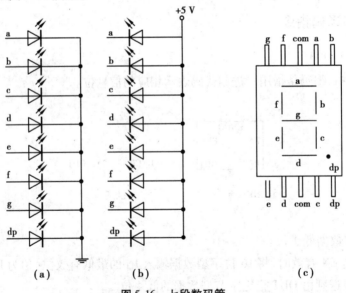

图 5-16　七段数码管

（a）关阴型（b）共阳性（c）管脚分布

在 LED 共阳极连接时，各 LED 阳极共接电源正极，如果向控制端 abcdefg dp 对应送入 00000011 信号，则该显示器显示"0"字型；在 LED 共阴极连接时，各 LED 阴极共接电源负极（地），如果向控制端 abcdefg dp 对应送入 11111100 信号，则该显示器显示"0"字型。

控制显示各数码加在数码管上的二进制数据称为段码，显示各数码共阴和共阳七段 LED

数码管所对应的段码如表 5-1 所示。

表 5-1　七段 LED 数码管的段码

| 显示数码 | 共阴型段码 | 共阳型段码 | 显示数码 | 共阴型段码 | 共阳型段码 |
|---|---|---|---|---|---|
| 0 | 00111111 | 11000000 | A | 01110111 | 10001000 |
| 1 | 00000110 | 11111001 | b | 01111100 | 10000011 |
| 2 | 01011011 | 10100100 | c | 00111001 | 11000110 |
| 3 | 01001111 | 10110000 | d | 01011110 | 10100001 |
| 4 | 01100110 | 10011001 | E | 01111001 | 10000110 |
| 5 | 01101101 | 10010010 | F | 01110001 | 10001110 |
| 6 | 01111101 | 10000010 |  |  |  |
| 7 | 00000111 | 11111000 |  |  |  |
| 8 | 01111111 | 10000000 |  |  |  |
| 9 | 01101111 | 10010000 |  |  |  |

注：表中段码顺序为"dp gfedcba"

**2. 七段显示码指令 SEG**

七段显示码指令 SEG 专用于 PLC 输出端外接七段数码管的显示控制。

指令格式：

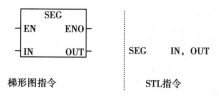

梯形图指令　　　　　　　　STL指令

指令功能：当 EN 有效时，将字节型输入数据 IN 的低 4 位对应的七段共阴极显示码，输出到 OUT 指定的字单元（如果该字节单元是输出继电器字节 QB，则 QB 可直接驱动数码管）。

例如：设 QB0.0—QB0.7 分别连接数码管的 a、b、c、d、e、f、g 及 dp（数码管共阴极连接），显示 VB1 中的数值（设 VB1 的数值在 0—F 内）。

若 VB1 = 00000100 = 4；

执行指令：SEG VB1，QB0

结果：VB1 的数据不变，QB0 = 01100110（"4"的共阴极七段码），该信号使数码管显示"4"。

### 5.5.4　字符串转换指令

字符串是指由 ASCII 码所表示的字符的序列，如"ABC"，其 ASCII 码分别为"65、66、67"。字符串转换指令是实现由 ASCII 码表示字符串数据与其他数据类型之间的转换。

**1. ASCII 码与十六进制数的转换**

（1）ASCII 码转换为十六进制数指令 ATH

指令格式：

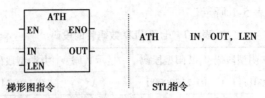

梯形图指令         STL指令

其中:IN 为开始字符的字节首地址;LEN 为字符串长度,字节型,最大长度为 255;OUT 为输出字节首地址。

指令功能:当 EN 有效时,把从 IN 开始的 LEN(长度)个字节单元的 ASCII 码,相应转换成十六进制数,依次送到 OUT 开始的 LEN 个字节存储单元中。

(2) 十六进制数转换为 ASCII 码指令 HTA

指令格式:

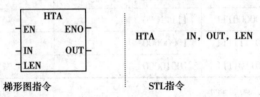

梯形图指令         STL指令

其中:IN 为十六进制开始位的字节首地址;LEN 为转换位数,字节型,最大长度为 255;OUT 为输出字节首地址。

指令功能:当 EN 有效时,把从 IN 开始的 LEN 个十六进制数的每一数位转换为相应的 ASCII 码,并将结果送到以 OUT 为首地址的字节存储单元。

2. 整数转换为 ASCII 码指令

整数转换为 ASCII 码指令 ITA 格式:

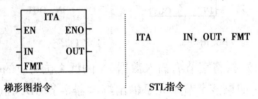

梯形图指令         STL指令

其中:IN 为整数数据输入;FMT 为转换精度或转换格式(小数位或格式整数的表示方式);OUT 为连续 8 个输出字节的首地址。

指令功能:当 EN 有效时,把整数输入数据 IN,根据 FMT 指定的转换精度,转换成 8 个字符的 ASCII 码,并将结果送到以 OUT 为首地址的 8 个连续字节存储单元。

操作数 FMT 的定义如下:

| MSB | | | | | | | LSB |
|---|---|---|---|---|---|---|---|
| 7 | | | | | | | 0 |
| 0 | 0 | 0 | 0 | c | n | n | n |

在 FMT 中,高 4 位必须是 0。C 为小数点的表示方式,C=0 时,用小数点来分隔整数和小数;C=1 时,用逗号来分隔整数和小数。nnn 表示在首地址为 OUT 的 8 个连续字节中小数的位数,nnn=000—101,分别对应 0 ~ 5 个小数位,小数部分的对齐方式为右对齐。

例如:在 C=0,nnn=011 时,其数据格式在 OUT 中的表示方式如表 5-2 所示。

表 5-2　经 FMT 格式化后的数据格式

| IN | OUT | OUT+1 | OUT+2 | OUT+3 | OUT+4 | OUT+5 | OUT+6 | OUT+7 |
|---|---|---|---|---|---|---|---|---|
| 12 | | | | 0 | . | 0 | 1 | 2 |
| −123 | | | — | 0 | . | 1 | 2 | 3 |
| 1234 | | | | 1 | . | 2 | 3 | 4 |
| −12345 | | — | 1 | 2 | . | 3 | 4 | 5 |

[例 5-15]　ITA 指令应用示例如图 5-17 所示。

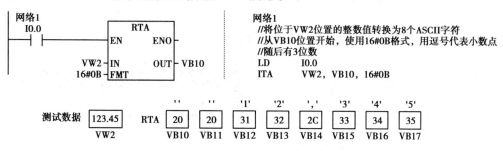

图 5-17　ITA 指令应用示例

注意:

① 图中 VB10—VB17 单元存放的为十六进制表示的 ASCII 码;

② FMT 操作数 16#0B 的二进制数为 00001011。

双整数转换为 ASCII 码指令 DTA 类同 ITA,读者可查阅 S7-200 编程手册。

3. 实数转换为 ASCII 码指令 RTA

实数转换为 ASCII 码指令 RTA 格式:

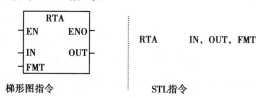

其中:IN 为实数数据输入;FMT 为转换精度或转换格式(小数位表示方式);OUT 为连续 3—15 个输出字节的首地址。

指令功能:当 EN 有效时,把实数数据输入 IN,根据 FMT 指定的转换精度,转换成始终是 8 个字符的 ASCII 码,并将结果送到首地址 OUT 的 3—15 个连续字节存储单元。

FMT 的定义如下:

在 FMT 中,高 4 位 SSSS 表示 OUT 为首地址的连续存储单元的字节数,SSSS = 3—15。C 及 nnn 同前面 FMT 介绍。

例如:在 SSSS = 0110,C = 0,nnn = 001 时,用小数点进行格式化处理的数据格式,在 OUT 中的表示格式如表 5-3 所示。

表 5-3 经 FMT 后的数据格式

| IN | OUT | OUT+1 | OUT+2 | OUT+3 | OUT+4 | OUT+5 |
|---|---|---|---|---|---|---|
| 1234.5 | 1 | 2 | 3 | 4 | . | 5 |
| 0.0004 | | | | 0 | . | 0 |
| 1.96 | | | | 2 | . | 0 |
| −3.6571 | | | — | 3 | . | 7 |

[例 5-16] RTA 指令应用示例如图 5-18 所示。

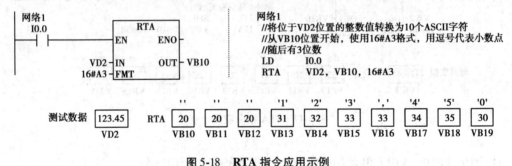

图 5-18 RTA 指令应用示例

其中 16#A3 的二进制数为 10100011,高 4 位 1010 表示以 OUT 为首地址连续 10 个字节存储单元存放转换结果。

# 5.6 子程序指令

S7-200 PLC 程序主要分为三大类:主程序、子程序和中断程序。在实际应用中,往往需要重复完成一系列相同的任务,这时是可编写一系列子程序来实现。在执行程序时,根据需要调用这些子程序,而不需要重复编写该程序。在编写复杂 PLC 程序时,也往往要将全部的控制功能分解成若干个简单的子功能块,然后再针对各个子功能块进行独立编程。

子程序使程序结构简单清晰,易于调试和维护。子程序只有在条件满足时才被调用,未调用时不执行子程序中的指令,因此使用子程序还可以减少扫描时间。与子程序有关的操作有:建立子程序、子程序的调用和返回。

## 5.6.1 建立子程序

建立子程序是通过编程软件实现的,可采用下列方式创建子程序:

① 打开程序编辑器,在"编辑"菜单中执行命令"插入"→"子程序";

② 在程序编辑器视窗中单击鼠标右键,在弹出菜单中执行命令"插入"→"子程序";

③ 用鼠标右键单击指令树上的"程序块"图标,在弹出菜单中执行命令"插入"→"子程

序",程序编辑器将自动生成并打开新的子程序,在程序编辑器底部出现标有新的子程序的标签。

创建好子程序后,在指令树窗口可以看到新建的子程序图标,默认的子程序名是 SBR0-SBRn。编号 n 从 0 开始按递增顺序生成。

子程序重命名:用鼠标右键单击指令树中子程序的图标,在弹出的窗口中选择"重命名",即可以修改子程序的名称。也可以在图标上直接更改子程序的程序名,把它变为更能描述该子程序功能的名字。

在指令树窗口双击子程序的图标就可以进入子程序,并对它进行编辑。

## 5.6.2　子程序的调用

1. 子程序调用指令(CALL)

在使能输入有效时,主程序把程序控制权交给子程序。子程序的调用可以带参数,可以不带参数。指令格式如表 5-4 所示。

表 5-4　子程序调用指令格式

| | 子程序调用指令 | 子程序条件返回指令 |
|---|---|---|
| LAD | SBR-0<br>—EN | ------( RET ) |
| STL | CALL　SBR_0 | CRET |

2. 子程序条件返回指令(CRET)

在使能输入有效时,结束子程序的执行,返回主程序中(此子程序调用的下一条指令)。梯形图中以线圈的形式编程,指令不带参数。

3. 应用举例

图 5-19 给出了两个通过程序实现用外部控制条件分别调用两个子程序。

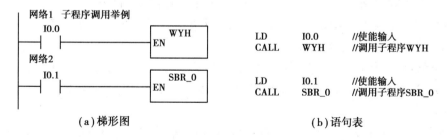

| 网络1　子程序调用举例 | | |
| --- | --- | --- |
| I0.0 WYH/EN | LD　　I0.0　　//使能输入<br>CALL　WYH　　//调用子程序WYH | |
| 网络2 I0.1 SBR_0/EN | LD　　I0.1　　//使能输入<br>CALL　SBR_0　//调用子程序SBR_0 | |
| (a)梯形图 | (b)语句表 | |

图 5-19　子程序调用举例

使用说明:

① CRET 多用于子程序的内部,由判断条件决定是否结束子程序调用,RET 用于子程序的结束。软件自动处理 RET 指令。

② 如果在子程序的内部又对另一子程序执行调用指令,则这种调用称为子程序的嵌套。子程序的嵌套深度最多为 8 级。

③ 当一个子程序被调用时,系统自动保存当前的堆栈数据,并把栈顶置 1,堆栈中的其他值为 0,子程序占有控制权。子程序执行结束,通过返回指令自动恢复原来的逻辑堆栈值,调用程序又重新取得控制权。

④ 累加器可在调用程序和被调用子程序之间自由传递,所以累加器的值在子程序调用时既不保存也不恢复。

**4. 带参数的子程序的调用**

子程序可带参数调用,使得子程序调用更为灵活方便,程序结构更为紧凑清晰。子程序的调用过程如果存在数据的传递,则在调用指令中应包含相应的参数。参数在子程序的局部变量表中定义,最多可以传递 16 个参数。

子程序的参数在子程序的局部变量表中加以定义。参数包含的信息有地址、变量名、变量类型和数据类型。子程序最多可以传递 16 个参数。

**5. 局部变量表在带参数调用子程序中的使用**

局部存储器用来存放局部变量。局部存储器是局部有效的,局部有效是指某一局部存储器只能在某一程序分区(主程序或子程序或中断程序)中使用。常用于带参数的子程序调用过程中。

S7-200 PLC 提供 64 个字节局部存储器,可用作暂时存储器或为子程序传递参数。主程序、子程序、中断程序都有 64 个字节的局部存储器使用,不同程序的局部存储器不能互相访问。可以按位、字节、字、双字访问局部存储器。

CPU226 模块局部存储器的有效地址范围为:L(0.0~63.7);LB(0~63);LW(0~62);LD(0~60)。

S7-200 PLC 程序中的每个程序块(主程序、子程序、中断程序)都有 64 个字节的局部存储器组成的局部变量表。

局部变量表中定义的局部变量只在该程序块中有效。

当局部变量名与全局符号冲突时,在创建该局部变量的程序块中,该局部变量的定义优先。所以,在子程序中应尽量使用局部变量,避免使用全局变量,这样可以避免与其他程序块中的变量发生冲突,不作任何改动就可以将子程序移植到别的项目中。

变量名:在局部变量表中定义局部变量时,需为各个变量命名。局部变量名又称符号名,最多 23 个字符,首字符不能是数字。

变量类型:局部变量表中的变量类型区定义的变量有:传入子程序参数(IN)、传入和传出子程序参数(IN/OUT)、传出子程序参数(OUT)、暂时变量(TEMP)4 种类型。

变量类型:

① 传入子程序参数 IN。IN 可以是直接寻址数据(如:VB10)、间接寻址数据(如:*AC1)、常数(如:16#1234)或地址(如:&VB100)。

② 传入/传出子程序参数 IN/OUT。调用子程序时,将指定参数位置的值传到子程序,子程序返回时,从子程序得到的结果被返回到指定参数的地址。参数可采用直接寻址和间接寻址,但常数和地址值不允许作为输入/输出参数。

③ 传出子程序参数 OUT。将从子程序来的结果返回到指定参数的位置。输出参数可以采用直接寻址和间接寻址,但不可以是常数或地址值。

④ 暂时变量 TEMP。只能在子程序内部暂时存储数据,不能用来传递参数。

在带参数调用子程序指令中,参数必须按照一定顺序排列,输入参数 IN 在最前面,其次是输入/输出参数 IN/OUT,最后是输出参数 OUT 和临时变量 TEMP。

变量的数据类型:

局部变量表中还要对数据类型进行声明。数据类型可以是:能流型、布尔型、字节、字、双字型、整数、双整型、实数型。

在局部变量表中定义局部变量时,只需指定局部变量的类型(IN、IN/OUT、OUT 和 TEMP)和数据类型,不用指定存储器地址,程序编辑器自动为各个局部变量分配地址;起始地址是 L0.0;1—8 连续位参数值分配一个字节。字节、字、双字值在局部变量存储器中按照字节顺序分配。

若要增加变量,只需用鼠标右键单击局部变量表中的某一行,执行"插入"→"行"命令,在所选行的上面插入新的行。

## 6. 程序实例

图 5-20 为一个带参数调用子程序实例,其局部变量分配表如表 5-5 所示。

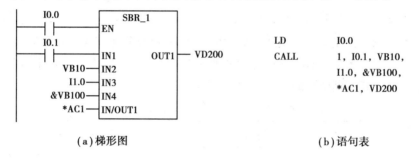

(a)梯形图　　　　　　　　　　(b)语句表

**图 5-20　带参数子程序调用举例**

**表 5-5　局部变量表**

| 器件地址 | L 地址 | 参数名 | 参数类型 | 数据类型 | 说明 |
|---|---|---|---|---|---|
| I0.0 | 无 | EN | IN | BOOL | 指令使能输入参数 |
| I0.1 | L0.0 | IN1 | IN | BOOL | 第 1 个输入参数,布尔型 |
| VB10 | LB1 | IN2 | IN | BYTE | 第 2 个输入参数,字节型 |
| I1.0 | L2.0 | IN3 | IN | BOOL | 第 3 个输入参数,布尔型 |
| VW20 | LW3 | IN4 | IN | INT | 第 4 个输入参数,整型 |
| VD30 | LD5 | IN_OUT1 | IN_OUT | DWORD | 第 1 个输入输出参数,双字型 |
| Q0.0 | L9.0 | OUT1 | OUT | BOOL | 第 1 个输出参数,布尔型 |
| VD50 | LD10 | OUT2 | OUT | REAL | 第 2 个输出参数,实数型 |

## 5.7 中断指令

所谓中断,是指使系统暂时中断现在正在执行的程序,而转到中断服务子程序去处理那些急需处理的中断事件,处理后返回原程序时,恢复当时的程序执行状态并继续执行。中断程序又称中断服务子程序,是由用户编写处理中断事件的程序,但不是由用户程序调用,而是在中断事件发生时由操作系统调用。中断事件往往是不能预测的事件,具有随机性,与用户程序的执行时序无关。S7-200 CPU 最多可以使用 128 个中断程序,但中断程序不能再被中断。一旦中断开始执行,它会一直执行到结束,而且不会被别的中断程序(甚至是更高优先级的中断程序)打断。正在处理某中断程序时,如果又有中断事件发生,新出现的中断事件需按时间顺序和优先级排队等待,以待处理。S7-200PLC 中断系统包括:中断源、中断事件号、中断优先级及中断控制指令。

### 5.7.1 中断源、中断事件号及中断优先级

#### 1.中断源及中断事件号

中断源是请求中断的来源。在 S7-200 PLC 中,中断源分为三大类:通信中断、输入输出中断和时基中断,共 34 个中断源。每个中断源都分配一个编号,称为中断事件号,中断指令是通过中断事件号来识别中断源的,如表 5-6 所示。

表 5-6 中断事件号及优先级顺序

| 中断事件号 | 中断源描述 | 优先级 | 组内优先级 |
|---|---|---|---|
| 8 | 端口 0:接收字符 | | 0 |
| 9 | 端口 0:发送完成 | | 0 |
| 23 | 端口 0:接收信息完成 | 通讯中断<br>(最高) | 0 |
| 24 | 端口 1:接收信息完成 | | 1 |
| 25 | 端口 1:接收字符 | | 1 |
| 26 | 端口 1:发送完成 | | 1 |
| 19 | PTO 0 完成中断 | | 0 |
| 20 | PT0 1 完成中断 | | 1 |
| 0 | 上升沿 I0.0 | | 2 |
| 2 | 上升沿 I0.1 | I/O 中断<br>(中等) | 3 |
| 4 | 上升沿 I0.2 | | 4 |
| 6 | 上升沿 I0.3 | | 5 |
| 1 | 下降沿 I0.0 | | 6 |
| 3 | 下降沿 I0.1 | | 7 |

续表

| 中断事件号 | 中断源描述 | 优先级 | 组内优先级 |
|---|---|---|---|
| 5 | 下降沿　I0.2 | I/O 中断（中等） | 8 |
| 7 | 下降沿　I0.3 | | 9 |
| 12 | HSC0　CV＝PV(当前值＝预置值) | | 10 |
| 27 | HSC0　输入方向改变 | | 11 |
| 28 | HSC0　外部复位 | | 12 |
| 13 | HSC1　CV＝PV(当前值＝预置值) | | 13 |
| 14 | HSC1　输入方向改变 | | 14 |
| 15 | HSC1　外部复位 | I/O 中断（中等） | 15 |
| 16 | HSC2　CV＝PV(当前值＝预置值) | | 16 |
| 17 | HSC2　输入方向改变 | | 17 |
| 18 | HSC2　外部复位 | | 18 |
| 32 | HSC3　CV＝PV(当前值＝预置值) | | 19 |
| 29 | HSC4　CV＝PV(当前值＝预置值) | | 20 |
| 30 | HSC4　输入方向改变 | | 21 |
| 31 | HSC4　外部复位 | | 22 |
| 33 | HSC5　CV＝PV(当前值＝预置值) | | 23 |
| 10 | 定时中断 0　SMB34 | 定时中断（最低） | 0 |
| 11 | 定时中断 1　SMB35 | | 1 |
| 21 | 定时器 T32　CT＝PT　中断 | | 2 |
| 22 | 定时器 T96　CT＝PT　中断 | | 3 |

（1）通信中断

PLC 与外部设备或上位机进行信息交换时可以采用通信中断,它包括 6 个中断源(中断事件号为:8、9、23、24、25、26)。通信中断源在 PLC 的自由通信模式下,通信口的状态可由程序来控制。用户可以通过编程来设置协议、波特率和奇偶校验等参数。

（2）I/O 中断

I/O 中断是指由外部输入信号控制引起的中断。

外部输入中断:利用 I0.0—I0.3 的上升沿可以产生 4 个外部中断请求;利用 I0.0—I0.3 的下降沿可以产生 4 个外部中断请求;

脉冲输入中断:利用高速脉冲输出 PTO0、PTO1 的串输出完成可以产生 2 个中断请求;

高速计数器中断:允许利用高速计数器 HSCn 计数当前值等于设定值、输入计数方向的改变、计数器外部复位等事件而产生中断,可以产生 14 个中断请求。

（3）时基中断

通过定时和定时器的时间到达设定值引起的中断为时基中断。

定时中断:设定定时时间以 ms 为单位(范围为 1—255 ms),当时间到达设定值时,对应的定时器溢出,产生中断,在执行中断处理程序的同时,继续下一个定时操作,周而复始,因此,该定时时间称为周期时间。定时中断有定时中断 0 和定时中断 1 两个中断源,设置定时中断 0 需要把周期时间值写入 SMB34;设置定时中断 1 需要把周期时间写入 SMB35。

定时器中断:利用定时器定时时间到达设定值时产生中断,定时器只能使用分辨率为 1ms 的 TON/TOF 定时器 T32 和 T96。当定时器的当前值等于设定值时,在主机正常的定时刷新中,执行中断程序。

2. 中断优先级

在 PLC 应用系统中通常有多个中断源,给各个中断源指定处理的优先次序称为中断优先级。这样,当多个中断源同时向 CPU 申请中断时,CPU 将优先响应处理优先级别高的中断源的中断请求。SIEMENS 公司 CPU 的中断优先级由高到低依次是:通信中断、输入/输出中断、定时中断,而每类中断的中断源又有不同的优先权,见表 5-6。

经过中断判优后,将优先级最高的中断请求送给 CPU,CPU 响应中断后首先自动保护现场数据(如逻辑堆栈、累加器和某些特殊标志寄存器位),然后暂停正在执行的程序(断点),转去执行中断处理程序。中断处理完成后,又自动恢复现场数据,最后返回断点继续执行原来的程序。在相同的优先级内,CPU 是按先来先服务的原则以串行方式处理中断,因此,任何时间内,只能执行一个中断程序。对于 S7-200 系统,一旦中断程序开始执行,它不会被其它中断程序及更高优先级的中断程序所打断,而是一直执行到中断程序的结束。当另一个中断正在处理中,新出现的中断需要排队,等待处理。

## 5.7.2　中断指令

中断功能及操作通过中断指令来实现,S7-200 PLC 提供的中断指令有 5 条:中断允许指令、中断禁止指令、中断连接指令、中断分离指令及中断返回指令,指令格式及功能如表 5-7 所示。

中断指令使用说明:

① 操作数 INT:输入中断服务程序号 INT n( n = 0—127),该程序为中断要实现的功能操作,其建立过程同子程序。

② 操作数 EVENT:输入中断源对应的中断事件号(字节型常数 0—33)。

③ 当 PLC 进入正常运行 RUN 模式时,系统初始状态为禁止所有中断,在执行中断允许指令 ENI 后,允许所有中断,即开中断。

④ 中断分离指令 DTCH 禁止该中断事件 EVENT 和中断程序之间的联系,即用于关闭该事件中断;全局中断禁止指令 DISI,禁止所有中断。

⑤ RETI 为有条件中断返回指令,需要用户编程实现;Setp-Micro/WIN 自动为每个中断处理程序的结尾设置无条件返回指令,不需要用户书写。

⑥ 多个中断事件可以调用同一个中断程序,但一个中断事件不能同时连续调用多个中

断程序。

表 5-7　中断类指令的指令格式

| LAD | STL | 功能描述 |
|---|---|---|
| —( ENI ) | ENI | 中断允许指令开中断指令,输入控制有效时,全局地允许所有中断事件中断。 |
| —( DISI ) | DISI | 中断禁止指令关中断指令,输入控制有效时,全局地关闭所有被连接的中断事件。 |
| ATCH<br>EN　ENO<br>INT<br>EVENT | ATCH INT,EVENT | 中断连接指令又称中断调用指令,使能输入有效时,把一个中断源的中断事件号 EVENT 和相应的中断处理程序 INT 联系起来,并允许这一中断事件。 |
| DTCH<br>EN　ENO<br>EVENT | DTCH EVENT | 中断分离指令使能输入有效时,切断一个中断事件号 EVENT 和所有中断程序的联系,并禁止该中断事件。 |
| —( RETI ) | CRETI | 有条件中断返回指令的输入控制信号(条件)有效时,中断程序返回。 |

## 5.7.3　中断设计步骤

为实现中断功能操作,执行相应的中断程序(也称中断服务程序或中断处理程序),在 S7-200 PLC 中,中断设计步骤如下:

① 定中断源(中断事件号)申请中断所需要执行的中断处理程序,并建立中断处理程序 INT n,其建立方法类同子程序,唯一不同的是在子程序建立窗口中的 Program Block 中选择 INT n 即可。

② 在上面所建立的编辑环境中编辑中断处理程序。中断服务程序由中断程序号 INT n 开始,以无条件返回指令结束。在中断程序中,用户亦可根据前面逻辑条件使用条件返回指令,返回主程序。注意,PLC 系统中的中断指令与一般微机中的中断有所不同,它不允许嵌套。

中断服务程序中禁止使用以下指令:DISI、ENI、CALL、HDEF、FOR/NEXT、LSCR、SCRE、SCRT、END。

③ 在主程序或控制程序中,编写中断连接(调用)指令(ATCH),操作数 INT 和 EVENT 由步骤①所确定。

④ 设中断允许指令(开中断 ENI)。

⑤ 在需要的情况下,可以设置中断分离指令(DTCH)。

[例 5-17]　编写实现中断事件 0 的控制程序。

中断事件 0 是中断源 I0.0 上升沿产生的中断事件。

当 I0.0 有效且开中断时,系统可以对中断 0 进行响应,执行中断服务程序 INT0,中断服

务程序的功能为:若使 I1.0 接通,则 Q1.0 为 ON;

若 I0.0 发生错误(自动 SM6.0 接通有效),则立即禁止其中断。

主程序及中断子程序如图 5-21 所示。

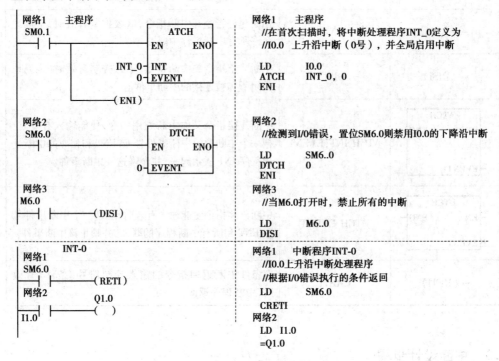

**图 5-21 中断程序示例**

[例 5-18] 编写定时中断周期性(每隔 200 ms)采样模拟输入信号的控制程序。控制程序如图 5-22 所示。

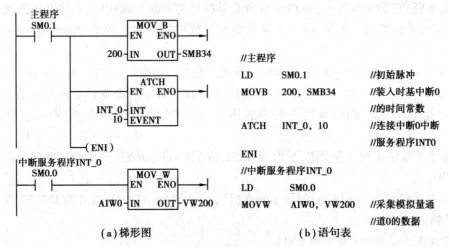

(a)梯形图          (b)语句表

**图 5-22 定时中断周期性读取模拟输入信号示例**

使用中断的几点说明:

① 多个事件可以调用同一个中断程序,但同一个中断事件不能同时指定多个中断服务程序。否则,在中断允许时,若某个中断事件发生,系统默认只执行为该事件指定的最后一个

中断程序。

② 当系统由其他模式切换到 RUN 模式时,就自动关闭了所有的中断。

③ 可以通过编程,在 RUN 模式下,用使能输入执行 ENI 指令来开放所有的中断,以实现对中断事件的处理。全局关中断指令 DISI 使所有中断程序不能被激活,但允许发生的中断事件等候,直到使用开中断指令重新允许中断。

特别提示:在一个程序中若使用中断功能,则至少要使用一次 ENI 指令,不然程序中的 ATCH 指令完不成使能中断的任务。

# 5.8　高速处理指令

高速处理指令有高速计数指令和高速脉冲输出指令两类。

## 5.8.1　高速计数指令

高速计数器 HSC(High Speed Counter)用来累计比 PLC 扫描频率高得多的脉冲输入(30 kHz),适用于自动控制系统的精确定位等领域。高速计数器是通过在一定的条件下产生的中断事件完成预定的操作。

1. S7-200 高速计数器

不同型号 PLC 主机,高速计数器的数量不同,使用时每个高速计数器都有地址编号 HCn,其中 HC(或 HSC)表示该编程元件是高速计数器,n 为地址编号。S7-200 系列中 CPU221 和 CPU222 支持 4 个高速计数器,它们是 HC0、HC3、HC4 和 HC5;CPU224 和 CPU226 支持 6 个高速计数器,它们是 HC0—HC5。每个高速计数器包含两方面的信息:计数器位和计数器当前值,高速计数器的当前值为双字长的有符号整数,且为只读值。

2. 中断事件类型

高速计数器的计数和动作可采用中断方式进行控制。不同型号的 PLC 采用高速计数器的中断事件有 14 个,大致可分为三种类型:

① 计数器当前值等于预设值中断;

② 计数输入方向改变中断;

③ 外部复位中断。

所有高速计数器都支持当前值等于预设值中断,但并不是所有的高速计数器都支持三种类型,高速计数器产生的中断源、中断事件号及中断源优先级见表 5-6。

3. 工作模式和输入点的连接

(1) 工作模式

每种高速计数器有多种功能不同的工作模式,高速计数器的工作模式与中断事件密切相关。使用任一个高速计数器,首先要定义高速计数器的工作模式(可用 HDEF 指令来进行设置)。

在指令中,高速计数器使用 0—11 表示 12 种工作模式。不同的高速计数器有不同的模式,如表 5-8、5-9 所示。

表 5-8　HSC0、HSC3、HSC4、HSC5 工作模式

| 计数器名称→ | HSC0 | | | HSC3 | HSC4 | | | HSC5 |
|---|---|---|---|---|---|---|---|---|
| 计数器工作模式↓ | I0.0 | I0.1 | I0.2 | I0.1 | I0.3 | I0.4 | I0.5 | I0.4 |
| 0:带内部方向控制的单向计数器 | 计数 | | | 计数 | 计数 | | | 计数 |
| 1:带内部方向控制的单向计数器 | 计数 | | 复位 | | 计数 | | 复位 | |
| 2:带内部方向控制的单向计数器 | | | | | | | | |
| 3:带外部方向控制的单向计数器 | 计数 | 方向 | | | 计数 | 方向 | | |
| 4:带外部方向控制的单向计数器 | 计数 | 方向 | 复位 | | 计数 | 方向 | 复位 | |
| 5:带外部方向控制的单向计数器 | | | | | | | | |
| 6:增、减计数输入的双向计数器 | 增计数 | 减计数 | | | 增计数 | 减计数 | | |
| 7:增、减计数输入的双向计数器 | 增计数 | 减计数 | 复位 | | 增计数 | 减计数 | 复位 | |
| 8:增、减计数输入的双向计数器 | | | | | | | | |
| 9:A/B 相正交计数器(双计数输入) | A 相 | B 相 | | | A 相 | B 相 | | |
| 10:A/B 相正交计数器(双计数输入) | A 相 | B 相 | 复位 | | A 相 | B 相 | 复位 | |
| 11:A/B 相正交计数器(双计数输入) | | | | | | | | |

表 5-9　HSC1、HSC2 工作模式

| 计数器名称→ | HSC1 | | | | HSC2 | | | |
|---|---|---|---|---|---|---|---|---|
| 计数器工作模式↓ | I0.6 | I0.7 | I1.0 | I1.1 | I1.2 | I1.3 | I1.4 | I1.5 |
| 0:带内部方向控制的单向计数器 | 计数 | | | | 计数 | | | |
| 1:带内部方向控制的单向计数器 | 计数 | | 复位 | | 计数 | | 复位 | |
| 2:带内部方向控制的单向计数器 | 计数 | | 复位 | 启动 | 计数 | | 复位 | 启动 |
| 3:带外部方向控制的单向计数器 | 计数 | 方向 | | | 计数 | 方向 | | |
| 4:带外部方向控制的单向计数器 | 计数 | 方向 | 复位 | | 计数 | 方向 | 复位 | |
| 5:带外部方向控制的单向计数器 | 计数 | 方向 | 复位 | 启动 | 计数 | 方向 | 复位 | 启动 |
| 6:增、减计数输入的双向计数器 | 增计数 | 减计数 | | | 增计数 | 减计数 | | |
| 7:增、减计数输入的双向计数器 | 增计数 | 减计数 | 复位 | | 增计数 | 减计数 | 复位 | |
| 8:增、减计数输入的双向计数器 | 增计数 | 减计数 | 复位 | 启动 | 增计数 | 减计数 | 复位 | 启动 |
| 9:A/B 相正交计数器(双计数输入) | A 相 | B 相 | | | A 相 | B 相 | | |
| 10:A/B 相正交计数器(双计数输入) | A 相 | B 相 | 复位 | | A 相 | B 相 | 复位 | |
| 11:A/B 相正交计数器(双计数输入) | A 相 | B 相 | 复位 | 启动 | A 相 | B 相 | 复位 | 启动 |

例如,模式 0(单相计数器):一个计数输入端,计数器 HSC0、HSC1、HSC2、HSC3、HSC4、HSC5 可以工作在该模式。HSC0—HSC5 计数输入端分别对应为 I0.0、I0.6、I1.2、I0.1、I0.3、I0.4。

例如,模式 11(正交计数器):两个计数输入端,只有计数器 HSC1、HSC2 可以工作在该模式,HSC1 计数输入端为 I0.6(A 相)和 I0.7(B 相)。所谓正交即指:当 A 相计数脉冲超前 B 相计数脉冲时,计数器执行增计数;当 A 相计数脉冲滞后 B 相计数脉冲时,计数器执行减计数。

(2) 输入点的连接

在使用一个高速计数器时,除了要定义它的工作模式外,还必须注意系统定义的固定输入点的连接。如 HSC0 的输入连接点有 I0.0(计数)、I0.1(方向)、I0.2(复位);HSC1 的输入连接点有 I0.6(计数)、I0.7(方向)、I1.0(复位)、I1.1(启动)。

使用时必须注意,高速计数器输入点、输入输出中断的输入点都在一般逻辑量输入点的编号范围内。一个输入点只能作为一种功能使用,即一个输入点可以作为逻辑量输入或高速计数输入或外部中断输入,但不能重叠使用。

4. 高速计数器控制字、状态字、当前值及设定值

(1)控制字

在设置高速计数器的工作模式后,可通过编程控制计数器的操作要求,如启动和复位计数器、计数器计数方向等参数。

S7-200 PLC 为每一个计数器提供一个控制字节存储单元,并对单元的相应位进行参数控制定义,称其为控制字。编程时,只需要将控制字写入相应计数器的存储单元即可。控制字定义格式及各计数器使用的控制字存储单元如表 5-10 所示。

表 5-10　高速计数器控制字格式

| 位地址 | 控制字各位功能 | HSC0 SM37 | HSC1 SM47 | HSC2 SM57 | HSC3 SM137 | HSC4 SM147 | HSC5 SM157 |
|---|---|---|---|---|---|---|---|
| 0 | 复位电平控制(0:高电平;1:低电平) | SM37.0 | SM47.0 | SM57.0 | | SM147.0 | |
| 1 | 启动控制(1:高电平启动;0:低电平启动) | SM37.1 | SM47.1 | SM57.1 | | SM147.1 | |
| 2 | 正交速率(1:1 倍速率;0:4 倍速率) | SM37.2 | SM47.2 | SM57.2 | | SM147.2 | |
| 3 | 计数方向(0:减计数;1:增计数) | SM37.3 | SM47.3 | SM57.3 | SM137.3 | SM147.3 | SM157.3 |
| 4 | 计数方向改变(0:不能改变;1:改变) | SM37.4 | SM47.4 | SM57.4 | SM137.4 | SM147.4 | SM157.4 |
| 5 | 写入预设值允许(0:不允许;1:允许) | SM37.5 | SM47.5 | SM57.5 | SM137.5 | SM147.5 | SM157.5 |
| 6 | 写入当前值允许(0:不允许;1:允许) | SM37.6 | SM47.6 | SM57.6 | SM137.6 | SM147.6 | SM157.6 |
| 7 | HSC 指令允许(0:禁止;1:允许 HSC) | SM37.7 | SM47.7 | SM57.7 | SM137.7 | SM147.7 | SM157.7 |

例如,选用计数器 HSC0 工作在模式 3,要求复位和启动信号为高电平有效、1 倍计数速率、减方向不变、允许写入新值、允许 HSC 指令,则其控制字节为 SM37 = 2#11100100。

(2)状态字

每个高速计数器都配置一个 8 位字节单元,每一位用来表示这个计数器的某种状态,在程序运行时自动使某些位置位或清 0,这个 8 位字节称其为状态字。HSC0—HSC5 配备相应的状态字节单元为特殊存储器 SM36、SM46、SM56、SM136、SM146、SM156。

各字节的 0—4 位未使用;第 5 位表示当前计数方向(1 为增计数);第 6 位表示当前值是否等于预设值(0 为不等于,1 为等于);第 7 位表示当前值是否大于预设值(0 为小于等于,1 为大于),在设计条件判断程序结构时,可以读取状态字判断相关位的状态,来决定程序应该执行的操作(参看《S7 200 用户手册》的特殊存储器部分)。

(3)当前值

各高速计数器均设 32 位特殊存储器字单元为计数器当前值(有符号数),计数器 HSC0—HSC5 当前值对应的存储器为 SMD38、SMD48、SMD58、SMD138、SMD148、SMD158。

(4)预设值

各高速计数器均设 32 位特殊存储器字单元为计数器预设值(有符号数),计数器 HSC0—HSC5 预设值对应的存储器为 SMD42、SMD52、SMD62、SMD142、SMD152、SMD162。

5. 高速计数指令

高速计数指令有两条:HDEF 和 HSC,其指令格式和功能如表 5-11 所示,应注意:

① 每个高速计数器都有固定的特殊功能存储器与之配合,完成高速计数功能。这些特殊功能寄存器包括 8 位状态字节、8 位控制字节、32 位当前值、32 位预设值。

② 对于不同的计数器,其工作模式是不同的。

③ HSC 的 EN 是使能控制,不是计数脉冲,外部计数输入端如表 5-8、表 5-9 所示。

6. 高速计数器初始化程序

使用高速计数器必须编写初始化程序,其编写步骤如下:

① 人工选择高速计数器、确定工作模式

根据计数的功能要求,选择 PLC 主机型号,如 S7-200 PLC 中,CPU222 有 4 个高速计数器(HC0、HC3、HC4 和 HC5);CPU224 有 6 个高速计数器(HC0—HC5),由于不同的计数器其工作模式是不同的,故主机型号和工作模式应统筹考虑。

② 编程写入设置的控制字

根据控制字(8 位)的格式,设置控制计数器操作的要求,并根据选用的计数器号将其通过编程指令写入相应的 SMBxx 中(见表 5-10)。

③ 执行高速计数器定义指令 HDEF

在该指令中,输入参数为所选计数器的号值(0—5)及工作模式(0—11)。

表 5-11 高速计数指令的格式、功能

| LAD | STL | 功能及参数 |
|---|---|---|
| HDEF<br>EN ENO<br>HSC<br>MODE | HDEF HSC,MODE | 高速计数器定义指令:<br>使能输入有效时,为指定的高速计数器分配一种工作模式;<br>HSC:输入高速计数器编号(0—5);<br>MODE:输入工作模式(0—11) |
| HSC<br>EN ENO<br>N | HSC N | 高速计数器指令:<br>使能输入有效时,根据高速计数器特殊存储器的状态,并按照 HDEF 指令指定的模式,设置高速计数器并控制其工作;<br>N:高速计数器编号(0—5) |

④ 编程写入计数器当前值和预设值

将 32 位的计数器当前值和 32 位的计数器的预设值写入与计数器相应的 SMDxx 中,初始化设置当前值是指计数器开始计数的初始值。

⑤ 执行中断连接指令 ATCH

在该指令中,输入参数为中断事件号 EVENT 和中断处理程序 INTn,建立 EVENT 与 INTn 的联系(一般情况下,可根据计数器的当前值与预设值的比较条件是否满足产生中断)。

⑥ 执行全局开中断指令 ENI。

⑦ 执行 HSC 指令,在该指令中,输入计数器编号,在 EN 信号的控制下,开始对计数器对应的计数输入端脉冲计数。

[例 5-19] 用测频法测量电机的转速是指在单位时间内采集编码器脉冲的个数,因此可以选用高速计数器对转速脉冲信号进行计数,同时用时基来完成定时。知道了单位时间内的脉冲个数,再经过一系列的计算就可以得知电机的转速。

编程步骤如下:

① 根据题中要求,选用高速计数器 HSC0;定义为工作模式 0。采用初始化子程序,用初始化脉冲 SM0.1 调用子程序。

② 令 SMB37＝16#F8。其完成编码器计数设置;允许执行 HSC 指令。

③ 执行 HDEF 指令定义计数器,HSC＝0,MODE＝0。

④ 当前值(初始计数值＝0)写入 SMD38。

⑤ 装入时基定时设定值,令 SMB34＝200。

⑥ 执行中断连接 ATCH 指令,中断程序为 HSCINT,EVNT 为 10。

⑦ 执行 HSC 指令,N＝0。

中断处理程序 HSCINT 的设计略。

初始化程序如图 5-23 所示。

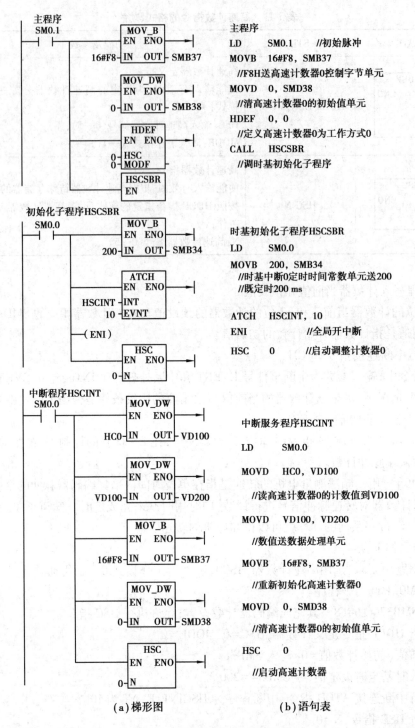

主程序
SM0.1

| MOV_B |
| EN ENO |
| 16#F8 - IN OUT - SMB37 |

| MOV_DW |
| EN ENO |
| 0 - IN OUT - SMB38 |

| HDEF |
| EN ENO |
| 0 - HSC |
| 0 - MODF |

| HSCSBR |
| EN |

主程序
LD      SM0.1      //初始脉冲
MOVB    16#F8, SMB37
        //F8H送高速计数器0控制字节单元
MOVD    0, SMD38
        //清高速计数器0的初始值单元
HDEF    0, 0
        //定义高速计数器0为工作方式0
CALL    HSCSBR
        //调时基初始化子程序

初始化子程序HSCSBR
SM0.0

| MOV_B |
| EN ENO |
| 200 - IN OUT - SMB34 |

| ATCH |
| EN ENO |
| HSCINT - INT |
| 10 - EVNT |

( ENI )

| HSC |
| EN ENO |
| 0 - N |

时基初始化子程序HSCSBR
LD      SM0.0

MOVB    200, SMB34
        //时基中断0定时时间常数单元送200
        //既定时200 ms

ATCH    HSCINT, 10
ENI              //全局开中断
HSC     0        //启动调整计数器0

中断程序HSCINT
SM0.0

| MOV_DW |
| EN ENO |
| HC0 - IN OUT - VD100 |

| MOV_DW |
| EN ENO |
| VD100 - IN OUT - VD200 |

| MOV_B |
| EN ENO |
| 16#F8 - IN OUT - SMB37 |

| MOV_DW |
| EN ENO |
| 0 - IN OUT - SMD38 |

| HSC |
| EN ENO |
| 0 - N |

中断服务程序HSCINT

LD      SM0.0

MOVD    HC0, VD100

        //读高速计数器0的计数值到VD100

MOVD    VD100, VD200

        //数值送数据处理单元

MOVB    16#F8, SMB37

        //重新初始化高速计数器0

MOVD    0, SMD38

        //清高速计数器0的初始值单元

HSC     0

        //启动高速计数器

(a)梯形图          (b)语句表

图 5-23   高速计数器初始化程序

## 5.8.2   高速脉冲输出

高速脉冲输出功能是在 PLC 的某些输出端产生高速脉冲,用来驱动负载实现高速输出和精确控制。

1. 高速脉冲的输出方式和输出端子的连接

（1）高速脉冲的输出方式

高速脉冲输出可分为：高速脉冲串输出 PTO 和宽度可调脉冲输出 PWM 两种方式。

① 高速脉冲串输出 PTO 主要是用来输出指定数量的方波，用户可以控制方波的周期和脉冲数，其参数为：

a. 占空比：50%；

b. 周期变化范围：以 μs 或 ms 为单位，50—65 535 μs 或 2—65 535 ms（16 位无符号数据），编程时周期值一般设置为偶数。

c. 脉冲串的个数范围：1—4 294 967 295 之间（双字长无符号数）。

②宽度可调脉冲输出 PWM 主要用来输出占空比可调的高速脉冲串，用户可以控制脉冲的周期和脉冲宽度，PWM 的周期或脉冲宽度以 μs 或 ms 为单位，周期变化范围同高速脉冲串 PTO。

（2）输出端子的连接

每个 CPU 有两个 PTO/PWM 发生器产生高速脉冲串或脉冲宽度可调的波形，系统为其分配 2 个位输出端 Q0.0 和 Q0.1。PTO/PWM 发生器和输出映像寄存器共同使用 Q0.0 和 Q0.1，但一个位输出端在某一时刻只能使用一种功能，在执行高速输出指令中使用了 Q0.0 和 Q0.1，则这两个位输出端就不能作为通用输出使用。如果 Q0.0 或 Q0.1 设定为 PTO 或 PWM 功能输出但未执行其输出指令时，仍然可以将 Q0.0 和 Q0.1 作为通用输出使用，但一般是通过操作指令将其设置为 PTO 或 PWM 输出时的起始电位 0。

2. 相关的特殊功能寄存器

① 每个 PTO/PWM 发生器都有 1 个控制字节来定义其输出位的操作：

Q0.0 的控制字节位为 SMB67；

Q0.1 的控制字节位为 SMB77。

② 每个 PTO/PWM 发生器都有 1 个单元（或字或双字或字节）定义其输出周期时间、脉冲宽度、脉冲计数值等，例如：

Q0.0 周期时间数值为 SMW68；

Q0.1 周期时间数值为 SMW78。

其他相关的特殊功能寄存器及参数定义可参看附录Ⅱ，其理解及使用方式类同高速计数器。一旦这些特殊功能寄存器的值被设成所需操作，可通过执行脉冲指令 PLS 来执行这些功能。

3. 脉冲输出指令

脉冲输出指令可以输出两种类型的方波信号，在精确位置控制中有很重要的应用，其指令格式如表 5-12 所示。

说明：

① 脉冲串输出 PTO 和宽度可调脉冲输出都由 PLC 指令来激活输出；

② 输入数据 Q 必须为字型常数 0 或 1；

③ 脉冲串输出 PTO 可采用中断方式进行控制，而宽度可调脉冲输出 PWM 只能由指令

PLS 来激活。

表 5-12　脉冲输出指令的格式

| LAD | STL | 功　能 |
|---|---|---|
| **PLS**<br>—EN　ENO—<br>—Q0.X | PLS Q | 脉冲输出指令,当使能端输入有效时,检测用程序设置的特殊功能寄存器位,激活由控制位定义的脉冲操作。从 Q0.0 或 Q0.1 输出高速脉冲。 |

〔**例 5-20**〕　编写实现脉冲宽度调制 PWM 的程序。根据要求控制字节(SMB77)= 16#DB 设定周期为 10 000 ms,通过 Q0.1 输出。

设计程序如图 5-24 所示。

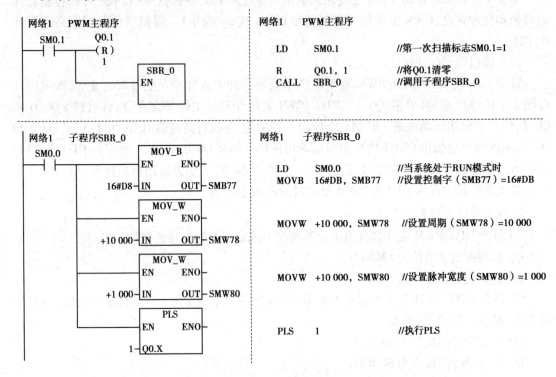

图 5-24　**PWM 控制程序**

# 5.9　PID 操作指令

在模拟量作为被控参数的控制系统中,为了使被控参数按照一定的规律变化,需要在控制回路中设置比例(P)、积分(I)、微分(D)运算及其运算组合,S7-200 PLC 设置了专用于 PID 运算的回路表参数和 PID 回路指令,可以方便地实现 PID 运算操作。

## 5.9.1　PID 算法

在一般情况下,控制系统主要针对被控参数 PV(又称过程变量)与期望值 SP(又称给定

值)之间产生的偏差 $e$ 进行 PID 运算。其数学函数表达式为:

$$M(t) = K_p e + K_i \int edt + K_d \frac{de}{dt}$$

式中  $M(t)$——PID 运算的输出,M 是时间 t 的函数;

  $e$——控制回路偏差,PID 运算的输入参数;

  $K_p$——比例运算系数(增益);

  $K_i$——积分运算系数(增益);

  $K_d$——微分运算系数(增益)。

使用计算机处理该表达式,必须将其由模拟量控制的函数通过周期性地采样偏差 $e$,使其函数各参数离散化,为了方便算法实现,离散化后的 PID 表达式可整理为:

$$M_n = K_c e_n + K_c \left( \frac{T_s}{T_i} \right) e_n + MX + K_c \left( \frac{T_d}{T_s} \right) (e_n - e_{n-1})$$

式中  $M_n$——时间 t=n 时的回路输出;

  $e_n$——时间 t=n 时采样的回路偏差,即 $SP_n$ 与 $PV_n$ 之差;

  $e_{n-1}$——时间 t=n-1 时采样的回路偏差,即 $SP_{n-1}$ 与 $PV_{n-1}$ 之差;

  $K_c$——回路总增益,比例运算参数;

  $T_s$——采样时间;

  $T_i$——积分时间,积分运算参数;

  $T_d$——微分时间,微分运算参数;

  $K_c = K_p$;

  $K_c \left( \dfrac{T_s}{T_i} \right) = K_i$:

  $K_c \left( \dfrac{T_d}{T_s} \right) = K_d$:

  MX——所有积分项前值之和,每次计算出 $K_c \left( \dfrac{T_s}{T_i} \right) e_n$ 后,将其值累计入 MX 中。

由上式可以看出:

$K_c e_n$ 为比例运算项 P;

$K_c \left( \dfrac{T_s}{T_i} \right) e_n$ 为积分运算项 I(不含 n 时刻前积分值);

$K_c \left( \dfrac{T_d}{T_s} \right) (e_n - e_{n-1})$ 为微分运算项 D;

比例回路增益 $K_p$ 将影响 $K_i$ 和 $K_d$,在控制系统中,常使用的控制运算为:

比例控制(P):不需要积分和微分,可设置积分时间 $T_i = \infty$,使 $K_i = 0$;微分时间 $T_d = 0$,使 $K_d = 0$。其输出: $Mn = K_c e_n$;

比例、积分控制(PI):不需要微分,可设置微分时间 $T_d = 0$,$K_d = 0$。其输出:

$$Mn = K_c e_n + K_c \left( \frac{T_s}{T_i} \right) e_n;$$

比例、积分、微分控制(PID):可设置比例系数 $K_p$、积分时间 $T_i$、微分时间 $T_d$,其输出:

$$Mn = K_c e_n + K_c \left( \frac{T_s}{T_i} \right) e_n + K_c \left( \frac{T_d}{T_s} \right) (e_n - e_{n-1})$$

### 5.9.2　PID 回路输入转换及标准化数据

#### 1. PID 回路

S7-200 PLC 为用户提供了 8 条 PID 控制回路,回路号为 0—7,即可以使用 8 条 PID 指令实现 8 个回路的 PID 运算。

#### 2. 回路输入转换及标准化数据

每个 PID 回路有两个输入量,给定值(SP)和过程变量(PV)。一般控制系统中,给定值通常是一个固定的值。由于给定值和过程变量都是现实世界的某一物理量值,其大小、范围和工程单位都可能有差别,所以,在 PID 指令对这些物理量进行运算之前,必须对它们及其他输入量进行标准化处理,即通过程序将它们转换成标准的浮点型表达形式。其过程如下:

① 首先将 PLC 读取的输入参数(16 位整数值)转成浮点型实数值,其实现方法可通过下列指令序列实现:

ITD AIW0,AC0　　　　　　//将输入值转换为双整数。

DTR AC0,AC0　　　　　　//将 32 位双整数转换为实数。

② 然后将实数值表达形式转换成 0.0—1.0 之间的标准化值,可采用下列公式实现:

$$R_{Norm} = \left( \frac{R_{Raw}}{S_{pan}} \right) + Offset$$

式中　　$R_{Norm}$——经标准化处理后对应的实数值;

　　　　$R_{Raw}$——没有标准化的实数值或原值;

　　　　Offset——单极性(即 $R_{Norm}$ 变化范围在 0.0—1.0)为 0.0;双极性(即 $R_{Norm}$ 在 0.5 上下
　　　　　　　　变化)为 0.5;

　　　　Span——值域大小,可能的最大值减去可能的最小值,单极性为 32 000(典型值)双极
　　　　　　　性为 64 000(典型值)。

把双极性实数标准化为 0.0—1.0 之间的实数的实现方法可通过下列指令序列实现:

/R 64000.0,AC0　　　　　//累加器中的标准化值

+R 0.5,AC0　　　　　　　//加上偏置,使其在 0.0—1.0 之间

MOVR AC0,VD100　　　　//标准化的值存入回路表

### 5.9.3　回路输出值转换成标定数据

PID 回路输出值一般是用来控制系统的外部执行部件(如电炉丝加热、电动机转速等),由于执行部件 PID 回路输出的是 0.0—1.0 之间标准化的实数值,对于模拟量控制的执行部件,回路输出在驱动模拟执行部件之前,必须将标准化的实数值转换成一个 16 位的标定整数值,这一转换,是上述标准化处理的逆过程。转换过程如下:

① 首先将回路输出转换成一个标定的实数值,公式为:

$$R_{scal} = (M_n - Offset) * Span$$

式中　　$R_{scal}$——回路输出按工程标定的实数值;

　　　　$M_n$——回路输出的标准化实数值;

　　　　Offset——单极性为 0.0,双极性为 0.5;

　　　　Span——值域大小,可能的最大值减去可能的最小值,单极性为 32 000(典型值)双极

性为 64 000(典型值)。

实现这一过程可指令序列为:

| | |
|---|---|
| MOVR VD108,AC0 | //把回路输出值移入累加器(PID 回路表首地址为 VB100) |
| —R 0.5,AC0 | //仅双极性有此句 |
| *R 64000.0,AC0 | //在累加器中得到标定值 |

②然后把回路输出标定实数值转换成 16 位整数,可通过下面的指令序列来完成:

| | |
|---|---|
| ROUND AC0,AC0 | //把 AC0 中的实数转换为 32 位整数 |
| DTI AC0,LW0 | //把 32 位整数转换为 16 位整数 |
| MOVW LW0,AQW0 | //把 16 位整数写入模拟输出寄存器 |

## 5.9.4　正作用和反作用回路

在控制系统中,PID 回路只是整个控制系统中的一个(调节)环节,在确定系统其他环节的正反作用(如执行部件为调节阀时,根据需要,可为有信号开阀或有信号关阀)后,为了保证整个系统为一个负反馈的闭合系统,必须正确选择 PID 回路的正反作用。

如果 PID 回路增益为正,则该回路为正作用回路;如果 PID 回路增益为负,则该回路为反作用回路;对于增益值为 0.0 的 I 或 D 控制,如果设定积分时间、微分时间为正,就是正作用回路;如果设定其为负值,就是反作用回路。

## 5.9.5　回路输出变量范围、控制方式及特殊操作

1. 过程变量及范围

过程变量和给定值是 PID 运算的输入值,因此回路表中的这些变量只能被 PID 指令读而不能被改写,而输出变量是由 PID 运算产生的,所以在每一次 PID 运算完成之后,需更新回路表中的输出值,输出值被限定在 0.0—1.0 之间。当输出由手动转变为 PID(自动)控制时,回路表中的输出值可以用来初始化输出值。(有关 PID 指令的方式详见下面的"控制方式"一节)。

如果使用积分控制,积分项前值要根据 PID 运算结果更新。这个更新了的值用作下一次 PID 运算的输入,当计算输出值超过范围(大于 1.0 或小于 0.0),那么积分项前值必须根据下列公式进行调整:

$$\text{当输出 } Mn > 1.0 \text{ 时} \quad MX = 1.0 - (MPn + MDn)$$
$$\text{当输出 } Mn < 0.0 \text{ 时} \quad MX = -(MPn + MDn)$$

式中,MX 为积分前项值;MPn 为第 n 采样时刻的比例项值;MDn 为第 n 采样时刻的微分项值;Mn 为第 n 采样时刻的输出值。

这样调整积分前项值,一旦输出回到范围后,可以提高系统的响应性能。而且积分前项值限制在 0.0—0.1 之间,在每次 PID 运算结束时,把积分前项值写入回路表,以备在下次 PID 运算中使用。

在实际运用中,用户可以在执行 PID 指令以前修改回路表中积分项前值,以保证对控制系统的扰动影响最小。手工调整积分项前值时,应保证写入的值在 0.0—1.0 之间。

回路表中的给定值与过程变量的差值(e)是用于 PID 运算中的差分运算,用户最好不要去修改此值。

2. 控制方式

S7-200 PLC 的 PID 回路没有设置控制方式,只有当 PID 盒接通时,才执行 PID 运算。在这

种意义上说,PID 运算存在一种"自动"运行方式。当 PID 运算不被执行时,称之为"手动"模式。

同计数器指令相似,PID 指令有一个使能位,当该使能位检测到一个信号的正跳变(从 0 到 1),PID 指令执行一系列的动作,使 PID 指令从手动方式无扰动地切换到自动方式。为了达到无扰动切换,在转变到自动控制前,必须把手动方式下的输出值填入回路表中的输出栏中。PID 指令对回路表中的值进行下列动作,以保证当使能位正跳变出现时,从手动方式无扰动切换到自动方式:

    置给定值(SPn)= 过程变量(PVn)

    置过程变量前值(PVn−1)= 过程变量现值(PVn−1)

    置积分项前值(MX)= 输出值(Mn)

3. 特殊操作

特殊操作是指故障报警、回路变量的特殊计算、跟踪检测等操作。虽然 PID 运算指令简单、方便且功能强大,但对于一些特殊操作,则须使用 S7-200 支持的基本指令来实现。

### 5.9.6　PID 回路表

回路表用来存放控制和监视 PID 运算的参数,每个 PID 控制回路都有一个确定起始地址(TBL)的回路表。每个回路表长度为 80 字节,0—35 字节(36—79 字节保留给自整定变量)用于填写 PID 运算公式的 9 个参数,这些参数分别是过程变量当前值(PVn),过程变量前值(PVn−1),给定值(SPn),输出值(Mn),增益(Kc),采样时间(Ts),积分时间(TI),微分时间(TD)和积分项前值(MX),其回路表格式如表 5-13 所示。

表 5-13　PID 回路表

| 地址 | 参数(域) | 数据格式 | 类型 | 数据说明 |
|---|---|---|---|---|
| 表起始地址+0 | 过程变量(PVn) | 实数 | IN | 在 0.0—0.1 之间 |
| 表起始地址+4 | 设定值(SPn) | 实数 | IN | 在 0.0—0.1 之间 |
| 表起始地址+8 | 输出(Mn) | 实数 | IN/OUT | 在 0.0—0.1 之间 |
| 表起始地址+12 | 增益(Kc) | 实数 | IN | 比例常数可大于 0 或小于 0 |
| 表起始地址+16 | 采样时间(Ts) | 实数 | IN | 单位:秒(正数) |
| 表起始地址+20 | 积分时间(Ti) | 实数 | IN | 单位:分钟(正数) |
| 表起始地址+24 | 微分时间(Td) | 实数 | IN | 单位:分钟(正数) |
| 表起始地址+28 | 积分前项(MX) | 实数 | IN/OUT | 在 0.0—0.1 之间 |
| 表起始地址+32 | 过程变量前值(PVn−1) | 实数 | IN/OUT | 上一次执行 PID 指令时的过程变量 |

注:表中偏移地址是指相对于回路表的起始地址的偏移量

**注意**:PID 的 8 个回路都应有对应的回路表,可以通过数据传送指令完成对回路表的操作。

### 5.9.7　PID 回路指令

PID 运算通过 PID 回路指令来实现,其指令格式如下:

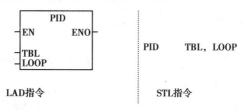

LAD指令　　　　　　　STL指令

EN:启动 PID 指令输入信号;

TBL:PID 回路表的起始地址(由变量存储器 VB 指定字节性数据);

LOOP:PID 控制回路号(0—7)。

指令功能:在输入有效时,根据回路表(TBL)中的输入配置信息,对相应的 LOOP 回路执行 PID 回路计算,其结果经回路表指定的输出域输出。

注意:

① 在使用该指令前,必须建立回路表,因为该指令是以回路表 TBL 提供的过程变量、设定值、增益、积分时间、微分时间、输出等进行运算的。

② PID 指令不检查回路表中的一些输入值,必须保证过程变量和设定值在 0.0 到 1.0 之间。

③ 该指令必须使用在以定时产生的中断程序中。

④ 如果指令指定的回路表起始地址或 PID 回路号操作数超出范围,则在编译期间,CPU 将产生编译错误(范围错误),从而编译失败;如果 PID 算术运算发生错误,则特殊存储器标志位 SM1.1 置 1,并且中止 PID 指令的执行(在下一次执行 PID 运算之前,应改变引起算术运算错误的输入值)。

### 5.9.8　PID 编程步骤及应用

综合前面几节所述,下面结合某一水箱的水位控制来说明 PID 控制程序编写步骤。

水箱控制要求如下:

某一水箱有一条进水管和一条出水管,进水管的水流量随时间不断变化,要求控制出水管阀门的开度,使水箱内的液位始终保持在水满时液位的一半。系统使用比例积分及微分控制,假设采用下列控制参数值:$K_c$ 为 0.4,$T_s$ 为 0.2 s,$T_i$ 为 30 min,$T_d$ 为 15 min。

根据要求,本系统标准化时可采用单极性方案,系统的输入来自液位计的液位测量采样;设定值是液位的 50%,输出是单极性模拟量,用以控制阀门的开度,可以在 0% ~ 100% 之间变化。

在实际工程中,系统的输入信号(如量程、零点迁移、A/D 转换等)、输出信号(如 D/A 转换、负载所需物理量等)及 PID 参数整定等工程问题都要综合考虑及处理(这些问题读者可参考有关控制系统的资料)。

本程序只是模拟量控制系统的 PID 程序主干,对于现场实际问题,还要考虑诸多方面的影响因素。本程序的主程序、回路表初始化子程序 SBR0、初始化子程序 SBR1 和中断程序 INT0。模拟量输入通道为 AIW2,模拟量输出通道为 AQW0。I0.4 为手动/自动转换开关,I0.4 为 1 时,系统进入自动运行状态。

图 5-25 给出了系统总体程序。

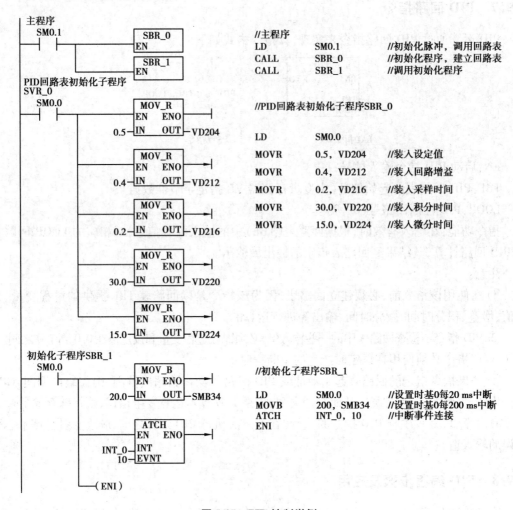

//主程序

| LD | SM0.1 | //初始化脉冲，调用回路表 |
| CALL | SBR_0 | //初始化程序，建立回路表 |
| CALL | SBR_1 | //调用初始化程序 |

//PID回路表初始化子程序SBR_0

| LD | SM0.0 | |
| MOVR | 0.5, VD204 | //装入设定值 |
| MOVR | 0.4, VD212 | //装入回路增益 |
| MOVR | 0.2, VD216 | //装入采样时间 |
| MOVR | 30.0, VD220 | //装入积分时间 |
| MOVR | 15.0, VD224 | //装入微分时间 |

//初始化子程序SBR_1

| LD | SM0.0 | //设置时基0每20 ms中断 |
| MOVB | 200, SMB34 | //设置时基0每200 ms中断 |
| ATCH | INT_0, 10 | //中断事件连接 |
| ENI | | |

图 5-25　PID 控制举例

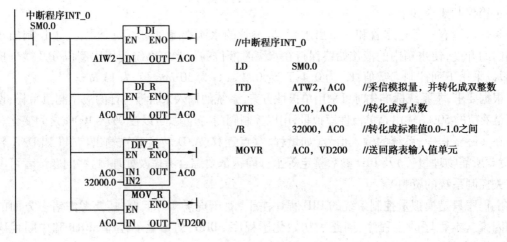

//中断程序INT_0

| LD | SM0.0 | |
| ITD | ATW2, AC0 | //采信模拟量，并转化成双整数 |
| DTR | AC0, AC0 | //转化成浮点数 |
| /R | 32000, AC0 | //转化成标准值0.0~1.0之间 |
| MOVR | AC0, VD200 | //送回路表输入值单元 |

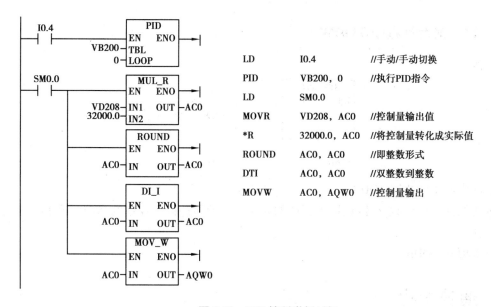

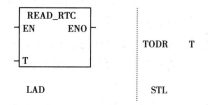

图 5-25　PID 控制举例（续）

# 5.10　时钟指令

利用时钟指令可以方便地设置、读取时钟时间,以实现对控制系统的实时监视等操作。

## 5.10.1　读实时时钟指令 TODR

指令格式:

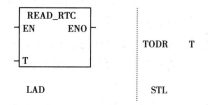

其中,操作数 T:指定 8 个字节缓冲区的首地址,T 存放"年"、T+1 存放"月"、T+2 存放"日"、T+3 存放"小时"、T+4"分钟"、T+5 存放"秒"、T+1 存放 0、T+7 存放"星期"。

指令功能:EN 有效时,读取当前时间和日期存放在以 T 开始的 8 个字节的缓冲区。

注意:

① S7-200 CPU 不检查和核实日期与星期是否合理,例如,对于无效日期 February 30(2月 30 日)可能被接受,因此必须确保输入的数据是正确的。

② 不要同时在主程序和中断程序中使用时钟指令,否则,中断程序中的时钟指令不会被执行。

③ S7-200 PLC 只使用年信息的后两位。

④ 日期和时间数据表示均为 BCD 码,例如:用 16#09 表示 2009 年。

### 5.10.2 写实时时钟指令 TODW

指令格式：

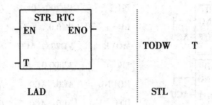

其中操作数 T 含义同 TODR。

指令功能：EN 有效时，将以地址 T 开始的 8 个字节的缓冲区中设定的当前时间和日期写入硬件时钟。

注意事项同 TODR。

## 5.11 通信指令

S7-200 PLC 的通信指令包括应用于 PPI 协议的网络读写指令、用于自由口通信模式的发送和接收指令，以及使用 USS 协议库和 Modbus 协议库的指令。S7-200 默认运行模式为从站模式，但在用户应用程序中可将其设置为主站运行模式与其他从站进行通信。

### 5.11.1 网络读写指令

1. 网络读 NETR、网络写 NETW 指令

网络读、网络写指令格式如图 5-26 所示。当 S7-200 PLC 作为主站时，可用相关网络指令（NETR、NETW）对其他从站中的数据进行读写。

应用网络读（NETR）通信操作指令，可以通过指令指定的通信端口（PROT）从另外的 S7-200 PLC 上接收数据，并将接收到的数据存储在指定的缓冲区表（TBL）中。

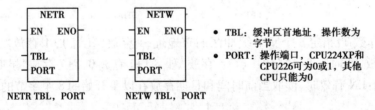

图 5-26 **NETR/NETW 指令格式**

应用网络写（NETW）通信操作指令，可以通过指令指定的通信端口（PROT）向另外的 S7-200 PLC 写指令指定的缓冲区表（TBL）中的数据。

2. 应用举例

[例 5-21] 一条生产线正在罐装黄油桶并将其送到 4 台包装机（打包机）上包装，打包机把 8 个黄油桶包装到一个纸箱中。一个分流机控制着黄油桶流向各个打包机。4 个 CPU222 用于控制打包机，一个 CPU224 安装了 TD200 操作器人机界面，用于控制分流机。图

5-27 为系统组成示意图。

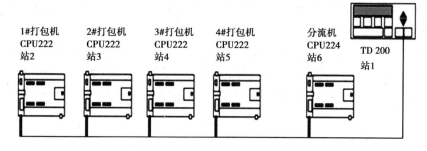

图 5-27　系统组成示意图

在该例中,分流机对打包机的控制主要是负责将纸箱、黏接剂和黄油桶分配给不同的打包机。而分配的依据是各个打包机的工作状态,因此分流机要实时地掌握各个打包机的工作状态。另外,为了统计方便,各个打包机打包完成的数量应上传到分流机,以便记录和通过 TD200 查阅。

因此,在本例中,4 个打包机的站地址分别设定为 2、3、4 和 5,分流机的站地址设为 6,TD200 的站地址为 1,将各个 CPU 的站地址在系统中设定好,随程序一起下载到 PLC 中,TD200 的地址直接在 TD200 中设定。用 TD200 和 6#站分流机做主站,其他 PLC 做从站。6#站分流机的程序包括控制程序、与 TD200 的通信程序以及与其他站的通信程序,其他站只有控制程序,具体程序设计过程自行设计。

## 5.11.2　发送及接收指令

### 1. XMT/RCV 发送与接收指令

XMT/RCV 指令格式如图 5-28 所示,XMT/RCV 指令用于当 S7-200 PLC 被定义为自由端口通信模式时,由通信端口发送或接收数据。

使用发送指令可以将发送数据缓冲区中的数据通过指令指定的通信端口发送出去,发送完成时将产生一个中断事件,数据缓冲区的第一个数据指明了要发送的字节数。

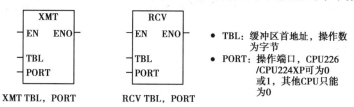

- TBL: 缓冲区首地址,操作数为字节
- PORT: 操作端口,CPU226/CPU224XP可为0或1,其他CPU只能为0

图 5-28　XMT/RCV 指令格式

使用接收指令可以通过指令指定的通信端口接收信息并存储于接收数据缓冲区中,接收完成时也将产生一个中断事件,数据缓冲区的第一个数据指明了要接收的字节数。

### 2. 自由端口模式

CPU 的串行通信口可由用户程序控制,这种操作模式称为自由端口模式。当选择了自由端口模式时,用户程序可以使用接收中断、发送中断、发送指令( XMT )和接收指令( RCV )来进行通信操作。

只有当 CPU 处于 RUN 模式时,才能进行自由端口通信。SMB30(用于端口 0)和 SMB130(如果 CPU 有两个端口,则用于端口 1)用于选择波特率、奇偶校验、数据位数和通信协议。

3. 用 XMT 指令发送数据

用 XMT 指令可以方便地发送 1—255 个字符,如果有一个中断服务程序连接到发送结束事件上,在发送完缓冲区的最后一个字符时,会产生一个发送中断(端口 0 为中断事件 9,端口 1 为中断事件 26)。可以通过检测发送完成状态位 SM4.5 或 SM4.6 的变化,判断发送是否完成。

4. 用 RCV 指令接收数据

执行接收指令(RCV)时用到一系列特殊功能存储器。对端口 0 用 SMB86 到 SMB94;对端口 1 用 SMB186 到 SMB194。

使用接收指令时,允许用户选择信息接收开始和信息接收结束的条件。

RCV 指令支持几种起始常见的约束条件如下:

① 空闲线检测:il=1,sc=0,bk=0,SMW90(或 SMW190)>0。

② 起始字符检测:il=0,sc=1,bk=0,忽略 SMW90(或 SMW190)。

③ break 检测:il=0,sc=0,bk=1,忽略 SMW90(或 SMW190)。

④ 对一个信息的响应:il=1,sc=0,bk=0,SMW90(或 SMW190)=0。

⑤ break 和一个起始字符:il=0,sc=1,bk=1,忽略 SMW90(或 SMW190)。

⑥ 空闲和一个起始字符:il=1,sc=1,bk=0,SMW90(或 SMW190)>0。

RCV 指令支持的几种结束信息的方式如下:

① 结束字符检测:ec=1,SMB89/SMB189=结束字符。

② 字符间超时定时器超时:c/m=0,tmr=1,SMW92/SMW192=字符间超时时间。

③ 信息定时器超时:c/m=1,tmr=1,SMW92/SMW192=信息超时时间。

④ 最大字符计数:当信息接收功能接收到的字符数大于 SMB94(或 SMB194)时,信息接收功能结束。

⑤ 校验错误:当接收字符出现奇偶校验错误时,信息接收功能自动结束。

⑥ 用户结束:用户可以通过将 SM87.7(或 SM187.7)设置为 0 来终止信息接收功能。

# 思考与练习题

1. 什么是 PLC 功能指令,常见的功能指令有哪些?

2. 简述左、右移位指令和循环左、右移位指令的异同?

3. 字节传送、字传送、双字传送、实数传送指令的功能和指令格式有什么异同?

4. 编程分别实现以下功能:

① 从 VW200 开始的 256 个字节全部清 0。

② 将 VB20 开始的 100 个字节数据传送到 VB200 开始的存储区。

③ 当 I0.1 接通时,记录当前的时间,时间秒值送入 QB0。

5. 使用 ATT 指令创建表,表格首地址为 VW100,使用表指令找出 2000 数据的位置,存入 AC1 中。

6. 当 I1.1＝1 时,将 VB10 的数值(0—7)转换为(译码)7 段显示器码送入 QB0 中。

7. 在输入触点 I0.0 脉冲作用下,读取 4 次 I0.1 的串行输入信号,移位存放在 VB0 的低 4 位;QB0 外接 7 段数码管用于显示串行输入的数据,编写梯形图程序。

8. 设 4 个行程开关(I0.0、I0.1、I0.2、I0.3)分别位于 1—4 层位置,开始 Q1.1 控制电机启动,当某一行程开关闭合时,数码管显示相应层号,到达 4 层时,电机停,Q1.0 为 ON,延时 5 s 后,Q1.0 为 OFF,电机再次启动,编写梯形图程序。

9 什么是中断源、中断事件号、中断优先级、中断处理程序? S7-200 PLC 中断与其他计算机中断系统有什么不同?

10. 定时中断和定时器中断有什么不同? 主要应用在哪些方面?

11. 编写实现中断事件 1 的控制程序,当 I0.1 有效且开中断时,系统可以对中断 1 进行响应,执行中断服务程序 INT1(中断服务程序功能根据需要确定)。

12. 简述 PID 控制回路的编程步骤。

# Глава 5

## Функциональные инструкции и приложения S7-200 серии PLC

➢ **Основное внимание в этой главе**

- Передача команд класса
- Операционные команды
- Подпрограмма
- Часовые команды
- Команды прерывания
- Коммуникационные директивы

➢ **Трудности этой главы**

- PID-директивы

Как компьютерная система управления, PLC может использоваться не только для реализации функции управления битом релейной контактной системы, но и для обработки многобитных данных, управления процессом и других областей. Почти все производители PLC разработали дополнительные инструкции для специальных требований к управлению, которые называются функциональными инструкциями.

В этой главе в сочетании с примерами основное внимание уделяется основным функциональным инструкциям (инструкциям передачи данных, математическим операционным инструкциям, инструкциям обработки данных), инструкциям программного управления, инструкциям подпрограмм, инструкциям прерывания, инструкциям PID-контура и инструкциям класса высокоскоростной обработки. Эти функциональные инструкции на самом деле являются универсальными подпрограммами, разработанными производителями для удовлетворения особых потребностей различных клиентов.

Функциональные инструкции охватывают больше типов данных, S7-200 PLC не поддерживает полную проверку типов данных, программирование требует особого внимания к типу данных операнда, который должен соответствовать идентификатору команды, при этом гарантируя, что операнды находятся в законном диапазоне S7-200 PLC. Типы операций и диапазон адресации для большинства функциональных инструкций S7-200 являются следующими:

Типы байтов: VB, IB, QB, MB, SB, SMB, LB, AC, ∗VD, ∗LD, ∗AC и константы.

Шрифты: VW, IW, QW, MW, SW, SMW, LW, AC, T, C, ∗VD, ∗LD, ∗AC и константы.

Двушрифты: VD, ID, QD, MD, SD, SMD, LD, AC, ∗VD, ∗LD, ∗AC и константы.

Эта глава больше не повторяется для вышеуказанных типов данных и способов адресации, а для отдельных слегка измененных инструкций-только дополнения и пояснения, читатели также могут обратиться к руководству по программированию S7-200.

# 5.1    Директива о передаче данных

Команды передачи данных используются для передачи данных между ячейками хранения, копирования данных из ячейки хранения источника в ячейку хранения назначения или присвоения значения ячейке хранения. Значение данных в процессе передачи остается неизменным.

## 5.1.1    Индивидуальные инструкции по передаче данных

Используется для передачи данных. Передача данных, указанных входным терминалом (IN), на выходной конец (OUT) без изменения исходного значения. Типы данных в зависимости от числа операций делятся на: передача байтов (MOVB), передача слов, передача двух слов и передача реальных чисел.

1. байт команды передачи

Команда передачи байтов использует байт в качестве единицы передачи данных, включая: команду передачи байтов MOVB и команду передачи байтов для немедленного чтения/записи.

1) Команда передачи байтов MOVB

Формат команды передачи байтов:

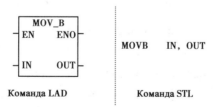

MOB _ B: Идентификатор командной коробки для передачи байтов трапециевидной диаграммы (также известный как функциональный символ, B обозначает тип байтовых данных, то же самое ниже);

MOVB: Помощник командного кода таблицы предложений;

EN：позволяет управлять входными концами（биты в I, Q, M, T, C, SM, V, S, L）;

IN：Конец ввода данных для передачи;

OUT：Конец вывода данных;

ENO：Конец вывода команд и потока энергии（т. е. бит состояния передачи）.

（Функции последующих директив EN, IN, OUT, ENO там же, за исключением различных типов данных IN и OUT）

Функция команды：при использовании терминала ввода EN 8-битные данные, указанные IN, передаются в байтовый блок, указанный OUT.

2）Немедленно прочитайте команду передачи байтов BIR

Немедленно прочитайте байт для передачи команды в формате：

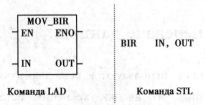

MOB BIR：мгновенное чтение байтов для передачи идентификатора командной коробки трапециевидной диаграммы;

BIR：Помощник командного кода таблицы операторов.

Функция команды：Когда En на входном конце является действительным, команда BIR немедленно（без учета цикла сканирования）читает байты（IB）, указанные IN в текущем входном реле, и отправляет их в блок байт OUT（который не сразу выводится на нагрузку）.

Примечание：IN может быть только для IB.

3）Немедленная передача инструкций в разделе BIW

Формат команды для мгновенной передачи：

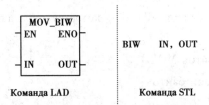

MOB _ BIW：Идентификатор командной коробки для мгновенной передачи трапециевидных диаграмм;

BIW：Помощник командного кода таблицы операторов.

Функция команды：Когда En на входном конце является действительным, команда BIW немедленно（без учета цикла сканирования）записывает байты данных, указанные IN, в QB, указанный OUT в выходном реле, то есть немедленно выводит их на нагрузку.

Примечание：OUT может быть только QB.

2. Директива о передаче слов/двух слов

Команда передачи слов/слов использует слово/слово в качестве единицы передачи данных.

Формат команды слов/двух слов аналогичен байтовой команде передачи, за исключением того, что символ типа данных в функциональном символе (идентификатор или вспомогательный идентификатор, то же самое ниже) в команде отличается:

MOB W/MOV DW: Идентификатор командной коробки для иероглифов иероглифов слова/двух слов;

MOVW/MOVD: Помощник командного кода таблицы слов/двуязычных операторов.

**Пример** 5-1   Передача текстовых данных из VW100 в VW200 при вводе переключателя управления I0. 1, как показано на рисунке 5-1.

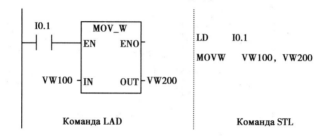

Команда LAD                Команда STL

Рисунок 5-1   Пример применения команды передачи данных

3. Реальная команда передачи данных MOVR

Команда передачи реальных чисел использует 32-битное слово реального числа в качестве единицы передачи данных.

Функциональный символ команды передачи реального числа:

MOB R: идентификатор командной коробки для передачи трапециевидных диаграмм в реальном числе;

MOVR: Помощник командного кода таблицы операторов передачи реальных чисел.

Пример 5-2. При управлении вводом переключателя I0. 1 константа 3. 14 передается в двухбуквенную ячейку VD200, как показано на рисунке 5-2.

```
I0.1      MOV_R              LD     I0.1
--| |----EN     ENO--        MOVR   3.14, VD200
    3.14-|IN    OUT|-VD200

     Команда LAD              Команда STL
```

Рисунок 5-2   Примеры применения команд передачи реальных данных

### 5.1.2　Блочная команда передачи

Команда передачи блоков может быть использована для передачи нескольких данных одного и того же типа одновременно, до 255 данных могут быть объединены в один блок данных, тип которого может быть байт, блок и блок. Содержание из N непрерывных байтов, слов и двухбуквенных блоков памяти, начинающихся с указанного адреса на входном конце (IN), передается в N непрерывных байтов, слов и двухбуквенных блоков памяти, начинающихся с указанного адреса на выходном конце (OUT). Типы данных в зависимости от числа операций делятся на: передача байт-блоков (BMB), передача блоков, передача двух блоков. Ниже приведены только инструкции BMB для передачи байтов:

Формат команды передачи байтов:

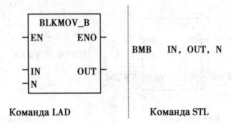

БЛКМОВ _ В: Идентификатор команды для передачи трапециевидных диаграмм в байтах;

BMB: Помощник командного кода таблицы предложений;

N: Длина блока, байтовый тип данных (то же самое ниже).

Функция команды: При использовании терминала ввода EN N N-байтовые данные с IN в качестве исходного адреса передаются в модуль хранения N-байт с OUT в качестве исходного адреса.

По сравнению с командой передачи байтов, команда передачи блоков-это BMW (символ значка трапеции-BLKMOV W), а команда передачи блоков-BMD (символ значка трапеции-BLKMOV D).

**Пример** 5-3　При вводе переключателя управления I0. 1 данные из 10 байт, начинающиеся с VB10, передаются в блок данных, начинающийся с VB100, как показано на рисунке 5-3.

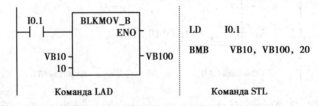

Рисунок 5-3　Примеры применения команд передачи данных в блоках

### 5.1.3   Команды обмена байтами и заполнения

1. Команда обмена байтами SWAP

Директива SWAP предназначена для обработки данных шрифта длиной 1 слово.

Формат команды:

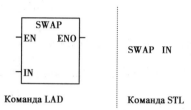

SWAP: Идентификатор команды трапециевидной диаграммы обмена байтами, вспомогательный идентификатор таблицы операторов.

Функция команды: когда EN эффективен, обмен байтами высокого и низкого уровня данных шрифта в IN.

2. Директива по заполнению FILL

Команда заполнения FILL используется для обработки данных шрифтов.

Формат команды:

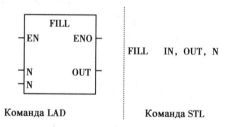

FILL: идентификатор команды для заполнения трапециевидной диаграммы, помощник кода операции команды таблицы предложений;

N: Количество заполненных единиц, N-байтовые данные.

Функция команды: когда EN эффективен, шрифт вводит данные IN в блок хранения N слов, начинающийся с OUT.

Пример 5-4 При управлении вводом переключателя I0. 0 все 256 байт, начиная с VW100, очищаются от 0. Процедура показана на диаграмме 5-4.

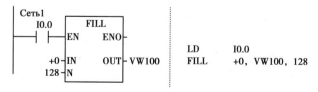

**Рисунок** 5-4   **Пример применения команды заполнения**

Примечание: При использовании настоящей Директивы OUT должен быть адресован для словесных ячеек.

## 5.2 Команда сдвига

Роль команды сдвига заключается в том, чтобы перемещать число операций в двоичном бите, команда сдвига включает в себя: левый сдвиг, правый сдвиг, циклический левый сдвиг, циклический правый сдвиг и команду регистра сдвига.

### 5.2.1 Директивы о переносе влево и вправо

Функция команды левого и правого смещения заключается в переносе входных данных IN влево или вправо на N бит, результат которого отправляется в OUT.

При использовании команды смещения следует обратить внимание на:

①Перемещенные данные: байтовые операции не имеют символов; Для операций со словами и двумя словами при использовании символических типов данных также перемещаются символьные биты;

② При перемещении удаляемый конец программируемого элемента, в котором хранятся перемещенные данные, соединяется со специальным реле SM1.1, при перемещении отправляется SM1.1, а другой конец заполняется 0;

③ Количество перемещений n-это байтовые данные, связанные с длиной данных сдвига, если N меньше фактической длины данных, то выполняется N перемещений, если N больше длины данных, количество перемещений равно количеству цифр фактической длины данных;

④Влияние команд смещения слева и справа на специальные реле: результат-нулевой SM1.0, результат-переполненный SM1.1;

⑤Нестабильное положение SM4.3 во время работы, ENO=0.

Команда сдвига делится на байты, слова, команды сдвига двух слов, формат команды аналогичен. Здесь представлены только общие инструкции по смещению байтов.

Команда сдвига байта включает в себя команду сдвига байта влево SLB и команду сдвига байта вправо SRB.

Формат команды:

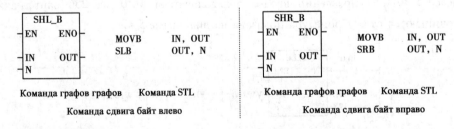

В том числе N≤8

Функция команды: когда EN действителен, байтовые данные IN перемещаются влево или вправо на N бит и отправляются в OUT. В таблице операторов OUT и IN являются одними и теми же ячейками хранения.

Для команды сдвига слова, команды сдвига двух слов, просто поместите《В》в команде сдвига байта, которая представляет тип данных, как 《W》или 《DW（D）》, значение N достаточно, чтобы получить длину соответствующего типа данных.

## 5.2.2   Цикл левый и Цикл правый

Перемещение циклов влево и вправо означает, что входные данные IN передаются в OUT после того, как они перемещаются влево или вправо.

Особенности директивы:

①Перемещенные данные: байтовые операции не имеют символов; Для операций со словами и двумя словами при использовании символических типов данных также перемещаются символьные биты;

②При смещении верхний уровень программируемого элемента, в котором хранятся смещенные данные, соединяется с самым низким, а также со специальным реле SM1.1. Когда цикл смещается влево, нижний уровень последовательно перемещается на высокий, самый высокий-на самый низкий, в то же время входя в SM1.1; Когда цикл перемещается вправо, высокий уровень последовательно перемещается на низкий, самый низкий перемещается на самый высокий, одновременно входя в SM1.1;

③Количество перемещений N-это байтовые данные, которые связаны с длиной данных о перемещении, и если N меньше фактической длины данных, выполняется N перемещений; Если N больше длины данных, количество выполняемых перемещений равно остатку n, деленному на фактическую длину данных;

④ Директива о циклическом смещении влияет на специальное реле следующим образом: результат нулевой SM1.0, результат переполнения SM1.1;

Во время выполнения возникает ненормальное состояние установки SM4.3, ENO=0.

Команда кругового сдвига также делится на байты, слова, команды двухбуквенного сдвига, формат команды аналогичен. Здесь представлены только команды переноса цикла слов.

Команда сдвига цикла слов имеет команду переноса слова слева RLW и команду переноса слова вправо RRW.

Формат команды:

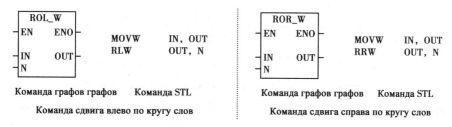

Команда графов графов      Команда STL          Команда графов графов      Команда STL

Команда сдвига влево по кругу слов          Команда сдвига справа по кругу слов

Функция команды: когда EN действителен, данные шрифта IN перемещаются влево/вправо на N бит и отправляются в блок слов, указанный OUT.

### 5.2.3 Команда сдвигающего регистра

Команда сдвигающего регистра также известна как пользовательская команда сдвига.

Формат команды регистра сдвига выглядит следующим образом:

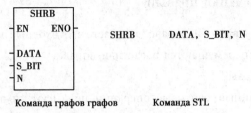

Команда графов графов          Команда STL

Среди них: DATA является входным терминалом для данных в регистре сдвига, то есть бит, который нужно переместить; C BIT-самый низкий уровень в регистре сдвига; N-длина и направление сдвига регистра.

Внимание:

①Операционные данные регистра сдвига произвольно указываются длиной N регистра сдвига( абсолютное значение N = 64).

②Самый низкий адрес в регистре сдвига – S_BIT; Наивысший адрес рассчитывается следующим образом:

MSB = ( N−1+( S_BIT( номер битового порядка))/8( коммер);

МСБ M = ( N−1+( S_BIT( битовый порядок)номер)) MOD 8( остаток)

Самый высокий байт адрес: MSB+S Номер байта( адрес) BIT;

Наивысший битовый номер: MSB M

Например: Установить S BIT = V20.5( байт-адрес 20, бит-серийный номер 5), N = 16.

Тогда MSB = (16−1+5)/8 Коммерческий MSB = 2, остаток MSB M = 4.

Максимальный байтовый адрес регистра сдвига-MSB+S Номер байта( адрес) BIT = 2+20 = 22, битовый серийный номер MSB M = 4, максимум 22,4, пользовательский регистр сдвига 20,5−22,4, всего 16 бит, как показано на рисунке 5-5.

| | | D7 | D6 | D5 | D4 | D3 | D2 | D1 | D0 |
|---|---|---|---|---|---|---|---|---|---|
| | | | | | "Мест" | | | | |
| Байт адрес | 20 | | | 20.5 | S_BIT | | | | |
| | 21 | | | | | | | | |
| | 22 | | | | Высший разряд 22.4 | | | | |

Рисунок 5-5    Схема настраиваемого регистра сдвига

③При N > 0-положительное смещение, т. е. последовательное перемещение с самого низкого на самый высокий, самый высокий.

④Когда N < 0, это обратный сдвиг, который перемещается от самого высокого к самому низкому и от самого низкого к самому низкому.

⑤Выходной конец регистра сдвига подключен к SM1.1.

Функция команды: при действии EN, если $N > 0$, состояние ввода данных в DATA перемещается по восходящей линии каждого EN в самый низкий S в регистре сдвига БИТ; Если $N < 0$, то по восходящей линии каждого EN состояние ввода данных в DATA перемещается на самый высокий бит в регистре сдвига, а остальные биты в регистре сдвига перемещаются последовательно в направлении, указанном N.

**Пример** 5-5    на восходящем краю входного контакта I0.1, от низкого 4-битного (настраиваемого регистра сдвига) VB100 от низкого до высокого сдвига, I0.2 до самого низкого, его трапециевидная диаграмма и диаграмма временных рядов показаны на рисунке 5-6.

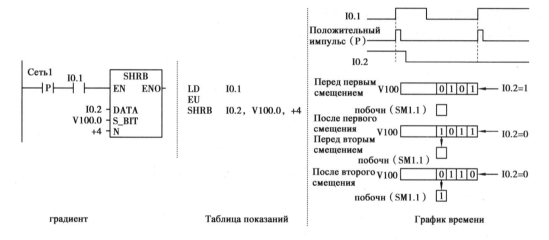

**Рисунок** 5-6 **Примеры применения регистра сдвига**

В данном случае рабочий процесс:

①Диапазон битов для создания регистра сдвига составляет V100.0 ~ V100.3, длина N = +4.

②При подъеме I0.1 сдвигающий регистр перемещается от низкого до высокого, максимального до SM1.1, а нижний-от I0.2.

Команда сдвигающего регистра влияет на специальное реле следующим образом: нулевой SM1.0, переполненный SM1.1; Во время выполнения возникает ненормальное состояние установки SM4.3, ENO = 0.

# 5.3 Директивы арифметических и логических операций

арифметические команды включают сложение, вычитание, умножение, деление и некоторые часто используемые команды математических функций; Директивы логических операций включают в себя такие инструкции, как логика и, или, не, гетерогенность и сравнение данных.

## 5.3.1　арифметические инструкции

1. Директива сложения

Команда сложения суммирует символическое число, указанное двумя входными концами(IN1,IN2),и результат отправляется на выходной конец(OUT).

Директивы сложения можно разделить на целые числа, двойные целые числа и команды сложения реальных чисел, и их соответствующие типы данных операнд-целые числа с символами,двойные целые числа с символами и реальные числа соответственно.

В LAD результат выполнения IN1+IN2→OUT;

В STL операнд IN2 обычно делится адресным блоком с OUT, поэтому результат выполнения IN1+OUT→OUT.

1)Директива сложения целых чисел+I

Формат команды сложения целых чисел:

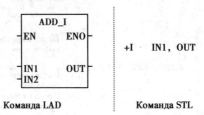

Команда LAD　　　　　Команда STL

ADD _ I: Идентификатор команды для трапециевидной диаграммы сложения целых чисел;

+I:оператор сложения целых чисел;

IN1:Введите операционное число 1(то же самое ниже);

IN2:Введите операционное число 2(то же самое ниже);

OUT:Результаты операций вывода(то же самое ниже);

Операция и результат операции-однозначные слова.

Функция команды:Когда EN является действительным,два 16-битных знаковых целых числа IN1 суммируются с IN2 ( или OUT ), создавая 16-битное целое число, которое отправляется в блок хранения слов OUT.

При использовании инструкций сложения целых чисел особое внимание следует уделять:

Для реализации команды трапециевидной диаграммы используется функция OUT←IN1 + IN2, если IN2 и OUT являются одними и теми же ячейками хранения, функция, реализованная при преобразовании в команду STL, является OUT←OUT+IN1;Если IN2 и OUT не являются одними и теми же ячейками хранения, функция, реализованная при переходе на команду STL, состоит в том, чтобы сначала отправить IN1 в OUT, а затем в порядке OUT←IN2+OUT.

2)Директива сложения целых чисел двойной длины+D

Операционное число и результат операции команды сложения целых чисел с двойной длиной-два слова ( 32 бита ). Формат команды аналогичен целочисленному сложению команд.

Двухбуквенное сложение целых чисел с трапециевидными диаграммами   ДИ

Таблица операторов сложения целых чисел с двумя словами: +D

3 ) Директива сложения действительных чисел+R

Команда сложения действительных чисел реализует суммирование двух действительных чисел длиной два слова, создавая 32-битное реальное число. Формат команды аналогичен целочисленному сложению команд.

Идентификатор командной коробки трапециевидной диаграммы сложения действительных чисел: ADD P:

Оператор сложения действительных чисел Таблица инструкций Помощник кода операции: +R.

Вышеупомянутое специальное реле SM1. 0 ( результат равен нулю ) , SM1. 1 ( результат переполнения ) , SM1. 2 ( результат отрицательный ) в результате операции сложения.

2. Директива об уменьшении

Команда вычитания вычитает символическое число, указанное двумя входными концами ( IN1 , IN2 ) , и результат отправляется на выходной конец ( OUT ).

Команды вычитания могут быть разделены на целые числа, двойные целые числа и команды вычитания реальных чисел, и их соответствующие операнды являются целыми числами с символами, двойными целыми числами с символами и реальными числами соответственно.

В LAD результат выполнения IN1-IN2→OUT;

В STL операнд IN1 обычно делится адресным блоком с OUT, поэтому результат выполнения-OUT-IN2→OUT.

3. Директива умножения

Команда умножения умножает количество символов, указанных двумя входными концами ( IN1 , IN2 ) , и результат отправляется на выходной конец ( OUT ).

Директивы умножения можно разделить на целые числа, двойные целые числа, команды умножения реальных чисел и команды полного умножения целых чисел. Типы данных операндов первых трех команд-это целые числа с символами, двойные целые числа с символами и реальные числа. Полное умножение целых чисел означает умножение двух 16-битных целых чисел, указанных входным концом, на 32-битное произведение, которое отправляется на выходной конец.

В LAD результатом выполнения является IN1 * IN2→OUT;

В STL оператор IN2 обычно делится адресным блоком с OUT, поэтому результат выполнения IN1 * OUT→OUT.

1 ) Директива умножения целых чисел * I:

Формат команды умножения целых чисел:

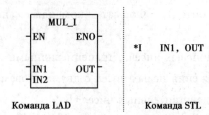

Команда LAD | Команда STL

Функция команды: Когда EN является действительным, два 16-битных однозначных знаковых целых числа IN1 и IN2 умножаются, и результат операции остается однозначным целым числом в OUT. Результат операции выходит за рамки символического числа, выраженного 16-битным двоичным числом, что приводит к переполнению.

2) Полная команда умножения целых чисел MUL

Команда полного умножения целых чисел умножает два знаковых целых числа IN1 и IN2 длиной 16 бит, в результате чего в OUT отправляется 32-битное целое число.

Функциональные символы в командах трапециевидных диаграмм и таблиц операторов являются MUL.

3) Директива умножения двух целых чисел * D

Команда умножения двух целых чисел умножает два знаковых целых числа IN1 и IN2 длиной 32 бита, в результате чего в OUT отправляется 32-битное целое число.

Функциональный символ команды трапециевидной диаграммы: MUL ДИ;

Функциональный символ команды таблицы операторов: DI.

4) Директива умножения действительных чисел * R

Команда умножения действительных чисел умножает два 32-битных числа IN1 и IN2, создавая 32-битное реальное число, которое отправляется в OUT.

Функциональный символ команды трапециевидной диаграммы: MUL P;

Функциональный символ команды таблицы операторов: * R.

Вышеупомянутые операции умножения команд приводят к размещению специальных реле SM1. 0 (результат равен нулю), SM1. 1 (результат переполнения), SM1. 2 (результат отрицательный).

4. Директива деления

Команда деления выполняет операцию деления знаковых чисел, указанных двумя входными концами (IN1, IN2), и результат отправляется на выходной конец (OUT).

Директивы деления можно разделить на целые числа, двойные целые числа, команды деления действительных чисел и команды полного деления целых чисел.

Первые три команды соответствуют целому числу символов, двойному целому числу символов и действительному числу соответственно.

Команда деления-это операция деления двух знаковых чисел, аналогичная команде умножения.

1) Директива деления целых чисел: два 16-битных целых числа делятся, в результате

чего сохраняется только 16-битное число без сохранения остатка.

Идентификатор командного ящика трапециевидной диаграммы: DIV i; Помощник команды таблицы операторов:/I.

2) Директива деления полных целых чисел: деление двух 16-битных целых чисел приводит к 32-битному результату, в котором 16-битный накопитель ниже и 16-битный остаток выше.

Идентификатор командной коробки трапециевидной диаграммы и вспомогательный указатель команды таблицы операторов являются:DIV.

3) Директива о делении на два целых числа: два 32-битных целых числа делятся, в результате чего сохраняется только 32-битный делитель целых чисел без сохранения остатка.

Идентификатор командного ящика трапециевидной диаграммы: DIV ДИ; Помощник команды таблицы операторов:/D.

4) Директива деления действительных чисел: два действительных числа делятся, что приводит к одному фактору действительного числа.

Идентификатор командного ящика трапециевидной диаграммы: DIV P; Помощник команды таблицы операторов:/R.

Команда деления влияет на специальные позиции реле с той же командой умножения.

**Пример** 5-6    Пример применения команды умножения и деления показан на рисунке 5-7.

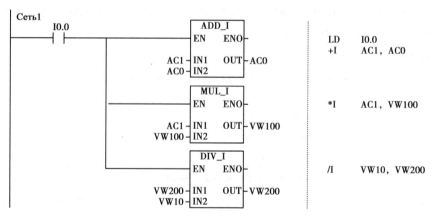

**Рисунок** 5-7    **Примеры применения команд умножения и деления арифметических операций**

## 5.3.2  Директивы об увеличении или сокращении

Директивы добавления и вычитания также известны как команды автоматического сложения и вычитания 1.

Директивы об увеличении или уменьшении могут быть разделены на: инструкции об увеличении/уменьшении байтов (INCB/DECB), инструкции об увеличении/уменьшении слов (INCW/DECW) и инструкции об увеличении или уменьшении слов (INCD/DECD).

Ниже приведены только общие инструкции по увеличению и сокращению байтов:

● Формат команды байт А 1:

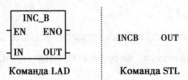

Команда LAD | Команда STL

● Формат команды байт минус 1:

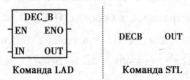

Команда LAD | Команда STL

Функция команды: когда EN является действительным, количество без символа IN длиной 1 байт автоматически добавляется (вычитается) 1, получая 8-битный результат в OUT.

В трапециевидной диаграмме, если IN и OUT являются одними и теми же ячейками хранения, после выполнения этой команды байты данных IN автоматически добавляются (вычитаются) 1.

### 5.3.3  Директивы математических функций

Директивы математических функций в S7-200 PLC включают в себя экспоненциальные, логарифмические операции, синусоидальные, косинусные и синклинальные значения тригонометрических функций, все из которых имеют 32-битные реальные числа с двумя длинами слов.

1. Функция квадратного корня

SQRT: инструкция по вычислению функции квадратного корня.

Формат команды:

Команда графов графов    Команда STL

Функция команды: когда EN является действительным, в OUT отправляется действительное число с двумя буквами, введенное IN в квадрате, с 32-битным результатом операции.

2. Директива о натуральных логарифмических функциях

LN: команда вычислений натуральных логарифмических функций.

Формат команды:

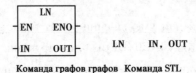

Команда графов графов  Команда STL

Функция команды: когда EN является действительным, в OUT отправляется действительное число длиной в два слова, введенное IN для получения натурального логарифма, а результат операции-32 бита.

При решении обычно используемого логарифма с десятью нижними х LNx и LN10 ( LN10 = 2. 302585 ) можно найти отдельно, а затем разделить их с помощью команды деления на действительные числа/R.

**Примеры** 5-7   для log10100, его программа показана на рисунке 5-8.

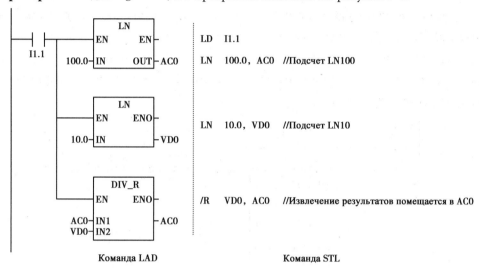

Команда LAD                              Команда STL

**Рисунок** 5-8   **Примеры применения натуральных логарифмических команд**

3. Директива об экспоненциальных функциях

EXP: Директива об экспоненциальных функциях.

Формат команды:

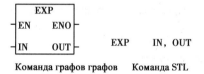

Команда графов графов     Команда STL

Функция команды: когда EN является действительным, двухзначное реальное число, введенное IN, получает экспоненциальную операцию на основе e, в результате которой 32-битное реальное число отправляется в OUT.

Поскольку математическое тождество $y^x = e^x \ln y$, директива может быть совместима с естественной логарифмической командой для завершения вычислений, основанных на у ( произвольное число) в качестве основания, а х( произвольное число) в качестве индекса.

4. Инструкция синусоидальной функции

SIN: Команда синусоидальной функции.

Формат команды:

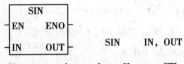

SIN　IN, OUT

Команда графов графов　Команда STL

Функция команды：когда EN является действительным，синусоидальное значение дуги действительного числа длиной в один байт，введенное IN，отправляется в OUT с результатом операции 32 бита.

Примечание：Входные байты должны быть представлены значением дуги（если угловое значение сначала преобразуется в значение дуги）．

**Пример** 5-8　вычисляет синусоидальное значение 130 градусов.

Сначала преобразуйте 130 градусов в значения дуги，а затем введите их в функцию，как показано на рисунке 5-9.

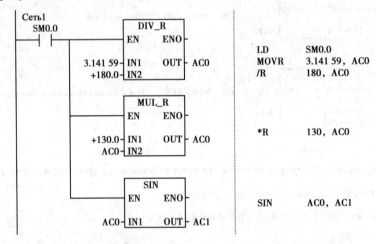

**Рисунок** 5-9　**Примеры применения синусоидальных команд**

5. Приказ косинусной функции

COS：Команда косинусной функции.

Формат команды：

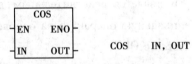

COS　IN, OUT

Команда графов графов　Команда STL

Функция команды：когда EN является действительным，косинус вычисляется из двузначной дуги реального числа，введенной IN，в результате чего в OUT отправляется 32-битное реальное число.

6. Директива о тангенциальной функции

TAN：Директива тангенсной функции.

Формат команды：

```
      TAN
  EN     ENO
  IN     OUT              TAN    IN, OUT

 梯形图指令                STL指令
```

Функция команды:когда EN является действительным,значение дуги действительного числа с двумя буквами,введенное IN,выровняется,в результате чего 32-битное реальное число отправляется в OUT.

Вышеупомянутое специальное реле SM1. 0 ( результат равен нулю ), SM1. 1 ( результат переполнения ), SM1. 2 ( результат отрицательный ) SM4. 3 ( ненормальное состояние во время работы).

Когда SM1. 1 = 1 ( перелив ), ENO выводит знак ошибки 0.

## 5.3.4  Логические операционные инструкции

Логические операционные команды представляют собой логические операции, выполняемые в двоичном бите для данных, которые будут работать, и в основном включают логические и, логические или, логические, нелогичные или другие операции. Логические арифметические команды могут выполнять операции байтов,слов и двух слов. Формат команды аналогичен, здесь представлены только общие байтовые логические операционные команды.

Байтовые логические инструкции включают следующие 4 статьи:

ANDB:байтовая логика и инструкции;

ORB:байтовая логика или инструкции;

XORB:байтовые логические отклонения или команды;

INVB:байтовая логика без команды.

Формат директивы выглядит следующим образом:

Функция команды:когда EN является действительным,8-битное число IN1 и 8-битное число IN2 в логике и,логике или логической асимметрии или директиве отправляются в OUT по битовой фазе( или,или,или,или,или,или ),в результате чего 1 байт без знакового числа отправляется в OUT;В командах таблицы операторов IN1 и OUT нажимают биты и их результаты отправляются в OUT.

Для логических неуправляемых команд в OUT выводится беззнаковое число длиной 1 байт в битах.

Для формата логики слов, двузначных логических команд достаточно просто указать 《B》в байтовой логической команде, которая представляет тип данных, как《W》или《DW》.

Влияние результатов логических операций на специальные реле: результат-нулевой SM1.0, ненормальный SM4.3 во время работы.

## 5.4 Функциональные инструкции таблицы

Так называемая таблица-это область хранения, которая определяет непрерывное хранение данных, и различные операции с данными в таблице могут быть легко реализованы с помощью специальной инструкции по функции таблицы, которая включает в себя: инструкции по заполнению формы, инструкции по проверке формы, инструкции по выбору числа в таблице.

### 5.4.1 Инструкции по заполнению формы

Инструкция по заполнению формы ATT( Add To Table) используется для добавления данных в таблицу.

Формат команды:

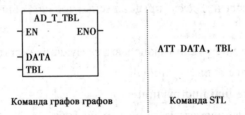

Команда графов графов                Команда STL

Среди них: DATA является входным терминалом для шрифтов; TBL-это первый адрес шрифта.

Функция команды: когда EN действителен, введите данные шрифта в указанную форму.

При заполнении формы новые данные заполняются за последними данными в таблице.

Внимание:

①Максимальная длина таблицы( TL), в которой хранится первое слово таблицы; Второе слово хранит фактическое число членов( EC) в таблице, как показано на рисунке 6-18.

②Каждый новый набор данных EC автоматически добавляет 1. Таблицы могут содержать до 100 действительных данных( за исключением LTL и EC).

③Директива воздействует на специальные реле следующим образом: SM1.4 в положении переполнения таблицы, SM4.3 в ненормальном состоянии во время работы, в то время как ENO=0( несколько команд того же типа ниже).

**Примеры** 5-9     аполняют данные из VW100 в таблицу ( первый адрес VW200 ) , как показано на рисунке 5-10.

Рисунок 5-10    **Примеры применения инструкций по заполнению форм**

В данном случае рабочий процесс :

①Установить зону хранения таблиц с первым адресом VW200 ( данные в таблице были созданы до выполнения настоящей Директивы , длина таблицы в блоке первого слова таблицы составляет 5 , блок второго слова содержит два фактических элемента данных , а два элемента данных в таблице-1234 и 4321 ).

②Добавление слов 5678 из блока VW100 в следующий блок таблицы ( VW208 ) и автоматическое добавление 1 в ЕС.

## 5.4.2  Инструкции по проверке таблиц

Инструкция по поиску таблиц FND ( Table Find ) используется для поиска номера расположения соответствующих шрифтов в таблице.

Формат директивы выглядит следующим образом :

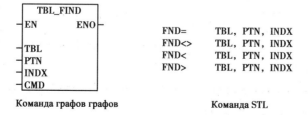

В том числе :

TBL-первый адрес таблицы ;

PTN-данные , которые необходимо найти ;

INDX-адрес , используемый для хранения данных в таблице , отвечающих требованиям таблицы;

CMD представляет собой код оператора сравнения "1", "2", "3", "4", соответственно, представляет условия поиска: " = ", " < > ", " < " и " > ".

Функция команды: Очистите 0 для INDX перед выполнением команды просмотра таблицы, и когда EN действителен, начните поиск TBL с INDX, чтобы найти данные, соответствующие PTN и определяемые CMD, каждый элемент данных поиска, INDX автоматически добавляет 1; Если найдено соответствующее количество данных, то INDX указывает на расположение этого числа в таблице. Чтобы найти следующие подходящие данные, необходимо добавить 1 к INDX, прежде чем активировать команду контрольной таблицы. Если соответствующие данные не найдены, то INDX равен EC.

Примечание: Директива по проверке таблиц не требует максимального количества заполненных таблиц TL в директиве ATT. Таким образом, число операций TBL в команде контрольной таблицы на два байта выше, чем число операций TBL в команде ATT. Например, TBL = VW200 для таблицы, созданной директивой ATT, должен быть VW202 для команды поиска таблицы.

Пример 5-10    Таблица поиска определяет местоположение данных 3130 в AC1 (все данные в таблице представлены десятичными числами), программа показана на рисунке 5-11.

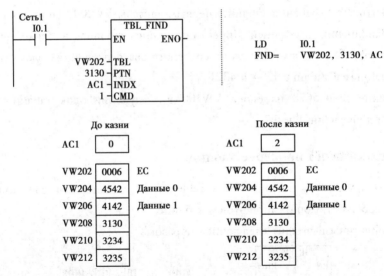

Рисунок 5-11    Примеры применения инструкций по поиску таблиц

Процесс осуществления:

①Первый адрес таблицы-блок VW202, содержимое 0006-длина таблицы, данные в которой начинаются с блока VW204;

②Если AC1 = 0, поиск начинается с блока VW204, когда I0. 1 действителен;

③При поиске данных PTN 3130 AC1 = 2 имеет ячейку хранения VW208.

### 5.4.3   Инструкции по выбору чисел в таблице

В S7-200 PLC данные шрифта в таблице могут быть извлечены в виде《Продвинутый первый выход》или《Продвинутый первый выход》и отправлены в указанный блок хранения. За каждое взятое число ЕС автоматически уменьшается на 1.

1. Первая команда FIFO

Расширенный формат ввода команд:

Команда графов графов              Команда STL

FIFO    TBL, DATA

Функция команды: когда EN действителен, из таблицы, указанной TBL, извлекаются первые данные, которые вошли в таблицу, и отправляются в шрифт-хранилище, указанное DATA, а оставшиеся данные последовательно перемещаются вверх.

Директива FIFO воздействует на специальные реле следующим образом: SM1.5.

**Пример** 5-11    Пример применения передовой первой команды показан на рисунке 5-12.

Процесс осуществления:

①Блок VW200 первого адреса таблицы, содержимое 0006 указывает длину таблицы, элемент данных 3, данные в таблице начинаются с блока VW204;

②Если I0.0 является действительным, первые данные, входящие в таблицу 3256, отправляются в блок VW300, а следующие данные последовательно перемещаются вверх, ЕС минус 1.

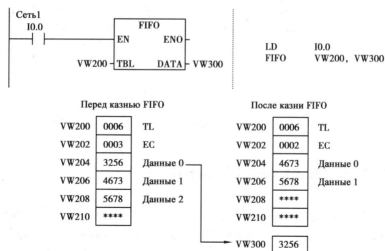

**Рисунок** 5-12    Примеры применения директив **FIFO**

**2. Следующая директива LIFO**

Формат последующих команд:

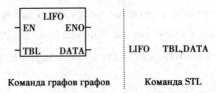

| Команда графов графов | Команда STL |

Функция команды: когда EN является действительным, из таблицы, указанной TBL, извлекаются данные, которые в конечном итоге вошли в таблицу, и отправляются в блок хранения шрифтов, указанный DATA, а остальные данные остаются неизменными.

Директива LIFO воздействует на специальные реле следующим образом: SM1. 5.

**Пример** 5-12  Пример применения команды ex-post показан на рисунке 5-13.

Процесс осуществления:

①Блок VW100 первого адреса таблицы, содержимое 0006 указывает длину таблицы, элемент данных 3, данные в таблице начинаются с блока VW104;

②Когда I0. 0 является действительным, данные из последней входящей таблицы 3721 отправляются в блок VW200, ЕС минус 1.

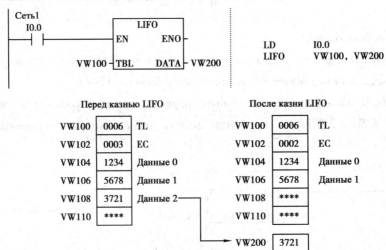

Рисунок 5-13  Примеры применения директивы **LIFO**

# 5.5  Инструкции преобразования

В S7-200 PLC команда преобразования-это операция, которая преобразует различные типы операций и коды для удовлетворения потребностей программирования.

## 5.5.1  Директива о преобразовании типов данных

В PLC используемые типы данных в основном включают: байтовые данные, целые числа, двойные целые числа и реальные числа, а кодирование данных в основном состоит из кодов ASCII и BCD. Директива по преобразованию типов данных-это преобразование между данными, между кодовыми системами или между данными и кодовыми системами для удовлетворения потребностей программирования.

1. Команда преобразования байтов и целых чисел

Команда преобразования байтов в целые числа BIT и команда преобразования целых чисел в байты Формат команды ITB:

**Команды для преобразования байтов в целые числа** | **Команда преобразования целого числа в байт**

Функция команды преобразования байт в целое число: когда EN эффективен, байт IN преобразуется в целое число данных, и результат отправляется в OUT.

Функция команды преобразования целых чисел в байты: когда EN эффективен, целочисленный тип IN преобразуется в байтовые данные, и результат отправляется в OUT.

2. Команда преобразования целых и двойных целых чисел

Команда преобразования целого числа в двойное целое число ITD и команда преобразования двойного целого числа в целое число DTI Формат команды:

**Команды для преобразования целого числа в два целых** | **Команды для преобразования двух целых чисел в целое число**

Функция команды преобразования целых чисел в двойные целые: когда EN эффективен, целочисленный тип вводится в данные IN, преобразуется в данные двойного целого типа, и результат отправляется в OUT.

Функция команды преобразования от двух целых чисел к целым: когда EN эффективен, двойное целое число вводит данные IN и преобразует их в целое число, результаты которого отправляются в OUT.

3. Директива о преобразовании двух целых и реальных чисел

1) Преобразование реального числа в двойное целое число

① Преобразование реального числа в двойное целое число в формат команды ROUND:

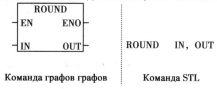

Команда графов графов | Команда STL

Функция команды: когда EN является действительным, введите действительное число в IN и преобразуйте его в данные с двойным целым числом (округлите десятичную дробь в IN), и результат будет отправлен в OUT.

②Преобразование реального числа в двойное целое число в формат команды TRUNC:

Формат директивы выглядит следующим образом:

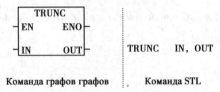

|  |  |
|---|---|
| Команда графов графов | Команда STL |

TRUNC   IN, OUT

Функция команды: когда EN эффективен, введите действительное число в данные IN и преобразуйте его в данные двойного целого типа (округлите десятичную часть в IN), и результат будет отправлен в OUT.

2) Директива о преобразовании двух целых чисел в реальные DTR

Формат команды преобразования двух целых чисел в реальные:

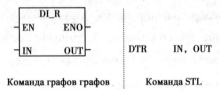

|  |  |
|---|---|
| Команда графов графов | Команда STL |

DTR     IN, OUT

Функция команды: когда EN эффективен, двойное целое число вводится в данные IN, преобразуется в действительное число, и результат отправляется в OUT.

**Пример** 5-13    преобразует значение счетчика C10 (101 дюйм) в сантиметр, коэффициент преобразования 2,54 сохраняется в VD8, а результат преобразования-в VD 12, как показано на рисунке 5-14.

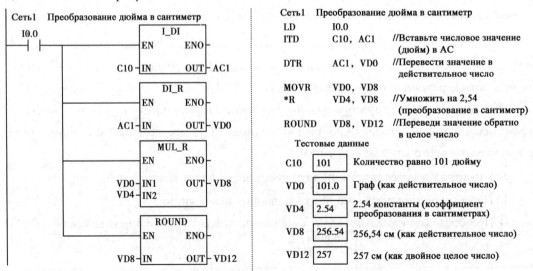

Рисунок 5-14   Примеры применения команд преобразования

4. Команда преобразования целых чисел и BCD-кодов

1) Команда преобразования целых чисел в код BCD IBCD

Формат команды преобразования целых чисел в код BCD:

Команда графов графов          Команда STL

Функция команды: когда EN эффективен, целые числовые входные данные IN (от 0 до 9999) преобразуются в данные BCD-кода, и результат отправляется в OUT.

В таблице операторов IN и OUT могут быть одним и тем же блоком хранения.

Последствия вышеуказанных инструкций для специальных реле: ошибка кода BCD, установка SM1.6.

2) Команда преобразования BCD-кода в целое число

Формат команды преобразования кода BCD в целое число:

Команда графов графов          Команда STL

Функция команды: Когда EN работает, вводные данные BCD-кода IN (от 0 до 9999) преобразуются в целочисленные данные, и результат отправляется в OUT.

В таблице операторов IN и OUT могут быть одним и тем же блоком хранения.

Последствия вышеуказанных инструкций для специальных реле: ошибка кода BCD, установка SM1.6.

**Примеры** 5-14    преобразуют количество кодов BCD 0001 0110 1000, хранящихся в AC0 (16-значное число на рисунке обозначено как 1688), в целое число, как показано на рисунке 6-23.

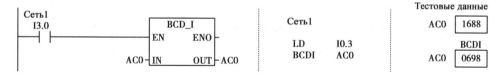

**Рисунок** 5-15   **Пример применения команды преобразования кода BCD в целое число**

Результат преобразования AC0 = 0698 (16-значное число).

## 5.5.2   Директивы по кодированию и декодированию

1. Директива по кодированию ENCO

В цифровой системе кодирование означает представление соответствующего бита информации в двоичном коде.

Формат команды:

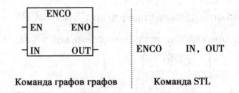

| Команда графов графов | Команда STL |
|---|---|

IN: Данные шрифта;

OUT: байтовый тип данных на 4 бита ниже.

Функция команды: когда EN является действительным, 16-битный шрифт вводит номер бита (бит с значением 1) для ввода данных IN, и результат кодирования отправляется на 4 бита ниже указанного OUT байта данных.

Например: установить VW20 = 0000000000010000 (минимальный эффективный битовый номер 4);

Исполнительная директива: ENCO VW20, VB1

Результат: данные VW20 остаются неизменными, VB1 = xxxx0100 (VB1 выше 4 бит без изменений).

2. Директива декодирования DECO

Декодирование означает представление двоичного кода в соответствующем бите информации.

Формат команды:

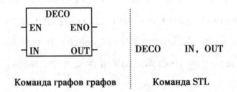

| Команда графов графов | Команда STL |
|---|---|

IN: байтовые данные;

OUT: Данные шрифта.

Функция команды: когда EN является действительным, низкое 4-битное содержимое байтового ввода данных IN переводится в битный номер (00 ~ 15), который указывает соответствующее местоположение 1 в данных OUT, а остальное местоположение 0.

Например: установить VB1 = 00000 100 = 4;

Исполнитель: DECO VB1, AC0

Результат: данные VB1 остаются неизменными, AC0 = 0000000000010000 (4-я позиция 1).

### 5.5.3 Семь инструкций по коду отображения

1.7 сегментов светодиодного дисплея цифровой трубки

В общей системе управления, использование светодиода в качестве индикатора состояния с простой схемой, низким энергопотреблением, длительным сроком службы, быстрой реакцией и другими характеристиками. Светодиодные дисплеи представляют собой дисплеи, состоящие из нескольких светодиодов, отображающих поле, и в приложениях обычно используются семь светодиодных дисплеев, как показано на рисунке 5-16.

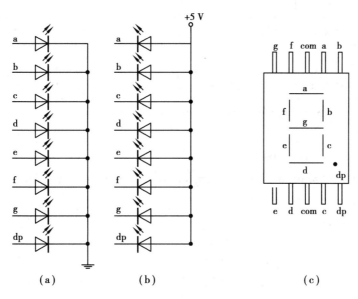

Рисунок 5-16    Седьмая цифровая трубка

При соединении со светодиодным общим анодом каждый светодиодный анод совместно подключается к положительному полюсу источника питания, и если сигнал 00000011 подается на контрольный конец abcdefg dp, дисплей отображает шрифт《0》; При соединении со светодиодным общим катодом каждый светодиодный катод совместно подключается к отрицательному полюсу питания (земле), и если сигнал 1111100 подается на контрольный конец abcdefg dp, дисплей отображает шрифт《0》

Управление показывает, что двоичные данные, добавленные к цифровым трубкам, называются кодами сегментов, показывающими, что коды сегментов, соответствующие семи светодиодным цифровым трубкам с общей тенью и общим солнцем, показаны в таблице 5-1.

Таблица 5-1    Код сегмента семисекционной светодиодной цифровой трубки

| Показать цифры | Код с общим затвором | Код конъюнктурного сегмента | Показать цифры | Код с общим затвором | Код конъюнктурного сегмента |
|---|---|---|---|---|---|
| 0 | 00111111 | 11000000 | A | 01110111 | 10001000 |
| 1 | 00000110 | 11111001 | b | 01111100 | 10000011 |
| 2 | 01011011 | 10100100 | c | 00111001 | 11000110 |
| 3 | 01001111 | 10110000 | d | 01011110 | 10100001 |
| 4 | 01100110 | 10011001 | E | 01111001 | 10000110 |

续表

| 5 | 01101101 | 10010010 | F | 01110001 | 10001110 |
|---|----------|----------|---|----------|----------|
| 6 | 01111101 | 10000010 | | | |
| 7 | 00000111 | 11111000 | | | |
| 8 | 01111111 | 10000000 | | | |
| 9 | 01101111 | 10010000 | | | |

Примечание:В середине таблицы код указан в порядке "dp gfedcba".

2.7 Показать код команды SEG

Директива SEG предназначена для управления отображением семи секций цифровой трубки,подключенной к выходу PLC.

Формат команды:

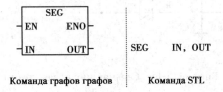

| Команда графов графов | Команда STL |

Функция команды:когда EN эффективен,байтовый код отображения вводных данных IN,соответствующий семислойному коду с общим катодом,выводится в байтовый блок, указанный OUT(если байтовый блок является выходным реле QB, QB может напрямую приводить в движение цифровую трубку).

Например,установить QB0.0 ~ QB0.7 для подключения цифровой трубки a,b,c,d,e, f,g и dp соответственно,показывая значение в VB1(значение VB1 в пределах 0 ~ F).

Если VB1＝00000 100＝4;

Исполнительная инструкция:SEG VB1,QB0

Результат: данные VB1 остаются неизменными, QB0 = 01100110 ("4" с общим катодным семисегментным кодом),сигнал позволяет цифровой трубке отображать "4".

### 5.5.4  Команда преобразования строк

Строка относится к последовательности символов,представленных кодом ASCII,таким как "ABC", код ASCII которого составляет "65, 66, 67" соответственно. Команда преобразования строк реализует преобразование между строковыми данными, представленными кодом ASCII,и другими типами данных.

1. Преобразование кода ASCII в шестнадцатеричное число

1)Преобразование кода ASCII в шестнадцатеричную команду ATH

Формат команды:

Команда графов графов          Команда STL

Среди них: IN является первым байтовым адресом начального символа; LEN-длина строки, тип байта, максимальная длина 255; OUT является первым адресом выходного байта.

Функция команды: Когда EN работает, код ASCII ячейки LEN(длина), начинающейся с IN, преобразуется в шестнадцатеричное число, которое затем отправляется в ячейку LEN, начинающуюся с OUT.

2. Конвертирование шестнадцатеричных чисел в кодовую команду

ASCII HTA

Формат команды:

Команда графов графов          Команда STL

Из них: IN является первым байтовым адресом для шестнадцатеричного начального бита; LEN-преобразующее число, тип байта, максимальная длина 255; OUT является первым адресом выходного байта.

Функция команды: когда EN является действительным, каждый бит шестнадцатеричного числа LEN, начинающийся с IN, преобразуется в соответствующий код ASCII и результат отправляется в ячейку хранения байтов с первым адресом OUT.

2. Преобразование целых чисел в инструкции ASCII-кода

Конвертировать целые числа в ASCII-коды в формат ITA:

Команда графов графов          Команда STL

В том числе: IN-ввод целочисленных данных; FMT-точность преобразования или формат преобразования(представление десятичных чисел или целых чисел формата); OUT является первым адресом для восьми последовательных выходных байт.

Функция команды: когда EN работает, введите целое число в данные IN, преобразуйте его в 8 символов ASCII-кода в соответствии с точностью преобразования, указанной FMT, и отправьте результат в 8 последовательных байт-накопителей с первым адресом OUT.

Операционный номер FMT определяется следующим образом:

| MSB | | | | | | | LSB |
|---|---|---|---|---|---|---|---|
| 7 | | | | | | | 0 |
| 0 | 0 | 0 | 0 | c | n | n | n |

В FMT 4-разрядный уровень должен быть 0. c) представление десятичных чисел, когда C = 0 делит целые и десятичные числа десятичными; При C = 1 запятые разделяют целое число и десятичную дробь. NNN обозначает число десятичных чисел в 8 последовательных байтах с первым адресом OUT, nnn = 000 ~ 101, соответственно, соответствует 0 ~ 5 десятичных знаков, десятичная часть выравнивается справа.

Например, при C = 0 и nnn = 011 формат данных в OUT представлен так, как показано в таблицах 5-2.

**Таблица 5-2　Форматы данных, отформатированные FMT**

| IN | OUT | OUT+1 | OUT+2 | OUT+3 | OUT+4 | OUT+5 | OUT+6 | OUT+7 |
|---|---|---|---|---|---|---|---|---|
| 12 | | | | 0 | . | 0 | 1 | 2 |
| −123 | | | — | 0 | . | 1 | 2 | 3 |
| 1234 | | | | 1 | . | 2 | 3 | 4 |
| −12345 | | — | 1 | 2 | . | 3 | 4 | 5 |

**Пример 5-15**　Пример применения директивы ITA показан на рисунке 5-17.

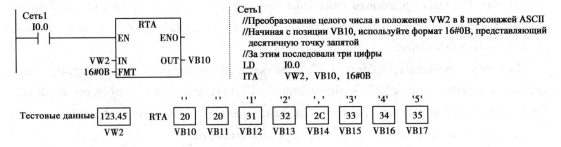

| Тестовые данные | 123.45 | RTA | 20 | 20 | 31 | 32 | 2C | 33 | 34 | 35 |
| | VW2 | | VB10 | VB11 | VB12 | VB13 | VB14 | VB15 | VB16 | VB17 |

**Рисунок 5-17　Примеры применения директивы ITA**

Внимание:

①На рисунке ячейки VB10 ~ VB17 хранят шестнадцатеричный код ASCII;

②Двоичное число FMT 16 # 0B составляет 000010111.

Двойное целое число преобразуется в кодовую команду ASCII DTA, аналогичную ITA, и читатели могут ознакомиться с руководством по программированию S7-200.

3. Преобразование реальных чисел в кодовую команду ASCII RTA

Конвертировать реальные числа в формат RTA ASCII-кода:

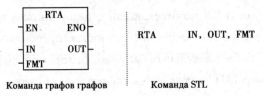

Команда графов графов　　　　Команда STL

В том числе: IN-ввод данных в реальном количестве; FMT-точность преобразования или формат преобразования (представление десятичных разрядов); OUT является первым адресом для 3-15 последовательных выходных байт.

Функция команды: когда EN является действительным, введите реальное число в IN, преобразуйте его в ASCII, который всегда составляет 8 символов, в соответствии с точностью преобразования, указанной FMT, и отправьте результат в 3-15 последовательных байтовых ячеек памяти по первому адресу OUT.

FMT определяется следующим образом:

```
         MSB                          LSB
          7                            0
        ┌───┬───┬───┬───┬───┬───┬───┬───┐
        │ s │ s │ s │ s │ c │ n │ n │ n │
        └───┴───┴───┴───┴───┴───┴───┴───┘
```

В FMT 4-битный SSSS указывает количество байт в непрерывном блоке памяти с первым адресом OUT, SSS = 3 ~ 15. C & NNN с презентацией FMT выше.

Например, при SSSS = 0110, C = 0 и nnn = 001 форматы данных, отформатированные с десятичными запятыми, представлены в формате OUT, как показано в таблице 5-3.

Таблица 5-3   Форматы данных после FMT

| IN | OUT | OUT+1 | OUT+2 | OUT+3 | OUT+4 | OUT+5 |
|-----|-----|-------|-------|-------|-------|-------|
| 1234.5 | 1 | 2 | 3 | 4 | . | 5 |
| 0.0004 |  |  |  | 0 | . | 0 |
| 1.96 |  |  |  | 2 | . | 0 |
| —3.6571 |  |  | — | 3 | . | 7 |

**Примеры** 5-16   Пример применения директивы RTA показан на рисунке 5-18.

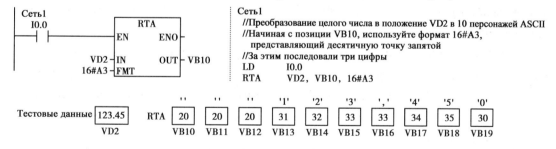

Рисунок 5-18   Примеры применения директивы RTA

Двоичное число 16 # A3 составляет 10100011, а 4-разрядное 1010 указывает на то, что 10 байт хранилища хранятся непрерывно по первому адресу OUT.

## 5.6   Подпрограммная директива

Процедуры S7-200 PLC подразделяются на три основные категории: основная программа, подпрограмма и программа прерывания. В практическом применении. Часто требуется повторять один и тот же набор задач, когда для этого может быть написан ряд подпрограмм. При выполнении программы эти подпрограммы вызываются по мере необходимости без необходимости повторного написания программы. При написании сложных PLC-программ все функции управления часто разбиваются на несколько простых подсистем, а затем программируются отдельно для каждого подсистемы.

Подпрограмма делает структуру программы простой и ясной, легко отлаживается и поддерживается. Подпрограмма вызывается только при выполнении условий и не выполняет инструкции в подпрограмме без вызова, поэтому использование подпрограммы также может уменьшить время сканирования. Операции, связанные с подпрограммой: создание подпрограмм, вызовы подпрограмм и возвращение.

### 5.6.1 Создание подпрограмм

Создание подпрограмм осуществляется с помощью программного обеспечения. Подпрограммы могут создаваться следующим образом:

① Откройте редактор программы и выполните команду "Вставить" в меню "Редактирование" → "подпрограмма";

② щелкните правой кнопкой мыши в окне редактора программы и выполните команду《Вставить》→《подпрограмма》во всплывающем меню;

③ Нажмите правой кнопкой мыши на значок《Блок》на дереве команд, выполните команду《Вставь》в всплывающее меню →《подпрограмма》, редактор программы автоматически создаст и откроет новую подпрограмму, а в нижней части редактора появится тег, помеченный новой подпрограммой.

После создания хорошей подпрограммы в окне дерева команд можно увидеть новый значок подпрограммы с именем SBR0-SBRn по умолчанию. Номер N генерируется в порядке возрастания, начиная с 0.

Переименование подпрограмм: щёлкните правой кнопкой мыши на значке подпрограммы в дереве команд, выберите переименование в всплывающем экспорте и измените имя подпрограммы. Имя программы также может быть изменено непосредственно на значке и преобразовано в имя, которое лучше описывает функции подпрограммы.

Двойной щелчок на значке подпрограммы в окне дерева команд позволяет войти в подпрограмму и отредактировать ее.

### 5.6.2 Вызов подпрограммы

1. Команда вызова подпрограмм (CALL)

Когда ввод является действительным, основная программа передает контроль над программой подпрограмме. Вызов подпрограммы может иметь параметры, а не параметры. Формат инструкции показан в таблице 5-4.

**Таблица 5-4 Формат команд вызова подпрограмм**

| | Подпрограмма вызывает команду | Команда возврата подпрограммного состояния |
|---|---|---|
| LAD | SBR–0<br>EN | ------( RET) |
| STL | CALL SBR_0 | CRET |

## 2. Подпрограммная инструкция возврата условий(CRET)

При включении действительного ввода завершается выполнение подпрограмм и возвращается в основную программу ( следующая команда, вызываемая этой подпрограммой). Трапециевидная диаграмма запрограммирована в виде катушек,команды без параметров.

## 3. Примеры применения

На рисунке 5-19 показаны две программы,выполняющие вызов двух подпрограмм с помощью условий внешнего управления.

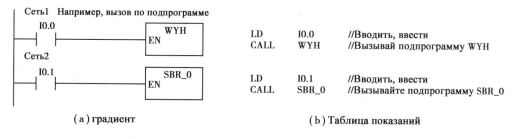

(а) градиент                          (b) Таблица показаний

**Рисунок 5-19 Примеры вызовов подпрограмм**

Описание использования:

① CRET используется в основном внутри подпрограмм, в которых условия определения определяют,следует ли завершать вызов подпрограмм,а RET используется в конце подпрограмм. Программное обеспечение автоматически обрабатывает инструкции RET.

②Если команда вызова выполняется в другой подпрограмме внутри подпрограммы, этот вызов называется вложенной подпрограммой. Глубина встраивания подпрограмм составляет до 8 уровней.

③Когда вызывается подпрограмма,система автоматически сохраняет текущие данные стека и устанавливает верхнюю часть стека 1, другие значения стека равны 0, а подпрограмма имеет контроль. Выполнение подпрограмм завершается автоматическим восстановлением исходного значения логического стека с помощью команды возврата,а программа вызова восстанавливает контроль.

④ Накопитель может свободно перемещаться между вызываемой и вызываемой подпрограммами, поэтому значения накопителя не сохраняются и не восстанавливаются при вызове подпрограммы.

4. Вызов подпрограмм с параметрами

Подпрограмма может вызывать с параметрами, что делает вызов подпрограммы более гибким и удобным, а структуру программы более компактной и ясной. Если процесс вызова подпрограммы имеет место передача данных, то в инструкции вызова должны содержаться соответствующие параметры. Параметры определяются в таблице локальных переменных подпрограмм и могут передавать до 16 параметров.

Параметры подпрограммы определяются в таблице локальных переменных подпрограммы. Параметры содержат информацию об адресах, именах переменных, типах переменных и типах данных. Подпрограмма может передавать до 16 параметров.

5. Использование таблиц локальных переменных в подпрограмме
   вызова с параметрами

Локальная память используется для хранения локальных переменных. Локальная память локально эффективна. Локальная действительность означает, что локальная память может использоваться только в одном разделе программы (основной или подпрограмме или программе прерывания). Часто используется при вызове подпрограмм с параметрами.

S7-200 PLC обеспечивает 64 байт локальной памяти, которая может использоваться в качестве временной памяти или для передачи параметров подпрограмме. Основная программа, подпрограмма и программа прерывания имеют 64 байта локальной памяти, и локальная память различных программ не может быть доступна друг другу. Доступ к локальной памяти можно получить по битам, байтам, словам и двум словам.

Полезный диапазон адресов для локальной памяти модуля CPU226: L(0, 0-63, 7); LB (0-63); LW(0-62); ЛД(0-60).

Каждый блок программы S7-200 PLC (основная программа, подпрограмма, программа прерывания) имеет локальную таблицу переменных, состоящую из 64 байт локальной памяти.

Локальные переменные, определенные в таблице локальных переменных, действительны только в этом блоке.

Когда имя локальной переменной вступает в конфликт с глобальным символом, определение локальной переменной имеет приоритет в блоке программы, который создает локальную переменную. Поэтому в подпрограмме следует по возможности использовать локальные переменные, избегая использования глобальных переменных, что позволит избежать коллизии с переменными в других блоках программ и перенести подпрограмму в другие проекты без каких-либо изменений.

Имя переменной: при определении локальной переменной в таблице локальных переменных необходимо назвать каждую переменную. Имя локальной переменной, также называемое символическим именем, до 23 символов, первый символ не может быть цифрой.

Тип переменной: область типов переменных в локальной таблице переменных определяет переменные, которые включают: входные параметры подпрограмм (IN), входящие и исходящие параметры подпрограмм (IN/OUT), исходящие параметры подпрограмм (OUT), временные переменные (TEMP) 4 типа.

Тип переменной:

①Введите параметры подпрограммы IN. IN может представлять собой данные прямой адресации (например: VB10), данные косвенной адресации (например: * AC1), константы (например: 16 # 1234) или адреса (например: & VB100);

② Параметры входящей/исходящей подпрограммы IN/OUT. При вызове подпрограммы значение указанного положения параметра передается подпрограмме, а когда подпрограмма возвращается, результат, полученный от подпрограммы, возвращается на адрес указанного параметра. Параметры могут быть прямой и косвенной адресацией, но константы и значения адресов не допускаются в качестве параметров ввода/вывода;

③Исходящие параметры подпрограмм OUT. Возвращает результат из подпрограммы в указанное положение параметра. Выходные параметры могут быть прямой и косвенной адресацией, но не постоянными или адресными значениями;

④Временная переменная TEMP. Данные могут храниться только временно внутри подпрограммы и не могут использоваться для передачи параметров.

В команде подпрограмм с параметрическим вызовом параметры должны быть расположены в определенном порядке, входной параметр IN находится впереди, за ним следуют входной/выходной параметр IN/OUT и, наконец, выходной параметр OUT и временная переменная TEMP.

Типы данных переменных:

Типы данных также указываются в таблице локальных переменных. Типы данных могут быть: тип потока энергии, тип буля, байт, слово, двойной шрифт, целое число, двойное целое, действительное число.

При определении локальной переменной в таблице локальных переменных просто укажите тип локальной переменной (IN, IN/OUT, OUT и TEMP) и тип данных, не указывая адрес памяти, а редактор программы автоматически назначает адрес для каждой локальной переменной; Начальный адрес-L0. 0; Значение параметра непрерывного бита 1-8 присваивается байту. Значения байтов, слов и двух слов распределяются в локальной памяти переменных в байтовом порядке.

Чтобы добавить переменную, просто щелкните правой кнопкой мыши по определенной строке в локальной таблице переменных, выполните команду《Вставить》→《Строка》и вставьте новую строку над выбранной строкой.

## 6. Примеры процедур

На рисунке 5-20 показан пример подпрограммы с параметрическим вызовом, таблица распределения локальных переменных которого показана в таблице 5-5.

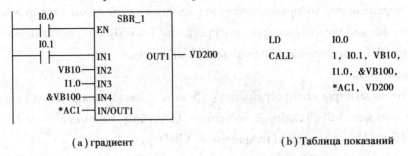

（a）градиент                                （b）Таблица показаний

**Рисунок 5-20    Примеры вызовов подпрограмм с параметрами**

**Таблица 5-5    Локальные переменные**

| Адрес устройства | Адрес L | Имя параметра | Тип параметра | Тип данных | Примечания |
|---|---|---|---|---|---|
| I0.0 | 无 | EN | IN | BOOL | Команда позволяет вводить параметры |
| I0.1 | L0.0 | IN1 | IN | BOOL | Первый входной параметр, тип Буля |
| VB10 | LB1 | IN2 | IN | BYTE | Второй входной параметр, байт |
| I1.0 | L2.0 | IN3 | IN | BOOL | Третий входной параметр, тип Буля |
| VW20 | LW3 | IN4 | IN | INT | Четвертый входной параметр, полная форма |
| VD30 | LD5 | IN_OUT1 | IN_OUT | DWORD | Первый параметр ввода-вывода, двойной шрифт |
| Q0.0 | L9.0 | OUT1 | OUT | BOOL | Первый выходной параметр, тип Буля |
| VD50 | LD10 | OUT2 | OUT | REAL | Второй выходной параметр, тип реального числа |

# 5.7    Порядок прерывания

Так называемое прерывание означает, что система временно прерывает программу, которая в настоящее время выполняется, и переходит к подсистеме обслуживания прерываний, которая обрабатывает события прерывания, которые необходимо срочно обработать, а затем возвращает исходную программу, восстанавливает текущее состояние выполнения программы и продолжает выполнять ее. Программа прерывания, также известная как подпрограмма службы прерывания, -это программа, написанная пользователем для обработки событий прерывания, но не вызываемая пользовательской программой, а вызываемая операционной системой во время событий прерывания. События прерывания часто являются непредсказуемыми, случайными и не имеют ничего общего с порядком выполнения программы пользователя. Процессор S7-200 может использовать до 128 прерываний, но прерывание больше не может быть прервано. Как только прерывание начинает выполняться, оно выполняется до конца и не прерывается другими программами прерывания (или даже более приоритетными). При обработке программы прерывания, если происходят новые события прерывания, возникающие события прерывания должны быть выстроены в очередь в хронологическом порядке и приоритете для обработки. Система прерывания S7-200PLC включает в себя: источник прерывания, номер события прерывания, приоритет прерывания и команду управления прерыванием.

## 5.7.1 Источник прерывания, номер события прерывания и приоритет прерывания

1. Источник прерывания и номер события прерывания

Источник прерывания является источником запроса прерывания. В S7-200 PLC источники прерывания делятся на три основные категории: прерывание связи, прерывание ввода-вывода и прерывание временной базы, в общей сложности 34 источника прерывания. Каждому источнику прерывания присваивается номер, называемый номером события прерывания, и команда прерывания идентифицирует источник прерывания по номеру события прерывания, как показано в таблице 5-6.

Таблица 5-6 Номера прерываний и порядок очередности

| Номер события прерывания | Описание источника прерывания | Приоритеты | Приоритеты в группе |
|---|---|---|---|
| 8 | Порт 0: символ приема | Нарушение связи (Максимум) | 0 |
| 9 | Порт 0: Отправка завершена | | 0 |
| 23 | Порт 0: Получение информации завершено | | 0 |
| 24 | Порт 1: Получение информации завершено | | 1 |
| 25 | Порт 1: символ получения | | 1 |
| 26 | Порт 1: Отправка завершена | | 1 |

续表

| Номер события прерывания | Описание источника прерывания | Приоритеты | Приоритеты в группе |
|---|---|---|---|
| 19 | PTO  0Завершение прерывания | | 0 |
| 20 | PT0  1Завершение прерывания | | 1 |
| 0 | Поднимающийся край   I0.0 | I/O Прерывание (Средний) | 2 |
| 2 | Поднимающийся край   I0.1 | | 3 |
| 4 | Поднимающийся край   I0.2 | | 4 |
| 6 | Поднимающийся край   I0.3 | | 5 |
| 1 | По нисходящей линии   I0.0 | | 6 |
| 3 | По нисходящей линии   I0.1 | | 7 |
| 5 | По нисходящей линии   I0.2 | | 8 |
| 7 | По нисходящей линии   I0.3 | | 9 |
| 12 | HSC0   CV = PV ( Текущее значение = предварительное значение ) | | 10 |
| 27 | HSC0 Изменение направления ввода | | 11 |
| 28 | HSC0   Внешний сброс | | 12 |
| 13 | HSC1   CV = PV ( Текущее значение = предварительное значение ) | | 13 |
| 14 | HSC1 Изменение направления ввода | | 14 |
| 15 | HSC1   Внешний сброс | | 15 |
| 16 | HSC2   CV = PV ( Текущее значение = предварительное значение ) | I/O Прерывание (Средний) | 16 |
| 17 | HSC2 Изменение направления ввода | | 17 |
| 18 | HSC2   Внешний сброс | | 18 |
| 32 | HSC3   CV = PV ( Текущее значение = предварительное значение ) | | 19 |
| 29 | HSC4   CV = PV ( Текущее значение = предварительное значение ) | | 20 |
| 30 | HSC4 Изменение направления ввода | | 21 |
| 31 | HSC4   Внешний сброс | | 22 |
| 33 | HSC5   CV = PV ( Текущее значение = предварительное значение ) | | 23 |

| Номер события прерывания | Описание источника прерывания | Приоритеты | Приоритеты в группе |
|---|---|---|---|
| 10 | Временное прерывание0   SMB34 | Временное прерывание (Минимальная)) | 0 |
| 11 | Временное прерывание1   SMB35 | | 1 |
| 21 | ТаймерТ32   CT = PT   Прерывание | | 2 |
| 22 | ТаймерТ96   CT = PT   Прерывание | | 3 |

1) Прерывание связи

PLC может использовать прерывание связи для обмена информацией с внешним устройством или верхней машиной, которая включает в себя шесть источников прерывания (номера событий прерывания: 8, 9, 23, 24, 25, 26). Источник прерывания связи находится в свободном режиме связи PLC, и состояние канала связи может контролироваться программой. Пользователи могут программировать такие параметры, как протокол, скорость портирования и проверка чётности.

2) Прерывание ввода/вывода

Прерывание ввода/вывода-прерывание, вызванное внешним управлением входным сигналом.

Прерывание внешнего ввода: использование восходящего края I0.0 ~ I0.3 может генерировать 4 внешних запроса на прерывание; Используя нисходящий край I0.0 ~ I0.3, можно генерировать четыре внешних запроса на прерывание;

Прерывание импульсного ввода: выполнение последовательного вывода PTO0 и PTO1 с использованием высокоскоростного импульсного вывода может генерировать два запроса на прерывание;

Прерывание высокоскоростного счетчика: текущее значение счета высокоскоростного счетчика HSCn равно заданному значению, изменению направления счета ввода, внешнему сбросу счетчика и другим событиям, которые могут генерировать 14 запросов на прерывание.

3) Прерывание временной базы

Перерыв, вызванный временем, достигающим заданного значения через таймер и таймер, является прерыванием базы времени.

Периодическое прерывание: Установите время времени в мс (диапазон от 1 до 255 мс), когда время достигает заданного значения, соответствующее переполнение таймера вызывает прерывание, при выполнении программы обработки прерываний, продолжайте следующую регулярную операцию, цикл повторяется, поэтому это время времени называется временем цикла. Существует два источника прерывания с регулярным прерыванием 0 и временным прерыванием 1, для установки прерывания 0 требуется запись значения времени цикла в SMB34; Настройка прерывания 1 требует записи времени цикла в SMB35.

Прерывание таймера: прерывание происходит при достижении заданного значения с использованием времени таймера, который может использовать только таймеры T32 и T96 TON/TOF с разрешением 1 мс. Когда текущее значение таймера равно заданному значению, программа прерывания выполняется при обычном обновлении времени хоста.

2. Приоритет прерывания

В PLC-приложениях, как правило, существует несколько источников прерывания, и приоритет обработки для каждого источника прерывания называется приоритетом прерывания. Таким образом, когда несколько источников прерывания одновременно подают заявку на прерывание в CPU, CPU будет отдавать приоритет запросу на прерывание для обработки высокоприоритетных источников прерывания. Приоритеты прерывания, установленные CPU SIEMENS, варьируются от высокого до низкого: прерывание связи, прерывание ввода/вывода, прерывание с фиксированным временем, в то время как источник прерывания для каждого типа прерывания имеет разный приоритет, как показано в таблице 6-4.

После определения преимуществ прерывания в ЦП направляется запрос на прерывание с наивысшим приоритетом, и ЦП реагирует на прерывание, автоматически защищая полевые данные (например, логический стек, накопитель и некоторые специальные биты регистра знаков), а затем приостанавливает выполняемую программу (точку останова) и переходит к выполнению программы управления прерыванием. После завершения обработки прерываний данные на месте автоматически восстанавливаются и, наконец, возвращаются в точку останова для продолжения первоначальной программы. В рамках одного и того же приоритета ЦП последовательно обрабатывает прерывания в соответствии с принципом первой службы, поэтому в любое время может быть выполнена только одна процедура прерывания. Для систем S7-200, как только программа прерывания начинает выполняться, она не прерывается другими программами прерывания и более приоритетными программами прерывания, а выполняется до конца программы прерывания. Когда другое прерывание обрабатывается, возникающее прерывание требует очереди, ожидая обработки.

## 5.7.2　Директива о прерывании

Функции прерывания и операции выполняются с помощью команд прерывания, S7-200 PLC предоставляет пять команд прерывания: директивы разрешения прерывания, директивы запрета прерывания, директивы прерывания соединения, директивы разделения прерывания и команды возврата прерывания, формат и функции которых показаны в таблице 5-7.

Описание использования команды прерывания:

①Операционное число INT: Введите номер службы прерывания INT n ( n = 0 – 127 ), который является функциональной операцией, выполняемой прерыванием, процесс создания которой идентичен подпрограмме;

②Операционное число EVENT: Введите номер события прерывания, соответствующий источнику прерывания( байтовые константы 0 – 33 );

③ Когда PLC переходит в режим RUN нормальной работы, начальное состояние системы заключается в том, что все прерывания запрещены, и после выполнения директивы ENI, разрешающей прерывание, все прерывания разрешены, т. е. отключены;

④ Директива о разделении прерываний DTCH запрещает связь между событием прерывания EVENT и программой прерывания, то есть используется для отключения прерывания события; Глобальные прерывания запрещают директиву DISI, все прерывания запрещены;

⑤ RETI для возврата команд с условным прерыванием требует реализации пользовательского программирования; Setp-Micro/WIN автоматически устанавливает инструкции безусловного возврата к концу каждой программы обработки прерываний без необходимости написания пользователем;

⑥ Несколько событий прерывания могут вызывать одну и ту же программу прерывания, но одно событие прерывания не может одновременно вызывать несколько программ прерывания.

Таблица 5-7　Формат команд класса прерывания

| LAD | STL | Функциональное описание |
|---|---|---|
| —( ENI ) | ENI | Разрешенная команда прерывания Отключить команду прерывания, когда входной контроль эффективен, глобально позволяет прерывать все события прерывания. |
| —( DISI ) | DISI | Команда прерывания запрета Закрыть команду прерывания, когда входной контроль действителен, глобально отключить все подключенные события прерывания. |
| ATCH<br>EN　ENO<br>INT<br>EVENT | ATCH INT, EVENT | Команда прерывания соединения Также называется команда вызова прерывания, которая позволяет вводить действительный номер прерывания источника прерывания EVENT и соответствующий процессор прерывания INT и позволяет это событие прерывания. |
| DTCH<br>EN　ENO<br>EVENT | DTCH EVENT | команда разделения прерываний Позволяет ввести действительный ввод, отключая связь между номером события прерывания EVENT и всеми программами прерывания и запрещая событие прерывания. |
| —( RETI ) | CRETI | Команда возвращения с условным прерыванием Введите контрольный сигнал ( условие ), когда он действителен, программа прерывания возвращается. |

### 5.7.3 Прерывание этапов проектирования

Для выполнения функциональной операции прерывания выполняется соответствующая программа прерывания (также известная как служба прерывания или процессор прерывания), а в S7-200 PLC этапы проектирования прерывания заключаются в следующем:

①Определение источника прерывания (номер события прерывания), необходимого для подачи заявки на прерывание, и создание программы обработки прерываний INT n, которая создается таким же образом, как и подпрограмма, с единственным отличием от выбора INT n в Program Block в окне создания подпрограмм.

②Изменить программу обработки прерываний в среде редактирования, установленной выше. Служба прерывания начинается с номера программы прерывания INT n и заканчивается безусловным возвращением команды. В программе прерывания пользователь также может вернуться к команде в соответствии с условиями использования предыдущих логических условий и вернуться к основной программе. Обратите внимание, что команда прерывания в системе PLC отличается от команды прерывания в обычной микромашине и не допускает встраивания.

В сервисных программах прерывания запрещается использование следующих инструкций: DISI, ENI, CALL, HDEF, FOR/NEXT, LSCR, SCRE, SCRT, END.

③В основной программе или программе управления, написание команды прерывания соединения (вызова) (ATCH), операционные числа INT и EVENT определяются шагом ①.

④Установить директиву разрешения прерывания (открытие прерывания ENI).

⑤ При необходимости может быть установлена команда разделения прерываний (DTCH).

Примеры 5-17 Напишите программу управления для достижения события прерывания 0.

Событие прерывания 0 - это событие прерывания, вызванное восхождением источника прерывания I0.0.

Когда I0.0 эффективен и отключен, система может реагировать на прерывание 0, выполняя службу прерывания INT0, функция которой заключается в том, что если I1.0 подключен, то Q1.0 является ON;

Если ошибка I0.0 (автоматическое подключение SM6.0 работает), прерывание немедленно запрещено.

Основная программа и подпрограмма прерывания показаны на рисунке 5-21.

**Пример 5-18**    Составление программы управления периодическим прерыванием времени (каждые 200 мс) для отбора проб для имитации входного сигнала. Процедуры контроля показаны на рис. 5-22.

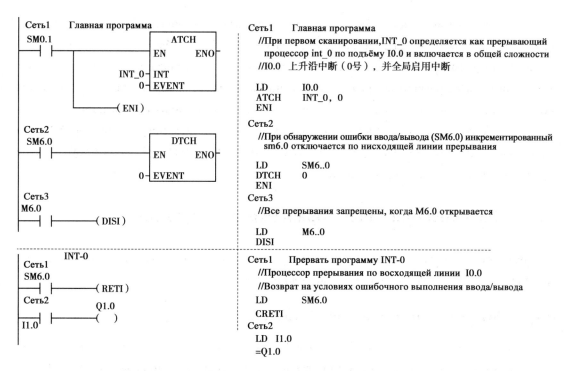

Рисунок 5-21 Пример программы прерывания

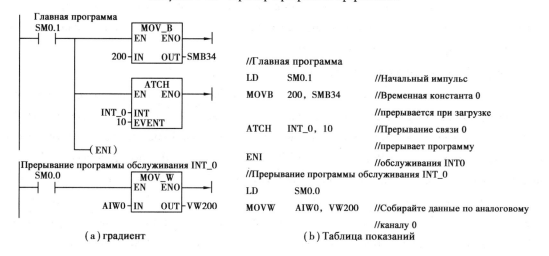

（a）градиент          （b）Таблица показаний

Рисунок 5-22 Пример аналогового входного сигнала периодического прерывания

Несколько примеров использования прерывания：

①Несколько событий могут вызывать одну и ту же программу прерывания，но одно и то же событие прерывания не может одновременно указывать несколько программ прерывания. В противном случае，когда прерывание допускается，если происходит событие прерывания，система по умолчанию выполняет только последнюю программу прерывания，указанную для этого события.

② Когда система переходит из другого режима в режим RUN，все прерывания автоматически выключаются.

③Все прерывания могут быть запрограммированы в режиме RUN таким образом, чтобы можно было вводить и выполнять команды ENI, чтобы обеспечить обработку событий прерывания. Глобальная команда прерывания выключения DISI не позволяет активировать все программы прерывания, но позволяет ждать события прерывания до тех пор, пока прерывание не будет восстановлено с помощью команды прерывания.

Особый совет: если в программе используется функция прерывания, необходимо использовать по крайней мере одну директиву ENI, иначе команда ATCH в программе не сможет выполнить задачу прерывания.

## 5.8 Высокоскоростная обработка инструкций

Высокоскоростные команды обработки имеют два типа высокоскоростных команд подсчета и высокоскоростных команд вывода импульсов.

### 5.8.1 Высокоскоростная команда подсчета

Высокоскоростной счетчик HSC (High Speed Counter) используется для накопления импульсных входов (30 кГц) с гораздо более высокой частотой сканирования, чем PLC, для таких областей, как точное позиционирование систем автоматического управления. Высокоскоростные счетчики выполняют запланированные операции с помощью событий прерывания, возникающих при определенных условиях.

1. S7-200 Высокоскоростные счетчики

Различные модели PLC хостов, количество высокоскоростных счетчиков различно, каждый высокоскоростной счетчик имеет адресный номер HCn при использовании, где HC (или HSC) указывает, что программный элемент является высокоскоростным счетчиком, а n-адресным номером. CPU221 и CPU222 серии S7-200 поддерживают четыре высокоскоростных счетчика: HC0, HC3, HC4 и HC5; CPU224 и CPU226 поддерживают шесть высокоскоростных счетчиков, которые являются HC0 ~ HC5. Каждый высокоскоростной счетчик содержит информацию о двух аспектах: бит счетчика и текущее значение счетчика, текущее значение высокоскоростного счетчика-целое знаковое число длиной два слова и только для чтения.

2. Тип прерывания событий

Счет и движение высокоскоростных счетчиков могут контролироваться методом прерывания. Различные модели PLC используют 14 событий прерывания с высокоскоростными счетчиками, которые можно условно разделить на три типа:

Текущее значение счётчика равно прерыванию заданного значения;

Количество прерываний при изменении направления ввода;

Внешний сброс прерван.

Все высокоскоростные счетчики поддерживают текущее значение, равное заданному значению прерывания, но не все высокоскоростные счетчики поддерживают три типа: источник прерывания, номер события прерывания и приоритет источника прерывания, создаваемые высокоскоростными счетчиками, показаны в таблице 5-6.

3. Подключение к режиму работы и точке ввода

1) Режим работы

Каждый высокоскоростной счетчик имеет несколько различных режимов работы, и режим работы высокоскоростного счетчика тесно связан с событиями прерывания. При использовании любого высокоскоростного счетчика сначала необходимо определить режим работы высокоскоростного счетчика (его можно настроить с помощью команды HDEF).

В инструкциях высокоскоростные счетчики используют 0-11 для обозначения 12 режимов работы.

Различные высокоскоростные счетчики имеют разные режимы, как показано в таблицах 5-8, 5-9.

Таблица 5-8 Режимы работы HSC0, HSC3, HSC4, HSC5

| Имя счётчика→ | HSC0 | | | HSC3 | HSC4 | | HSC5 | |
|---|---|---|---|---|---|---|---|---|
| Режим работы счетчика ↓ | I0.0 | I0.1 | I0.2 | I0.1 | I0.3 | I0.4 | I0.5 | I0.4 |
| 0: Односторонний счетчик с внутренним управлением направлением | Количество | | | Количество | Количество | | | Количество |
| 1: Односторонний счетчик с внутренним управлением направлением | Количество | | Сбросить | | Количество | | Сбросить | |
| 2: Односторонний счетчик с внутренним управлением направлением | | | | | | | | |
| 3: Односторонний счетчик с внешним управлением направления | Количество | Направление | | | Количество | Направление | | |

续表

| 名<br>счётчика→ | HSC0 | | | HSC3 | HSC4 | | | HSC5 | |
|---|---|---|---|---|---|---|---|---|---|
| 4：<br>Односторонний<br>счетчик с<br>внешним<br>управлением<br>направления | Количество | Направление | Сбросить | | Количество | Направление | Сбросить | | |
| 5：<br>Односторонний<br>счетчик с<br>внешним<br>управлением<br>направления | | | | | | | | | |
| 6：<br>Двусторонний<br>счетчик ввода | Увеличение | Минус | | | Увеличение | Минус | | | |
| 7：<br>Двусторонний<br>счетчик ввода | Увеличение | Минус | Сбросить | | Увеличение | Минус | Сбросить | | |
| 8：<br>Двусторонний<br>счетчик ввода | | | | | | | | | |
| 9：<br>Фазовый<br>ортогональный<br>счетчик А/В<br>（ввод двойного<br>счета） | Фаза А | ФазаВ | | | Фаза А | ФазаВ | | | |
| 10：<br>Фазовый<br>ортогональный<br>счетчик А/В<br>（ввод двойного<br>счета） | Фаза А | ФазаВ | Сбросить | | Фаза А | ФазаВ | Сбросить | | |
| 11：<br>Фазовый<br>ортогональный<br>счетчик А/В<br>（ввод двойного<br>счета） | | | | | | | | | |

Таблица 5-9 Модели работы HSC1 и HSC2

| Имя счётчика→ | HSC1 | | | | HSC2 | | | |
|---|---|---|---|---|---|---|---|---|
| Режим работы счетчика ↓ | I0.6 | I0.7 | I1.0 | I1.1 | I1.2 | I1.3 | I1.4 | I1.5 |
| 0: Односторонний счетчик с внутренним управлением направлением | Количество | | | | Количество | | | |
| 1: Односторонний счетчик с внутренним управлением направлением | Количество | | Сбросить | | Количество | | Сбросить | |
| 2: Односторонний счетчик с внутренним управлением направлением | Количество | | Сбросить | Запуск | Количество | | Сбросить | Запуск |
| 3: Односторонний счетчик с внешним управлением направления | Количество | Направление | | | Количество | Направление | | |
| 4: Односторонний счетчик с внешним управлением направления | Количество | Направление | Сбросить | | Количество | Направление | Сбросить | |
| 5: Односторонний счетчик с внешним управлением направления | Количество | Направление | Сбросить | Запуск | Количество | Направление | Сбросить | Запуск |
| 6: Двусторонний счетчик ввода | Увеличение | Минус | | | Увеличение | Минус | | |

续表

| Имя счётчика→ | HSC1 | | | | HSC2 | | | |
|---|---|---|---|---|---|---|---|---|
| 7：Двусторонний счетчик ввода | Увеличение | Минус | Сбросить | | Увеличение | Минус | Сбросить | |
| 8：Двусторонний счетчик ввода | Увеличение | Минус | Сбросить | Запуск | Увеличение | Минус | Сбросить | Запуск |
| 9：Фазовый ортогональный счетчик А/В ( ввод двойного счета ) | Фаза А | ФазаВ | | | Фаза А | ФазаВ | | |
| 10：Фазовый ортогональный счетчик А/В ( ввод двойного счета ) | Фаза А | ФазаВ | Сбросить | | Фаза А | ФазаВ | Сбросить | |
| 11：Фазовый ортогональный счетчик А/В ( ввод двойного счета ) | Фаза А | ФазаВ | Сбросить | Запуск | Фаза А | ФазаВ | Сбросить | Запуск |

Например, режим 0 ( однофазный счетчик ): счетчик HSC0, HSC1, HSC2, HSC3, HSC4, HSC5 может работать в этом режиме. Входные терминалы HSC0-HSC5 соответствуют I0. 0, I0. 6, I1. 2, I0. 1, I0. 3 и I0. 4 соответственно.

Например, режим 11 ( ортогональный счетчик ): два входных конца счета, только счетчик HSC1, HSC2 может работать в этом режиме, входной конец счета HSC1 составляет I0. 6 ( фаза А ) и I0. 7 ( фаза В ), так называемый ортогональный означает: когда импульс счета фазы А опережает импульс счета фазы В, счетчик выполняет увеличение; Когда импульс счёта фазы А запаздывает с импульсом счёта фазы В, счетчик выполняет вычитание.

2 ) Соединение точек ввода

При использовании высокоскоростного счетчика, помимо определения его режима работы, необходимо также обратить внимание на подключение фиксированной точки входа, определенной системой. Если входное соединение HSC0 имеет I0. 0 ( счет ), I0. 1

（направление），I0. 2（сброс）；Входные точки соединения HSC1 включают I0. 6（счет），I0. 7 （направление），I1. 0（сброс），I1. 1（запуск）.

При использовании следует иметь в виду, что точка ввода высокоскоростного счетчика и точка ввода прерывания ввода-вывода находятся в пределах нумерации точки ввода общей логической величины. Точка ввода может использоваться только как функция, т. е. точка ввода может использоваться в качестве логического ввода или высокоскоростного ввода или внешнего прерывания, но не может быть использована повторно.

4. высокоскоростной счетчик контрольное слово, слово состояния,

текущее значение и заданное значение

1 ) Управляющее слово

После настройки режима работы высокоскоростного счетчика можно программировать для управления эксплуатационными требованиями счетчика, такими как запуск и сброс счетчика, направление счета счетчика и другие параметры.

S7-200 PLC предоставляет блок управления байтами для каждого счетчика и определяет параметры для соответствующего бита блока, который называется управляющим словом. При программировании достаточно просто записать управляющее слово в блок памяти соответствующего счетчика. Формат определения управляющего слова и блок хранения управляющего слова, используемый счетчиками, показаны в таблице 5-10.

**Таблица 5-10   Формат контрольного слова высокоскоростного счетчика**

| Битовый адрес | Управляющие слова Функции. | HSC0 SM37 | HSC1 SM47 | HSC2 SM57 | HSC3 SM137 | HSC4 SM147 | HSC5 SM157 |
|---|---|---|---|---|---|---|---|
| 0 | Управление уровнем сброса 0: высокий уровень 1: низкий уровень | SM37. 0 | SM47. 0 | SM57. 0 | | SM147. 0 | |
| 1 | Управление запуском 1: запуск на высоком уровне 0: запуск на низком уровне | SM37. 1 | SM47. 1 | SM57. 1 | | SM147. 1 | |
| 2 | Ортогональная скорость 1: 1-кратная скорость 0: 4-кратная скорость | SM37. 2 | SM47. 2 | SM57. 2 | | SM147. 2 | |
| 3 | Направление счета 0: минус 1: увеличение | SM37. 3 | SM47. 3 | SM57. 3 | SM137. 3 | SM147. 3 | SM157. 3 |
| 4 | Изменить направление счёта 0: Не изменить 1: Изменить | SM37. 4 | SM47. 4 | SM57. 4 | SM137. 4 | SM147. 4 | SM157. 4 |
| 5 | Запись по умолчанию Разрешено: 0: Не разрешено 1: Разрешено | SM37. 5 | SM47. 5 | SM57. 5 | SM137. 5 | SM147. 5 | SM157. 5 |

续表

| | | HSC0 | HSC1 | HSC2 | HSC3 | HSC4 | HSC5 |
|---|---|---|---|---|---|---|---|
| 6 | Запись текущего значения допускается 0: Не допускается 1:допускается | SM37.6 | SM47.6 | SM57.6 | SM137.6 | SM147.6 | SM157.6 |
| 7 | Директива HSC допускает 0: Запрещение HSC 1:Разрешение HSC | SM37.7 | SM47.7 | SM57.7 | SM137.7 | SM147.7 | SM157.7 |

Например, выберите счетчик HSC0 для работы в режиме 3, требуя, чтобы сброс и запуск сигнала были эффективными на высоком уровне, 1-кратная скорость подсчета, уменьшение направления не изменялось, допуская запись новых значений и допуская команды HSC, тогда его контрольный байт SM37 = 2 # 11100100.

2)слово состояния

Каждый высокоскоростной счетчик оснащен 8-битным блоком, каждый из которых используется для обозначения определенного состояния этого счетчика и автоматической очистки определенных позиций или нулей во время выполнения программы, которая называется словом состояния. HSC0 ~ HSC5 оснащен соответствующими байтами состояния для специальной памяти SM36, SM46, SM56, SM136, SM146, SM156.

0-4 бита в каждом байте не используются; 5-й разряд указывает текущее направление счета (1-увеличение); 6-й разряд указывает, соответствует ли текущее значение заданному значению (0 не равно, 1 равно); Седьмой бит указывает, превышает ли текущее значение заданное значение (0 меньше равно, 1 больше), и при проектировании условий для определения структуры программы можно прочитать слово состояния, чтобы определить состояние соответствующего бита, чтобы определить, что должна делать программа (см. Руководство пользователя S7 200-Специальная память).

3)Текущие значения

Каждый высокоскоростной счетчик имеет 32-разрядную специальную ячейку памяти для текущего значения счетчика (с символическим числом), текущее значение счетчика HSC0 ~ HSC5 соответствует памяти SMD38, SMD48, SMD58, SMD138, SMD148, SMD158.

4)Предназначенное значение

Каждый высокоскоростной счетчик имеет 32-разрядную специальную ячейку памяти в качестве заданного значения счетчика (с символическим числом), а предопределенное значение счетчика HSC0 ~ HSC5 соответствует памяти SMD42, SMD52, SMD62, SMD142, SMD152, SMD162.

5. Высокоскоростные команды подсчета

Существует две инструкции по высокоскоростному счету: HDEF и HSC, формат и функции которых показаны в таблицах 5-11.

Внимание:

1） Каждый высокоскоростной счетчик имеет фиксированную специальную функциональную память, которая работает с ним для выполнения функции высокоскоростного счета. Эти специальные регистры включают в себя 8-битные байты состояния,8-битные байты управления,32-битные текущие значения и 32-битные значения по умолчанию.

2）Для разных счетчиков режим их работы различен.

3）EN HSC позволяет управлять,а не считать импульсы,внешний входной конец счета показан в таблицах 5-8,таблицах 5-9.

6. Процедуры инициализации высокоскоростных счетчиков

Для использования высокоскоростного счетчика необходимо написать программу инициализации,которая должна быть написана следующим образом:

①Искусственный выбор высокоскоростного счетчика,определение режима работы:

В соответствии с функциональными требованиями подсчета выберите модель хоста PLC,например,S7-200 PLC,CPU 222 имеет четыре высокоскоростных счетчика（HC0,HC3, HC4 и HC5）; CPU224 имеет 6 высокоскоростных счетчиков（HC0 ~ HC5）,так как различные счетчики имеют разные режимы работы,поэтому модель хоста и режим работы должны рассматриваться в совокупности.

②Управляющее слово,запрограммированное для настройки записи:

В соответствии с форматом управляющего слова（8 бит）,установите требования для управления работой счетчика и запишите его в соответствующую команду программирования SMBxx в соответствии с выбранным номером счетчика（см. таблицу 5-10）.

③Выполнить директиву определения высокоскоростного счетчика HDEF:

В этой директиве входными параметрами являются значения номера выбранного счетчика（0-5）и режим работы（0−11）.

Таблица 5-11   Формат и функции высокоскоростных команд подсчета

| LAD | STL | Функции и параметры |
|---|---|---|
| HDEF<br>─│ EN        ENO │─<br>─│ HSC │<br>─│ MODE │ | HDEF HSC,MODE | Команда определения высокоскоростного счетчика:<br>Позволяет вводить действительный режим работы для указанного высокоскоростного счетчика;<br>HSC:Введите номер высокоскоростного счетчика（0−5）;<br>MODE:Введите режим работы（0−11）; |

续表

| LAD | STL | Функции и параметры |
|---|---|---|
| HSC<br>EN ENO<br>N | HSC N | Команда высокоскоростного счетчика:<br>Позволяет вводить в действие высокоскоростной счетчик и контролировать его работу в соответствии с состоянием специальной памяти высокоскоростного счетчика и в соответствии с режимом, указанным инструкцией HDEF;<br>N: Номер высокоскоростного счетчика(0-5) |

④Программирование текущего и заданного значений счетчика записи:

Запишите текущее значение 32-разрядного счетчика и предустановленное значение 32-разрядного счетчика в SMDxx, соответствующее счетчику, и инициализируйте текущее значение для начала счёта счётчика.

⑤Выполнение команды прерывания соединения ATCH:

В этой инструкции входными параметрами являются номер события прерывания E-VENT и программа обработки прерываний INTn, которая устанавливает связь между EVENT и INTn ( как правило, прерывание может возникнуть в зависимости от того, выполнены ли условия сравнения текущего значения счетчика с заданным значением).

⑥Выполнение глобальной директивы ENI об открытом прерывании.

⑦Выполните команду HSC, в которой вводится номер счетчика и под управлением сигнала EN начинается подсчет импульсов на входном конце счётчика, соответствующего счетчику.

**Пример** 5-19　Измерение скорости вращения двигателя методом частотного измерения относится к количеству импульсов кодера, собранных за единицу времени, поэтому высокоскоростной счетчик может быть выбран для подсчета импульсного сигнала скорости, в то время как временная база для завершения времени. Количество импульсов за единицу времени, а затем ряд вычислений, чтобы узнать скорость двигателя.

Шаги программирования следующие:

①В соответствии с требованиями, изложенными в задаче, выберите высокоскоростной счетчик HSC0; Определяется как режим работы 0. Используйте подпрограмму инициализации, вызывая подпрограмму с помощью инициализированного импульса SM0.1.

②Включает SMB37 = 16 # F8. Выполнить настройки счётчика кодера; Допускается выполнение директивы HSC.

③Выполните команду HDEF, определяющую счетчик, HSC = 0, MODE = 0.

④Текущее значение(начальное значение = 0) записывается в SMD38.

⑤Установите значение часовой базы, чтобы SMB34 = 200.

⑥Выполните команду ATCH для прерывания соединения, программа прерывания-

HSCINT, EVNT-10.

⑦Выполнение директивы HSC, N = 0.

Программа обработки прерываний HSCINT.

Процедура инициализации показана на рисунке 5-23.

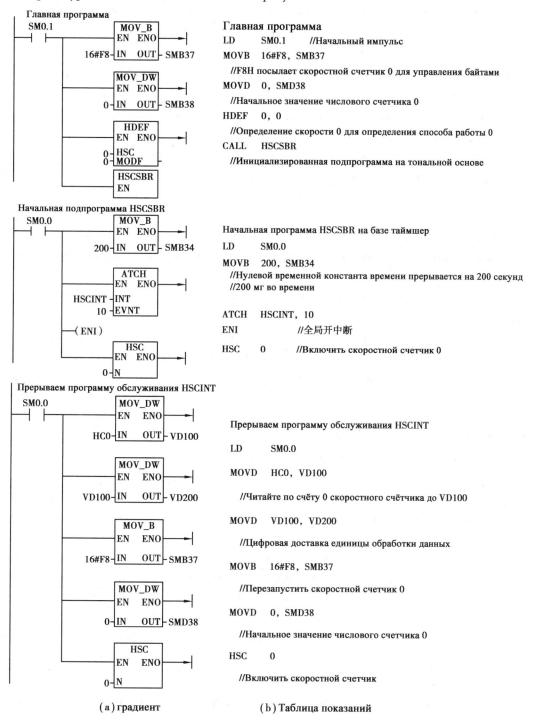

Главная программа

LD      SM0.1       //Начальный импульс

MOVB    16#F8, SMB37

//F8H посылает скоростной счетчик 0 для управления байтами

MOVD    0, SMD38

//Начальное значение числового счетчика 0

HDEF    0, 0

//Определение скорости 0 для определения способа работы 0

CALL    HSCSBR

//Инициализированная подпрограмма на тональной основе

Начальная программа HSCSBR на базе таймшер

LD      SM0.0

MOVB    200, SMB34

//Нулевой временной константа времени прерывается на 200 секунд
//200 мг во времени

ATCH    HSCINT, 10

ENI             //全局开中断

HSC     0       //Включить скоростной счетчик 0

Прерываем программу обслуживания HSCINT

LD      SM0.0

MOVD    HC0, VD100

//Читайте по счёту 0 скоростного счётчика до VD100

MOVD    VD100, VD200

//Цифровая доставка единицы обработки данных

MOVB    16#F8, SMB37

//Перезапустить скоростной счетчик 0

MOVD    0, SMD38

//Начальное значение числового счетчика 0

HSC     0

//Включить скоростной счетчик

(a) градиент                    (b) Таблица показаний

Рисунок 5-23   Программа инициализации высокоскоростных счетчиков

### 5.8.2　Высокоскоростной импульсный выход

Функция высокоскоростного импульсного выхода состоит в том, чтобы генерировать высокоскоростные импульсы на некоторых выходных концах PLC, которые используются для управления нагрузкой для достижения высокоскоростного выхода и точного управления.

1. Способ выхода высокоскоростного импульса и соединение
　выходного зажима

1) Режим выхода высокоскоростных импульсов

Высокоскоростной импульсный выход можно разделить на два способа: высокоскоростной импульсный последовательный выход PTO и регулируемый по ширине импульсный выход PWM.

① Высокоскоростной импульсный последовательный выход PTO в основном используется для вывода заданного количества квадратных волн, пользователь может управлять циклом квадратной волны и количеством импульсов, параметры которых:

Коэффициент заполнения: 50%;

Периодический диапазон изменений: $\mu$s или ms в единицах, 50 ~ 65 535 $\mu$s или 2 ~ 65535 мс (16-битные беззнаковые данные), значение периода программирования обычно устанавливается как четное.

Диапазон чисел в импульсных строках: от 1 до 4 294 967 295 (двузначное беззнаковое число).

② Регулируемый по ширине импульсный выход PWM в основном используется для вывода высокоскоростных последовательностей импульсов с регулируемым соотношением заполнения, пользователь может контролировать цикл и ширину импульса, цикл PWM или ширину импульса $\mu$s или ms в единицах, диапазон периодических изменений с высокоскоростной последовательностью импульсов PTO.

2) Соединение выходного зажима

Каждый CPU имеет два генератора PTO/PWM, которые генерируют высокоскоростную последовательность импульсов или форму волны с регулируемой шириной импульса, и система назначает ему 2-разрядные выходы Q0.0 и Q0.1. Генератор PTO/PWM и регистр выходного образа используют как Q0.0, так и Q0.1, но один битовый выход может использовать только одну функцию в определенный момент времени, а Q0.0 и Q0.1 используются для выполнения высокоскоростных команд вывода, и эти два битных вывода не могут быть использованы в качестве универсального вывода или если какие-либо другие действия и инструкции не работают с ними. Если Q0.0 или Q0.1 настроены на выход функции PTO или PWM, но не выполняют его команду вывода, Q0.0 и Q0.1 все равно могут использоваться в качестве общего выхода, но, как правило, они устанавливаются в качестве исходного потенциала для выхода PTO или PWM с помощью команды управления.

2. Соответствующие специальные функциональные регистры

① Каждый генератор PTO/PWM имеет один контрольный байт, определяющий работу выходного бита:

Управляющий бит Q0. 0-SMB67;

Управляющий бит Q0. 1-SMB77.

②Каждый генератор PTO/PWM имеет 1 блок (или слово, или слово, или слово, или байт), определяющий время его выходного цикла, ширину импульса, значение импульса и т. Д. Например:

Q0. 0 Периодическое значение SMW68;

Периодическое значение Q0. 1 составляет SMW78.

Другие соответствующие специальные функциональные регистры и определения параметров можно найти в Приложении II, где они понимаются и используются так же, как и высокоскоростные счетчики. После того, как значения этих специальных регистров функций будут установлены для требуемых действий, эти функции могут быть выполнены путем выполнения импульсной команды PLS.

3. Импульсная команда вывода

Команда импульсного выхода может выводить два типа квадратных волновых сигналов, которые имеют важное применение в точном управлении местоположением, как показано в таблице 5-12.

Примечание:

① импульсный выход PTO и регулируемый по ширине импульсный выход активируются командой PLC;

②Входные данные Q должны иметь постоянную шрифта 0 или 1;

③Пульсный выход PTO может управляться прерыванием, в то время как PWM с регулируемым по ширине импульсным выходом может активироваться только командным PLS.

Таблица 5-12 Формат команды импульсного вывода

| LAD | STL | Функции |
| --- | --- | --- |
| PLS<br>─EN ENO─<br>─Q0.X | PLS Q | Команда импульсного выхода, когда вход энергетического конца является действительным, обнаруживает специальные функциональные позиции регистра, установленные программой, и активирует импульсные операции, определяемые контрольным битом. Выход высокоскоростных импульсов из Q0. 0 или Q0. 1. |

**Пример 5-20** написание программы для реализации модуляции ширины импульса PWM. Байты управления по требованию (SMB77) = 16 # DB с периодом настройки 10 000 мс и выходом через Q0. 1.

Процедуры проектирования показаны на рис. 5-24.

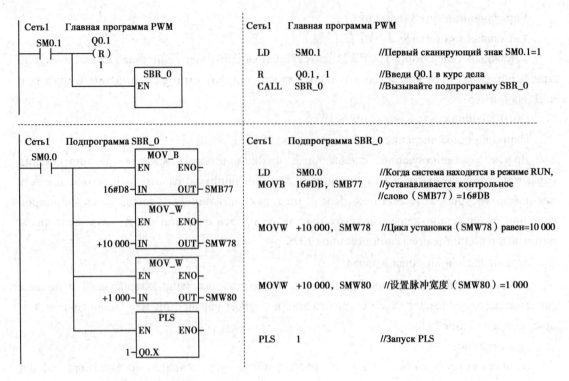

Рисунок 5-24    Процедуры управления PWM

# 5.9    PID-инструкции

В системе управления, где аналоговые величины являются предполагаемыми параметрами, для того, чтобы предполагаемые параметры изменялись в соответствии с определенными законами, необходимо установить пропорции ( P ), интегралы ( I ), дифференциальные( D )операции и их вычислительные группы в контуре управления и, S7-200 PLC устанавливает параметры таблицы контуров и инструкции PID-контура, предназначенные для PID-операций, которые могут легко выполнять операции PID.

## 5.9.1    Алгоритм PID

Как правило, система управления выполняет PID-вычисления в основном для отклонения е, возникающего между предполагаемым параметром PV( также известным как переменная процесса ) и ожидаемым значением SP ( также известным как заданное значение ). Математическое выражение функции:

$$M(t) = K_p e + K_i \int e dt + K_d \frac{de}{dt}$$

M( t )в формуле: выход PID-операции, M является функцией времени t;

е: управление отклонением контура, входными параметрами PID-операций;

$K_p$: коэффициент пропорциональной операции( усиление );

$K_i$: интегральный операционный коэффициент (усиление);

$K_d$: Дифференциальный операционный коэффициент (усиление).

Используя компьютер для обработки этого выражения, функция, управляемая аналоговой величиной, должна быть дискретна по параметрам своей функции путем периодической выборки отклонение. Чтобы облегчить алгоритмическую реализацию, дискретное PID-выражение может быть сгруппировано следующим образом:

$$Mn = K_c e_n + K_c \left(\frac{T_s}{T_i}\right) e_n + MX + K_c \left(\frac{T_d}{T_s}\right) (e_n - e_{n-1})$$

Выход контура в формуле $M_n$: время $t = n$;

$e_n$: отклонение контура выборки при времени $t = n$, то есть разница между $SP_n$ и $PV_n$;

$e_{n-1}$: отклонение контура отбора проб при времени $t = n-1$, то есть разница между $SP_{n-1}$ и $PV_{n-1}$;

$K_c$: общее усиление контура, параметры пропорциональной операции;

$T_s$: Время отбора проб;

$T_i$: время интегрирования, параметры интегральных операций;

$T_d$: дифференциальное время, дифференциальные операционные параметры;

$K_c = K_p$;

$K_c (T_s/T_i) = K_i$:

$K_c (T_d/T_s) = K_d$:

MX-это сумма всех значений, предшествующих интегралу, и после каждого вычисления $K_c (T_S/T_i)$ en его значение накапливается в MX.

Из вышеизложенного видно:

$K_c e_n$-пропорциональный элемент P;

$K_c$ ($T_S/T_i$) $e_n$-интегральный арифметический элемент I (без n-моментного интегрального значения);

$K_c (T_d/T_S) (e_n - e_{n-1})$-дифференциальный арифметический элемент D;

Усиление $K_p$ в пропорциональном контуре повлияет на $K_i$ и $K_d$.

В системе управления обычно используются следующие операции управления:

пропорциональное управление (P): не требует интегралов и дифференциалов, можно установить интегральное время $T_i$ =, так что $K_i = 0$; Дифференциальное время $T_d = 0$, так что $K_d = 0$. Выход: $M_n = K_c e_n$;

Пропорциональное, интегральное управление (PI): дифференцирование не требуется, можно установить дифференциальное время $T_d = 0$, $K_d = 0$. Его экспорт:

$M_n = K_c e_n + K_c (T_S/T_i) e_n$;

Пропорциональное, интегральное, дифференциальное управление (PID): Можно установить коэффициент пропорциональности $K_p$, интегральное время $T_i$, дифференциальное время $T_d$, его выход:

$$M_n = K_c e_n + K_c \left(\frac{T_s}{T_i}\right) e_n + K_c \left(\frac{T_d}{T_s}\right) (e_n - e_{n-1})$$

## 5.9.2    Преобразование ввода в PID-контур и стандартизация данных

1. PID-контур

S7-200 PLC предоставляет пользователям восемь PID-контуров с номерами $0-7$, т. е. восемь PID-операций с использованием восьми PID-команд.

2. Преобразование входных и стандартизированных данных

Каждый PID-контур имеет два ввода, заданное значение ( SP ) и переменную процесса ( PV ). В общей системе управления заданное значение обычно является фиксированным значением. Поскольку как заданные значения, так и переменные процесса являются определенными физическими величинами в реальном мире и могут различаться по размеру, диапазону и инженерным единицам, они и другие входные величины должны быть стандартизированы до того, как PID-команда будет работать с этими физическими величинами, то есть процесс преобразует их в стандартные формы выражения с плавающей запятой. Этот процесс заключается в следующем:

①Сначала вводные параметры, считываемые PLC ( целые 16 бит ), преобразуются в действительные значения типа с плавающей запятой, метод реализации может быть реализован с помощью следующих последовательностей команд:

ITD AIW0, AC0        // Преобразование входного значения в двойное целое число.

DTR AC0, AC0        // Преобразование 32-битных двойных целых чисел в реальные.

②Затем действительное числовое выражение преобразуется в стандартизированное значение между 0. 0 и 1. 0, которое может быть достигнуто с помощью следующей формулы:

$$R_{Norm} = \left( \frac{R_{Raw}}{S_{pan}} \right) + Offset$$

$R_{Norm}$ в формуле: значение реального числа, соответствующее стандартизированной обработке;

$R_{Raw}$: Нет стандартизированных реальных значений или исходных значений;

Offset: однополярность( т. е. диапазон изменений $R_{Norm}$ от $0,0$ до $1,0$ ) составляет $0,0$; Биполярность( т. е. изменение $R_{Norm}$ вверх и вниз по $0,5$ ) составляет $0,5$;

$S_{pan}$: размер поля значений, возможное максимальное значение минус возможное минимальное значение, однополярность 32 000( типичное значение )

Биполярность составляет 64 000( типичное значение ).

Стандартизация биполярных действительных чисел до реальных чисел между $0.0$ и $1.0$ может быть реализована с помощью следующих последовательностей команд:

/R 64000. 0, AC0        // Стандартизированные значения в аккумуляторе

+R 0. 5, AC0        // плюс смещение, чтобы сделать его между $0,0 \sim 1.0$

MOVR AC0, VD100        // Стандартизированные значения для ввода в схемную таблицу

### 5.9.3 Преобразование выходного значения контура в калиброванные данные

Выходное значение PID-контура обычно используется для управления внешними исполнительными частями системы（например，нагрев проволоки печи，скорость вращения двигателя и т. Д.）, так как выход PID-контура исполнительного компонента является стандартизованным действительным значением между 0.0 и 1.0, для исполнительных частей，управляемых аналоговым количеством，выход контура должен быть преобразован в стандартное действительное значение 16-битной калибровки, прежде чем приводить в действие компонент，который должен быть выполнен, это преобразование, Обратный процесс вышеупомянутой стандартизации. Процесс преобразования выглядит следующим образом：

Сначала преобразуйте выход контура в калиброванное реальное значение，формула：

$$R_{scal} = ( M_n - Offset ) * S_{pan}$$

В формуле：$R_{scal}$：действительное значение вывода контура по проекту；

$M_n$：Стандартизированное реальное значение выхода контура；

$Offset$：однополярность 0.0，биполярность 0.5；

$S_{pan}$：размер поля значений, возможное максимальное значение минус возможное минимальное значение，однополярность 32 000（типичное значение）

Биполярность составляет 64 000（типичное значение）.

Этот процесс может быть реализован в последовательности：

MOVR VD108，AC0        // Переместите выходное значение контура в накопитель（PID-таблица начинается с VB100）

-R 0.5，AC0        // Только биполярность имеет это предложение.

* R 64000.0，AC0        // Получение значения калибровки в аккумуляторе.

②Затем калиброванное действительное значение выходного контура преобразуется в 16-битное целое число，которое может быть выполнено с помощью следующей последовательности команд：

ROUND AC0，AC0    // Преобразование действительных чисел в 32-битные целые числа.

DTI AC0，LW0    // Преобразование 32-битного целого числа в 16-битное целое число.

MOVW LW0，AQW0    // Запишите 16-битное целое число в регистр аналогового выхода.

## 5.9.4   Позитивные и реактивные контуры

В системе управления PID-контур является лишь одним（регулируемым）звеном во всей системе управления. После определения положительных и отрицательных эффектов в других звеньях системы（например，если исполнительный элемент является регулирующим клапаном，по мере необходимости можно открыть клапан для сигнала или выключатель сигнала）, чтобы гарантировать, что вся система является закрытой системой с отрицательной обратной связью, необходимо правильно выбрать положительные и отрицательные эффекты PID-контура.

Если PID-контур имеет положительное усиление, то этот контур является контуром положительного действия; Если PID-контур имеет отрицательное усиление, то этот контур является реакционным контуром; Для управления I или D с значением усиления 0,0, если время интегрирования и дифференциальное время являются положительными, это положительный контур действия; Если установить отрицательное значение, то это обратный контур.

## 5.9.5    Диапазон переменных выходного контура, режим управления и специальные операции

1. Переменные и диапазоны процесса

Переменные процесса и заданные значения являются входными значениями для PID-операции, поэтому эти переменные в петлевой таблице могут быть прочитаны только PID-командой и не могут быть переписаны, а выходная переменная генерируется PID-операцией, поэтому после каждой PID-операции необходимо обновить выходное значение в петлевой таблице, выходное значение ограничено от 0,0 до 1,0. Когда выход преобразуется вручную в PID (автоматическое) управление, выходное значение в таблице контуров может быть использовано для инициализации выходного значения. (Способ выполнения директивы PID подробно описан в разделе《Способы контроля》ниже).

Если используется интегральный контроль, значение перед интегральным элементом обновляется в соответствии с результатами PID-операции. Это обновленное значение используется в качестве ввода для следующей PID-операции, и если расчетное выходное значение превышает диапазон (более 1,0 или менее 0,0), то значение, предшествующее интегральному элементу, должно быть скорректировано в соответствии со следующей формулой:

При выходе Mn>1.0:MX=1.0-(MPn+MDn)

При выходе Mn<0.0:MX=-(MPn+MDn)

В формуле, MX: значение переднего элемента интеграла

   MPn: Значение пропорционального элемента в момент выборки n

   MDn: дифференциальное значение в момент отбора проб n

   Mn: выходное значение в момент отбора проб n

Таким образом, корректировка значения переднего элемента интеграла, как только выход возвращается в диапазон, может улучшить отзывчивость системы. Кроме того, значение переднего элемента интеграла ограничено от 0,0 до 0,1, и в конце каждой PID-операции значение переднего элемента интеграла записывается в схемную таблицу для использования в следующей PID-операции.

В практическом применении пользователь может изменять значения , предшествующие интегральному элементу в таблице контуров , до выполнения PID-команд, чтобы минимизировать влияние возмущений в системе управления. При ручной настройке значения , предшествующего интегральному элементу , необходимо убедиться , что записанное значение составляет от 0,0 до 1,0.

Разница( e ) между заданным значением в контурной таблице и переменной процесса используется для дифференциальных операций в PID-операциях , и пользователям лучше не изменять это значение.

2. Способы контроля

В PID-контуре S7-200 PLC не установлен режим управления , и PID-операции выполняются только при подключении PID-коробки. В этом смысле PID-операции имеют "автоматический" режим работы. Когда PID-операции не выполняются , они называются "ручным" режимом.

Как и команда счетчика , команда PID имеет разряд мощности , и когда этот разряд обнаруживает положительный скачок сигнала ( от 0 до 1 ) , команда PID выполняет ряд действий , которые позволяют команде PID переключаться с ручного на автоматический. Для достижения переключения без помех , перед переходом на автоматическое управление , выходное значение вручную должно быть заполнено в выходной строке таблицы контуров. Команда PID выполняет следующие действия по значениям в контурной таблице , чтобы обеспечить переход от ручного к автоматическому при положительном скачке энергии :

Установить заданное значение( SPn ) = переменная процесса( PVn )

Предыдущее значение переменной процесса ( PVn−1 ) = текущее значение переменной процесса( PVn−1 )

Преодоление интегрального элемента( MX ) = выходное значение( Mn )

3. Специальные операции

Специальные операции относятся к сигнализации о неисправности , специальным вычислениям переменных контура , отслеживанию и другим операциям. Несмотря на то , что PID-инструкции просты , удобны и мощны , для некоторых специальных операций необходимо использовать базовые инструкции , поддерживаемые S7-200.

## 5.9.6    Схема PID

Таблица контуров используется для хранения параметров , которые контролируют и контролируют PID-операции , и каждая схема управления PID имеет таблицу контуров , которая определяет начальный адрес( TBL ). Длина таблицы каждого контура составляет 80 байт , 0 – 35 байт ( 36 – 79 байт зарезервированы для самонастраивающихся переменных ) используется для заполнения 9 параметров формулы PID-операции , которые представляют собой текущее значение переменной процесса ( PVN ), предыдущее значение переменной процесса( PVN-1 ), заданное значение( SPn ), выходное значение( Mn ), усиление( Kc ), время отбора проб ( TS ), интегральное время ( TI ), дифференциальное время ( TD ) и прединтегральное значение элемента( MX ),　Формат схемы приведен в таблицах 5-13.

Таблица 5-13　PID-схемы

| Адрес | Параметры( область) | Формат данных | Тип | Описание данных |
|---|---|---|---|---|
| Начальный адрес таблицы+0 | Переменные процесса ( PVn) | Фактическое число | IN | От 0,0 до 0,1 |
| Начальный адрес таблицы+4 | Установить значение ( SPn) | Фактическое число | IN | От 0,0 до 0,1 |
| Начальный адрес таблицы+8 | Экспорт ( Mn) | Фактическое число | IN/OUT | От 0,0 до 0,1 |
| Начальный адрес таблицы+12 | Усиление ( Kc) | Фактическое число | IN | Постоянная пропорциональности может быть больше 0 или меньше 0 |
| Начальный адрес таблицы+16 | Время отбора проб ( Ts) | Фактическое число | IN | Единица: секунда( плюс) |
| Начальный адрес таблицы+20 | Интегрированное время( Ti) | Фактическое число | IN | Единицы: минуты( плюс) |
| Начальный адрес таблицы+24 | Дифференциальное время( Td) | Фактическое число | IN | Единицы: минуты( плюс) |
| Начальный адрес таблицы+28 | Предчлен интеграла( MX) | Фактическое число | IN/OUT | От 0,0 до 0,1 |
| Начальный адрес таблицы+32 | Предыдущее значение переменной процесса ( PVn-1) | Фактическое число | IN/OUT | Переменная процесса при предыдущем выполнении PID-команды |

Примечание: Адрес смещения в таблице означает смещение по отношению к исходному адресу таблицы контуров

Примечание: Все восемь контуров PID должны иметь соответствующую схемную таблицу, которая может быть выполнена с помощью команды передачи данных.

### 5.9.7　Директива PID-контура

Операции PID выполняются с помощью команд PID-контура в следующем формате:

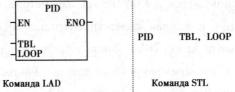

Команда LAD　　　　　　Команда STL

EN: Запуск сигнала ввода PID-команд;

TBL: начальный адрес PID-схемы (байтовые данные, указанные VB переменной памяти);

LOOP: номер контура управления PID (0-7).

Функция команды: Когда вход действителен, вычисления PID-контура выполняются по соответствующему контуру LOOP в соответствии с информацией о конфигурации ввода в таблице контуров (TBL), и результат выводится через поле выхода, указанное в таблице контуров.

Внимание:

① Прежде чем использовать эту инструкцию, необходимо установить схемную таблицу, поскольку она выполняется с использованием переменных процесса, заданных значений, усиления, интегрального времени, дифференциального времени, выхода и т. Д. , предоставляемых TBL схемы.

② Директива PID не проверяет некоторые входные значения в контурной таблице и должна гарантировать, что переменные процесса и заданные значения находятся между $0,0$ и $1.0$.

③ Директива должна быть использована в процедуре прерывания, возникающей с течением времени.

④ Если начальный адрес таблицы контуров, указанный в инструкции, или число операций PID-контура выходят за пределы диапазона, то во время компиляции в ЦП возникает ошибка компиляции (ошибка диапазона), которая приводит к ошибке компиляции; Если в PID-арифметике произошла ошибка, бит специального знака памяти SM1. 1 устанавливает 1 и приостанавливает выполнение PID-команды (входное значение, которое вызывает арифметическую ошибку, должно быть изменено до следующего выполнения PID-операции).

## 5.9.8   Шаги PID-программирования и приложения

В сочетании с предыдущими разделами ниже описываются этапы составления программы PID-контроля в сочетании с контролем уровня воды в резервуаре.

Требования к управлению цистернами являются следующими:

В резервуаре имеется водопроводная труба и водопроводная труба, и расход воды в водопроводной трубе изменяется со временем, что требует контроля открытия клапана водопроводной трубы, чтобы уровень жидкости в резервуаре всегда оставался на уровне половины уровня жидкости при заполнении воды. Система использует пропорциональное интегрирование и дифференциальное управление, предполагая использование следующих значений параметров управления: Kc 0,4, TS 0,2, Ti 30 мин и Td 15 мин.

В соответствии с требованиями, система может быть стандартизирована с использованием однополярной схемы, ввод системы производится из проб измерения уровня жидкости, взятых с помощью уровнемера; Установочное значение составляет 50% от уровня жидкости, выход-это монополярное аналоговое количество, которое используется для управления открытием клапана и может варьироваться от 0% до 100%.

В реальном проекте такие инженерные проблемы, как входные сигналы системы (например, измерение, перенос нуля, преобразование A/D и т. Д.), выходные сигналы (например, преобразование D/A, физическая масса, необходимая для нагрузки и т. Д.) и настройка параметров PID, должны быть интегрированы, рассмотрены и обработаны (эти вопросы читатель может обратиться к информации о системе управления).

Эта программа является только основой PID-программы для аналоговой системы управления количеством, но также учитывает многие аспекты влияющих факторов для практических проблем на месте.

Основная программа программы, подпрограмма инициализации таблицы контуров SBR0, подпрограмма инициализации SBR1 и программа прерывания INT0

Канал ввода аналоговой величины-AIW2, а канал вывода аналоговой величины-AQW0. I0. 4-ручной/автоматический переключатель, а I0. 4-1, когда система работает автоматически.

На рисунке 5-25 показана общая процедура системы.

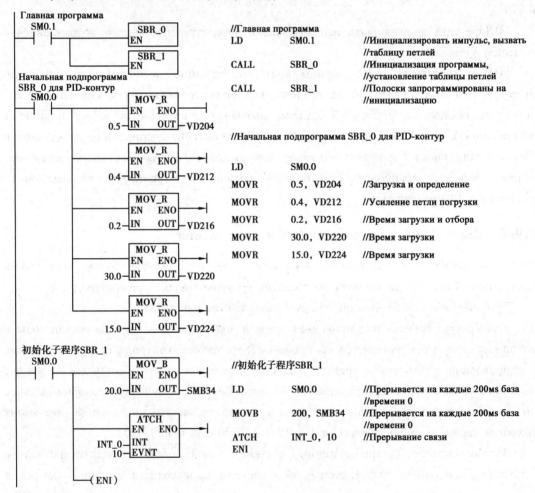

Рисунок 5-25    Примеры PID-контроля

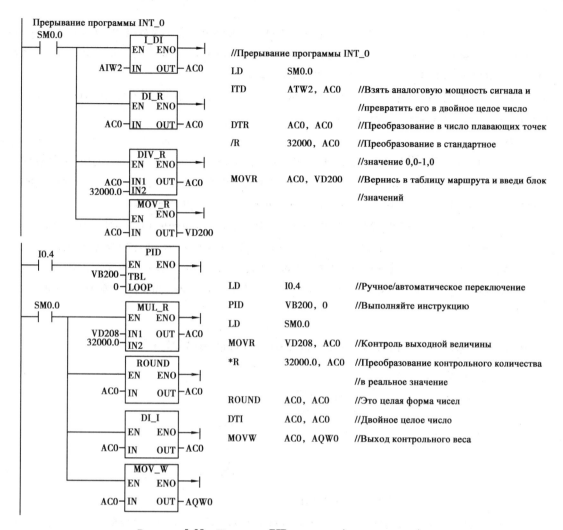

Прерывание программы INT_0

//Прерывание программы INT_0

LD        SM0.0

ITD       ATW2, AC0      //Взять аналоговую мощность сигнала и
                          //превратить его в двойное целое число

DTR       AC0, AC0       //Преобразование в число плавающих точек

/R        32000, AC0     //Преобразование в стандартное
                          //значение 0,0-1,0

MOVR      AC0, VD200     //Вернись в таблицу маршрута и введи блок
                          //значений

LD        I0.4           //Ручное/автоматическое переключение

PID       VB200, 0       //Выполняйте инструкцию

LD        SM0.0

MOVR      VD208, AC0     //Контроль выходной величины

*R        32000.0, AC0   //Преобразование контрольного количества
                          //в реальное значение

ROUND     AC0, AC0       //Это целая форма чисел

DTI       AC0, AC0       //Двойное целое число

MOVW      AC0, AQW0      //Выход контрольного веса

Рисунок 5-25    Примеры PID-контроля( продолжение )

# 5. 10    Часовые команды

Используя команды часов, можно легко настроить и прочитать часы для таких операций, как мониторинг системы управления в реальном времени.

## 5. 10. 1    Читать команды часов в реальном времени TODR

Формат команды:

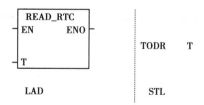

TODR      T

LAD                    STL

Среди них число операций T: Укажите первый адрес 8 байт буферной зоны, T хранит "год", T+1 хранит "месяц", T+2 хранит "день", T+3 хранит "час", T+4 "минуты", T+5 хранит "секунда", T+1 хранит 0, T+7 хранит "неделю".

Функция команды: когда EN действителен, чтение текущего времени и даты хранится в буфере из 8 байт, начинающемся с T.

Внимание:

①Процессор S7-200 не проверяет и не проверяет, являются ли даты и недели разумными, например, для недействительной даты February 30 (30 февраля) может быть принято, поэтому необходимо убедиться, что данные, введенные, верны.

②Не используйте часовые команды одновременно в основной программе и программе прерывания, иначе часовые команды в программе прерывания не будут выполняться.

③В S7-200 PLC используются только последние два бита годовой информации.

④Данные о дате и времени представлены как BCD-коды, например: 2009 год обозначен 16 # 09.

### 5.10.2　Запись команды часов реального времени TODW

Формат команды:

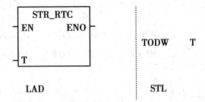

Операционное число T означает TODR.

Функция команды: при действии EN в аппаратные часы записываются текущее время и дата, установленные в буфере из 8 байт, начиная с адреса T.

Внимание вместе с TODR.

## 5.11　Коммуникационные директивы

Директивы S7-200 PLC в области связи включают в себя команды сетевого чтения и записи для протокола PPI, инструкции для отправки и получения в режиме связи со свободным ртом, а также инструкции для использования библиотеки протокола USS и библиотеки протокола Modbus. Режим работы S7-200 по умолчанию-это режим работы со станции, но в пользовательском приложении его можно настроить как режим работы основной станции для связи с другими станциями.

## 5.11.1    Сетевое чтение и запись инструкций

1. Сетевое чтение NETR, сетевое написание инструкций NETW

Формат сетевого чтения и сетевой записи команд показан на рисунке 5-26. Когда S7-200 PLC используется в качестве основной станции, другие данные со станции могут быть прочитаны и записаны соответствующими сетевыми инструкциями (NETR, NETW).

Применение инструкций сетевого чтения ( NETR ) для операций связи позволяет получать данные с другого S7-200 PLC через коммуникационный порт, указанный в директиве(PROT), и хранить полученные данные в указанной буферной таблице(TBL).

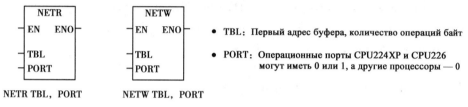

**Рисунок** 5-26    **Формат команды NETR/NETW**

Применяя инструкции сетевой записи( NETW )для работы с коммуникациями, данные в таблице буферной зоны(TBL), указанной командой, могут быть написаны на другой S7-200 PLC через указанный в директиве порт связи( PROT).

2. Примеры применения

**Пример** 5-21    На одной производственной линии консервируются бочки с маслом и доставляются в четыре упаковочные машины ( упаковочные машины ), которые упаковывают восемь желтых бочек в картонную коробку. Один шунт контролирует поток бочек с маслом в каждую упаковочную машину. Четыре CPU222 используются для управления упаковочными машинами, а один CPU224 оснащен интерфейсом манипулятора TD200 для управления шунтированием. На рисунке 5-27 показан состав системы.

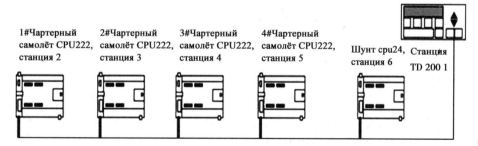

**Рисунок** 5-27    **Схема состава системы**

В этом случае контроль шунта над упаковочной машиной в основном отвечает за распределение картонных коробок, клеев и бочек с маслом между различными упаковочными машинами. Распределение основано на рабочем состоянии каждой упаковки, поэтому шунт должен знать рабочее состояние каждой упаковки в режиме реального времени. Кроме того, для удобства статистики количество упаковок, выполненных каждым упаковочным устройством, должно быть загружено в шунт для записи и просмотра через TD200.

Таким образом, в данном случае адреса станций четырех упаковочных машин установлены соответственно 2,3,4 и 5, адреса станций шунта-6, адреса станций TD200-1, адреса станций каждого ЦП устанавливаются в системе, загружаются в PLC вместе с программой, а адреса TD200 устанавливаются непосредственно в TD200. В качестве основной станции используются коммутаторы станций TD200 и 6 #, а в качестве исходной станции используются другие PLC. Программа шунта станции 6 # включает в себя программу управления, программу связи с TD200 и программу связи с другими станциями, в то время как другие станции имеют только программу управления. Конкретные процессы программирования разрабатываются самостоятельно.

### 5.11.2 Отправка и получение инструкций

1. Отправка и получение команд XMT/RCV

Формат директивы XMT/RCV показан на рисунке 5-28, а директива XMT/RCV используется для отправки или получения данных через коммуникационный порт, когда S7-200 PLC определяется как режим связи со свободным портом.

Данные из буфера передачи данных могут быть отправлены с помощью команды отправки через порт связи, указанный в инструкции, и после отправки происходит событие прерывания, и первые данные буфера данных указывают количество байтов, которые должны быть отправлены.

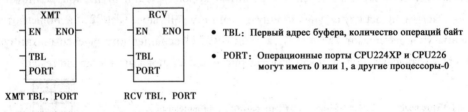

Рисунок 5-28　Формат команд **XMT/RCV**

Используя команду приема, информация может быть получена и сохранена в буфере приема данных через порт связи, указанный в инструкции, и при завершении приема также возникает событие прерывания, в котором первые данные буфера данных указывают количество байтов, которые должны быть получены.

2. Режим свободного порта

Последовательные порты связи ЦП могут управляться пользовательской программой, и этот режим работы называется режимом свободного порта. При выборе режима свободного порта пользовательская программа может использовать прерывание приема, прерывание передачи, отправку команд ( XMT ) и получение команд ( RCV ) для операций связи.

Свободная портовая связь возможна только в том случае, если процессор находится в режиме RUN. SMB30 (для портов 0) и SMB130 (для портов 1, если процессор имеет два порта) используются для выбора скорости порта, проверки чётности, числа данных и протокола связи.

3Отправка данных с помощью команды XMT

С помощью команды XMT можно легко отправлять от 1 до 255 символов, а при отправке последнего символа в буфере прерывания возникает прерывание передачи (для порта 0-событие прерывания 9, для порта 1-событие прерывания 26). Можно определить, завершена ли отправка, проверив изменения состояния SM4.5 или SM4.6.

4. Получение данных с помощью команды RCV

Для выполнения команд приема (RCV) используется ряд специальных функциональных запоминающих устройств. Для портов 0 используйте SMB86-SMB94; Для порта 1 используйте SMB186 до SMB194.

При использовании команды получения пользователь может выбрать условия начала и окончания получения информации.

Директива RCV поддерживает несколько общих предварительных условий:

①Обнаружение свободных линий: il = 1, sc = 0, bk = 0, SMW90 (или SMW190) >0.

② Определение начальных символов: il = 0, sc = 1, bk = 0, игнорируя SMW90 (или SMW190).

③Обнаружение break: il = 0, sc = 0, bk = 1, игнорируя SMW90 (или SMW190).

④Ответ на сообщение: il = 1, sc = 0, bk = 0, SMW90 (или SMW190) = 0.

⑤break и начальный символ: il = 0, sc = 1, bk = 1, игнорируя SMW90 (или SMW190).

⑥Свободный и начальный символ: il = 1, sc = 1, bk = 0, SMW90 (или SMW190) >0.

Директива RCV поддерживает несколько способов получения конечной информации:

①Определение символа конца: ec = 1, SMB89/SMB189 = символ конца.

②Время ожидания таймера между символами: c/m = 0, tmr = 1, SMW92/SMW192 = время ожидания между символами.

③Время ожидания информационного таймера: c/m = 1, tmr = 1, SMW92/SMW192 = время ожидания информации.

④Максимальное количество символов: когда функция приема информации получает больше символов, чем SMB94 (или SMB194), функция приема информации заканчивается.

⑤Ошибка проверки: при ошибке проверки чётности в символе приема функция получения информации автоматически заканчивается.

⑥Конец пользователя: пользователь может прекратить прием информации, установив SM87.7 (или SM187.7) как 0.

# Мышление и упражнения

1.] Что такое функциональная директива PLC и каковы общие функциональные директивы?

2. Краткое описание сходств и различий между командами левого и правого смещения и командами левого и правого смещения цикла?

3. Каковы сходства и различия между функциями и форматами команд для передачи байтов, передачи слов, передачи двух слов, передачи реальных чисел?

4. Программирование реализует следующие функции отдельно:

1) Очистить все 256 байт, начиная с VW200.

2) Передача 100 байт данных, начиная с VB20, в область хранения, начиная с VB200.

3) При подключении I0. 1 записывайте текущее время, и значение секунды времени отправляется в QB0.

5. Используйте команду ATT для создания таблиц с первым адресом VW100 и используйте команду таблицы, чтобы узнать местоположение данных 2000 и поместить их в AC1.

6. Когда I1. 1 = 1, значения VB10(0-7) преобразуются в(декодирование)7-сегментный код дисплея, который подается в QB0.

7. Под действием импульса I0. 0 входного контакта считывайте сигналы последовательного ввода I0. 1 4 раза, и сдвиг хранится на 4 битах ниже VB0; Внешние 7-сегментные цифровые трубки QB0 используются для отображения последовательно вводимых данных и написания трапециевидных диаграмм.

8. Установите 4 переключателя хода(I0. 0, I0. 1, I0. 2, I0. 3) в положении от 1 до 4 уровней, соответственно, начиная Q1. 1 для управления запуском двигателя, когда выключатель хода закрыт, цифровая трубка отображает соответствующий номер слоя, достигая 4-го уровня, двигатель останавливается, Q1. 0 для ON, задержка 5 секунд, Q1. 0 для OFF, двигатель запускается снова, чтобы написать программу трапециевидной диаграммы.

9. Что такое источник прерывания, номер события прерывания, приоритет прерывания, программа обработки прерываний? Чем прерывание S7-200 PLC отличается от других компьютерных систем прерывания?

10. В чем разница между прерыванием таймера и прерыванием таймера? В каких областях они применяются в основном?

11. Напишите программу управления для достижения события прерывания 1, и когда I0. 1 является действительным и отключен, система может реагировать на прерывание 1, выполняя службу прерывания INT1 (функция программы прерывания определяется по мере необходимости).

12. Краткое описание этапов программирования контура управления PID.

第6章

# PLC控制系统综合设计

> ➤ **本章重点**
>
> - PLC 控制系统的设计方法
> - 变频器和 PLC 的配合
> - PLC 在控制系统中的典型应用

> ➤ **本章难点**
>
> - 变频器与 PLC 之间的配合

本章主要介绍了 PLC 控制系统设计的内容和步骤;PLC 控制系统的硬件配置方法。重点介绍了梯形图程序的设计方法,并通过典型的应用实例来介绍梯形图的设计方法、步骤和内容。通过学习,应掌握 PLC 控制系统的设计步骤,能进行简单的控制系统的设计,包括统计输入/输出信号点数和类型,进行合理的机型选择,画出输入输出接线图,画出功能图,设计出梯形图程序并进行调试。

## 6.1 PLC 控制系统设计步骤及内容

学习了 PLC 的硬件系统、指令系统和编程方法后,当设计一个 PLC 控制系统时,要考虑多方面的因素,不管控制系统规模大小,一般遵循在最大限度地满足被控对象控制要求的前提下,力求使控制系统简单、经济、安全可靠;考虑到今后生产的发展和工艺的改进,在选择 PLC 机型时,要适当留有余地的原则,并按照图 6-1 所示的设计步骤进行系统设计。

### 6.1.1 PLC 控制系统的设计步骤

如图 6-1 所示,PLC 控制系统在设计过程中,一般需要经历系统整体规划、硬件设计、软件设计、系统调试以及相关技术文件编制等步骤。

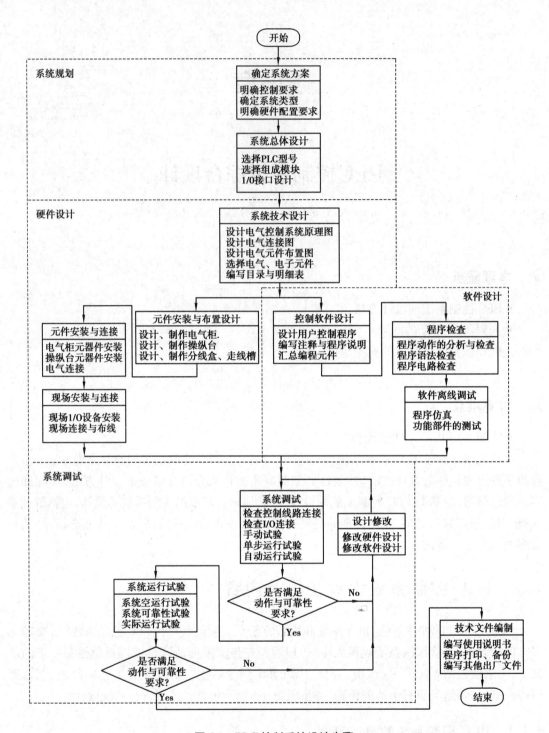

图 6-1　PLC 控制系统设计步骤

## 6.1.2　PLC 控制系统的设计内容

在进行 PLC 控制系统设计时,主要设计内容包括以下几个方面:

① 分析控制对象、明确设计任务和要求是整个设计的依据。

② 选定 PLC 的型号及所需的输入/输出模块,对控制系统的硬件进行配置。

③ 编制 PLC 的输入/输出分配表和绘制输入/输出端子接线图。

④ 根据系统设计的要求编写软件规格要求说明书,然后再用相应的编程语言(常用梯形图)进行程序设计。

⑤ 设计操作台、电气柜,选择所需的电气元件。

⑥ 编写设计说明书和操作使用说明书。

**1. 系统规划**

在 PLC 控制系统进行系统规划时,主要确定系统总体方案,要在明确被控对象及控制装置后,明确系统控制要求,确定系统类型,明确硬件配置要求,使系统整体配置能够反映系统生产工作运行情况,满足系统生产工艺要求,控制逻辑复杂的部分都通过 PLC 来完成。

**2. PLC 机型的选择**

对于工艺过程比较固定、环境条件较好的场合,建议选用整体式结构的 PLC;反之应考虑选用模块式结构的机型。PLC 机型选择的基本原则是:在功能满足要求的前提下,选择最可靠、维护使用最方便以及性价比最优的机型。具体考虑以下几方面的要求:

① 性能与任务相适应;

② PLC 的处理速度应满足实时控制的要求;

③ PLC 机型尽可能统一;

④ 指令系统。

(1) 性能与任务相适应

对控制速度要求不高的开关量控制系统,应选用小型 PLC;对于以开关量控制为主、带有部分模拟量控制的应用系统,应选用带有 A/D 转换的模拟量输入模块和带 D/A 转换的模拟输出模块,配接相应的传感器、变送器和驱动装置,并且选择运算功能较强的小型 PLC。

西门子公司的 S7-200、S7-1200 PLC 在进行小型数字、模拟混合系统控制时具有较高的性能价格比,实施起来也较为方便。对于比较复杂、控制功能要求较高的应用系统,如需要 PID 调节、闭环控制、通信联网等功能时,可选用中、大型 PLC ,如西门子公司的 S7-300、S7-400 系列 PLC。

(2) PLC 的处理速度应满足实时控制的要求

PLC 工作时,从输入信号到输出控制存在着滞后现象,滞后时间一般在几十毫秒之内,对于一般的工业控制是允许的。但有些设备的实时性要求较高,不允许有较大的滞后时间。

改进实时速度的途径有:

• 选择 CPU 速度比较快的 PLC,使执行一条基本指令的时间不超过 $0.5\mu s$。

• 优化应用软件,缩短扫描周期。

• 采用高速响应模块,其响应的时间不受 PLC 周期的影响,而只取决于硬件的延时。

（3）PLC 机型尽可能统一

一个大型企业,应尽量做到机型统一。因为同一机型的 PLC ,其模块可互为备用,便于备品备件的采购和管理,这不仅使模块通用性好,减少备件量,而且给编程和维修带来极大的方便,也给扩展系统升级留有余地;其功能及编程方法统一,有利于技术力量的培训、技术水平的提高和功能的开发;其外部设备通用,资源可共享,配以上位计算机后,可把控制各独立系统的多台 PLC 连成一个多级分布式控制系统,相互通信,集中管理。

（4）指令系统

在选择机型时,在指令方面应注意下述内容:

● 指令系统的总语句数。它反映了整个指令所包括的全部功能。

● 指令系统种类。主要应包括逻辑指令、运算指令和控制指令。具体要求与实际要完成的控制功能有关。

● 指令系统的表达方式。

● 应用软件的程序结构。

在考虑上述四点要素外,还要根据工程应用的实际情况,考虑其他一些要素,比如说性价比和技术支持情况等内容。在选择机型时按照 PLC 本身的性能指标,选取出合适的系统。有时选择并不是唯一的,需要在几种方案中综合各种因素做出选择。

4.PLC 模块的选择

为了适应各种各样的控制信号,PLC 有多种 I/O 模块供选择,包括数字量输入/输出模块、模拟量输入/输出模块及各种智能模块。

（1）开关量输入模块的选择

开关量输入模块种类很多,按输入点数分:8 点、16 点、32 点等;按工作电压分:直流 5V、24V,交流 110V、220V 等。按外部接线方式又可分为:汇点输入、分隔输入。

选择开关量输入模块时主要考虑以下几点:

① 选择工作电压等级

电压等级主要根据现场检测元件与模块之间的距离来选择。距离较远时,可选用较高电压的模块来提高系统可靠性,以免信号衰减后造成误差。距离较近时,可选择电压等级低一些的模块。

② 选择模块密度

模块密度主要根据分散在各处输入信号的多少和信号动作的时间来选择,集中在一处的输入信号尽可能集中在一块或几块模块上,以便电缆安装和系统调试。对于高密度输入模块,允许同时接通点数取决于公共汇流点的允许电流和环境温度。一般来说,同时接通点数最好不超过模块总点数的 60%,以保证输入/输出点承受负载能力在允许的范围内。

③ 门坎电平

门坎电平指接通电平和关断电平的差值。门坎电平值越大,抗干扰能力越强,传输距离也越远。目前很多 PLC 提供了 DC24 V 电源,该电源容量较小,当用作本机输入信号的工作电源时,需考虑电源的容量。如果电源容量要求超过了 DC24 V 电源的定额,需采用外接电源,建议采用稳压电源。

（2）开关量输出模块的选择

① 输出方式的选择

继电器输出方式价格便宜,使用电压范围广,导通压降小,承受瞬时过电压和过电流能力较强,且有隔离作用。但继电器有触点,寿命较短,且响应速度较慢,适用于动作不频繁的交直流负载。

晶闸管输出方式(交流)和晶体管输出方式(直流)都属于无触点开关输出,使用寿命长,适用于通断频繁的感性负载。

② 输出电流的选择

模块的输出电流必须大于负载电流的额定值。如果负载电流较大,输出模块不能直接驱动时,应增加中间放大环节。对于电容性负载,考虑到接通时有冲击电流,要留有足够的余量。选用输出模块还应注意同时接通点数的电流累计值必须小于公共端所允许通过的电流值。当 PLC 基本单元所提供的输入、输出点数不能满足应用系统 I/O 总点数需求时,可增加输入/输出扩展模块。

（3）模拟量输入模块的选择

① 模拟量值的输入范围。

模拟量输入可以是电压信号或电流信号。标准值为 0-5 V、0-10 V、±10 V、0-20 mA 等。选用时要注意与现场检测信号范围相对应。

② 模拟量输入模块的分辨率、输入精度、转换时间等参数指标应符合具体的系统要求。

③ 在应用中要注意抗干扰措施。

（4）模拟量输出模块的选择

模拟量输出模块的输出类型有电压输出和电流输出两种,输出范围有 0-10 V、±10 V、0-20 mA 等。模拟量输出模块的输出精度、分辨率、抗干扰措施等都与模拟量输入模块的情况类似。

S7-200 PLC 提供了 EM231(4 路)模拟量输入模块、EM231(4 路)输入热电偶、EM231(2 路)热电阻(RTD)、EM232(2 路)模拟量输出模块、EM235(4 输入/1 输出)组合模块,可根据实际需要选用。

（5）智能模块的选择

一般的智能模块包括 PROFIBUS-DP 模块(如 EM277 模块)、工业以太网模块(如 CP243-1、CP243-1 IT)、调制解调器模块(如 EM241 模块)、定位模块(如 EM253 模块)等。

需要注意:一般智能模块价格比较昂贵,有些功能采用一般 I/O 模块也可以实现,只是要增加软件的工作量,因此应根据实际情况决定取舍。

5. PLC 控制系统的硬件配置

对 PLC 机型、开关量 I/O 模块、模拟量 I/O 模块以及智能模块进行选择后,就粗略地完成了 PLC 系统的硬件配置工作。根据控制要求,如果有些参数需要监控和设置,则可以选择文本编辑器(TD400)、操作面板(OP270)、触摸屏(TP270)等人机接口单元。硬件设计还包括画出 I/O 接线图,表明了 PLC 输入/输出模块与现场设备之间的连接。

6. 安全电路设计

在一些较为重要的场合或系统中,突发或者不可预知的安全因素必须重点考虑。这种安全因素主要指当控制系统或者控制设备在不安全的条件下或非正常的操作条件下出现故障,造成 PLC 控制系统不可预料的启动,或者其输出操作的改变,从而造成人身伤害和财产损失。为此,设计时就必须考虑采用独立于 PLC 的机电冗余来防止不安全的操作。

在设计安全回路时,主要考虑以下几个方面:

① 确定可能的非法操作会造成哪些输出机构来产生危险动作;

② 确定不发生危害结果的条件,并确定如何使 PLC 能够检测到这些条件;

③ 确定在上电和断电时,PLC 控制系统的输出有没有产生危害动作的可能,并设计避免危害发生的措施;

④ 系统设计中应有独立于 PLC 的手动或者机电冗余措施来阻止危险的操作;

⑤ 系统中应设计有各种故障的显示和提示环节,以便操作人员能够及时得到需要的信息。

**7. 文档编制**

系统完成后一定要及时整理技术资料并存档。对于一个工业电气控制系统项目来讲,需要编制的文档包括:

① 系统设计方案及元器件清单

② 软件系统结构和组成

③ 系统使用说明书

## 6.2　变频器与 PLC 之间的配合

在第几章已经对变频调速方式和变频器的基本原理进行了介绍,本节主要以西门子 MM440 系列变频器为例,讲解变频器在工程上的一些实际应用。

### 6.2.1　PLC 和变频器之间的关系

在工业自动化应用技术领域,速度调节与控制是应用最为广泛的环节。变频器作为一种调速驱动设备,具有高效的驱动性能和良好的控制特性,在提高控制质量、减少维护费用和节能降耗等方面均取得明显的效果。在这些应用场合,变频器所发挥的作用是其他任何控制设备都无法取代的。虽然变频器可以单独在电气控制线路里使用,但在大部分的应用场合,变频器还是作为工业自动化控制系统的一个组成部分出现的。所以,PLC 作为主控器,和作为执行及检测器件的变频器之间就必须相互配合来完成相关的控制任务。在使用时,PLC 向变频器提供启动信号、使能信号等,以使得变频器输出相应的速度控制曲线,产生理想的运行速度,以满足生产工艺的要求;变频器上的信号如电流信号、频率信号等也可以接入 PLC 中,完成系统的报警以及速度控制等工作。

**1. MM440 变频器**

生产变频器的公司很多,国外主要有西门子、ABB、三菱、罗克韦尔、安萨尔多等,国内主要有汇川、英威腾、合康新能等,因此变频器的种类很多。本节以常用的西门子公司生产的 MICROMASTER 440(简称 MM440)为例,简要说明变频器的使用。

（1）型号

MICROMASTER 440 是一种集多种功能于一体的变频器，其恒定转矩控制方式的额定功率范围为 120 W—200 kW，可变转矩控制方式的额定功率可达 250 kW，它适用于电动机需要调速的各种场合。可通过数字操作面板或通过远程操作器方式，修改其内置参数，即可满足各种调速场合的要求。

MM440 变频器的型号有 8 种：A—F、FX 和 GX。每种变频器的额定功能按字母顺序排列越来越大，另外在每种型号中都有单相和三相两种输入电压。

（2）主要技术特点

① 内置多种运行控制方式；

② 快速电流限制，实现无跳闸运行；

③ 内置式制动斩波器，实现直流注入制动；

④ 具有 PID 控制功能的闭环控制，控制器参数可自动整定；

⑤ 多组参数设定且可相互切换，变频器可用于控制多个交替工作的生产过程；

⑥ 多功能数字、模拟输入/输出口，可任意定义其功能和具有完善的保护功能。

（3）控制方式

变频器的运行控制方式，即是变频器的输出电压与频率之间的控制关系。控制方式的选择，可以通过变频器相应参数的修改来设置选择。MM440 系列变频器主要有以下几种控制方式：

① 线性 V/F 控制

② 带磁通电流控制（FCC）的线性 V/F 控制

③ 平方 V/F 控制

④ 特性曲线可编程的 V/F 控制

⑤ 带"能量优化控制（ECO）"的线性 V/F 控制

⑥ 有/无传感器矢量控制

⑦ 有/无传感器的矢量转矩控制

（4）保护功能

MM440 系列变频器所具有的保护功能有：过电压及欠电压保护、变压器过热保护、接地保护、短路保护、$I^2T$ 电动机过热保护以及 PTV/KTY 电动机过载保护等。

（5）功能框图

MM440 的主电路是由电源输入单相或三相恒压恒频的标准正弦交流电压，经整流电路将其转换成恒定的直流电压，为逆变电路提供电源。在微控制器的控制下，逆变电路将恒定的直流电压逆变成电压和频率均可调节的三相交流电供给给电动机负载。因为其直流环节是使用电容进行滤波的，所以 MM440 属于电压源型交-直-交变频器。图 6-2 给出了其内部功能框图。其控制电路由 CPU、模拟量输入/输出、数字量输入/输出、操作面板等部分组成。

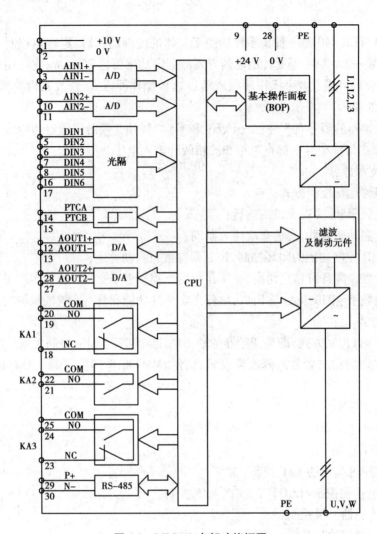

图 6-2   MM440 内部功能框图

## 6.2.2   PLC 和变频器之间的典型应用

下面以控制电机正反转及调速为例来讲解 MM440 变频器和 S7-200 PLC 的配合使用。

1. PLC 部分设计

PLC 控制系统使用 CPU222 和模拟量扩展模块 EM235。整个控制系统的接线原理如图 6-3 所示。地址分配如下：

I0.0 电动机正转控制按钮 SF1；

I0.1 电动机停止控制按钮 SF2；

I0.2 电动机反转控制按钮 SF3；

Q0.0 电动机正转控制端；

Q0.1 电动机反转控制端；

AIW0 EM235 模拟量输入通道,接一个精密电位器；

AQW0 EM235 模拟量输出通道,接 MM440 的给定信号输入端。

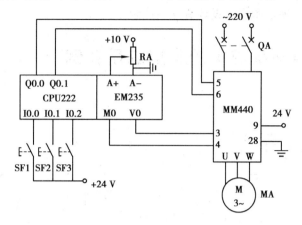

图 6-3　系统原理接线图

(2)变频器参数设定

变频器参数的设定主要通过操作面板进行。主要涉及电动机参数(包括电压、电流、电阻、功率、转速、频率等),还包括变频器开关操作控制参数等内容。

(3)控制程序

S7-200 PLC 的控制程序如图 6-4 所示。

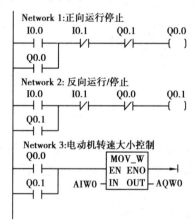

图 6-4　系统控制程序

① 电动机正向运行及速度调节

按下正转按钮 SF1,I0.0 为 1,Q0.0 也为 1,变频器端口 5 为"ON",电动机正转,调节电位器 $R_A$,则可改变变频器的频率设定值,从而调节正转速度的高低。按下停车按钮 SF2 后,I0.1 为 1,Q0.0 失电,电动机停止转动。

② 电动机反向运行及速度调节

按下反转按钮 SF3,I0.2 为 1,Q0.1 也为 1,变频器端口 6 为"ON",电动机反转,调节电位器 RA,则可改变变频器的频率设定值,从而调节反转速度的高低。按下停车按钮 SF2 后,I0.1 为 1,Q0.1 失电,电动机停止转动。

③ 互锁

正转和反转之间在梯形图程序设计有互锁控制。

# 6.3　PLC 在控制系统中的典型应用实例

## 6.3.1　抢答器

1. 实验面板如图（抢答器）

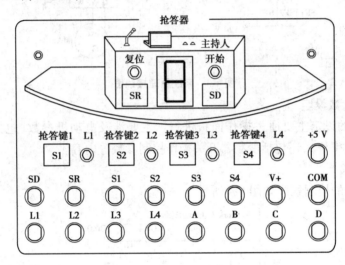

2. 实验任务

（1）系统初始上电后，主控人员在总控制台上点击"开始"按键后，允许各队人员开始抢答，即各队抢答按键有效。

（2）抢答过程中，1-4 队中的任何一队抢先按下各自的抢答按键（S1、S2、S3、S4）后，该队指示灯（L1、L2、L3、L4）点亮，LED 数码显示系统显示当前的队号，并且其他队的人员继续抢答无效。

（3）主控人员对抢答状态确认后，点击"复位"按键，系统又继续允许各队人员开始抢答；直至又有一队抢先按下各自的抢答按键。

3. 连线

（1）实验面板接线表

| 序号 | PLC 地址<br>（PLC 端子） | 电气符号<br>（面板端子） | 功能说明 |
|---|---|---|---|
| 1. | I0.0 | SD | 启动 |
| 2. | I0.1 | SR | 复位 |
| 3. | I0.2 | S1 | 1 队抢答 |
| 4. | I0.3 | S2 | 2 队抢答 |

续表

| 序号 | PLC 地址<br>（PLC 端子） | 电气符号<br>（面板端子） | 功能说明 |
|---|---|---|---|
| 5. | I0.4 | S3 | 3 队抢答 |
| 6. | I0.5 | S4 | 4 队抢答 |
| 7. | Q0.0 | 1 | 1 队抢答显示 |
| 8. | Q0.1 | 2 | 2 队抢答显示 |
| 9. | Q0.2 | 3 | 3 队抢答显示 |
| 10. | Q0.3 | 4 | 4 队抢答显示 |
| 11. | Q0.4 | A | 数码控制端子 A |
| 12. | Q0.5 | B | 数码控制端子 B |
| 13. | Q0.6 | C | 数码控制端子 C |
| 14. | Q0.7 | D | 数码控制端子 D |
| 15 | 主机输入 1 M 接电源+24 V；面板 V+接电源+24 V；面板+5 V 接电源+5 V | | 电源正端 |
| 16. | 主机 1L、2L、3L、板 GND 接电源 GND | | 电源地端 |

（2）PLC 接线原理图

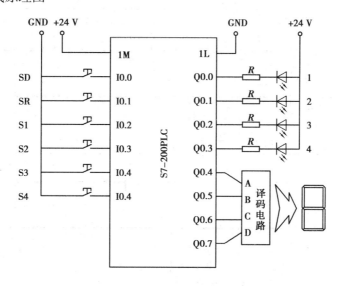

4. 程序编写

**网络 1**　　网络标题

网络注释

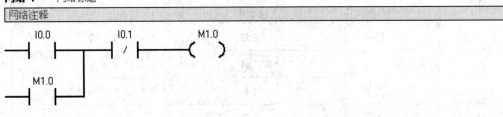

5. 运行程序, 观察和思考运行结果。

**网络 2**

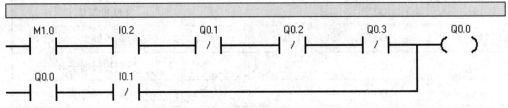

**网络 3**

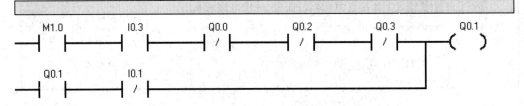

**网络 4**

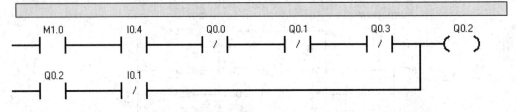

**网络 5**

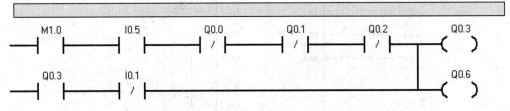

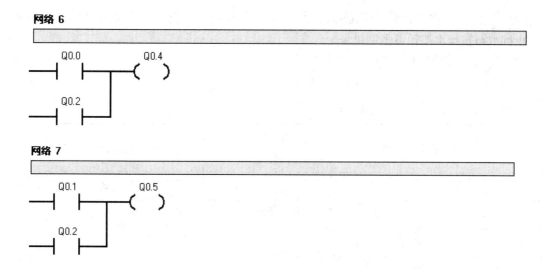

## 6.3.2　自动洗衣机控制系统

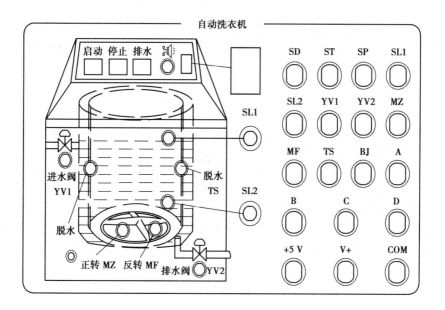

1. 实验面板(自动洗衣机控制)

2. 实验任务

(1) 总体控制要求:洗衣机启动后,按以下顺序进行工作:洗涤(1 次)→漂洗(2 次)→脱水→发出报警,衣服洗好,LED 显示器显示洗涤和漂洗的次数。

(2) 洗涤:进水→正转 3 s,反转 3 s,10 个循环→排水。

(3) 漂洗:进水→正转 3 s,反转 3 s,8 个循环→排水。

(4) 报警:报警灯亮 4 s。

(5) 进水:进水阀打开后水面升高,首先液位开关 SL2 闭合,然后 SL1 闭合,SL1 闭合后,关闭进水阀。

（6）排水：排水阀打开后水面下降，首先液位开关 SL1 断开，然后 SL2 断开，SL2 断开 1 s 后停止排水。按排水按钮可强制排水。

（7）脱水：脱水 5 s 后报警。

3. 接线

（1）PLC 端口功能分配与面板接线

| 序号 | PLC 地址（PLC 端子） | 电气符号（面板端子） | 功能说明 |
| --- | --- | --- | --- |
| 1 | I0.0 | SD | 启动 |
| 2 | I0.1 | ST | 停止 |
| 3 | I0.2 | SP | 排水 |
| 4 | I0.3 | SL1 | 水位上限位 |
| 5 | I0.4 | SL2 | 水位下限位 |
| 6 | Q0.0 | YV1 | 进水阀 |
| 7 | Q0.1 | YV2 | 排水阀 |
| 8 | Q0.2 | MZ | 正转 |
| 9 | Q0.3 | MF | 反转 |
| 10 | Q0.4 | TS | 脱水 |
| 11 | Q0.5 | BJ | 报警 |
| 12 | Q0.6 | A | 显示编码 A |
| 13 | Q0.7 | B | 显示编码 B |
| 14 | Q1.0 | C | 显示编码 C |
| 15 | Q1.1 | D | 显示编码 D |
| 16 | 主机 1M、面板 V+接电源+24 V | | 电源正端 |
| 17 | 主机 1L、2L、3L、面板 COM 接电源 GND | | 电源地端 |

（2）PLC 接线原理图

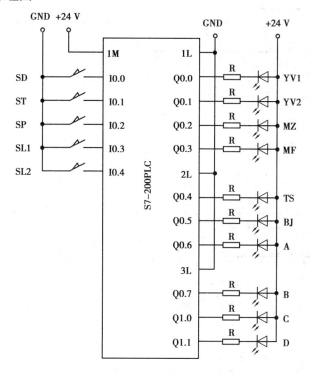

## 4. 编写程序

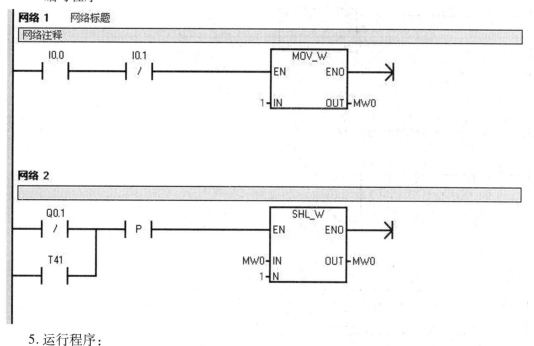

## 5. 运行程序：

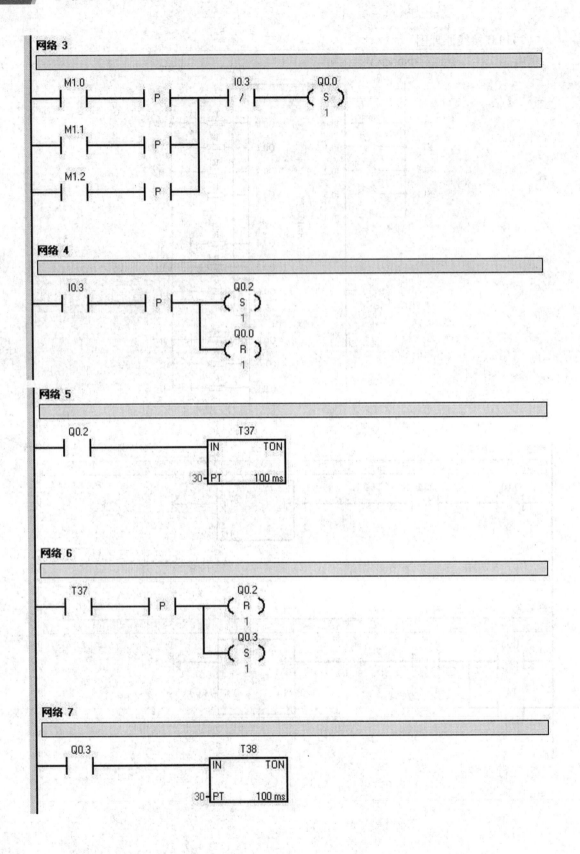

网络 3

网络 4

网络 5

网络 6

网络 7

**网络 8**

```
     T38                P             Q0.2
  ──┤ ├──────────────┤ ├──────────┬──( S )
                                   │    1
                                   │   Q0.3
                                   └──( R )
                                        1
```

**网络 9**

```
    M1.0       Q0.3          N                      C0
  ──┤ ├───────┤ ├──────────┤ ├─────────────────CU      CTU
    M1.1
  ──┤ ├──┬─────────────────────────────────────R
    I0.2  │
  ──┤ ├──┘
                                            10─┤PV
```

**网络 10**

```
     C0                Q0.2
  ──┤ ├──────────────┬──( R )
                     │    2
                     │   Q0.1
                     └──( S )
                          1
```

**网络 11**

```
    M1.1       Q0.3          N                      C1
  ──┤ ├───────┤ ├──────────┤ ├─────────────────CU      CTU
    M1.2
  ──┤ ├──┬─────────────────────────────────────R
    I0.2  │
  ──┤ ├──┘
                                             8─┤PV
```

**网络 12**

```
       C1              Q0.2
      ─┤ ├──┬──        ( R )
            │            2
            │          Q0.1
            └──        ( S )
                         1
```

**网络 13**

```
       M1.2      Q0.3                              C3
      ─┤ ├──────┤ ├────┤ N ├──┬──           ┌──CU      CTU──┐
                              │              │              │
       T39                    │              │              │
      ─┤ ├──┬───────────────  │              ┤ R            │
            │                  └──────────────┤             │
       I0.2 │                                 │             │
      ─┤ ├──┘                              8──┤ PV          │
                                              └─────────────┘
```

**网络 14**

```
       C3              Q0.2
      ─┤ ├──┬──        ( R )
            │            2
            │          Q0.1
            └──        ( S )
                         1
```

**网络 15**

```
       I0.2                     Q0.1
      ─┤ ├────┤ P ├──┬──        ( S )
                     │            1
                     │          Q0.0
                     ├──        ( R )
                     │            1
                     │          Q0.2
                     └──        ( R )
                                  4
```

**网络 16**

```
   I0.4                      M10.0
  ──┤/├────┤ P ├──────────────( S )
                                 1
```

**网络 17**

```
  M10.0                T39
  ──┤ ├──────────┌──────────────┐
                 │IN        TON │
              10─┤PT     100 ms │
                 └──────────────┘
```

**网络 18**

```
   T39                      Q0.1
  ──┤ ├────┤ P ├──────────────( R )
                               1
                            M10.0
                             ( R )
                               1
```

**网络 19**

```
  M1.0        Q0.6
  ──┤ ├──┬────( )
  M1.2   │
  ──┤ ├──┘
```

**网络 20**

```
  M1.1        Q0.7
  ──┤ ├──┬────( )
  M1.2   │
  ──┤ ├──┘
```

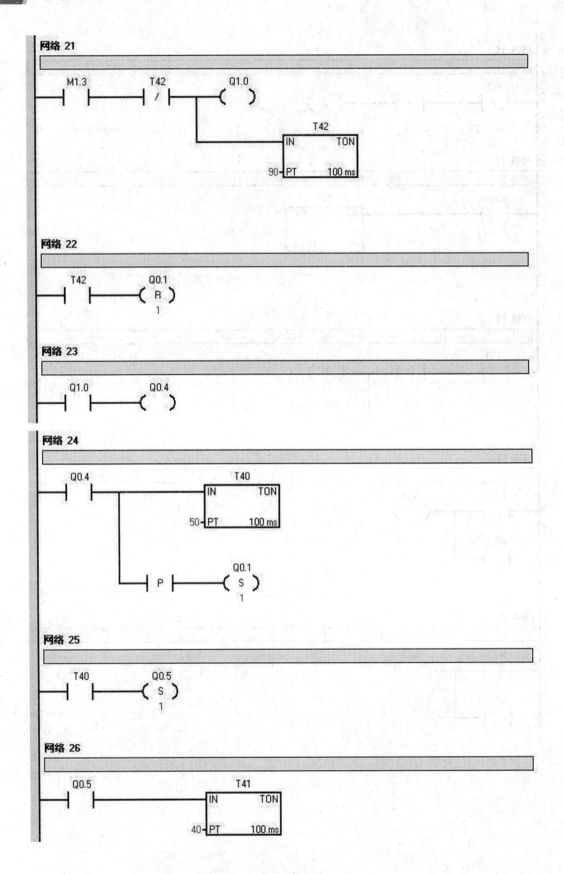

**网络 27**

```
    T41              Q0.5
────┤ ├─────────────( R )
                        1
```

**网络 28**

```
    I0.1             M0.0
────┤ ├──────┬──────( R )
    SM0.1    │         16
────┤ ├──────┤       Q0.0
             ├──────( R )
             │         10
             │       M10.0
             ├──────( R )
             │         10
             │       C0
             └──────( R )
                       3
```

# Глава 6

## Комплексное проектирование системы управления PLC

**Основное внимание в этой главе**

- Метод проектирования системы управления PLC
- Частотный преобразователь и PLC
- Типичное применение PLC в системах управления

**Трудности этой главы**

- Частотный преобразователь в PLC

В этой главе в основном описывается содержание и шаги проектирования системы управления PLC; Настройка аппаратного обеспечения системы управления PLC. Особое внимание было уделено методам проектирования трапециевидных диаграмм и описанию методов проектирования, этапов и содержания трапециевидных диаграмм с помощью типичных примеров применения. Благодаря обучению, вы должны овладеть этапами проектирования системы управления PLC, может выполнять простой дизайн системы управления, включая статистику точек и типов входного / выходного сигнала, делать разумный выбор модели, нарисовать схему подключения ввода − вывода, нарисовать функциональную карту, спроектировать программу трапециевидной диаграммы и провести отладку.

## 6.1 Этапы проектирования и содержание системы управления PLC

Изучив аппаратные системы, командные системы и методы программирования PLC, при проектировании системы управления PLC необходимо учитывать различные факторы, независимо от размера системы управления, обычно следуя предпосылке максимального удовлетворения требований управления предполагаемым объектом, стремясь сделать систему управления простой, экономичной, безопасной и надежной; Принимая во внимание будущие разработки производства и технологические усовершенствования, при выборе модели PLC необходимо надлежащим образом оставить место для проектирования системы в соответствии с этапами проектирования, показанными на рисунке 6-1.

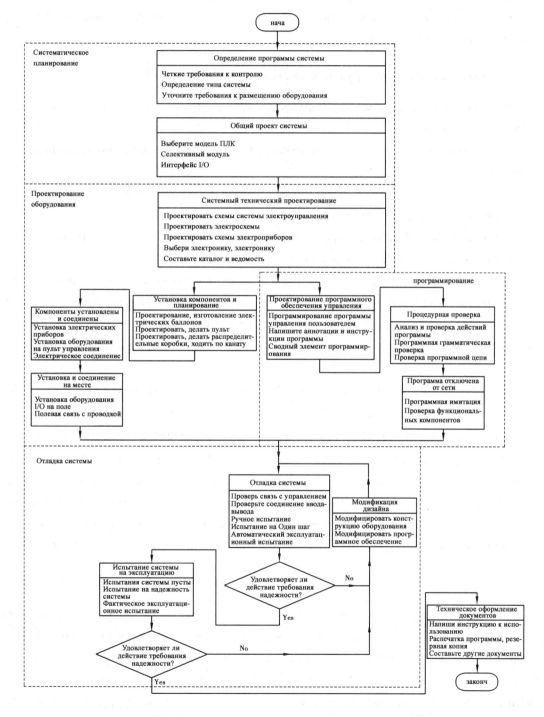

Рисунок 6-1   Этапы проектирования системы управления PLC

### 6.1.1　Этапы проектирования системы управления PLC

Как показано на рисунке 6-1, система управления PLC в процессе проектирования, как правило, должна пройти через общее планирование системы, аппаратный дизайн, разработку программного обеспечения, отладку системы и соответствующую техническую документацию и другие шаги.

### 6.1.2　Содержание конструкции системы управления PLC

При проектировании системы управления PLC основные элементы проектирования включают следующее:

①Анализ объектов управления, четкое определение задач и требований проектирования являются основой всего дизайна.

②Выберите модель PLC и необходимые модули ввода / вывода для конфигурации аппаратного обеспечения системы управления.

③Составление таблицы распределения ввода / вывода PLC и построение схемы соединения входных / выходных зажимов.

④В соответствии с требованиями системного проектирования составляются спецификации программного обеспечения, а затем программируются на соответствующих языках программирования (часто используемые трапециевидные диаграммы).

⑤Конструкция консоли, электрического шкафа, выбор необходимых электрических элементов.

⑥Подготовка проектных спецификаций и инструкций по эксплуатации.

1. Системное планирование

В системе управления PLC для системного планирования, в основном определить общую схему системы, после уточнения предполагаемого объекта и устройства управления, уточнить требования к системному управлению, определить тип системы, уточнить требования к конфигурации оборудования, так что общая конфигурация системы может отражать производительную работу системы, удовлетворять требованиям процесса производства системы, управлять сложной частью логики осуществляется через PLC.

2. Выбор модели PLC

Для тех случаев, когда технологический процесс относительно фиксирован, условия окружающей среды лучше, рекомендуется выбрать цельную структуру PLC; Вместо этого следует рассмотреть вопрос о выборе модели с модульной структурой. Основополагающим принципом выбора модели PLC является выбор наиболее надежной, удобной в обслуживании и экономичной модели в соответствии с требованиями функциональности. Конкретно рассмотрим следующие требования:

①Соответствие производительности задаче;

②Скорость обработки PLC должна соответствовать требованиям управления в реальном времени;

③Модели PLC максимально унифицированы;

④Директивная система.

1)Эффективность соответствует задаче

Для системы управления количеством переключателей, которая не требует высокой скорости управления, выберите небольшой PLC.

Для прикладных систем, основанных на управлении переключателем и частично управляемых аналогом, следует выбрать модуль ввода аналоговой величины с преобразованием A/D и модуль аналогового выхода с преобразованием D/A с соответствующими датчиками, датчиками и приводами, а также выбрать небольшой PLC с более мощными вычислительными функциями.

S7 – 200 и S7 – 1200PLC компании Siemens имеют более высокое соотношение производительности и цены при управлении небольшими цифровыми и аналоговыми гибридными системами и более удобны в реализации.

Для более сложных прикладных систем с более высокими требованиями к функциям управления, таких как настройка PID, управление замкнутым контуром, коммуникационные сети и другие функции, вы можете выбрать средний и большой PLC, такие как Siemens S7–300, S7–400.

2 ) Скорость обработки PLC должна соответствовать требованиям управления в реальном времени

При работе PLC существует отставание от входного сигнала до выходного управления, которое обычно составляет несколько десятков миллисекунд и допустимо для общего промышленного контроля. Однако некоторые устройства требуют более высокой производительности в реальном времени и не допускают больших задержек.

Способы повышения скорости в реальном времени включают:

● Выберите PLC с более высокой скоростью процессора, чтобы время выполнения основной команды не превышало $0,5 \mu$ С

● Оптимизация приложений, сокращение цикла сканирования.

● Использование высокоскоростных модулей реагирования, время отклика которых не зависит от цикла PLC, а зависит только от задержки оборудования.

3)Модели PLC максимально унифицированы

Крупное предприятие должно стремиться к унификации моделей. Поскольку одна и та же модель PLC, ее модули могут быть резервными друг для друга, что облегчает закупку и управление запасными частями для резервного оборудования, что не только делает модуль универсальным, уменьшает количество запасных частей, но и приносит большое удобство в программировании и обслуживании, но также оставляет место для расширения модернизации системы; Его функции и методы программирования унифицированы, что способствует обучению технических сил, повышению технического уровня и разработке функций; Его внешние устройства универсальны, ресурсы могут быть разделены, в сочетании с верхним компьютером, может управлять различными независимыми системами нескольких PLC в многоступенчатую распределенную систему управления, взаимодействовать друг с другом, централизованное управление.

4）Системы команд

При выборе модели в отношении инструкции следует обратить внимание на следующее:

● Общее количество слов в командной системе. Он отражает все функции, включенные в директиву в целом.

● Типы командных систем. В первую очередь должны быть включены логические, операционные и контрольные команды. Конкретные требования связаны с функциями контроля, которые фактически должны быть выполнены.

● Формы выражения командной системы.

● Программная структура прикладного программного обеспечения.

В дополнение к вышеупомянутым четырем элементам, некоторые другие элементы, такие как рентабельность и техническая поддержка, должны быть рассмотрены в соответствии с фактическими условиями инженерного применения. При выборе модели в соответствии с собственными показателями производительности PLC выберите подходящую систему. Иногда выбор не является единственным и требует сочетания различных факторов в нескольких вариантах.

3. Выбор модуля PLC

Чтобы адаптироваться к широкому спектру контрольных сигналов, PLC имеет несколько модулей ввода / вывода, включая модули ввода / вывода цифрового объема, модули ввода / вывода аналогового объема и различные интеллектуальные модули.

1）Выбор модуля ввода переключателя

Существует много типов модулей ввода переключателей, которые делятся по точкам ввода: 8, 16, 32 и так далее; Разделение по рабочему напряжению: постоянный ток 5В, 24В, переменный 110В, 220В и так далее. По внешнему способу подключения можно также разделить: вход в точку слияния, разделительный вход.

При выборе модуля ввода переключателя основное внимание уделяется следующим моментам:

①Выберите рабочий уровень напряжения

Класс напряжения в основном определяется расстоянием между контрольным элементом и модулем на месте. На больших расстояниях для повышения надежности системы могут быть выбраны модули с более высоким напряжением, чтобы избежать ошибок после ослабления сигнала. При приближении можно выбрать модуль с более низким уровнем напряжения.

②Выберите плотность модуля

Плотность модуля в основном зависит от количества входных сигналов, разбросанных по всему месту, и времени действия сигнала, а входные сигналы, сосредоточенные в одном месте, сосредоточены на одном или нескольких модулях, насколько это возможно, для установки кабеля и отладки системы. Для входных модулей высокой плотности допустимое число точек одновременного включения зависит от допустимого тока и температуры окружающей среды в общей точке шины. В целом, желательно, чтобы число точек одновременного подключения не превышало 60% от общего числа точек модуля, чтобы гарантировать, что точка ввода / вывода выдерживает нагрузку в допустимом диапазоне.

③Уровень порога

Уровень порога означает разницу между уровнем включения и уровнем выключения. Чем больше уровень порога двери, тем сильнее антиинтерференционная способность, тем дальше расстояние передачи. В настоящее время многие PLC обеспечивают источник питания DC24V, который имеет меньшую мощность и должен учитывать мощность источника, когда он используется в качестве рабочего источника питания для собственных входных сигналов. Если требования к мощности превышают норму DC24V, необходимо использовать внешний источник питания, рекомендуется использовать стабилизатор напряжения.

2）Выбор модуля вывода переключателя

①Выбор способа экспорта.

Режим выхода реле недорогой, широкий диапазон используемого напряжения, небольшое падение давления проводимости, сильная способность выдерживать мгновенное перенапряжение и перенапряжение и имеет изоляционный эффект. Тем не менее, реле имеет контакт, более короткий срок службы и более медленный отклик, подходит для нечастых движений нагрузки переменного и постоянного тока.

Режим вывода транзистора (переменный) и режим выхода транзистора (постоянный ток) относятся к выходу бесконтактного переключателя с длительным сроком службы и подходят для сенсорных нагрузок, которые часто пропускаются.

②Выбор выходного тока.

Выходной ток модуля должен превышать номинальное значение зарядного тока. Если ток нагрузки больше, выходной модуль не может быть приведен в движение напрямую, следует добавить промежуточное усилительное звено. Для конденсаторных нагрузок, учитывая ударный ток при включении, необходимо иметь достаточный запас. При выборе выходного модуля следует также учитывать, что суммарное значение тока при одновременном включении точек должно быть меньше значения тока, разрешенного для прохода через общий конец. Модуль расширения ввода / вывода может быть добавлен, если количество точек ввода и вывода, предоставляемых базовым блоком PLC, не соответствует общему количеству точек ввода / вывода в прикладной системе.

3) Выбор модуля ввода аналоговых величин

①Входной диапазон значений аналоговой величины.

Имитационный вход может быть сигналом напряжения или тока. Стандартные значения 0-5 V, 0-10 V, ±10 V, 0-20 mA и т. д. При выборе следует обратить внимание на соответствие диапазону сигналов обнаружения на месте.

② Разрешение модуля ввода аналоговой величины, точность ввода, время преобразования и другие параметрические показатели должны соответствовать конкретным системным требованиям.

③При применении следует обратить внимание на антиинтерференционные меры.

4) Выбор модуля вывода аналоговых величин

Выходные типы модулей аналогового вывода имеют два типа выхода напряжения и выхода тока, выходной диапазон 0 ~ 10 V, ±10 V, 0 ~ 20 mA и так далее. Точность вывода, разрешение, антиинтерференционные меры и т. Д. модуля вывода аналоговой величины аналогичны ситуации модуля ввода аналоговой величины.

S7-200 PLC предоставляет модуль ввода аналоговой величины EM231 4, термопару входной величины EM231 4, тепловое сопротивление EM231 2 (RTD), модуль вывода аналоговой величины EM232 2 и комбинированный модуль ввода / вывода EM235 4, который может быть выбран в соответствии с фактическими потребностями.

5) Выбор интеллектуальных модулей

Обычные интеллектуальные модули включают модули PROFIBUS - DP (например, модули EM277), промышленные модули Ethernet (например, CP243 - 1, CP243 - 1 IT), модули модемов (например, модули EM241), модули позиционирования (например, модули EM253) и так далее.

Необходимо обратить внимание: общие интеллектуальные модули являются относительно дорогими, а некоторые функции также могут быть реализованы с использованием общих модулей ввода / вывода, просто чтобы увеличить нагрузку на программное обеспечение, поэтому выбор должен основываться на реальной ситуации.

4. Настройка аппаратного обеспечения системы управления PLC

После выбора модели PLC, модуля переключателя I / O, аналогового модуля I / O и интеллектуального модуля конфигурация аппаратного обеспечения системы PLC была грубо завершена. В соответствии с требованиями управления, если некоторые параметры требуют мониторинга и настройки, можно выбрать такие элементы интерфейса человека и машины, как текстовый редактор (TD400), операционная панель (OP270), сенсорный экран (TP270) и другие. Аппаратный дизайн также включает в себя схему подключения I / O, показывающую связь между модулем ввода / вывода PLC и устройством на месте.

5. Проектирование цепей безопасности

В некоторых более важных ситуациях или системах необходимо учитывать внезапные или непредсказуемые факторы безопасности. Этот фактор безопасности в основном относится к повреждениям и материальному ущербу, когда система управления или контрольное оборудование неисправны в небезопасных или ненормальных условиях эксплуатации, что приводит к непредсказуемому запуску системы управления PLC или изменению ее выходной операции. Для этого при проектировании необходимо учитывать электромеханическое резервирование, независимое от PLC, для предотвращения небезопасных операций.

При проектировании контура безопасности основное внимание уделяется следующим аспектам:

①Определение того, какие экспортные механизмы могут вызвать опасные действия в результате возможных незаконных операций;

②Определить условия, при которых не происходит опасных результатов, и определить, как PLC может обнаружить эти условия;

③Определить, есть ли вероятность того, что при подаче и отключении электроэнергии выход системы управления PLC приведет к опасному действию, и разработать меры для предотвращения возникновения опасности;

④Система должна быть спроектирована таким образом, чтобы предотвратить опасные операции с помощью ручных или электромеханических мер резервирования, не зависящих от PLC;

⑤ Система должна быть спроектирована таким образом, чтобы иметь элементы отображения и сигнализации различных неисправностей, чтобы оператор мог своевременно получать необходимую информацию.

6. Составление документации

После завершения работы системы необходимо своевременно собрать и архивировать техническую информацию. Для проекта промышленной электрической системы управления документация должна включать:

①Проектирование системы и список компонентов

②Структура и состав программных систем

③Инструкции по использованию системы

# 6.2   Сотрудничество между преобразователем частоты и PLC

Основные принципы режима частотной модуляции и преобразователя частоты описаны в главе 2, и в этом разделе в основном рассматриваются преобразователи частоты серии Siemens MM440 в качестве примера, чтобы объяснить некоторые практические применения преобразователя частоты в технике.

### 6.2.1 Взаимосвязь между PLC и преобразователем частоты

В области прикладных технологий промышленной автоматизации регулирование и управление скоростью являются наиболее широко используемыми звеньями. Преобразователь частоты, как устройство с регулируемым приводом, обладает высокой производительностью привода и хорошими характеристиками управления, в улучшении качества управления, сокращении расходов на техническое обслуживание и энергосбережении и снижении потребления достигли очевидных результатов. В этих случаях преобразователи частоты не могут заменить никакие другие устройства управления. В то время как преобразователи частоты могут использоваться отдельно в электрических линиях управления, в большинстве случаев преобразователи частоты все еще появляются в качестве неотъемлемой части систем управления промышленной автоматизацией. Таким образом, PLC как основной контроллер и преобразователь частоты как устройство для выполнения и обнаружения должны взаимодействовать для выполнения соответствующих задач управления. При использовании PLC предоставляет преобразователю частоты сигналы запуска, сигналы энергии для заданного сигнала и т. Д. Чтобы преобразователь частоты выводил соответствующую кривую управления скоростью, создавая идеальную скорость работы для удовлетворения требований производственного процесса; Сигналы на преобразователе частоты, такие как электрические сигналы, частотные сигналы и т. Д. Также могут быть подключены к PLC для выполнения работы системы сигнализации и управления скоростью.

1. Преобразователь частоты MM440

Есть много компаний, которые производят преобразователи частоты, за рубежом в основном Siemens, ABB, Mitsubishi, Rockwell, Ansaldo и т. Д., В Китае в основном Huichuan, Invitent, Hekang Xingyne и т. Д., Поэтому существует много видов преобразователей частоты. В данном разделе приводится пример MICROMASTER 440 (MM440) компании Siemens, в котором кратко описывается использование преобразователей частоты.

1) Модель

MICROMASTER 440—это преобразователь частоты, который сочетает в себе множество функций и имеет номинальную мощность от 120 Вт до 200 кВт в режиме управления постоянным крутящим моментом и до 250 кВт в режиме управления переменным крутящим моментом. Его встроенные параметры могут быть изменены с помощью цифровой операционной панели или удаленного оператора для удовлетворения требований различных сценариев регулирования скорости.

Преобразователи частоты MM440 бывают восьми типов: A–F, FX и GX. Номинальные функции каждого преобразователя частоты становятся все больше и больше в алфавитном порядке, кроме того, в каждой модели есть как однофазное, так и трехфазное входное напряжение.

2）Основные технические характеристики

①Встроенные несколько способов управления операциями；

②быстрое ограничение тока для достижения работы без отключения；

③Встроенный тормозной вертолет для достижения торможения впрыском постоянного тока；

④Управление замкнутым контуром с PID-управлением，параметры контроллера могут быть автоматически настроены；

⑤Устанавливаются и переключаются несколько наборов параметров，преобразователи частоты могут использоваться для управления производственным процессом с несколькими чередующимися рабочими процессами；

⑥ Многофункциональные цифровые，аналоговые входные / выходные порты，которые могут быть произвольно определены для их функций и имеют хорошо зарекомендовавшие себя защитные функции.

3）Способы контроля

Режим управления работой преобразователя частоты，то есть соотношение между выходным напряжением преобразователя частоты и частотой. Выбор режима управления может быть установлен путем изменения соответствующих параметров преобразователя частоты. Преобразователи частоты серии MM440 имеют несколько основных способов управления：

①Линейное V / F управление

②Линейное V / F управление с управлением током магнитного потока（FCC）

③Квадратный V / F контроль

④Программируемое V / F управление профилями

⑤Линейное V / F управление с «управлением оптимизацией энергии（ECO）»

⑥Управление вектором с датчиками / без датчиков

⑦Управление векторным крутящим моментом с / без датчика

4）Защитные функции

Преобразователи частоты серии MM440 имеют следующие защитные функции：защита от перенапряжения и пониженного напряжения，защита от перегрева трансформатора，защита от заземления，защита от короткого замыкания，защита от перегрева двигателя I2T и защита от перегрузки двигателя PTV / KTY.

5）Функциональная блок-схема

Основная схема MM440 представляет собой стандартное синусоидальное напряжение переменного тока，вводимое источником питания в однофазную или трехфазную постоянную частоту постоянного напряжения，которая преобразуется в постоянное напряжение постоянного тока через выпрямительную цепь，обеспечивающую питание для обратной цепи. Под управлением микроконтроллера инверторная цепь подает постоянное напряжение постоянного тока в трехфазный переменный ток，регулируемый напряжением и частотой к нагрузке двигателя. Поскольку его звенья постоянного тока фильтруются с использованием конденсаторов, MM440 относится к преобразователю переменного – прямого – переменного тока источника напряжения. На рисунке 6-2 показана его внутренняя функциональная блок-схема. Схема управления состоит из CPU, аналогового ввода / вывода, цифрового ввода / вывода, панели управления и других компонентов.

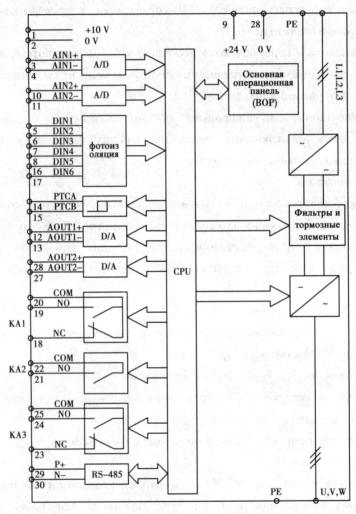

**Рисунок** 6-2　MM440 **Внутренняя функциональная блок-схема**

## 6.2.2　Типичное применение между **PLC** и преобразователем частоты

Ниже приведен пример управления положительной инверсией и регулировкой скорости двигателя, чтобы проиллюстрировать комбинированное использование преобразователя частоты MM440 и S7–200 PLC.

1. Частичный дизайн PLC

Система управления PLC использует CPU222 и модуль расширения аналогового объема EM235. Принцип подключения всей системы управления показан на рисунке 6-3.

Адреса распределяются следующим образом:

Кнопка управления прямым поворотом двигателя I0.0 SF1

I0.1 Кнопка управления остановкой двигателя SF2

Кнопка управления инверсией двигателя I0.2 SF3

Q0.0 Регулирующий поворот двигателя

Q0.1 Контроллер инверсии двигателя

AIW0 канал ввода аналоговой величины EM235 с прецизионным потенциометром

Выходной канал AQW0 EM235 с заданным входом сигнала MM440

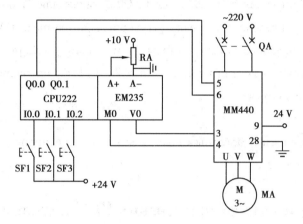

**Рисунок** 6-3   **Принципиальная схема системы**

2) Настройка параметров преобразователя частоты

Параметры преобразователя частоты устанавливаются в основном с помощью панели управления. В основном относится к параметрам двигателя (включая напряжение, ток, сопротивление, мощность, скорость, частоту и т. Д.), а также включает в себя параметры управления работой переключателя преобразователя частоты и так далее.

3) Процедуры контроля

Процедуры управления S7−200 PLC показаны на рисунке 6-4.

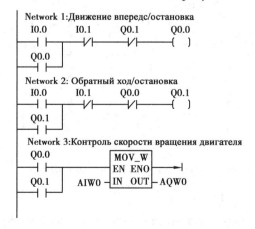

**Рисунок** 6-4   **Процедуры системного контроля**

①Прямое движение двигателя и регулирование скорости.

Нажмите кнопку положительного вращения SF1, I0.0 для 1, Q0.0 также для 1, порт преобразователя частоты 5 для "ON", двигатель вращается, регулирует потенциометр RA, вы можете изменить частотную настройку преобразователя частоты, тем самым регулируя уровень положительной скорости вращения. После нажатия кнопки парковки SF2, I0.1 теряет напряжение 1, Q0.0, и двигатель перестает вращаться.

②Обратная работа двигателя и регулирование скорости

Нажмите кнопку инверсии SF3, I0.2 для 1, Q0.1 также для 1, порт преобразователя частоты 6 для "ON", инверсия двигателя, регулировка потенциала RA, может изменить частотную настройку преобразователя частоты, тем самым регулируя высоту и уровень скорости инверсии. После нажатия кнопки стоп SF2, I0.1 теряет напряжение 1, Q0.1, и двигатель перестает вращаться.

③Взаимоблокировка

Между положительным и обратным вращением в трапециевидном программировании есть контроль блокировки.

# 6.3　Типичные примеры применения PLC в системах управления

## 6.3.1　Автоответчик

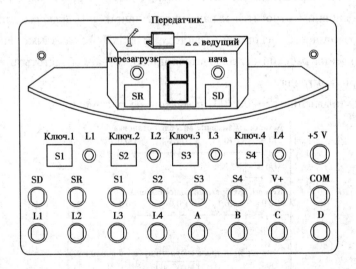

1. Экспериментальная панель как рисунок (автоответчик)

2. Экспериментальные задания:

（1）После первоначального включения системы главный контроллер нажимает кнопку «Пуск» на общей консоли, позволяя персоналу команды начать отвечать, то есть каждая команда отвечает на клавишу действительна;

（2）В процессе перехвата и ответа любая из команд от 1 до 4 сначала нажимает свои соответствующие клавиши перехвата и ответа（S1，S2，S3，S4）после того，как индикатор команды（L1，L2，L3，L4）зажигает，светодиодная цифровая система отображает текущий номер команды，а персонал других команд продолжает отвечать недействительным;

（3）После того，как главный контроллер подтверждает статус ответа，нажмите кнопку «сброс»，и система продолжает позволять персоналу каждой команды начать ответ; До тех пор，пока другая команда сначала не нажмет свои клавиши;

3. Подключение

（1）Таблица подключения экспериментальной панели

| Серийный номер | PLC-адрес （PLC-клеммы） | Электрический символ （зажим панели） | Функциональное описание |
|---|---|---|---|
| 1. | I0.0 | SD | Запуск |
| 2. | I0.1 | SR | Сбросить |
| 3. | I0.2 | S1 | 1 Ответить |
| 4. | I0.3 | S2 | 2 Ответить |
| 5. | I0.4 | S3 | 3 Ответить |
| 6. | I0.5 | S4 | 4 Ответить |
| 7. | Q0.0 | 1 | 1 Ответы Показать |
| 8. | Q0.1 | 2 | 2 Ответ показывает |
| 9. | Q0.2 | 3 | 3 Ответы Показать |
| 10. | Q0.3 | 4 | 4 Ответы Показать |
| 11. | Q0.4 | A | Цифровой контроллер A |
| 12. | Q0.5 | B | Цифровой контроллер B |
| 13. | Q0.6 | C | Цифровой контроллер C |
| 14. | Q0.7 | D | Цифровой контроллер D |
| 15. | Введите питание 1 M + 24 V；Панель V + Подключение питания + 24 V；Панель + 5 V Подключение питания + 5 V | | Источник питания |
| 16. | Хостинг 1L，2L，3L，Панель питания GND | | Заземление питания |

（2）Принципиальная схема подключения PLC

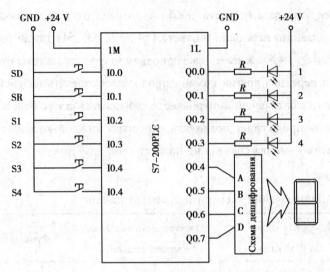

4. Процедура подготовки:

5. Запустить программу, наблюдать и думать о результатах работы

Сеть 1    Название сети

Комментарии в интернете.

```
   I0.0         I0.1         M1.0
   ─┤ ├───┬─────┤/├─────────( )─
            │
   M1.0     │
   ─┤ ├─────┘
```

Сеть 2

```
  M1.0      I0.2      Q0.1      Q0.2      Q0.3           Q0.0
  ─┤ ├──┬───┤ ├──────┤/├───────┤/├───────┤/├──────┬───( )─
        │                                          │
  Q0.0  │   I0.1                                    │
  ─┤ ├──┴───┤/├──────────────────────────────────┘
```

Сеть 3

```
  M1.0      I0.3      Q0.0      Q0.2      Q0.3           Q0.1
  ─┤ ├──┬───┤ ├──────┤/├───────┤/├───────┤/├──────┬───( )─
        │                                          │
  Q0.1  │   I0.1                                    │
  ─┤ ├──┴───┤/├──────────────────────────────────┘
```

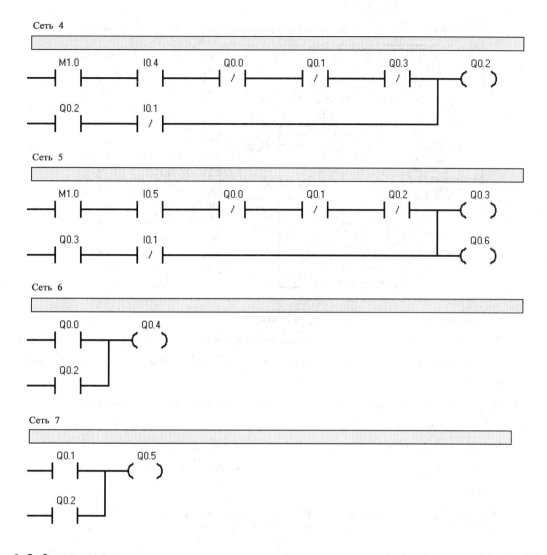

## 6.3.2   Система управления стиральной машиной

1. Экспериментальная цель (автоматическое управление

стиральной машиной)

2. Экспериментальные задания:

（1）Общие требования контроля: после запуска стиральной машины работа выполняется в следующем порядке:

Стирка（1 раз）→ дрейф（2 раза）→ обезвоживание → Отправка сигнализации, стирка одежды, светодиодный дисплей показывает количество стирки и дрейфа.

（2）Промывание: вход воды → положительное вращение 3 секунды, инверсия 3 секунды, 10 циклов → дренаж.

（3）Дрейф: вход воды → положительное вращение 3 секунды, инверсия 3 секунды, 8 циклов → дренаж.

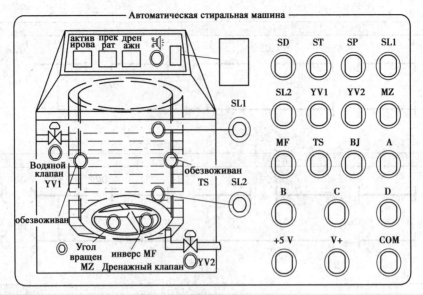

（4）Сигнализация：Сигнализация горит 4 секунды.

（5）Ввод воды：После открытия впускного клапана вода поднимается，сначала выключатель уровня жидкости SL2 закрывается，затем SL1 закрывается，SL1 закрывает впускной клапан.

（6）Водоотвод：После открытия дренажного клапана вода падает，сначала выключатель уровня SL1 отключается，затем SL2 отключается，SL2 отключается на 1 секунду，чтобы остановить дренаж. Нажмите кнопку дренажа для принудительного дренажа.

（7）Обезвоживание：тревога через 5 секунд после обезвоживания.

3. Подключение

（1）Распределение функций порта PLC и подключение панели

| Серийный номер | PLC-адрес（PLC-терминал） | Электрический символ（зажим панели） | Функциональное описание |
| --- | --- | --- | --- |
| | I0.0 | SD | Запуск |
| | I0.1 | ST | Остановить |
| | I0.2 | SP | Водоотвод |
| | I0.3 | SL1 | верхний горизонт |
| | I0.4 | SL2 | нижний предел уровня воды |
| | Q0.0 | YV1 | впускной клапан |
| | Q0.1 | YV2 | Водоотводный клапан |
| | Q0.2 | MZ | Прямое вращение |

续表

| Серийный номер | PLC-адрес (PLC-терминал) | Электрический символ (зажим панели) | Функциональное описание |
|---|---|---|---|
| | Q0.3 | MF | Инверсия |
| | Q0.4 | TS | Обезвоживание |
| | Q0.5 | BJ | Предупреждение |
| | Q0.6 | A | Показать код A |
| | Q0.7 | B | Показать код B |
| | Q1.0 | C | Показать код C |
| | Q1.1 | D | Показать код D |
| | Хост 1M, панель V + питание + 24B | | Источник питания |
| | Хостинг 1L, 2L, 3L, панельный COM Электрический GND | | Заземление питания |

(2) Принципиальная схема подключения PLC

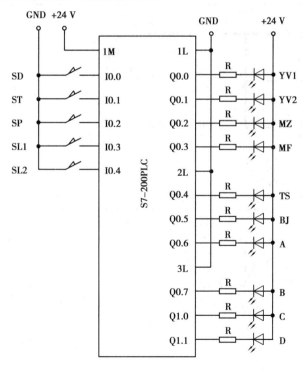

4. Процедура подготовки:

5. Оперативные процедуры:

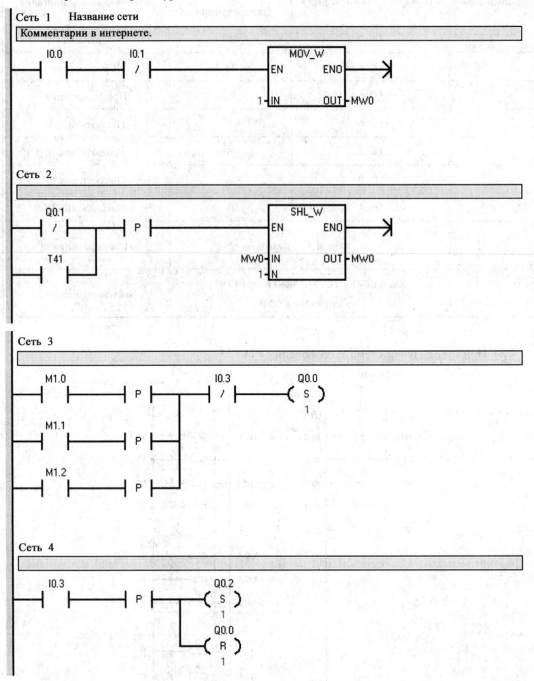

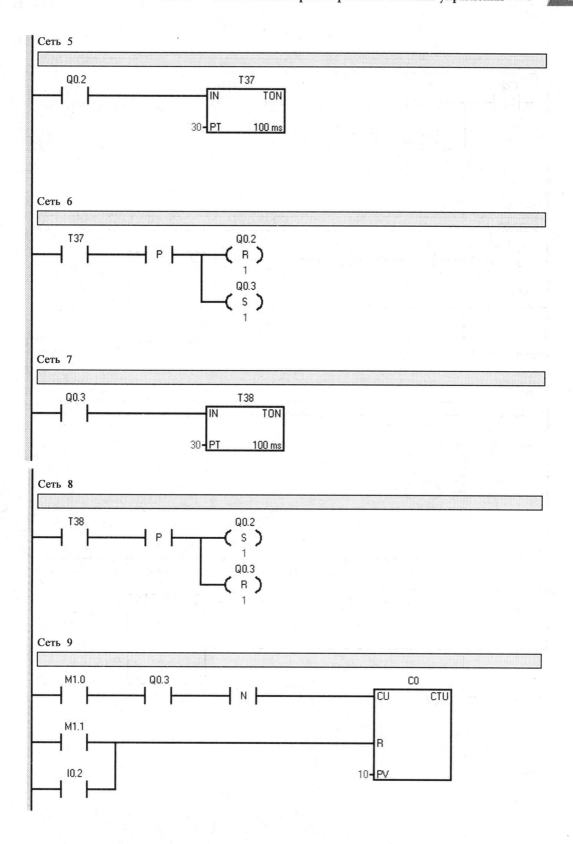

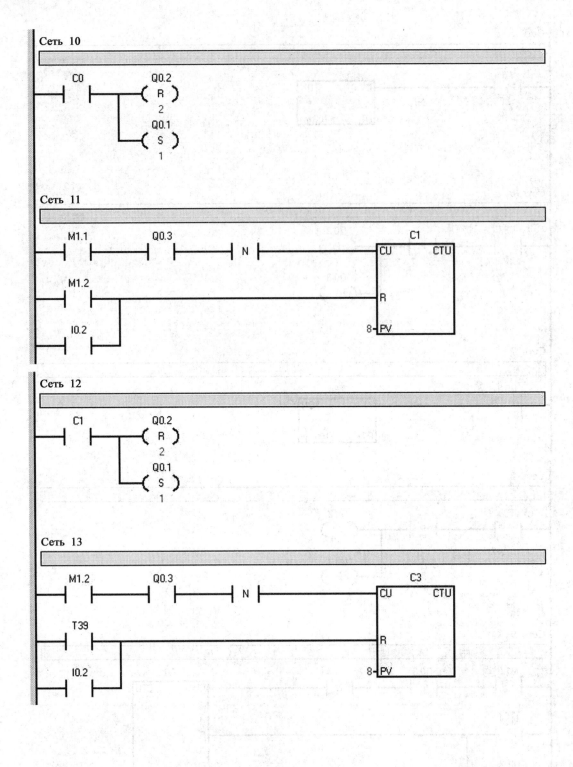

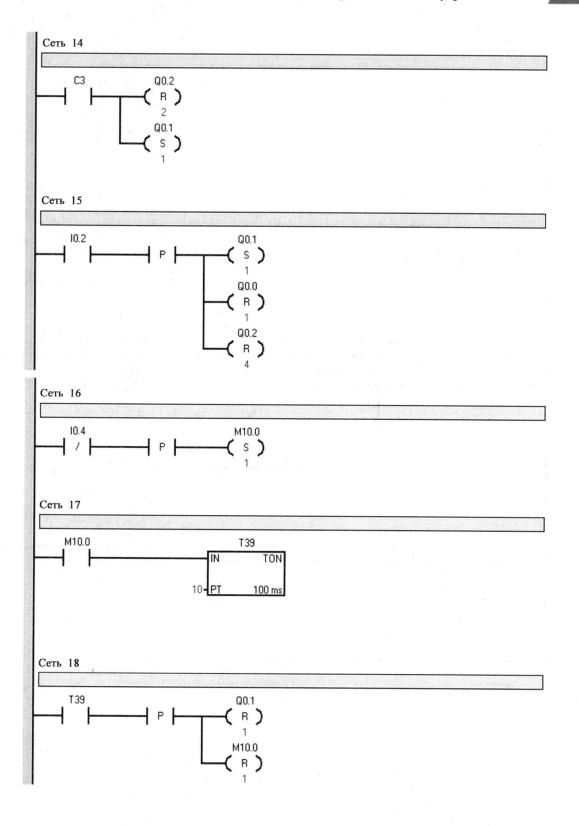

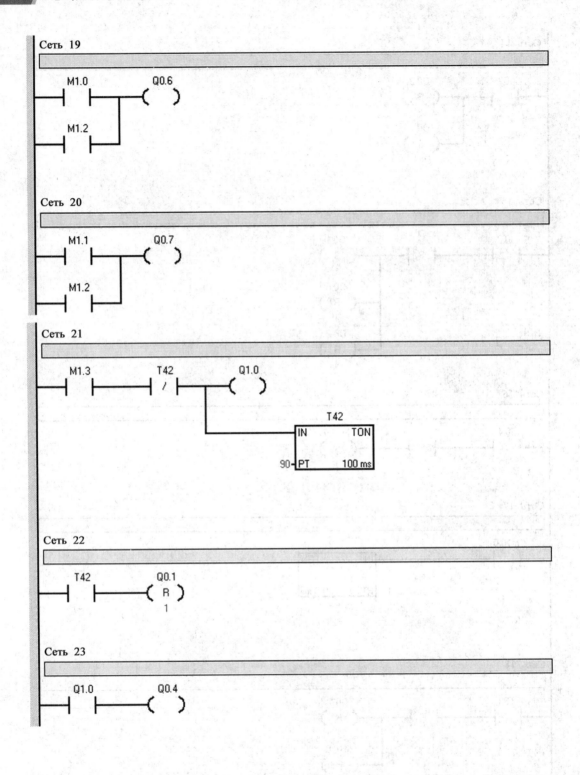

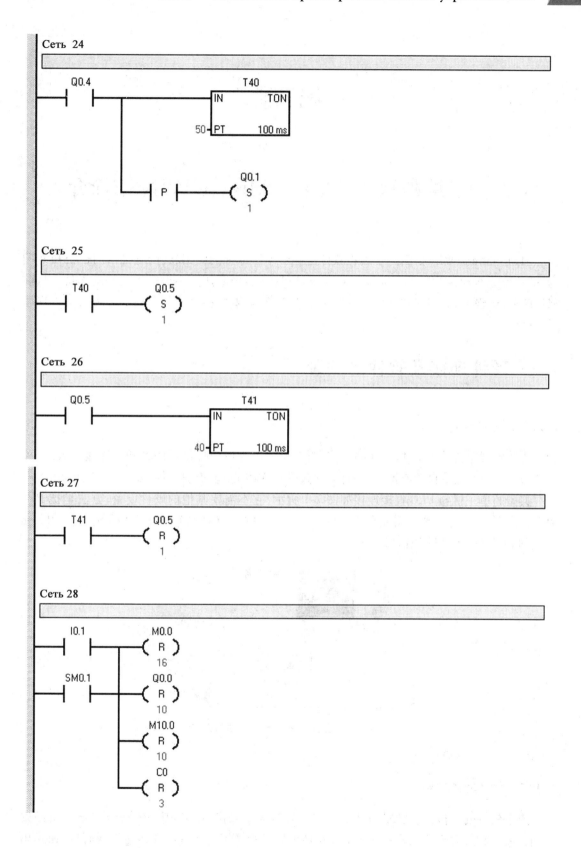

# 第7章

# 西门子编程软件STEP7-Micro/WIN32简介

STEP7-Micro/WIN32 西门子编程软件是基于 Windows 的应用软件,它是西门子公司专门为 S7-200 系列可编程控制器而设计开发的,是西门子 PLC 用户不可缺少的开发工具。目前 STEP7-Micro/WIN32 编程软件已经升级到了 4.0 版本,本书将以该版本的中文版为编程环境进行介绍。

## 7.1 硬件连接及软件的安装

### 7.1.1 硬件连接

为了实现 PLC 与计算机之间的通信,西门子公司为用户提供了两种硬件连接方式:一种是通过 PC/PPI 电缆直接连接,另一种是通过带有 MPI 电缆的通信处理器连接。

典型的单主机与 PLC 直接连接如图 7-1 所示,它不需要其他的硬件设备,方法是把 PC/PPI 电缆的 PC 端连接到计算机的 RS-232 通信口(一般是 COM1),把 PC/PPI 电缆的 PPI 端连接到 PLC 的 RS-485 通信口即可。

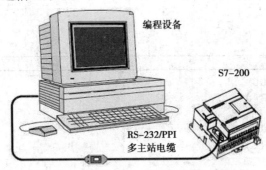

图 7-1 典型的单主机与 PLC 直接连接

### 7.1.2 软件的安装

点击软件安装包,进入安装向导(或在光盘目录里双击 setup,则进入安装向导),按照安装向导完成软件的安装。软件程序安装路径可使用默认子目录,也可以使用"浏览"按钮弹出的对话框中任意选择或新建一个新子目录。

注意:首次运行 STEP7-Micro/WIN32 软件时系统默认语言为英语,可根据需要修改编程语言。如将英语改为中文,其具体操作如下:运行 STEP7-Micro/WIN32 编程软件,在主界面执行菜单 Tools→Options→General 选项,然后在对话框中选择 Chinese 即可改为中文。

## 7.2　STEP7-Micro/WIN32 软件的窗口组件

### 7.2.1　基本功能

STEP7-Micro/WIN32 的基本功能是协助用户完成应用程序的开发,同时它具有设置 PLC 参数、加密和运行监视等功能。

编程软件在联机工作方式下(PLC 与计算机相连)可以实现用户程序的输入、编辑、上载、下载运行,通讯测试及实时监视等功能。在离线条件下,也可以实现用户程序的输入、编辑、编译等功能。

### 7.2.2　主界面

启动 STEP7-Micro/WIN32 编程软件,其主要界面外观如图 7-2 所示。

主界面一般可分为以下 6 个区域:菜单栏(包含 8 个主菜单项)、工具栏(快捷按钮)、浏览栏(快捷操作窗口)、指令树(快捷操作窗口)、输出窗口和用户窗口(可同时或分别打开图中的 5 个用户窗口)。除菜单栏外,用户可根据需要决定其他窗口的取舍和样式的设置。

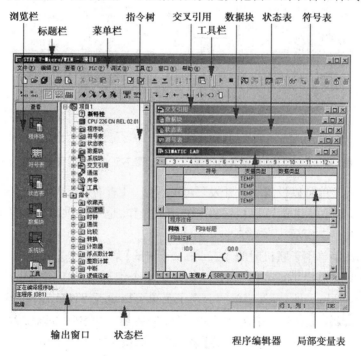

图 7-2　STEP7-Micro/WIN32 编程软件的主界面

## 7.2.3　菜单栏

菜单栏包括 8 个主菜单选项,菜单栏各选项如图 7-3 所示。

文件 (F)　编辑 (E)　查看 (V)　PLC (P)　调试 (D)　工具 (T)　窗口 (W)　帮助 (H)

图 7-3　菜单栏

为了便于同学们课后学习编程软件,充分了解编程软件功能更好完成用户程序开发任务,下面介绍编程软件主界面各主菜单的功能及其选项内容如下:

① 文件:文件菜单可以实现对文件的操作。【文件】菜单及其选项如图 7-4 所示。

② 编辑:编辑菜单提供程序的编辑工具。【编辑】菜单及其选项如图 7-5 所示。

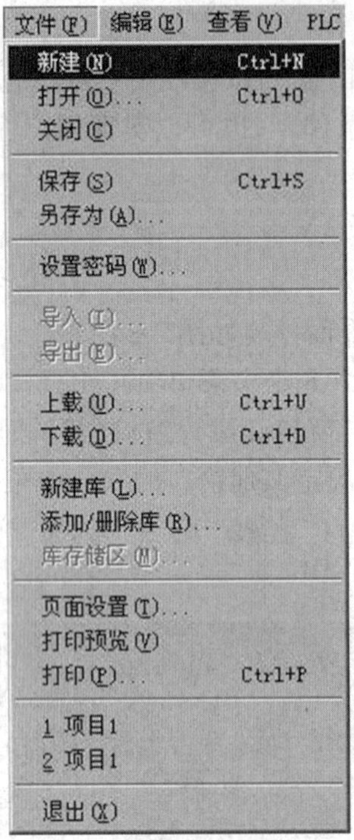

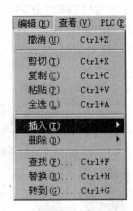

图 7-4　【文件】菜单及其选项图　　　图 7-5　【编辑】菜单及其选项

③ 查看:查看菜单可以设置软件开发环境的风格。【查看】菜单及其选项如图 7-6 所示。

④ PLC:PLC 菜单可建立与 PLC 联机时的相关操作,也可提供离线编译的功能。【PLC】菜单及其选项如图 7-7 所示。

⑤ 调试:调试菜单用于联机时的动态调试。【调试】菜单及其选项如图 7-8 所示。

⑥ 工具:工具菜单提供复杂指令向导,使复杂指令编程时的工作简化,同时提供文本显示器 TD200 设置向导;另外,工具菜单的定制子菜单可以更改 STEP 7-Micro/WIN 32 工具条的外观或内容,以及在工具菜单中增加常用工具;工具菜单的选项可以设置 3 种编辑器的风格,如字体、指令盒的大小等样式。【工具】菜单及其选项如图 7-9 所示。

图 7-6　【查看】菜单及其选项图

图 7-7　【PLC】菜单及其选项

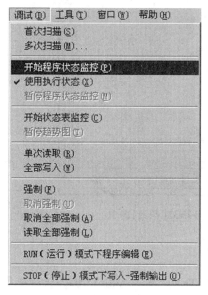

图 7-8　【调试】菜单及其选项图

图 7-9　【工具】菜单及其选项

　　⑦ 窗口：窗口菜单可以打开一个或多个窗口，并可进行窗口之间的切换；还可以设置窗口的排放形式。【窗口】菜单及其选项如图 7-10 所示。

　　⑧ 帮助：可以通过帮助菜单的目录和索引了解几乎所有相关的使用帮助信息。在编程过程中，如果对某条指令或某个功能的使用有疑问，可以使用在线帮助功能，在软件操作过程中的任何步骤或任何位置，都可以 按 F1 键来显示在线帮助，大大方便了用户的使用。【帮助】菜单及其选项如图 7-11 所示。STEP7-Micro/WIN32【帮助】窗口如图 7-12 所示。

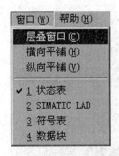

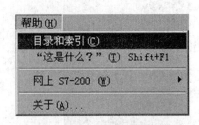

图 7-10　【窗口】菜单及其选项图　　　　图 7-11　【帮助】菜单及其选项

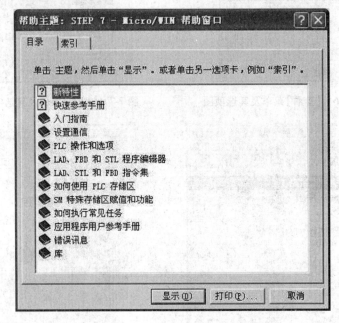

图 7-12　STEP7-Micro/WIN32【帮助】窗口

## 7.2.4　工具栏

工具栏提供简便的鼠标操作，它将最常用的 STEP7-Micro/WIN32 编程软件操作以按钮形式设定到工具栏。可执行菜单【查看】→【工具栏】选项，实现显示或隐藏标准、调试、公用和指令工具栏。工具栏其选项如图 7-13 所示。

图 7-13　工具栏

工具栏可划分为 4 个区域，下面按区域介绍各按钮选项的操作功能。

1. 标准工具栏

标准工具栏各快捷按钮选项如图 7-14 所示。

图 7-14　标准工具栏

**2. 调试工具栏**

调试工具栏各快捷按钮选项如图 7-15 所示。

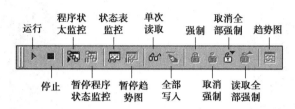

图 7-15　调试工具栏

**3. 公用工具栏**

公用工具栏各快捷按钮选项如图 7-16 所示。

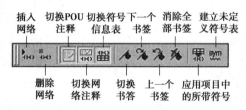

图 7-16　公用工具栏

**4. 指令工具栏**

指令工具栏各快捷按钮选项如图 7-17 所示。

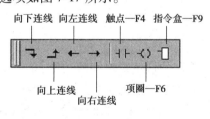

图 7-17　指令工具栏

## 7.2.5　指令树

指令树以树形结构提供项目对象和当前编辑器的所有指令。双击指令树中的指令符，能自动在梯形图显示区光标位置插入所选的梯形图指令。项目对象的操作可以双击项目选项文件夹，然后双击打开需要的配置页。指令树可用执行菜单【查看】→【指令树】选项来选择是否打开。指令树各选项如图 7-18 所示。

图 7-18　指令树及其选项　　　　图 7-19　浏览栏及其选项

## 7.2.6　浏览栏

浏览栏可为编程提供按钮控制的快速窗口切换功能,单击浏览栏的任意选项按钮,则主窗口切换成此按钮对应的窗口。浏览栏各选项如图 7-19 所示。

浏览栏可划分为 8 个窗口组件,下面按窗口组件介绍各窗口按钮选项的操作功能。

1. 程序块

程序块用于完成程序的编辑以及相关注释。程序包括主程序(OBI)、子程序(SBR)和中断程序(INT)。单击浏览栏的【程序块】按钮,进入程序块编辑窗口。【程序块】编辑窗口如图 7-20 所示。

梯形图编辑器中的“网络 n”标志每个梯级,同时也是标题栏,可在网络标题文本框键入标题,为本梯级加注标题。还可在程序注释和网络注释文本框键入必要的注释说明,使程序清晰易读。

如果需要编辑 SBR(子程序)或 INT(中断程序),可以用编辑窗口底部的选项卡切换。

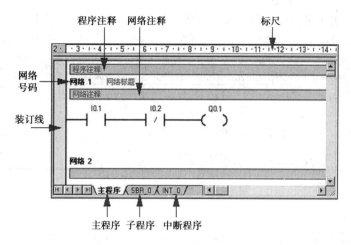

图 7-20 【程序块】编辑窗口

## 2. 符号表

符号表是允许用户使用符号编址的一种工具。实际编程时为了增加程序的可读性,可用带有实际含义的符号作为编程元件代号,而不是直接使用元件在主机中的直接地址。单击浏览栏的【符号表】按钮,进入符号表编辑窗口。【符号表】编辑窗口如图 7-21 所示。

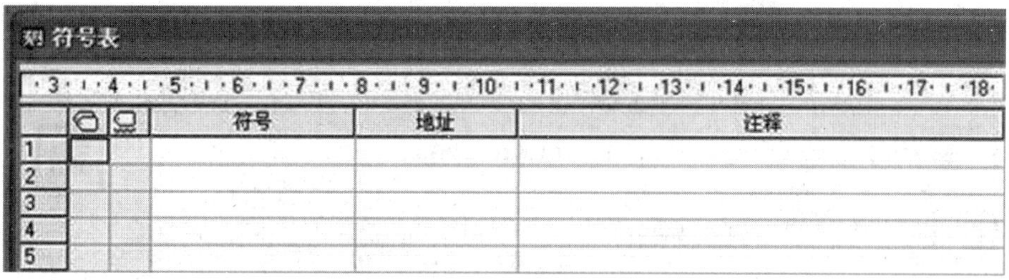

图 7-21 【符号表】编辑窗口

## 3. 状态表

状态表用于联机调试时监控各变量的值和状态。在 PLC 运行方式下,可以打开状态表窗口,在程序扫描执行时,能够连续、自动地更新状态表的数值和状态。单击浏览栏的【状态表】按钮,进入状态表编辑窗口。【状态表】编辑窗口如图 7-22 所示。

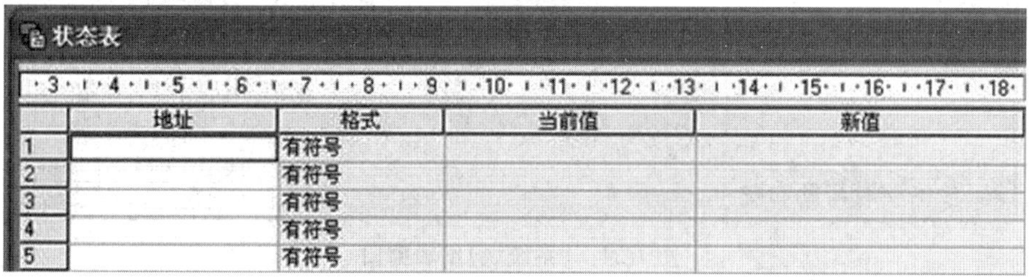

图 7-22 【状态表】编辑窗口

## 4. 数据块

数据块用于设置和修改变量存储区内各种类型存储区的一个或多个变量值,并加注必要的注释说明,下载后可以使用状态表监控存储区的数据。可以使用下列之一方法访问数据

块:①单击浏览条的【数据块】按钮。②执行菜单【查看】→【组件】→【数据块】。③双击指令
树的【数据块】,然后双击用户定义1图标。【数据块】编辑窗口如图7-23 所示。

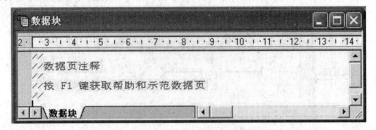

图 7-23　【数据块】编辑窗口

**5. 系统块**

系统块可配置 S7-200 用于 CPU 的参数,使用下列方法能够查看和编辑系统块,设置
CPU 参数。可以使用下面之一方式进入【系统块】编辑:

① 单击浏览栏的【系统块】按钮。

② 执行菜单【查看】→【组件】→【系统块】。

③ 双击指令树中的【系统块】文件夹,然后双击打开需要的配置页

系统块的信息需下载到 PLC,为 PLC 提供新的系统配置。当项目的 CPU 类型和版本能
够支持特定选项时,这些系统块配置选项将被启用。【系统块】编辑窗口如图7-24 所示。

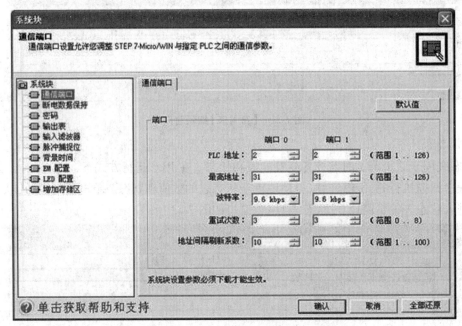

图 7-24　【系统块】编辑窗口

**6. 交叉引用**

交叉引用提供用户程序所用的 PLC 信息资源,包括 3 个方面的引用信息,即交叉引用信
息、字节使用情况信息和位使用情况信息,使编程所用的 PLC 资源一目了然。交叉引用及用
法信息不会下载到 PLC。单击浏览栏【交叉引用】按钮,进入交叉引用编辑窗口。【交叉引

用】编辑窗口如图 7-25 所示。

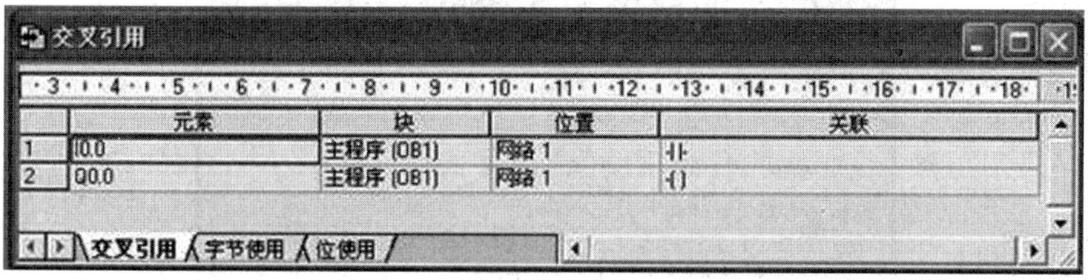

图 7-25　【交叉引用】编辑窗口

7. 通信

网络地址是用户为网络上每台设备指定的一个独特号码。该独特的网络地址确保将数据传送至正确的设备,并从正确的设备检索数据。S7-200 支持 0 至 126 的网络地址。

数据在网络中的传送速度称为波特率,通常以千波特(kBd)、兆波特(MBd)为单位。波特率测量在某一特定时间内传送的数据量。S7-200CPU 的默认波特率为 9.6 kBd,默认网络地址为 2。

单击浏览栏的【通信】按钮,进入通信设置窗口。【通信】设置窗口如图 7-26 所示。

如果需要为 STEP 7-Micro/WIN 配置波特率和网络地址,在设置参数后,必须双击 🔁 图标,刷新通信设置,这时可以看到 CPU 的型号和网络地址 2,说明通信正常。

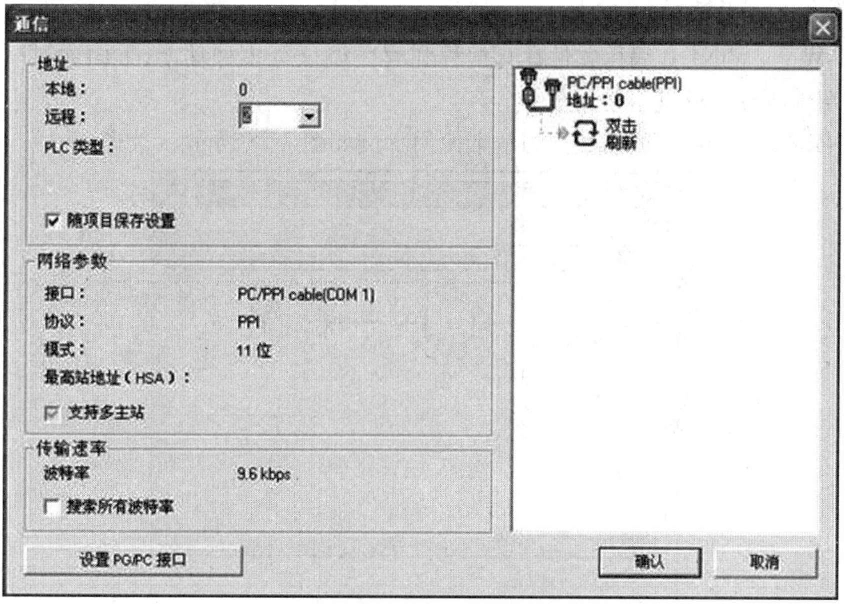

图 7-26　【通信】设置窗口

8. 设置 PG/PC

单击浏览栏的【设置 PG/PC 接口】按钮,进入 PG/PC 接口参数设置窗口,【设置 PG/PC 接口】窗口如图 7-27 所示。单击【Properties】按钮,可以进行地址及通信速率的配置。

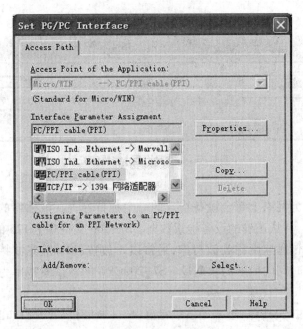

图 7-27 【设置 PG/PC 接口】窗口

## 7.2.7 编程软件的使用

STEP7-Micro/WIN4.0 编程软件具有编程和程序调试等多种功能,下面通过一个简单程序示例,介绍编程软件的基本使用。

STEP7-Micro/WIN4.0 编程软件的基本使用示例如图 7-28 所示。

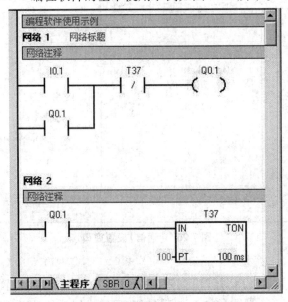

图 7-28 编程软件使用示例的梯形图

1. 编程的准备

(1) 创建一个项目或打开一个已有的项目

在进行控制程序编程之前,首先应创建一个项目。执行菜单【文件】→【新建】选项或单击工具栏的 □ 新建按钮,可以生成一个新的项目。执行菜单【文件】→【打开】选项或单击工具栏的 ☞ 打开按钮,可以打开已有的项目。项目以扩展名为".mwp"的文件格式保存。

(2) 设置与读取 PLC 的型号

在对 PLC 编程之前,应正确地设置其型号,以防止创建程序时发生编辑错误。如果指定了型号,指令树用红色标记"X"表示对当前选择的 PLC 无效的指令。设置与读取 PLC 的型号可以有两种方法:① 执行菜单【PLC】→【类型】选项,在出现的对话框中,可以选择 PLC 型号和 CPU 版本如图 7-29 所示。② 双击指令树的【项目 1】,然后双击 PLC 型号和 CPU 版本选项,在弹出的对话框中进行设置即可。如果已经成功地建立通信连接,单击对话框中的【读取PLC】按钮,可以通过通信读出 PLC 的型号与硬件版本号。

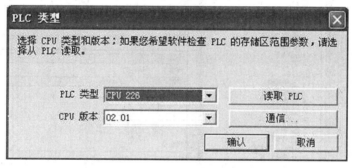

图 7-29　设置 PLC 的型号

(3) 选择编程语言和指令集

S7-200 系列 PLC 支持的指令集有 SIMATIC 和 IEC1131-3 两种。SIMATIC 编程模式选择,可以执行菜单【工具】→【选项】→【常规】→【SIMATIC】选项来确定。

编程软件可实现 3 种编程语言(编程器)之间的任意切换,执行菜单【查看】→【梯形图】或【STL】或【FBD】选项便可进入相应的编程环境。

(4) 确定程序的结构

简单的数字量控制程序一般只有主程序,系统较大、功能复杂的程序除了主程序外,可能还有子程序、中断程序。编程时可以点击编辑窗口下方的选项来实现切换以完成不同程序结构的程序编辑。用户程序结构选择编辑窗口如图 7-30 所示。

图 7-30　用户程序结构选择编辑窗口

主程序在每个扫描周期内均被顺序执行一次。子程序的指令放在独立的程序块中,仅在被程序调用时才执行。中断程序的指令也放在独立的程序块中,用来处理预先规定的中断事件,在中断事件发生时操作系统调用中断程序。

2. 编写用户程序

（1）梯形图的编辑

在梯形图编辑窗口中,梯形图程序被划分成若干个网络,一个网络中只能有一个独立电路块。如果一个网络中有两个独立电路块,在编译时输出窗口将显示"1 个错误",待错误修正后方可继续。可以对网络中的程序或者某个编程元件进行编辑,执行删除、复制或粘贴操作。

① 首先打开 STEP7-Micro/WIN4.0 编程软件,进入主界面,STEP7-Micro/WIN4.0 编程软件主界面如图 7-31 所示。

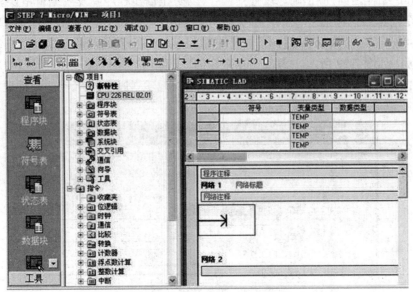

图 7-31　**STEP7-Micro/WIN**4.0 编程软件主界面

② 单击浏览栏的【程序块】按钮,进入梯形图编辑窗口。

③ 在编辑窗口中,把光标定位到将要输入编程元件的地方。

④ 可直接在指令工具栏中点击常开触点按钮,选取触点如图 7-32 所示。在打开的位逻辑指令中单击 ⊣⊢ 图标选项,选择常开触点如图 7-33 所示。输入的常开触点符号会自动写入到光标所在位置。也可以在指令树中双击位逻辑选项,然后双击常开触点输入。

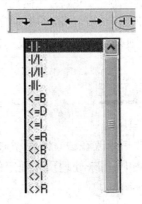

图 7-32　选择常开触点

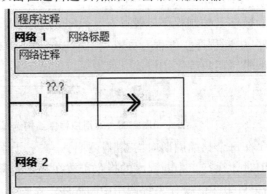

图 7-33　输入常开触点

⑤ 在"???"中输入操作数 I0.1,光标自动移到下一列。输入操作数 I0.1 如图 7-34 所示。

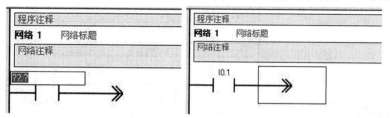

图 7-34　输入操作数 I0.1

（2）用同样的方法在光标位置输入 ⊣⊢ 和 ⟨ ⟩,并填写对应地址,T37 和 Q0.1 编辑结果如图 7-35 所示。

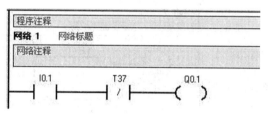

图 7-35　**T37 和 Q0.1 编辑结果**

① 将光标定位到 I0.1 下方,按照 I0.1 的输入办法输入 Q0.1。Q0.1 编辑结果如图 7-36 所示。

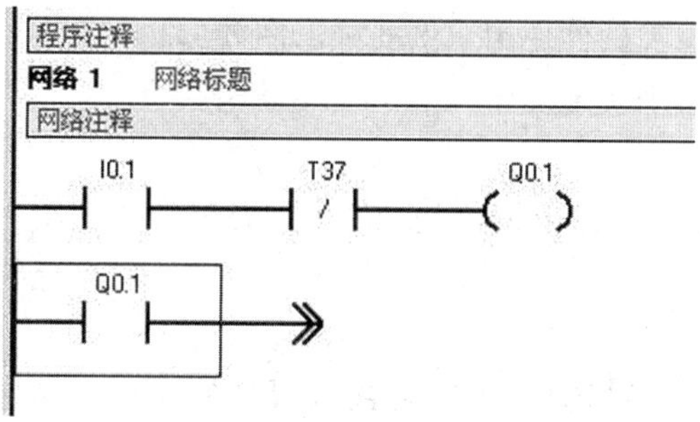

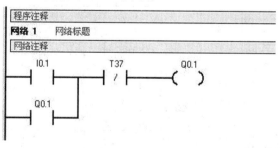

图 7-36　**Q0.1 编辑结果**

② 将光标移到要合并的触点处,单击指令工具栏中的向上连线按钮 ⬆,将 Q0.0 和 I0.0 并联连接,Q0.0 和 I0.0 并联连接如图 7-37 所示。

图 7-37　**Q0.0 和 I0.0 并联连接**

③ 将光标定位到网络 2,按照 I0.1 的输入办法编写 Q0.1。

④ 将光标定位到定时器输入位置,双击指令树的【定时器】选项,然后再双击接通延时定

时器图标,在光标位置即可输入接通延时定时器。选择定时器图标如图 7-38 所示。

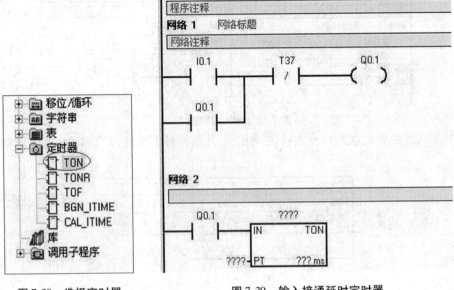

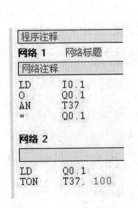

图 7-38    选择定时器

图 7-39    输入接通延时定时器

⑤ 在定时器指令上面输入定时器编号 T37,在左侧输入定时器的预置值100,编辑结果如图 7-39 所示。

经过上述操作过程,编程软件使用示例的梯形图就编辑完成了。如果需要进行语句表和功能图编辑,可按下面办法来实现。

(3)语句表的编辑

执行菜单【查看】→【STL】选项,可以直接进行语句表的编辑。语句表的编辑如图 7-40 所示。

(4)功能图的编辑

执行菜单【查看】→【FBD】选项,可以直接进行功能图的编辑。功能图的编辑如图 7-41 所示。

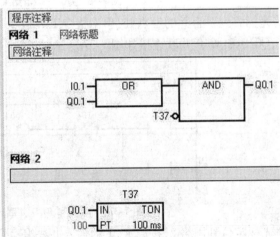

图 7-40    语句表的编辑

图 7-41    功能图的编辑

3. 程序的状态监控与调试

（1）编译程序

执行菜单【PLC】→【编译】或【全部编译】选项，或点击工具栏的 ☑ 或 ☑ 按钮，可以分别编译当前打开的程序或全部程序。编译后在输出窗口中显示程序编译结果，必须在修正程序中的所有错误，编译无错误后，才能下载程序。若没有对程序进行编译，在下载之前编程软件会自动对程序进行编译。

（2）下载与上载程序

下载是将当前编程器中的程序写入到 PLC 的存储器中。计算机与 PLC 建立其通信连接正常，并且用户程序编译无错误后，可以将程序下载的 PLC 中。下载操作可执行菜单【文件】→【下载】选项，或点击工具栏 ☲ 按钮。

上载是将 PLC 中未加密的程序向上传送到编程器中。上载操作可执行菜单【文件】→【上载】选项，或点击工具栏 ☰ 按钮。

（3）PLC 的工作方式

PLC 有两种工作方式，即运行和停止工作方式。在不同的工作方式下，PLC 进行调试的操作方法不同。可以通过执行菜单栏【PLC】→【运行】或【停止】的选项来选择工作方式，也可以在 PLC 的工作方式开关处操作来选择。PLC 只有处在运行工作方式下，才可以启动程序的状态监控。

（4）程序运行与调试

程序的调试及运行监控是程序开发的重要环节，很少有程序一经编制就是完整的，只有经过调试运行甚至现场运行后才能发现程序中不合理的地方，从而进行修改。STEP7—Micro/WIN4.0 编程软件提供了一系列工具，可使用户直接在软件环境下调试并监视用户程序的执行。

① 程序的运行

单击工具栏的 ▶ 按钮，或执行菜单【PLC】→【运行】选项，在对话框中确定进入运行模式，这时黄色 STOP（停止）状态指示灯灭，绿色 RUN（运行）灯点亮。程序运行后如图 7-42 所示。

② 程序的调试

在程序调试中，经常采用程序状态监控、状态表监控和趋势图监控三种监控方式反映程序的运行状态。下面结合示例介绍基本使用情况。

● 程序状态监控

单击工具栏中的 ☷ 按钮，或执行菜单【调试】→【开始程序状态监控】选项，进入程序状态监控。启动程序运行状态监控后：① 当 I0.1 触点断开时，编程软件使用示例的程序状态如图 7-43 所示。② 当 I0.1 触点接通瞬间，编程软件使用示例的程序状态如图 7-42 所示。③ 当定时器延时时间 10 s 后，编程软件使用示例的程序状态如图 7-43 所示。

在监控状态下，"能流"通过的元件将显示蓝色，通过施加输入，可以模拟程序实际运行，从而检验程序。梯形图中的每个元件的实际状态也都显示出来，这些状态是 PLC 在扫描周期完成时的结果。

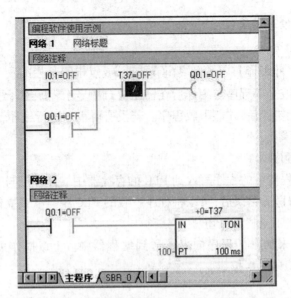

图 7-42    编程软件使用示例的程序状态

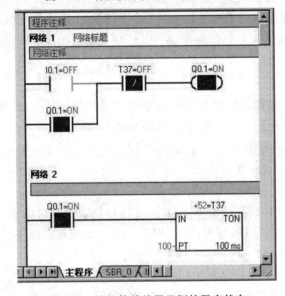

图 7-43    编程软件使用示例的程序状态

● 状态表监控

可以使用状态表来监控用户程序,还可以采用强制表操作修改用户程序的变量。编程软件使用示例的状态表监控如图 7-44 所示,在当前值栏目中显示了各元件的状态和数值大小。

可以选择下面办法之一来进行状态表监控:

① 执行菜单【查看】→【组件】→【状态表】。

② 单击浏览栏的【状态表】按钮。

③ 单击装订线,选择程序段,单击鼠标右键,选择【创建状态图】命令,能快速生成一个包含所选程序段内各元件的新的表格。

| | 地址 | 格式 | 当前值 | 新值 |
|---|---|---|---|---|
| 1 | I0.1 | 位 | 2#0 | |
| 2 | Q0.1 | 位 | 2#1 | |
| 3 | T37 | 位 | 2#0 | |
| 4 | T37 | 有符号 | +51 | |

**图 7-44　编程软件使用示例的状态表监控**

● 趋势图监控

趋势图监控是采用编程元件的状态和数值大小随时间变化关系的图形监控。可点击工具栏的 ▦ 按钮,将状态表监控切换为趋势图监控。

# Глава 7

## Обзор программного обеспечения Siemens STEP7-Micro / WIN32

Программное обеспечение STEP7-Micro / WIN32 Siemens – это приложение для Windows, разработанное компанией Siemens специально для программируемых контроллеров серии S7 – 200 и незаменимое средство разработки для пользователей Siemens PLC. Программное обеспечение STEP7-Micro / WIN32 было обновлено до версии 4.0, и эта книга будет представлена в качестве среды программирования на китайском языке.

## 7.1 Аппаратное подключение и установка программного обеспечения

### 7.1.1 Аппаратное подключение

Чтобы обеспечить связь между PLC и компьютером, Siemens предлагает пользователям два способа аппаратного соединения: один – напрямую через кабель PC / PPI, а другой – через коммуникационный процессор с кабелем MPI.

Как показано на рисунке 7-1, типичный одиночный хост, подключенный непосредственно к PLC, не требует другого аппаратного оборудования, подключая конец ПК кабеля PC / PPI к выходу RS – 232 компьютера (обычно COM1), а конец PPI кабеля PC / PPI – к выходу RS – 485 для PLC.

программирование

S7–200

Многостанционный
кабель RS-232/PPI

Рисунок 7-1    Типичный одиночный хост, подключенный непосредственно к PLC

### 7.1.2    Установка программного обеспечения

Установка программного обеспечения STEP7-Micro / WIN32 проста: вставка компакт − диска в систему дискового диска автоматически входит в мастер установки (или двойной щелчок setup в каталоге компакт − диска, затем в мастер установки) и завершает установку программного обеспечения в соответствии с мастером установки.    Путь установки программного обеспечения может быть использован для подкаталога по умолчанию или для выбора или создания нового подкаталога в диалоге, всплывающем при помощи кнопки "Просмотр".

Примечание: При первом запуске программного обеспечения STEP7-Micro / WIN32 системным языком по умолчанию является английский, и язык программирования может быть изменен по мере необходимости.    Если английский язык будет заменен на китайский, он будет работать следующим образом: запустите программное обеспечение STEP7-Micro / WIN32, выполните меню Tools → Options → General в главном интерфейсе, а затем выберите Chinese в диалоге, чтобы изменить английский на китайский.

## 7.2    Оконные компоненты программного обеспечения STEP7-Micro / WIN32

### 7.2.1    Основные функции

Основная функция STEP7-Micro / WIN32 заключается в том, чтобы помочь пользователям завершить разработку приложения с такими функциями, как настройка параметров PLC, шифрование и контроль выполнения.

Программное обеспечение в режиме работы в режиме онлайн (PLC подключен к компьютеру) может выполнять такие функции, как ввод, редактирование, загрузка, загрузка и запуск пользовательских программ, тестирование связи и мониторинг в реальном времени. В оффлайн − условиях вы также можете реализовать ввод, редактирование, компиляцию и другие функции пользовательской программы.

### 7.2.2    Главный интерфейс

Запустите программное обеспечение STEP7-Micro/WIN32, основной внешний вид интерфейса которого показан на рисунке 7-2.

Основной интерфейс, как правило, можно разделить на следующие 6 областей: панель меню (содержит 8 основных пунктов меню), панель инструментов (ярлыки), панель просмотра (окно быстрых действий), дерево команд (окно быстрых действий), окно вывода и окно пользователя (5 окон пользователя на рисунке могут быть открыты одновременно или отдельно). В дополнение к панели меню, пользователь может выбрать выбор и стиль других окон по мере необходимости.

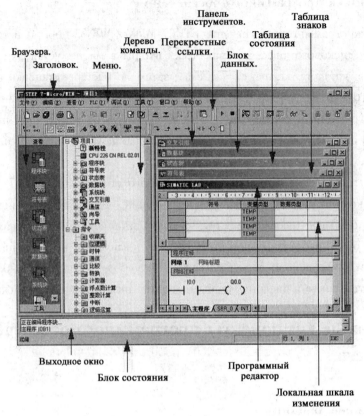

Рисунок 7-2   Основной интерфейс программного обеспечения **STEP**7-**Micro**/**WIN**32

## 7.2.3   Панели меню

Колонка меню включает 8 основных опций меню, каждый из которых показан на рисунке 7-3.

Рисунок 7-3   Меню

Для того, чтобы студенты могли изучать программное обеспечение программирования после урока, полностью понять функции программного обеспечения программирования и лучше выполнять задачи разработки пользовательских программ, ниже представлены функции основного меню основного интерфейса программного обеспечения программирования и его параметры:

①Файл: Меню Файл позволяет осуществлять операции с файлом. Меню «Файл» и его опции показаны на рисунках 7-4.

②Редактирование: Меню Редактирование предоставляет средства редактирования программы. Меню [править] и его опции показаны на рисунках 7-5.

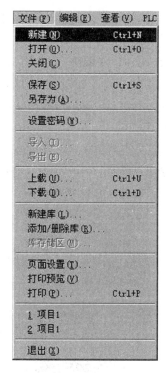

**Рисунок 7-4    Меню «Файл» и его опции**      **Рисунок 7-5    «Редактирование» Меню и его опции**

③Просмотр: меню просмотра может устанавливать стиль среды разработки программного обеспечения. Меню «Просмотр» и его опции показаны на рисунках 7-6.

④PLC: Меню PLC может устанавливать операции, связанные с PLC в режиме онлайн, а также обеспечивает функцию автономной компиляции. Меню [PLC] и его опции показаны на рисунке 7-7.

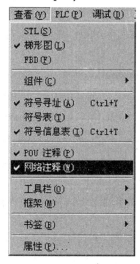

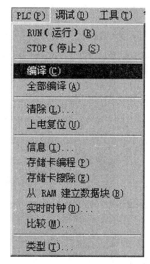

**Рисунок 7-6   Меню "Просмотр" и его опции**      **Рисунок 7-7    "PLC" Меню и его опции**

⑤Отладка：Меню отладки используется для динамической отладки в режиме онлайн. Меню 《 Отладка 》 и его опции показаны на рисунке 7-8.

⑥Инструменты：Меню Инструменты предоставляет мастер сложных команд, упрощает работу при программировании сложных команд, а также мастер настройки TD200 для текстового дисплея；Кроме того，меню Настройка меню Инструменты может изменять внешний вид или содержимое панели инструментов STEP 7-Micro/WIN 32，а также добавлять общие инструменты в меню Инструменты；Параметры меню Инструменты могут быть настроены в трех стилях редактора，таких как шрифт，размер командной коробки и т. д. Меню 《 Инструменты 》 и его опции показаны на рисунках 7-9.

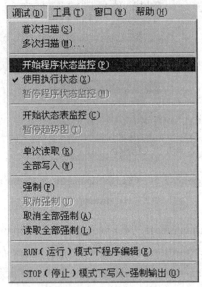

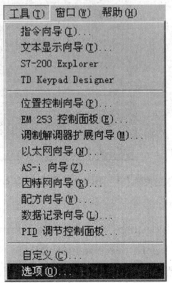

**Рисунок 7-8　Меню 《 отладка 》 и его опции**　　　**Рисунок 7-9　Меню 《 Инструменты 》 и его опции**

⑦Окно：Меню окна может открывать одно или несколько окон и переключаться между окнами；Можно также установить форму выбросов в окне. Меню 《 Окно 》 и его опции показаны на рисунках 7-10.

⑧Справка：Практически всю соответствующую информацию об использовании справки можно узнать из каталога и индекса меню справки. В процессе программирования，если есть сомнения относительно использования какой — либо команды или функции，можно использовать функцию онлайн — справки，которая может быть отображена при нажатии клавиши F1 на любом шаге или в любом месте в процессе работы программного обеспечения，что значительно облегчает использование пользователем. Меню 《 Справка 》 и его опции показаны на рисунках 7-11. Окно STEP7-Micro/WIN32 《 Справка 》 показано на рисунках 7-12.

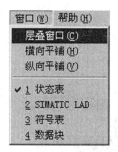

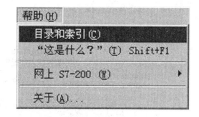

**Рисунок** 7-10 **Меню « Окно » и его опции**  **Рисунок** 7-11 **Меню « Справка » и его опции**

**Рисунок** 7-12 **STEP**7-**Micro/WIN**32 **Окно помощи**

## 7.2.4 Панель инструментов

Панель инструментов предлагает простые действия мыши, которые настраивают наиболее часто используемые программные операции STEP7-Micro / WIN32 на панели инструментов в виде кнопок. Выполнимое меню « Просмотр » → Параметры « Панель инструментов » для реализации отображения или сокрытия стандартов, отладки, общих и командных панелей инструментов. Параметры панели инструментов показаны на рисунках 7-13.

**Рисунок** 7-13 **Панель инструментов**

Панель инструментов может быть разделена на 4 зоны, и ниже вы можете нажать на область, где описаны функции каждой кнопки.

## 1. Стандартная панель инструментов

Параметры комбинаций клавиш на стандартной панели инструментов показаны на рисунке 7-14.

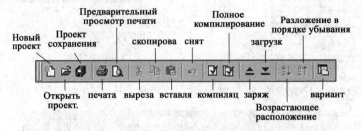

**Рисунок 7-14 Стандартная панель инструментов**

## 2. Отладка панели инструментов

Параметры комбинаций клавиш на панели отладки показаны на рисунке 7-15.

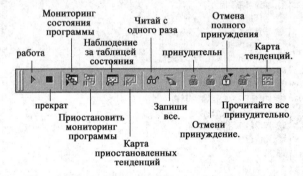

**Рисунке 7-15    Отладка панели инструментов**

## 3. Общая панель инструментов

Параметры комбинаций клавиш на панели инструментов общего пользования показаны на рисунке 7-16.

**Рисунке 7-16    Панель инструментов общего пользования**

## 4. Панель инструкций

Параметры комбинаций клавиш на панели инструментов команд показаны на рисунке 7-17.

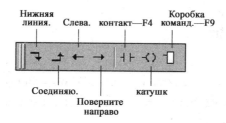

Рисунке 7-17   Панель инструкций

## 7.2.5   Дерево команд

Дерево команд предоставляет объект проекта и все инструкции текущего редактора в форме дерева. Двойной щелчок по символу команды в дереве команд автоматически вставляет выбранную команду трапециевидной диаграммы в положение курсора в зоне отображения трапециевидной диаграммы. Операция объекта проекта может быть выполнена путем двойного щелчка на папке параметров проекта, а затем двойного щелчка, чтобы открыть требуемую страницу конфигурации. Дерево команд может выбрать, открывать или нет, используя опцию исполняющего меню « Просмотр » → « Дерево команд ». Параметры дерева команд показаны на рисунках 7-18.

Рисунок 7-18   Дерево команд и его параметры       Рисунок 7-19   Просмотр панели и ее параметры

### 7.2.6　Панель просмотра

Панель просмотра предоставляет программистам возможность быстрого переключения окон с помощью кнопок, нажмите кнопку любой опции на панели просмотра и переключите главное окно на окно, соответствующее этой кнопке. Параметры панели просмотра показаны на рисунках 7-19.

Панель просмотра может быть разделена на 8 оконных компонентов, и ниже нажмите на оконный компонент, чтобы показать функции каждой кнопки окна.

1. Блок программы

Блок программы используется для завершения редактирования программы и соответствующих комментариев. Программа включает основную программу (OBI), подпрограмму (SBR) и программу прерывания (INT). Нажмите кнопку «Блок программы» в строке просмотра, чтобы войти в окно редактирования блока программы. Окно редактирования «Блок программы» показано на рисунке 7-20.

«Сеть n» в редакторе трапециевидных диаграмм обозначает каждый уровень, а также заголовочную строку, которая может быть введена в текстовом поле сетевого заголовка, чтобы добавить заголовок к этому уровню. В текстовой рамке комментариев к программе и сетевых комментариев можно также ввести необходимые аннотации, чтобы сделать программу понятной и удобной для чтения.

Если требуется редактирование SBR (подпрограмма) или INT (программа прерывания), вы можете переключиться с помощью вкладки внизу окна редактирования.

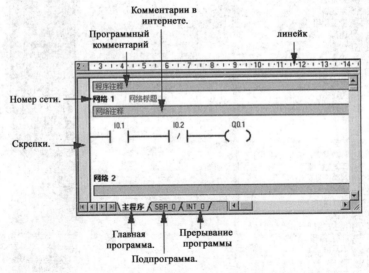

**Рисунок 7-20 «Блок программы» Окно редактирования**

2. Номер

Символическая таблица – это инструмент, позволяющий пользователям использовать символьную адресацию. При фактическом программировании, чтобы повысить читаемость программы, символы с реальным значением могут использоваться в качестве кода программного элемента, а не непосредственно использовать прямой адрес элемента в хосте. Нажмите кнопку « Символическая таблица » в строке просмотра, чтобы войти в окно редактирования таблицы символов. [Символическая таблица] Окно редактирования показано на рисунке 7-21.

| | | 符号 | 地址 | 注释 |
|---|---|---|---|---|
| 1 | | | | |
| 2 | | | | |
| 3 | | | | |
| 4 | | | | |
| 5 | | | | |

Рисунок 7-21    "Символическая таблица" Окно редактирования

### 3. Таблица состояния

Таблица состояния используется для мониторинга значений и состояния переменных при отладке в режиме онлайн. В режиме работы PLC окно таблицы состояния может быть открыто, и при выполнении сканирования программы можно непрерывно и автоматически обновлять значения и состояние таблицы состояния. Нажмите кнопку " Список состояния" в строке просмотра, чтобы войти в окно редактирования списка состояния. Окно редактирования [таблицы состояния] показано на рисунке 7-22.

| | 地址 | 格式 | 当前值 | 新值 |
|---|---|---|---|---|
| 1 | | 有符号 | | |
| 2 | | 有符号 | | |
| 3 | | 有符号 | | |
| 4 | | 有符号 | | |
| 5 | | 有符号 | | |

Рисунке 7-22    "Таблица состояния" Окно редактирования

### 4. Блоки данных

Блоки данных используются для настройки и изменения значения одной или нескольких переменных в различных типах хранилищ переменных, а также для внесения необходимых примечаний, которые могут использоваться для мониторинга данных в хранилище с помощью таблицы состояния после загрузки. Доступ к блоку данных можно получить одним из следующих способов: ① Нажмите кнопку « блок данных » полосы просмотра. Выполнить меню [просмотр] → [компонент] → [блок данных]. Двойной щелчок на дереве команд « Блок данных », затем двойной щелчок пользователя, чтобы определить значок 1. Окно редактирования [блока данных] показано на рисунке 7-23.

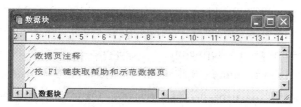

Рисунке 7-23    « Блок данных » Окно редактирования

5. Системный блок

Системные блоки могут настраивать параметры S7 – 200 для ЦП, позволяя просматривать и редактировать системные блоки и устанавливать параметры ЦП с помощью следующих методов. Можно войти в «системный блок» редактирования одним из следующих способов:

①Нажмите кнопку «системный блок» в строке просмотра.

②Выполнить меню [просмотр] → [компонент] → [системный блок].

③Двойной щелчок по папке «системный блок» в дереве команд и двойной щелчок для открытия необходимой страницы конфигурации

Информация о системных блоках должна быть загружена в PLC, чтобы обеспечить новую конфигурацию системы для PLC. Эти параметры конфигурации системных блоков будут включены, когда тип и версия процессора проекта могут поддерживать определенные параметры. Окно редактирования (системный блок) показано на рисунке 7-24.

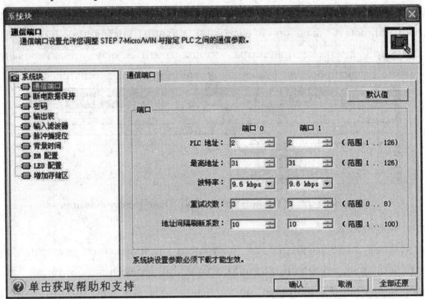

Рисунке 7-24    «Системный блок» Окно редактирования

6. Перекрестные ссылки

Перекрестные ссылки предоставляют информационные ресурсы PLC, используемые пользовательскими программами, включая три аспекта цитирования, а именно перекрестные ссылки, информацию об использовании байтов и информацию об использовании битов, чтобы ресурсы PLC, используемые для программирования, были понятны с первого взгляда. Информация о перекрестных ссылках и использовании не загружается в PLC. Нажмите кнопку «Перекрестная ссылка» на панели просмотра, чтобы войти в окно редактирования перекрестных ссылок. Окно редактирования [перекрестная ссылка] показано на рисунке 7-25.

Рисунке 7-25   « Перекрестные цитаты » Окно редактирования

7. Связь

Сетевой адрес – это уникальный номер, указанный пользователем для каждого устройства в сети. Этот уникальный сетевой адрес обеспечивает передачу данных на правильное устройство и получение данных с правильного устройства. S7 – 200 поддерживает сетевые адреса от 0 до 126.

Скорость передачи данных в сети называется коэффициентом Портера и обычно измеряется в тысячах Портов ( kbaud ), мегаПортах ( Mbaud ). Коэффициент Поттера измеряет объем данных, передаваемых в течение определенного периода времени. Коэффициент Портера по умолчанию для CPU S7–200 составляет 9,6 кПоттера, а сетевой адрес по умолчанию – 2.

Нажмите кнопку « Связь » на панели просмотра, чтобы войти в окно настройки связи. Окно настройки [ связи ] показано на рисунке 7-26. Если необходимо настроить портфолио и сетевой адрес для STEP 7 – Micro / WIN, после настройки параметров Двойной щелчок ⟳ Значок, Обновите настройки связи, когда вы можете увидеть модель процессора и сетевой адрес 2, что указывает на нормальную связь.

Рисунке 7-26   Окно настройки "Связь"

8. Настройка PG/PC

Нажмите кнопку «Настройка интерфейса PG/PC» в строке просмотра, чтобы войти в окно настройки параметров интерфейса PG/PC, окно «Настройка интерфейса PG/PC» показано на рисунке 7-27. Нажмите кнопку «Properties» для настройки адреса и скорости связи.

Рисунке 7-27    Окно «Настройка интерфейса **PG / PC**»

## 7.2.7    Использование программного обеспечения

STEP7 – Программное обеспечение Micro / WIN4.0 обладает множеством функций, таких как программирование и отладка программ, и ниже приводится простой пример использования программного обеспечения.

STEP7—Основные примеры использования программного обеспечения для программирования Micro / WIN4.0 показаны на рисунке 7-28.

1. Готовность к программированию.

1) Создание проекта или открытие существующего проекта

Прежде чем программировать контрольную программу, сначала необходимо создать проект. Выполнить меню [файл] → [новый] вариант или Нажмите кнопку 🗋 Создать панель инструментов, Можно создать новый проект. Выполнить меню "Файл" → " Открыть" опции Нажмите кнопку 📂 открытия панели инструментов, Можно открывать уже существующие проекты. Проект называется расширением. Файлы формата MWP сохранены.

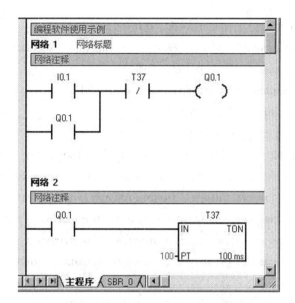

**Рисунке 7-28 Трапециевидные диаграммы примеров использования программного обеспечения программирования**

2）Настройка и чтение модели PLC

Перед программированием PLC модель должна быть правильно настроена, чтобы предотвратить ошибки редактирования при создании программы. Если указана модель, дерево команд обозначает красную метку « X » как недействительную команду для выбранного PLC. Установить и прочитать модель PLC можно двумя способами：① Выполнить меню［PLC］→ Параметры типа, в появившемся диалоге можно выбрать модель PLC и версию процессора, как показано на рисунке 7-29. Двойной щелчок на дереве команд（пункт 1）, затем двойной щелчок на PLC модели и опции версии CPU для настройки в всплывающем диалоге. Если соединение связи установлено успешно, нажмите кнопку « Прочитайте PLC » в диалоге, чтобы прочитать сигнал PLC и номер версии аппаратного обеспечения через связь.

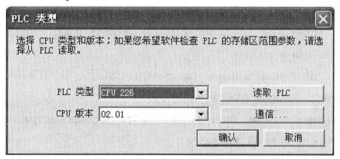

**Рисунке 7-29 Настройка модели PLC**

3）Выбор языка программирования и набора инструкций

Серия PLC S7 – 200 поддерживает два набора инструкций：SIMATIC и IEC 1131 – 3. Режим программирования SIMATIC Выберите, вы можете выполнить меню « Инструменты

» → [опции] → [обычные] → [SIMATIC] опции для определения.

Программное обеспечение обеспечивает произвольное переключение между тремя языками программирования (программистами), а параметры исполнительного меню [просмотр] → [трапециевидные диаграммы] или [STL] или [FBD] могут входить в соответствующую среду программирования.

4) Определение структуры процедуры

Простые программы управления цифровым количеством, как правило, имеют только основную программу, более крупную систему, сложные программы в дополнение к основной программе, могут иметь подпрограмму, программу прерывания. При программировании вы можете нажать на опцию под окном редактирования, чтобы переключиться, чтобы завершить редактирование программы с другой структурой программы. Пользовательская структура программы выбирает окно редактирования, как показано на рисунке 7-30.

**Рисунке 7-30    Выбор структуры пользовательской программы Окно редактирования**

Основная программа выполняется последовательно в течение каждого цикла сканирования. Команды подпрограмм помещаются в отдельные блоки и выполняются только при вызове программы. Команды прерывания также помещаются в отдельные блоки для обработки заранее определенных событий прерывания, которые операционная система вызывает в случае прерывания.

2. Разработка пользовательских программ

1) Редактирование трапециевидных диаграмм

В окне редактирования трапециевидных диаграмм программа трапециевидной диаграммы делится на несколько сетей, в которых может быть только один отдельный блок. Если в сети есть два отдельных блока, в окне вывода при компиляции будет отображаться «1 ошибка», которая может продолжаться до тех пор, пока ошибка не будет исправлена. Программу или программный элемент в сети можно редактировать, удалять, копировать или вставлять.

①Сначала откройте программное обеспечение STEP7-Micro/WIN4. 0 и войдите в основной интерфейс, как показано на рисунке 7-31.

②Нажмите кнопку «Блок программы» в строке просмотра и войдите в окно редактирования трапециевидных диаграмм.

③В окне редактирования укажите курсор туда, где будет введен элемент программирования.

④Нажмите кнопку часто открывающегося контакта непосредственно на панели инструментов команд, чтобы выбрать контакт, как показано на рисунке 7-32. Нажмите опцию ┤├ значка в открытой битовой логической команде, Выбор часто открытых контактов показан на рисунке 7-33. Введите символ обычного контакта, который

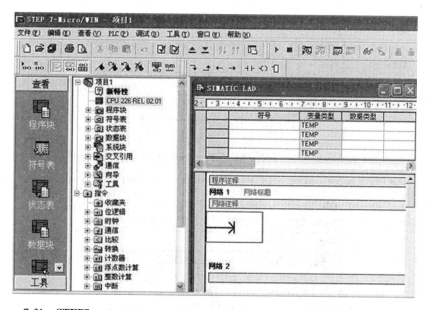

**Рисунке 7-31　STEP**7 — **Основной интерфейс программного обеспечения Micro / WIN**4.0

автоматически записывается в расположение курсора. Также можно дважды щелкнуть по логическим параметрам бита в дереве команд, а затем дважды щелкнуть по входному контакту.

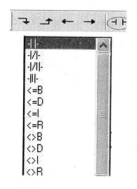

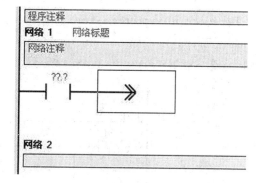

**Рисунке 7-32　Выберите нормально**
**открытый контакт**

**Рисунке 7-33　Входной нормально открытый контакт**

Хан здесь??? Введите операнду I0.1, и курсор автоматически переместится в следующий столбец. Введите операционное число I0.1, как показано на рисунке 7-34.

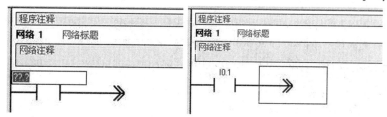

**Рисунок 7-34　Операция ввода I0.1**

Введите ⊣⊢ и ⬚ в положение курсора таким же образом, И заполните соответствующий адрес, результаты редактирования Т37 и Q0. 1 показаны на рисунке 7-35.

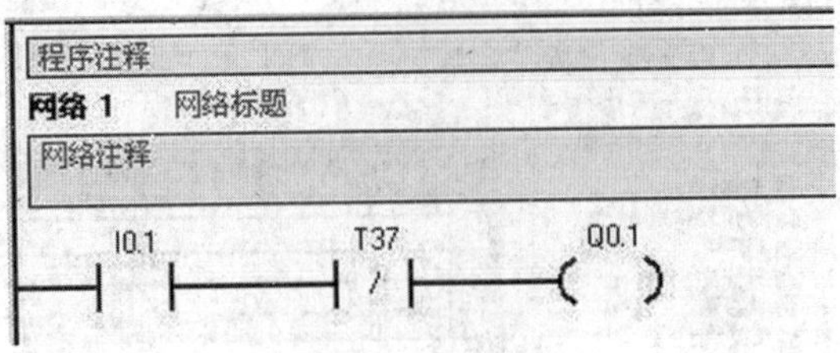

**Рисунок 7-35  T37 и Q0. 1 Результаты редактирования**

①Расположите курсор ниже I0. 1 и введите Q0. 1 в соответствии с методом ввода I0. 1. Результаты редактирования Q0. 1 показаны на рисунке 7-36.

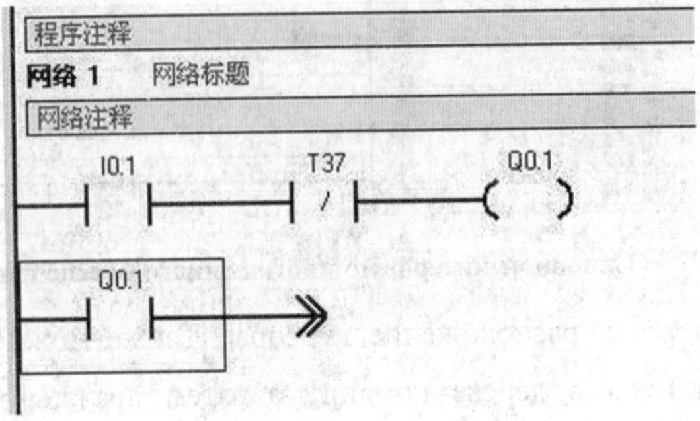

**Рисунок 7-36  Q0. 1 Результаты редактирования**

②Переместите курсор на контакт, который будет объединен, нажмите кнопку ⬆ соединения вверх на панели инструментов команд, чтобы соединить Q0. 0 и I0. 0 параллельно, как показано на рисунке 7-37.

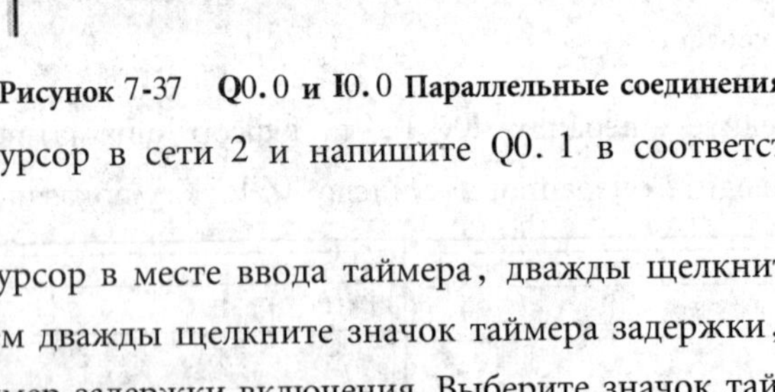

**Рисунок 7-37  Q0. 0 и I0. 0 Параллельные соединения**

③Расположите курсор в сети 2 и напишите Q0. 1 в соответствии с методом ввода I0. 1.

④Расположите курсор в месте ввода таймера, дважды щелкните опцию « таймер » в дереве команд, а затем дважды щелкните значок таймера задержки, в положении курсора вы можете ввести таймер задержки включения. Выберите значок таймера, как показано на рисунке 7-38.

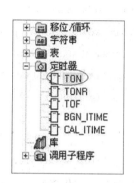

Рисунок 7-38    **Выбор таймера**

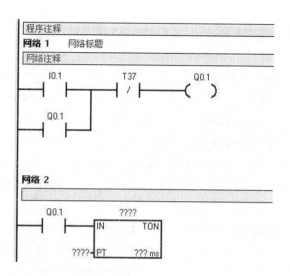

Рисунок 7-39    **Таймер задержки ввода**

⑤Введите номер таймера Т37 в верхней части команды таймера и предустановленное значение таймера 100 слева, как показано на рисунке 7-39.

После вышеупомянутого процесса программирование редактирует трапециевидные диаграммы с использованием примеров. Если требуется редактирование таблиц операторов и функциональных диаграмм, это может быть достигнуто следующим образом.

3) Редактирование таблиц операторов

Выполнение меню « Просмотр » → опция « STL » позволяет редактировать таблицу операторов напрямую. Редактор таблицы операторов показан на рисунке 7-40.

4) Редактирование функциональных диаграмм

Выполнение меню « Просмотр » → опция « FBD » позволяет редактировать функциональную диаграмму напрямую. Редактор функциональной диаграммы показан на рисунке 7-41.

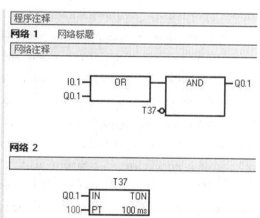

Рисунок 7-40    **Редактирование**
**таблиц операторов**

Рисунок 7-41    **Редактирование функциональных диаграмм**

3. Контроль состояния и отладка программы

1) Компиляционный процесс

Выполните меню ［PLC］ → опцию «компиляция» или «все компиляции» или нажмите кнопку ☑ или ☑ на панели инструментов, чтобы скомпилировать текущую открытую программу или все программы отдельно. После компиляции результаты компиляции программы отображаются в окне вывода, и программа должна быть загружена после того, как все ошибки в программе будут исправлены и скомпилированы без ошибок. Если программа не скомпилирована, программное обеспечение автоматически компилирует программу перед загрузкой.

2) Скачать и загрузить программу

Загрузка – это запись текущей программы в память PLC. Компьютер устанавливает нормальное соединение с PLC, и пользовательская программа может загружать программу в PLC после компиляции без ошибок. Загрузить операцию Выполнимое меню (файл) → Опция «Загрузить» или нажать кнопку ⮇ на панели инструментов.

Загрузка – это передача незашифрованных программ в PLC вверх в программист. Загрузить исполняемое меню действий (файл) → Опция «Загрузить» или нажать кнопку ⮅ на панели инструментов.

3) Методы работы PLC

У PLC есть два способа работы: запуск и остановка работы. При разных режимах работы PLC выполняет отладку по - разному. Режим работы можно выбрать, выполнив пункт меню «PLC» → «Запустить» или «Остановить», а также используя переключатель режима работы PLC. PLC может запускать мониторинг состояния программы только в режиме работы.

4) Запуск и отладка программы

Отладка программы и контроль за ее работой являются важными звеньями в разработке программы, немногие программы являются полными после их подготовки, только после отладки и эксплуатации или даже работы на месте можно обнаружить необоснованные места в программе, чтобы внести изменения. Программное обеспечение STEP7-Micro／WIN4.0 предоставляет набор инструментов для отладки и мониторинга выполнения пользовательских программ непосредственно в среде программного обеспечения.

①Функционирование программы.

Нажмите кнопку ▶ на панели инструментов или выполните меню "PLC" → опцию "Запуск", чтобы определить в диалоге вход в режим работы, когда желтый индикатор состояния STOP (стоп) выключается, а зеленый RUN (запущен) свет горит. После выполнения программы, как показано на рисунке 7-42.

②Отладка программы.

В отладке программы часто используются три способа мониторинга: мониторинг состояния программы, мониторинг таблицы состояния и мониторинг диаграммы тенденций, чтобы отразить рабочее состояние программы. Ниже приводятся примеры основных видов использования.

● Мониторинг состояния программы

Нажмите кнопку 🖼 на панели инструментов или выполните меню "отладка" → опцию "Начать мониторинг состояния программы", чтобы войти в мониторинг состояния программы. После запуска мониторинга состояния работы программы: ①При отключении контакта I0. 1 программное обеспечение использует пример состояния программы, как показано на рисунке 7-43. ②При моменте подключения контакта I0. 1 программное обеспечение использует пример состояния программы, как показано на рисунке 7-42. ③ Когда таймер задерживает время 10S, программное обеспечение использует пример состояния программы, как показано на рисунке 7-43.

В мониторинговом состоянии элемент, через который проходит «поток энергии», будет показывать синий цвет, и, накладывая вход, можно смоделировать фактическую работу программы, тем самым проверяя нашу программу. Фактическое состояние каждого элемента в трапециевидной диаграмме также отображается, и эти состояния являются результатом PLC по завершении цикла сканирования.

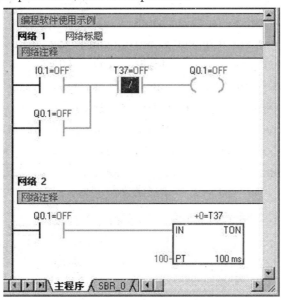

Рисунке 7-42   Состояние программы с примерами использования
программного обеспечения

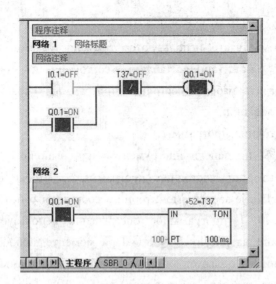

Рисунке 7-43    Состояние программы с примерами использования
программного обеспечения программирования

• Мониторинг таблицы состояния

Таблица состояния может использоваться для мониторинга пользовательских программ, а также для изменения переменных в пользовательских программах с помощью обязательных таблиц. Программное обеспечение использует примеры таблиц состояния для мониторинга, как показано на рисунке 7-44, показывая состояние и численный размер каждого элемента в текущей колонке значений.

Для мониторинга состояния можно выбрать один из следующих способов:

①Выполнение меню ［просмотр］ → ［компонент］ → ［таблица состояния］.

②Нажмите кнопку « Список состояний » в строке просмотра.

③Нажмите на линию переплета, выберите сегмент программы, щелкните правой кнопкой мыши, выберите команду « Создание диаграммы состояний », чтобы быстро создать новую таблицу, содержащую элементы в выбранном сегменте программы.

| | 地址 | 格式 | 当前值 | 新值 |
|---|---|---|---|---|
| 1 | I0.1 | 位 | 2#0 | |
| 2 | Q0.1 | 位 | 2#1 | |
| 3 | T37 | 位 | 2#0 | |
| 4 | T37 | 有符号 | +51 | |

Рисунке 7-44    Программное обеспечение для мониторинга таблицы
состояния с примерами использования

• Мониторинг трендовых карт

Мониторинг трендовых диаграмм−это графический мониторинг, который использует соотношение между состоянием программных элементов и размерами значений со временем. Нажмите кнопку ⊠ на панели инструментов, чтобы переключить мониторинг таблицы состояния на мониторинг диаграммы трендов.

# 参考文献

［1］王永华. 现代电气控制及 PLC 应用技术［M］. 6 版, 北京: 北京航空航天大学出版社, 2020.

［2］王树臣. 电气控制与 PLC［M］. 西安: 西安电子科技大学出版社, 2015.

［3］彭珍瑞, 周志文. 电气控制及 PLC 应用技术［M］. 北京: 人民邮电出版社, 2017.

［4］廖常初. S7-200PLC 编程及应用［M］. 3 版, 北京: 机械工业出版社, 2020.

［5］郁汉琪, 等. 电气控制与可编程序控制器应用技术［M］. 2 版, 南京: 东南大学出版社, 2009.

［6］张万忠, 等. 可编程控制器入门与应用实例［M］. 2 版, 北京: 中国电力出版社, 2010.

［7］常文平. 电气控制与 PLC 原理及应用（高职）［M］. 西安: 西安电子科技大学出版社, 2010.

［8］贺哲荣. 机床电气控制线路故障维修［M］. 西安: 西安电子科技大学出版社, 2012.

［9］徐文尚. 电气控制技术与 PLC［M］. 北京: 机械工业出版社, 2011.

［10］崔继仁. 电气控制与 PLC 应用技术［M］. 北京: 中国电力出版社, 2010.

［11］石秋洁. 变频器应用基础［M］. 北京: 机械工业出版社, 2013.

［12］程玉斌, 魏建国, 陈新等. PLC 控制基础与应用［M］. 北京: 机械工业出版社, 2016.

［13］李胜利. PLC 工程应用案例分析［M］. 北京: 化学工业出版社, 2014.

［14］胡靖生, 张丽萍. PLC 实用教程［M］. 北京: 中国矿业大学出版社, 2016.

［15］梅涛. PLC 控制技术［M］. 北京: 电子工业出版社, 2016.

［16］西门子公司. SIMATIC S7-200 可编程序控制器系统手册. 2020.

［17］谭晓明. PLC 原理及应用［M］. 北京: 电子工业出版社, 2015.

［18］许雪虎, 等. PLC 控制系统工程设计与实践［M］. 北京: 清华大学出版社, 2017.

［19］马琳. PLC 自动控制系统设计［M］. 北京: 清华大学出版社, 2014.

［20］郑建新, 刘海霞. PLC 应用实验指导［M］. 北京: 清华大学出版社, 2015.

［21］常兆斌. PLC 控制技术及应用［M］. 北京: 清华大学出版社, 2015.

［22］李妧. PLC 硬件设计与应用［M］. 北京: 机械工业出版社, 2016.

［23］倪伟, 刘斌, 侯志伟, 等. 电气控制技术与 PLC［M］. 南京: 南京大学出版社, 2017.

［24］高溥. 电气控制基础与可编程控制器应用教程［M］. 西安: 西安电子科技大学出版社, 2013.

［25］李道霖, 等. 电气控制与 PLC 原理及应用［M］. 3 版, 北京: 电子工业出版社, 2015.